新编电气与电子信息类本科规划教材·电子电气基础课程

计算机电路基础

张 虹 主编

U0386494

电子工业出版社

Publishing House of Electronics Industry

北京·BEIJING

内 容 简 介

本书是根据教育部最新制定的高等学校应用型本科电路电子技术课程教学的基本要求,结合编者多年的教学实践,为进一步提高学生的综合素质与自主创新能力编写而成的。在内容取材及安排上,以"必需"和"够用"为前提,讲清概念、强化应用。全书共分四篇。第一篇电路基础,包括电路的基本概念和分析方法、正弦稳态交流电路、非正弦周期电流电路、电路的暂态分析;第二篇模拟电子技术,包括半导体二极管及其应用、半导体三极管及放大电路、集成运算放大器及其应用;第三篇数字电子技术,包括逻辑代数基础、集成逻辑门电路、组合逻辑电路与设计、时序逻辑电路、存储器和可编程逻辑器件、数/模与模/数转换电路、EDA 技术与VHDL;第四篇实验实训,包括 11 个实验和 5 个实训。每章均配有经典例题和习题。

本书可作为高等本科院校及高等职业院校的自动化、电子、通信、计算机等相关专业的课程教材,也可供从事电子技术的工程技术人员参考使用。

图书在版编目(CIP)数据

计算机电路基础/张虹主编. —北京:电子工业出版社,2009.1
新编电气与电子信息类本科规划教材·电子电气基础课程
ISBN 978-7-121-07669-5

Ⅰ. 计… Ⅱ. 张… Ⅲ. 电子计算机—电子电路—高等学校—教材
Ⅳ. TP331

中国版本图书馆 CIP 数据核字(2008)第 169031 号

策划编辑:冉　哲
责任编辑:许菊芳　　　特约编辑:李玉龙
印　　刷:北京季蜂印刷有限公司
装　　订:三河市皇庄路通装订厂
出版发行:电子工业出版社
　　　　　北京市海淀区万寿路 173 信箱　邮编　100036
开　　本:787×1092　1/16　印张:21.25　字数:540 千字
版　　次:2009 年 1 月第 1 版
印　　次:2014 年 6 月第 4 次印刷
印　　数:1500 册　定价:42.00 元

前　　言

电路与电子技术是高等职业院校电类各专业的一门技术性基础课程,随着电子技术在各个领域越来越广泛的应用,它也越来越多地成为非电类专业的重要课程。然而由于学时数的限制及高校培养目标的改革等诸多原因,以往的相关教材显得篇幅过于庞大,内容分散,容易造成学生学习吃力,负担过重。同时考虑到各个专业对电路、电子课程的不同教学要求,也迫切需要有一本比较简明的教材。为此,我们按照总授课时间为102学时(不包括实验)的编写大纲,集中优秀教师,编写了这本教材。它适于作为应用型本科院校及高等职业院校的自动化、电子、通信、计算机等相关专业的课程教材,也可供从事电子技术的工程技术人员参考使用。

本书在编写过程中,以实用型人才培养目标为依据,结合笔者多年工程实践经验,紧紧抓住该技术基础课程的特点,突出课程本身的基础性和实践性,给出了一些深入浅出的练习题目,理论与实践紧密结合,注重技能培养。我们编写的宗旨如下:

1. 以基本要求为依据,以够用、实用为尺度,对传统内容进行了处理,减除了不必要的理论讲解与推导,重点放在对知识应用性的介绍上。

2. 精选内容,主次分明,详细得当。

3. 体现知识的先进性,将成熟的新技术,如可编程逻辑器(PLD)纳入教材,使学生初步了解其功能和应用。

4. 在电子技术部分注意了分立元件电路与集成电路的比重,加强了集成电路的介绍,尤其是结合不同电路给出了典型的集成芯片的引脚排列图,并对芯片的用途及功能扩展做了有针对性的讲解。

5. 教材编写注意将培养学生能力的要求贯穿于整个教学中。本教材通过教学目标、教学要求及例题、习题等多种途径帮助学生建立本课程学习的正确思路,抓住重点,明确思路,真正从"应用"这个角度加强对知识的掌握。

本书由张虹主编并执笔,由阵汝合老师主审。此外,在教材编写过程中,张星慧、陈光军、李耀明、高寒、于钦庆、王立梅、李厚荣、张建华、刘磊、周金玲、张元国、刘贞德等老师也提出了宝贵意见并给予了很大帮助,在此一并表示衷心感谢。

由于编者水平有限,书中欠妥和疏漏之处在所难免,敬请读者批评指正,以便帮助我们改进工作。

编者
2008 年 10 月

目　　录

第一篇　电路基础

第二篇　模拟电子技术

第三篇　数字电子技术

第四篇　实验实训

第一篇　电路基础

第1章　电路的基本概念和分析方法

　　本章主要介绍电路的基础知识，包括电路的基本概念、基本物理量及常用元件，然后介绍电路中的基本定律——基尔霍夫定律。最后重点介绍电路分析的几种基本方法。

1.1　电路和电路模型

1.1.1　电路

　　电路在日常生活、生产和科学研究工作中得到了广泛应用。小到手电筒，大到计算机、通信系统和电力网络，都可以看到各种各样的电路。可以说，只要用电的物体，其内部都含有电路，只是电路的结构各异，特性和功能也不相同。电路的一种功能是实现电能的传输和转换，例如，电力网络将电能从发电厂输送到各个工厂、广大农村和千家万户，供各种电气设备使用；电路的另一种功能是实现电信号的传输、处理和存储，例如，电视接收天线将接收到的含有声音和图像信息的高频电视信号，通过高频传输线送到电视机中，这些信号经过选择、变频、放大和检波等处理，恢复出原来的声音和图像信号，在扬声器发出声音并在显像管屏幕上呈现图像。

　　那么，什么是电路呢？所有的实际电路是由电气设备和元器件按照一定的方式连接起来，为电流的流通提供路径的总体，也称网络。在实际电路中，电能或电信号的发生器称为电源，用电设备称为负载。电压和电流是在电源的作用下产生的，因此，电源又称为激励源，简称激励。由激励而在电路中产生的电压和电流称为响应。有时，根据激励和响应之间的因果关系，把激励称为输入，响应称为输出。手电筒电路就是一个最简单的实用电路。这个电路是由一个电源（干电池）、一个负载（小灯泡）、一个开关和连接导线组成的。如图 1-1(a)所示。

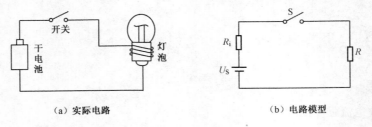

（a）实际电路　　　　　　　　　　　　（b）电路模型

图 1-1　手电筒电路

1.1.2　电路模型

　　为了便于对实际电路进行分析，通常将实际电路器件理想化（或称模型化），即在一定条件下，突出其主要的电磁性质，忽略其次要因素，将其近似地看做理想电路元件，并用规定的图形符号表示。如用电阻元件来表征具有消耗电能特征的各种实际元件，那么在电源频率不十分高的电路中，所有电阻器、电炉、电灯等实际电路元器件，都可以用电阻元件这个理想化的模型来近似地表示。同样，在一定条件下，电感线圈忽略其电阻，就可以用电感元件来近似地表示；

电容器忽略其漏电,就可以用电容元件近似地表示。此外还有电压源、电流源两种理想电源元件。以上这些理想元件分别可以简称为电阻、电感、电容和电源,它们都具有两个端钮,称为二端元件,其中电阻、电感、电容又称无源元件①。

由理想元件组成的电路,就称为实际电路的电路模型。图 1-1(b)即为图 1-1(a)的电路模型。又如图 1-2(a)表示一个最简单的晶体管放大电路,其电路模型如图 1-2(b)所示。今后如未加特殊说明,所说的电路均指电路模型。

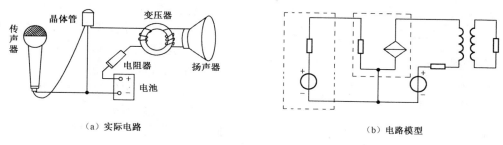

| （a）实际电路 | （b）电路模型 |

图 1-2　晶体管放大电路

以上用理想电路元件或它们的组合模拟实际器件的过程称为建模。建模时必须考虑工作条件,并按不同精确度的要求把给定工作情况下的主要物理现象及功能反映出来。例如,在直流情况下,一个线圈的模型可以是一个电阻元件;在较低频率下,就要用电阻元件和电感元件的串联组合模拟;在较高频率下,还应计及导体表面的电荷作用,即电容效应,所以其模型还需要包含电容元件。可见,在不同的条件下,同一实际器件可能采用不同模型。模型取得恰当,对电路的分析和计算结果就与实际情况接近;模型取得不恰当,则会造成很大误差,有时甚至导致自相矛盾的结果。如果模型取得太复杂,就会造成分析困难;反之,如果取得太简单,就不足以反映所需求解的真实情况。所以建模问题需要专门研究,绝不能草率定论。

1.2　电路的基本物理量

电路的基本物理量有电流、电压和功率。电路分析的基本任务就是计算电路中的电流、电压和功率。

1.2.1　电流

电荷的定向运动形成电流。电流的实际方向习惯上指正电荷运动的方向。电流的大小用电流强度来衡量,电流强度简称电流,其数学表达式为

$$i = \frac{\mathrm{d}q}{\mathrm{d}t} \tag{1-1}$$

式(1-1)的物理意义是单位时间内通过导体横截面的电荷量。其中 i 表示电流强度,单位是安[培],用 A 表示,在计量微小电流时,通常用毫安(mA)或微安(μA)作为单位;$\mathrm{d}q$ 为微小电荷量,单位是库[仑],用 C 表示;$\mathrm{d}t$ 为微小的时间间隔,单位是秒,用 s 表示。

按照电流的大小和方向是否随时间变化,分为恒定电流(简称直流 DC)和时变电流,分别

---

① 电路中有两类元件,有源元件和无源元件。有源元件能产生或者能控制能量,而无源元件不能,电阻、电容、电感等均为无源元件。发电机、电池、运算放大器、三极管、场效应管等为有源元件。

用符号 I 和 i 表示。我们平时所说的交流（AC）是时变电流的特例。

在分析电路时往往不能事先确定电流的实际方向，而且时变电流的实际方向又随时间不断变化。因此在电路中很难标明电流的实际方向。为此，引入了电流参考方向这一概念。

参考方向的选择具有任意性。在电路中通常用实线箭头或双字母下标表示，实线箭头可以画在线外，也可以画在线上。为了区别，电流的实际方向通常用虚线箭头表示，如图 1-3 所示。而且规定：若电流的实际方向与所选的参考方向一致，则电流为正值，即 $i > 0$，如图 1-3(a)；若电流的实际方向与所选的参考方向相反，则电流为负值，即 $i < 0$，如图 1-3(b) 所示。这样一来，电流就成为一个具有正负的代数量。

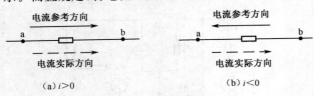

（a）$i > 0$ （b）$i < 0$

图 1-3　电流的参考方向与实际方向

图 1-3(a) 中电流参考方向为从 a 到 b，用双下标法表示为 i_{ab}；(b) 中为从 b 到 a，表示为 i_{ba}。可见，对于同一电流，参考方向选择不同，其数值互为相反数，即

$$i_{ab} = - i_{ba} \tag{1-2}$$

1.2.2　电压

电路分析中另一个基本物理量是电压。直流电压用大写字母 U 表示，交流电压用小写字母 u 表示，单位为伏［特］，用 V 表示。为了便于计量，还可以用毫伏（mV）、微伏（μV）和千伏（kV）等作为单位。在数值上，电路中任意 a、b 两点之间的电压等于电场力由 a 点移动单位正电荷到 b 点所作的功，即

$$U_{ab} = \frac{\mathrm{d}W}{\mathrm{d}q} \tag{1-3}$$

式中，$\mathrm{d}W$ 是电场力所作的功，单位是焦耳（J）。

在电路中任选一点作为参考点，则其他各点到参考点的电压叫做该点的电位，用符号 V 表示。例如，电路中 a、b 两点的电位分别表示为 V_a 和 V_b，并且 a、b 两点间的电压与该两点电位有以下关系：

$$U_{ab} = V_a - V_b \tag{1-4}$$

电位与电压既有联系又有区别。其主要区别在于：电路中任意两点间的电压，其数值是绝对的；而电路中某一点的电位是相对的，其值取决于参考点的选择。在电子技术中，通常用求解电位的方法判断半导体器件，如二极管、三极管的工作状态。

今后如未说明，通常选接地点作为参考点，并且参考点的电位为零。

引入电位概念后，两点间电压的实际方向即由高电位指向低电位。所以电压就是指电压降。

电压的参考方向（也称参考极性）的选择同样具有任意性，在电路中可以用"＋"、"－"号表示，也可用双字母下标或实线箭头表示，如图 1-4 所示。电压正负值的规定与电流一样，此处不再赘述。

值得注意的是，今后在求电压电流时，必须事先规定好参考方向，否则求出的值无意义。

电路中电位相同的点称为等电位点。等电位点的特点是，各点之间即使没有直接相连，但其电位相等，两点间电压等于零。若用导线或电阻将等电位点连接起来，导线和电阻元件中没有电流通过，不会影响电路的工作状态。对于电路中的非等电位点，由于其电位不等，若用导

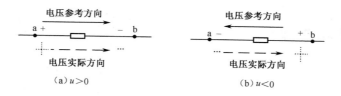

（a）$u>0$ 　　　　　　　　　　　（b）$u<0$

图 1-4　电压的参考方向与实际方向

线将其中两个非等电位点连接,则该两点强迫电位相等,导线中有电流通过,也即改变了电路原有工作状态。需要注意的是,导线上的各点均为等电位点。

通常,对于电路中的某个元件,电流参考方向和电压参考方向都是可以任意选定的,彼此独立无关。但为了分析方便,通常将某元件上电压和电流的参考方向选为一致,即电流的参考方向由电压的"＋"指向"－",这样选定的参考方向称为电压与电流的关联参考方向,简称关联方向,如图 1-5(a)所示。否则,称非关联方向,如图 1-5(b)所示。

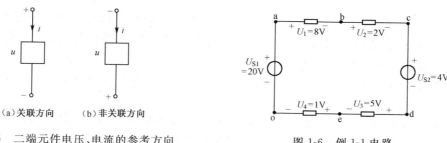

（a）关联方向　　　（b）非关联方向

图 1-5　二端元件电压、电流的参考方向

图 1-6　例 1-1 电路

【例 1-1】　图 1-6 所示电路中,o 点为参考点,各元件上电压分别为 $U_{S1}=20\text{ V},U_{S2}=4\text{ V}$, $U_1=8\text{ V},U_2=2\text{ V},U_3=5\text{ V},U_4=1\text{ V}$。试求 U_{ac},U_{bd},U_{be} 和 U_{ae}。

【解】　选 o 点为参考点,所以 o 点电位 $V_o=0$。其他各点到参考点的电位分别为

$$V_a=U_{S1}=20\text{ V} \qquad\qquad V_b=-U_1+U_{S1}=-8+20=12\text{ V}$$

$$V_c=-U_2-U_1+U_{S1}=-2-8+20=10\text{ V} \quad V_d=U_3+U_4=5+1=6\text{ V}$$

$$V_e=U_4=1\text{ V}$$

根据式(1-4),求出两点间电压分别为

$$U_{ac}=V_a-V_c=20-10=10\text{ V} \qquad\qquad U_{bd}=V_b-V_d=12-6=6\text{ V}$$

$$U_{be}=V_b-V_e=12-1=11\text{ V} \qquad\qquad U_{ae}=V_a-V_e=20-1=19\text{ V}$$

1.2.3　电功率

电能对时间的变化率即电功率,简称功率。用 p 或 P 表示,单位是瓦(W)。功率的表达式为

$$p=\frac{\mathrm{d}W}{\mathrm{d}t}=\frac{\mathrm{d}W}{\mathrm{d}q}\frac{\mathrm{d}q}{\mathrm{d}t}=ui \qquad\qquad (1\text{-}5)$$

应用式(1-5)计算元件功率时,首先需要判断 u、i 的参考方向是否为关联方向,若为关联,则 $p=ui$;否则 $p=-ui$。计算结果若 $p>0$,表明元件实际消耗功率;若 $p<0$,表明元件实际发出功率。

电能是功率对时间的积累。其表达式可写成 $W=P\cdot t$。电能的单位是焦[耳](J),定义为:功率为 1 W 的设备在 1 s 时间内转换的电能。工程上常采用千瓦小时(kW·h)作为电能的单位,俗称 1 度电,定义为:功率为 1 kW 的设备在 1 h 内所转换的电能。

1.3 电阻元件和电源

1.3.1 电阻元件

1. 电阻元件的电压电流关系——欧姆定律

导体对电子运动呈现的阻力称为电阻。对电流呈现阻力的元件称为电阻器,如图 1-1(a)和图 1-2(a)电路中的灯泡、扬声器,它们在电路中可用一个共同的模型——电阻元件来代替,字母符号为 R,电路符号如图 1-7(a)所示。电阻上的电压和电流有确定的对应关系,可以用 $u-i$ 平面上的一条关系曲线,即伏安曲线或数学方程式来表示。

如果电阻的伏安关系是一条通过原点的直线,如图 1-7(b)所示,则称为线性电阻。在图 1-7(a)所示的关联方向下,线性电阻的电压电流关系可用下式表示:

$$u = Ri \quad 或 \quad i = Gu \tag{1-6}$$

式(1-6)是欧姆定律的表示式,也就是说,欧姆定律揭示了线性电阻电压与电流的约束关系。式中 R 和 G 是电阻的两个重要参数,分别叫电阻和电导,单位分别是欧[姆](Ω)和西[门子](S)。R 和 G 两参数间为倒数关系。

线性电阻元件可简称为电阻,这样,"电阻"一词及其符号 R 既表示电阻元件也表示该元件的参数。

如果电阻的伏安关系不是一条直线,则称为非线性电阻,半导体二极管就是一个非线性电阻器件,当电压、电流为关联方向时,其关系可用下式表示:

$$i = I_\mathrm{S}(\mathrm{e}^{\frac{u}{U_T}} - 1) \tag{1-7}$$

式(1-7)中 I_S 为反向饱和电流;U_T 为温度电压当量,常温下,$U_T \approx 26 \ \mathrm{mV}$。图 1-8 所示是二极管的伏安关系曲线。

今后如未特别说明,所讨论的电阻元件均指线性电阻。

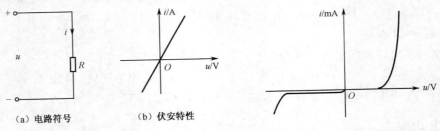

(a) 电路符号　　(b) 伏安特性

图 1-7　线性电阻的电路符号和伏安特性　　　　图 1-8　二极管的伏安特性

2. 开路和短路

有两个情况值得注意:开路和短路。当一个二端元件(或电路)的端电压不论为何值时,流过它的电流恒为零值,就把它称为开路。开路的伏安特性在 $u-i$ 平面上与电压轴重合,它相当于 $R = \infty$ 或 $G = 0$。当流过一个二端元件(或电路)的电流不论为何值时,它的端电压恒为零值,就把它称为短路。短路的伏安特性在 $u-i$ 平面上与电流轴重合,它相当于 $R = 0$ 或 $G = \infty$。

3. 电阻元件的功率

对于电阻元件来说,若电压与电流为关联参考方向,则在任何时刻,电阻元件的功率为

$$P = ui$$

且
$$u = Ri$$

若电阻元件电压与电流参考方向相反,电阻元件的功率
$$P = -ui$$
且
$$u = -Ri$$

综合上述两种情况,可得线性电阻的功率计算公式为

$$P = \pm ui = i^2 R = \frac{u^2}{R} = Gu^2 \qquad (1\text{-}8)$$

式(1-8)表明,电阻的功率恒为正值,说明电阻是耗能元件。

4. 电阻元件与电阻器

电阻元件是由实际电阻器抽象出来的理想化模型,常用来模拟各种电阻器和其他电阻性器件。电阻和电阻器这两个概念的明显区别在于:作为理想化的电阻元件,其工作电压、电流和功率没有任何限制。而电阻器在一定电压、电流和功率范围内才能正常工作。电子设备中常用的碳膜电阻器、金属电阻器和线绕电阻器在生产制造时,除注明标称电阻值(如 100 Ω、1 kΩ、10 kΩ 等),还要规定额定功率值(如 1/8 W、1/4 W、1/2 W、1 W、2 W、5 W 等),以便用户参考。根据电阻 R 和额定功率 P_N,可参照式(1-8)计算电阻器的额定电压 U_N 和额定电流 I_N。例如,$R = 100\ \Omega$,$P_N = 1/4$ W 的电阻器的额定电压为

$$U_N = \sqrt{RP_N} = \sqrt{100 \times (1/4)} = 5\ V$$

其额定电流为
$$I_N = \sqrt{\frac{P_N}{R}} = \sqrt{\frac{1/4}{100}} = 50\ mA$$

同样,电气设备也有额定值的问题。电气设备的额定值是由制造厂家给用户提供的,它是设备安全运行的限额值,又是设备经济运行的使用值。通常,制造厂在一定条件下规定了电气设备的额定电压、额定电流和额定功率等,电气设备只有在额定值情况下才能正常运行,才能保证它的寿命。

外加电压大大高于额定电压,电气设备的绝缘材料将被击穿,造成短路或设备被烧毁。如果通过电气设备的电流超过额定值,设备温度过高,不仅影响寿命,而且绝缘材料会因过热出现碳化,破坏其绝缘性能,也能造成设备和人身事故。如果工作电压或工作电流比额定值小得多,电气设备将处于不良工作状态,甚至不能工作。如 220 V、100 W 的灯泡,接到 110 V 的电压上,灯光昏暗。电视机、洗衣机、电冰箱等如果电源电压过低,就不能正常工作。

在电子设备中使用的碳膜电位器、实心电位器和线绕电位器是一种三端电阻器件,它有一个滑动接触端和两个固定端,如图 1-9(a)所示。在直流和低频工作时,电位器可用两个可变电阻串联来模拟,如图 1-9(b)所示。电位器的滑动端和任一固定端间的电阻值,可以从零到标称值间连续变化,可作为可变电阻器使用,但应注意其工作电流不能超过额定电流值。

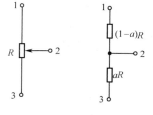

(a)电路符号　　(b)电路模型

图 1-9　电位器

1.3.2　独立电源

将其他形式的能量转换成电能的设备称为电源。如果电源的参数都由电源本身的因素决定,而不因电路的其他因素而改变,则称为独立电源,今后简称电源。

电源是电路的输入,它在电路中起激励作用,根据电源提供电量的不同,可分为电压源和

电流源两类。实际电源有电池、发电机、信号源等。电压源和电流源是从实际电源抽象得到的电路模型,它们是二端有源元件。

1. 电压源

(1) 理想电压源

理想电压源(简称电压源)忽略了实际电压源的内阻,是一种理想元件。它满足两个特点:一是端电压为恒定值(直流电压源)或固定的时间函数(交流电压源),与所接外电路无关;二是通过电压源的电流随外电路的不同而变化。其端电压一般用 U_S(直流电压源)和 $u_S(t)$(交流电压源)表示,电路符号如图 1-10 所示。图 1-10 中,(a) 图为直流电压源的一般符号,"$+$"、"$-$" 号表示电压源电压的参考极性;(b) 图是电池的电路符号,其参考方向是由正极(长线段)指向负极(短线段);(c) 图是交流电压源的电路符号。

根据理想电压源的端电压与外接电路无关的特点,在理想电压源开路和接通外电路时,其端电压即输出电压是相同的。但将端电压不为零的电压源短路是不允许的。这会导致很大的短路电流通过电压源而使其烧毁。

(2) 实际电压源

理想电压源实际上是不存在的。实际电压源,如干电池、蓄电池,接通负载后,其端电压会随其端电流的变化而变化,这是因为实际电压源有内阻。因此对于一个实际的直流电压源,可以用一个理想直流电压源 U_S 和内阻 R_i 相串联的模型来表示,这就是实际电压源的电路模型。如图 1-11 所示,内阻 R_i 有时也称输出电阻。

实际电压源的端电压(即输出电压) U 为

$$U = U_S - IR_i \tag{1-9}$$

也就是说,电源的内阻越小,其输出电压越稳定。

在电路中,电压源可起到电源作用,也可以成为负载。如果电压源电流的实际方向由电压源的低电位端经内部流向高电位端,这时电压源内部外力克服电场力移动正电荷而作功,电压源起电源作用,输出功率;反之电流实际方向由电压源的高电位端经内部流向低电位端,电压源吸取功率,成为负载。

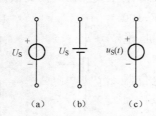

图 1-10 电压源的电路符号

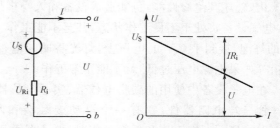

图 1-11 实际电压源电路模型及电压电流关系曲线

2. 电流源

与电压源不同,理想电流源(简称电流源)的端电流不变,而端电压要随负载的不同而不同。电路符号如图 1-12 所示,图中箭头所指方向为电流源电流的参考方向。电流源的例子也比较多,例如,光电池在一定照度的光线照射下,被激发产生一定大小的电流,该电流与照度成正比。在电子线路中,三极管在一定条件下,将产生一定值的集电极电流,此集电极电流与基极电流成正比。有些电子设备在一定范围内能产生恒定电流,这些器件或设备工作时的特性比较接近电流源。

实际的电流源,输出电流则要随端电压的变化而变化,这是因为实际电流源存在内阻。如光电池,受光照激发的电流,并不能全部外流,其中一部分将在光电池内部流动。这种实际电流源可以用一个理想电流源 I_S 和内阻 R'_i 相并联的模型来表示,如图 1-13(a)所示,图 1-13(b)是它的电压电流关系。由图可以看出,实际电流源的输出电流 I 为

$$I = I_S - \frac{U}{R'_i} \tag{1-10}$$

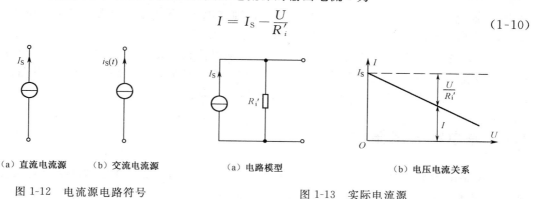

(a) 直流电流源　　(b) 交流电流源　　　　　(a) 电路模型　　　　　　(b) 电压电流关系

图 1-12　电流源电路符号　　　　　　　　　图 1-13　实际电流源

1.3.3　受控源

前面介绍的电压源和电流源都是独立电源,其输出电压和输出电流都由电源本身的因素决定,而不因电路的其他因素而改变。此外,在电路分析中,还会遇到另一类电源,它们的电压或电流受电路其他部分电压或电流的控制,因此称为"受控源",受控源又称为非独立源,也是有源器件。

例如,在电子电路中,晶体三极管的集电极电流受基极电流的控制,场效应管的漏极电流受栅极电压的控制;运算放大器的输出电压受到输入电压的控制;发电机的输出电压受其励磁线圈的电流的控制;等等。这类电路器件的工作性能可用受控源元件来描述。

受控源与电压源、电流源(统称独立源)在电路中的作用不同。为了区别,受控源采用菱形符号表示。受控源一般有两对端钮,一对是输出端(受控端),一对是输入端(控制端),输入端是用来控制输出端的。根据控制量是电压还是电流,受控的是电压源还是电流源,理想受控源有四种基本形式,即电压控制电压源(VCVS)、电压控制电流源(VCCS)、电流控制电压源(CCVS)、电流控制电流源(CCCS),它们的电路符号如图 1-14 所示。

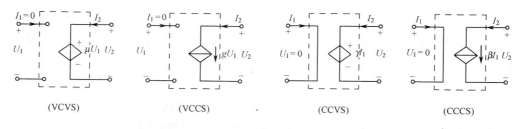

（VCVS）　　　　　（VCCS）　　　　　（CCVS）　　　　　（CCCS）

图 1-14　受控源四种基本形式

图 1-14 给出的四种受控源,其受控端(输出端)的电压或电流,有控制端(输入端)的电压或电流的比值,称转移函数(或称控制系数),分别用 μ、g、γ、β 表示。其中,$\mu = U_2/U_1$,称为转移电压比;$g = I_2/U_1$,称为转移电导;$\gamma = U_2/I_1$,称为转移电阻;$\beta = I_2/I_1$,称为转移电流比。μ、g、γ、β 为常数时,被控制量与控制量成正比,这种受控源称为线性受控源。

需要指出的是,在同一线性电路中可以同时含有独立电源和受控源。但由于受控源与独立电源的特性完全不同,因此它们在电路中所起的作用也完全不同。独立电源是电路的输入或激励,它为电路提供按给定时间函数变化的电压和电流,从而在电路中产生电压和电流。受控源则描述电路中两条支路电压和电流间的一种约束关系,它的存在可以改变电路中的电压和电流,使电路特性发生变化。假如电路中不含独立电源,不能为控制支路提供电压或电流,则受控源及整个电路的电压和电流将全部为零。

当然,受控源也具有独立源的一般性质,但必须以控制量的存在为前提条件。在电路分析中,对受控源的处理与独立电源并无原则区别,唯一要注意的是,对含有受控源的电路进行化简时,若受控源还被保留,不要把受控电源的控制量消除掉。

1.4 基尔霍夫定律

电路是由多个元件互联而成的整体,在这个整体当中,元件除了要遵循自身的电压电流关系(即元件自身的 VCR—Voltage Current Relation)外,同时还必须要服从电路整体上的电压电流关系,即电路的互联规律。基尔霍夫定律就是研究这一规律的。它是任何集总参数电路[①]都适用的基本定律。该定律包括电流定律和电压定律。前者描述电路中各电流之间的约束关系,后者描述电路中各电压之间的约束关系。

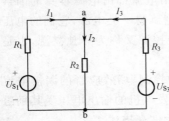

图 1-15 电路名词用图

为了便于学习基尔霍夫定律,首先就图 1-15 所示电路介绍电路结构上的几个名词。

(1)支路:电路中具有两个端钮且通过同一电流的每个分支(至少包含一个元件)叫做支路。

(2)节点:三条或三条以上支路的连接点叫节点。

(3)回路:电路中任意一条闭合路径叫做回路。

(4)网孔:内部不含支路的回路叫网孔。

(5)网络:把包含元件数较多的电路称为网络。实际上电路和网络两个名词可以通用。

图 1-15 所示电路中共有 3 条支路,两个节点,3 个回路,两个网孔。

1.4.1 基尔霍夫电流定律

基尔霍夫电流定律(Kirchhoff's Current Law),简写为 KCL,它陈述为:对于集总参数电路中的任意节点,在任意时刻,所有连接于该节点的支路电流的代数和恒等于零。其一般表达式为

$$\sum i = 0 \qquad\qquad (1\text{-}11)$$

KCL 是电流连续性原理的体现,也是电荷守恒的必然反映。应用式(1-11)可以对电路中任意一个节点列写它的支路电流方程(或称 KCL 方程)。列写时,可规定流入节点的支路电流前取正号,则流出该节点的支路电流前自然取负号(也可做相反规定)。这里所说的"流入"、"流出"均可按电流的参考方向,这与实际并不冲突,因为我们知道,电流参考方向选择不同,其

---

① 集总参数电路是指满足"实际电路的几何尺寸 $d \ll$ 电路工作信号波长 λ"的电路。若不满足这个条件,则称为分布参数电路。本书只讨论集总参数电路。

本身的正负值也就不同。

在图 1-16 中，已选定各支路电流的参考方向并标在图上，对于节点 a，根据 KCL 可得

$$I_1 - I_2 - I_3 + I_4 - I_5 = 0$$

将上式改写为

$$I_1 + I_4 = I_2 + I_3 + I_5$$

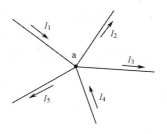

图 1-16　基尔霍夫电流定律用图

这说明：对于集总参数电路中的任一节点，在任一时刻，流入节点的电流之和等于从该节点流出的电流之和。此即基尔霍夫电流定律的另一种表述方法，即

$$\sum i_入 = \sum i_出 \tag{1-12}$$

今后在列写节点的 KCL 方程时，也可应用式(1-12)进行列写，此时无需规定电流前面的正负号。

图 1-16 中，若已知 $I_1 = 8\ \text{A}, I_2 = 3\ \text{A}, I_3 = -1\ \text{A}, I_5 = 2\ \text{A}$，则应用 KCL 可求出 I_4。不难看出

$$I_4 = -I_1 + I_2 + I_3 + I_5 = -8 + 3 + (-1) + 2 = -4\ \text{A}$$

I_4 为负值，说明 I_4 的实际方向与参考方向相反，即 I_4 实际流出节点 a。

KCL 不仅适用于节点，也可推广应用于包括数个节点的闭合面(可称为广义节点)，即通过任一封闭面的所有支路电流的代数和恒等于零。图 1-17(a)、(b)、(c)所示都是 KCL 的推广应用，图中虚线框可看成一个闭合面。根据 KCL，会有图中所标结论。

KCL 是对汇集于一节点的各支路电流的一种约束。

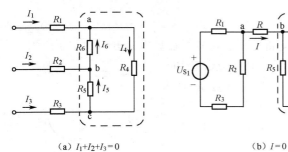

（a）$I_1+I_2+I_3=0$

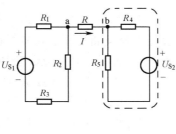

（b）$I=0$

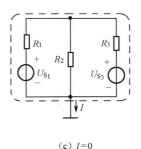

（c）$I=0$

图 1-17　KCL 的推广应用举例

1.4.2　基尔霍夫电压定律

基尔霍夫电压定律(Kirhoff's Voltage Law)，简写为 KVL，它陈述为：对于任何集总参数电路中的任一闭合回路，在任一时刻，沿该回路内各段电压的代数和恒等于零。其一般表达式为

$$\sum u = 0 \tag{1-13}$$

KVL 是电位单值性原理的体现，也是能量守恒的必然反映。应用式(1-13)可对电路中任一回路列写回路的电压方程(或称 KVL 方程)。列写时，首先在回路内选定一个绕行方向(顺时针或逆时针)，然后将回路内各段电压的参考方向与回路绕行方向比较，若两个方向一致，则该电压前取正号，否则取负号。对于电阻元件，可以直接将电阻上电流的参考方向与回路绕行

方向进行比较,从而确定电阻两端电压的正负,正负的判断与前面所述方法相同。

KVL 不仅适用于电路中任一闭合回路,还可推广应用于任一不闭合回路。但要注意将开口处的电压考虑在内,就可按有关规定,列出不闭合回路的 KVL 方程。图 1-18 所示是某网络中的部分电路,a、b 两节点之间没有闭合,按图中所选绕行方向,据 KVL 可得

$$U_{ab} - R_3 I_3 + R_2 I_2 - U_{s2} - R_1 I_1 + U_{s1} = 0$$

所以

$$U_{ab} = -U_{s1} + R_1 I_1 + U_{s2} - R_2 I_2 + R_3 I_3$$

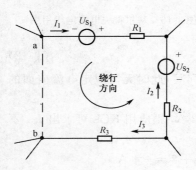

图 1-18 KVL 的推广应用

这表明:电路中任意两点间的电压 U_{ab} 等于从 a 点到 b 点的任一路径上各段电压的代数和。此即求解电路中任意两点间电压的方法。

综上所述,基尔霍夫定律揭示了互联电路中电压、电流满足的规律。它适用于任何集总参数电路,与电路中元件的性质无关。利用基尔霍夫定律,以各支路电流为未知量,分别应用 KCL、KVL 列方程,解方程求出各支路电流,继而求出电路中其他物理量,这种分析电路的方法叫做支路电流法。应用支路电流法时应注意:对于具有 b 条支路、n 个节点的电路,只能列出 $(n-1)$ 个独立的 KCL 方程和 $b-(n-1)$ 个独立的 KVL 方程。其中 $b-(n-1)$ 实际上就是电路的网孔数。

1.5 支路电流法

前面学习了电路的根本定律——基尔霍夫定律。利用基尔霍夫定律分析电路的方法叫做支路电流法。本节主要通过一些例题介绍支路电流法在分析计算电路方面的重要应用。

【例 1-2】 单回路电路(串联电路)如图 1-19 所示,已知 $U_{s1} = 15\ \text{V}, U_{s2} = 5\ \text{V}, R_1 = 1\ \Omega, R_2 = 3\ \Omega, R_3 = 4\ \Omega, R_4 = 2\ \Omega$,求回路电流 I 和电压 U_{ab}。

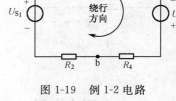

图 1-19 例 1-2 电路

【解】 选定回路电流 I 的参考方向及绕行方向如图 1-19 所示。根据 KVL 可写出

$$R_1 I + R_3 I - U_{s2} + R_4 I + R_2 I - U_{s1} = 0$$

即

$$I(R_1 + R_2 + R_3 + R_4) = U_{s1} + U_{s2}$$

所以

$$I = \frac{U_{s1} + U_{s2}}{R_1 + R_2 + R_3 + R_4} = \frac{15 + 5}{1 + 3 + 4 + 2} = 2\ \text{A}$$

求 U_{ab},以 a 到 b 点左边路径求解可得

$$U_{ab} = -R_1 I + U_{s1} - R_2 I = -1 \times 2 + 15 - 3 \times 2 = 7\ \text{V}$$

同理,以 a 到 b 点右边路径求解得

$$U_{ab} = R_3 I - U_{s2} + R_4 I = 4 \times 2 - 5 + 2 \times 2 = 7\ \text{V}$$

由此可见,两点间电压与所选路径无关。

【例 1-3】 电路如图 1-20 所示,已知电阻 $R_1 = 3\ \Omega, R_2 = 2\ \Omega, R_3 = 6\ \Omega$,电压源 $U_{S_1} = 15\ \text{V}$, $U_{S_2} = 3\ \text{V}, U_{S_3} = 6\ \text{V}$,求各支路电流及各元件上的功率。

【解】 选定各支路电流 I_1、I_2、I_3 的参考方向及回路绕行方向如图 1-20 所示。

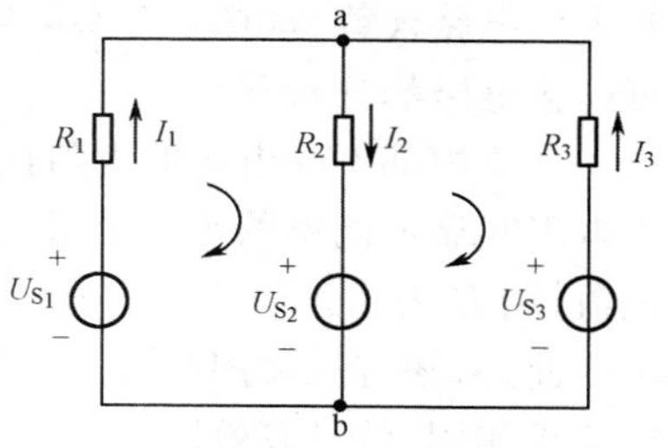

据 KCL 可得

节点 a $\qquad\qquad I_1 - I_2 + I_3 = 0 \qquad\qquad (1)$

据 KVL 可得

左网孔 $\qquad R_1 I_1 + R_2 I_2 + U_{S_2} - U_{S_1} = 0 \qquad (2)$

右网孔 $\qquad -R_3 I_3 + U_{S_3} - U_{S_2} - R_2 I_2 = 0 \qquad (3)$

将方程(1)、(2)、(3)联立,解得

$$I_1 = 2.5\ \text{A}, \qquad I_2 = 2.25\ \text{A}, \qquad I_3 = -0.25\ \text{A}$$

各元件功率如下:

$$P_{U_{S_1}} = -U_{S_1} I_1 = -15 \times 2.5 = -37.5\ \text{W} \quad (\text{发出功率 } 37.5\ W)$$

$$P_{U_{S_2}} = U_{S_2} I_2 = 3 \times 2.25 = 6.75\ \text{W} \quad (\text{吸收功率 } 6.75\ W)$$

$$P_{U_{S_3}} = -U_{S_3} I_3 = -6 \times (-0.25) = 1.5\ \text{W} \quad (\text{吸收功率 } 1.5\ W)$$

$$P_{R_1} = I_1^2 R_1 = 2.5^2 \times 3 = 18.75\ \text{W} \quad (\text{吸收功率 } 18.75\ W)$$

$$P_{R_2} = I_2^2 R_2 = 2.25^2 \times 2 = 10.125\ \text{W} \quad (\text{吸收功率 } 10.125\ W)$$

$$P_{R_3} = I_3^2 R_3 = (-0.25)^2 \times 6 = 0.375\ \text{W} \quad (\text{吸收功率 } 0.375\ W)$$

图 1-20 例 1-3 电路

由以上计算结果可以看出,电路中各元件发出的功率总和等于吸收功率总和,这就是电路的"功率平衡"。功率平衡是能量守恒定律在电路中的体现。

1.6 等效变换法

1.6.1 基本概念

1. 二端网络

具有两个端钮与外电路相连的网络叫二端网络,也称单口网络。二端网络根据其内部是否包含电源(独立源),分为无源二端网络和有源二端网络。每一个二端元件就是一个最简单的二端网络。

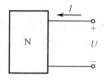

图 1-21 所示为二端网络的一般符号。二端网络端钮上的电流 I、端钮间的电压 U 分别叫做端口电流和端口电压。图 1-21 中端口电压 U 和端口电流 I 的参考方向对二端网络来说是关联一致的,UI 应看成该网络消耗的功率。端口的电压、电流关系又称二端网络的外特性。

图 1-21 二端网络

2. 等效变换

当一个二端网络与另一个二端网络的端口电压电流关系完全相同时,这两个二端网络对外部来说叫做等效网络。等效网络的内部结构虽然不同,但对外部电路而言,它们的作用和影响完全相同。换言之,等效网络互换后,虽然其内部结构发生了变化,但它们的外特性没有改变,因此对外电路的影响也就不会改变。因此所说的"等效"是对网络以外的电路而言的,是对外部等效。

求一个二端网络等效网络的过程叫做等效变换。等效变换是电路理论中一个非常重要的概念,它是简化电路的一种常用方法。因此,在实际应用中,通常将电路中的某些二端网络用其等效电路代替,这样不会影响电路其余部分的支路电压和电流,但由于电路规模的减小,则可简化电路的分析和计算。

一个内部不含电源的电阻性二端网络(即无源二端网络),总有一个电阻元件与之等效,这个电阻叫做该网络的等效电阻。其数值等于该网络在关联参考方向下端口电压与端口电流的比值,用 R 表示。

此外,还有三端网络、四端网络、……、N 端网络。两个 N 端网络,如果对应各端钮间电压电流关系相同,就是等效网络。

1.6.2 两种实际电源模型的等效变换

1.3.2 节中介绍过实际电源的两种电路模型,即电压源与电阻的串联组合和电流源与电阻的并联组合。在电路分析中常常要求两种电源模型之间进行等效变换,以简化电路,从而便于分析和计算。

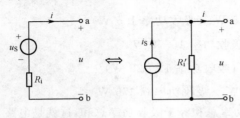

（a）实际电压源模型　　（b）实际电流源模型

图 1-22　两种电源模型的等效变换

图 1-22 给出了实际电源的两种模型。所谓等效仍然是指外部等效。要求等效变换前后,两种模型的外特性即端钮处电压电流关系不变。也就是与相同外电路联接的端钮 a、b 之间电压相同时,两模型端钮上的电流也必须相同(大小相等,参考方向相同)。

图 1-22(a)是电压源与电阻串联的模型,输出电压 $u = u_{\mathrm{S}} - i R_{\mathrm{i}}$,也可表示为

$$i = \frac{u_{\mathrm{S}} - u}{R_{\mathrm{i}}} = \frac{u_{\mathrm{S}}}{R_{\mathrm{i}}} - \frac{u}{R_{\mathrm{i}}}$$

图 1-22(b)是电流源与电阻并联的模型,输出电流为

$$i = i_{\mathrm{S}} - \frac{u}{R'_{\mathrm{i}}}$$

根据等效的含义,上面两个式子中对应项应该相等,即

$$\left.\begin{array}{l} i_{\mathrm{S}} = \dfrac{u_{\mathrm{S}}}{R_{\mathrm{i}}} \\[2mm] R'_{\mathrm{i}} = R_{\mathrm{i}} \end{array}\right\} \tag{1-14}$$

应用式(1-14)进行等效变换时,应该注意变换前后电流源与电压源参考方向的对应关系:电流源的参考方向应与电压源的参考"-"极到参考"+"极的方向一致,反过来也是一样,如图 1-22 所示。

【例 1-4】　在图 1-23(a)所示电路中,计算电阻 R_2 中的电流 I_2。

【解】　首先将图 1-23(a)中 I_{S} 与 R_1 的并联组合电路,等效变换成 U_{S1} 与 R_1 的串联组合电路,如图 1-23(b)所示。其中

$$U_{\mathrm{S1}} = R_1 I_{\mathrm{S}} = 6 \times 8 = 48 \text{ V}$$

再将图 1-23(b)中 U_{S1}、U_{S2} 的串联电路等效变换为 U_{S},如图 1-23(c)所示,注意 U_{S1} 与 U_{S2} 的参考方向是相反的,所以

$$U_{\mathrm{S}} = U_{\mathrm{S1}} - U_{\mathrm{S2}} = 48 - 18 = 30 \text{ V}$$

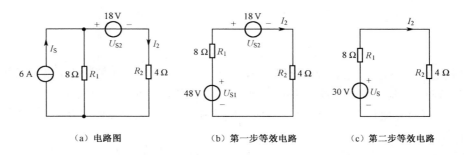

| （a）电路图 | （b）第一步等效电路 | （c）第二步等效电路 |

图 1-23　例 1-4 电路

最后由图 1-23(c)计算出电流 I_2，

$$I_2 = \frac{U_S}{R_1 + R_2} = \frac{30}{8 + 4} = 2.5 \ \text{A}$$

由以上例题可以看出,利用两种电源模型的等效变换可以简化含源电路,从而使电路的分析变得简便。这种分析电路的方法称为等效变换法。利用等效变换法分析电路时需要注意,等效变换只能等效待求支路以外的部分,否则,待求物理量就会因此而消失。

1.7　节点电压法

1.7.1　节点电压及节点电压方程

1.5 节介绍的支路电流分析法实际上是应用基尔霍夫定律,以各支路电流为未知量列方程进行求解的方法。显然,这种分析方法只适于求解支路数比较少的电路,当电路中支路数较多时,再以各支路电流为未知量列方程就非常麻烦。为此,本节介绍一种新的分析方法,叫做节点电压分析法,简称节点法。节点法在计算机辅助电路分析中经常被采用。

节点法是这样的:首先选电路中某一节点作为参考点(其电位为零),其他各节点到参考点的电压称为该节点的节点电压(实际上就是该节点的电位),一般用 V 表示。然后以节点电压为未知量,应用 KCL 列出各节点的 KCL 方程,解方程得到节点电压,继而以节点电压为依据,求出各支路电流。节点法的理论根据是基尔霍夫电流定律。

图 1-24 所示电路共有 4 个节点,选节点 4 为参考节点,则 $V_4 = 0$,其他各节点到参考节点的电压(即各节点的电位)分别是 V_1、V_2、V_3。则各支路电流可用节点电压表示为

$$I_2 = G_2(V_1 - V_2) \qquad I_3 = G_3 V_2$$
$$I_4 = G_4 V_3 \qquad I_5 = G_5(V_1 - V_3)$$

对各节点列 KCL 方程并利用以上各式可写出

节点 1　　$G_2(V_1 - V_2) + G_5(V_1 - V_3) = I_{S1}$

节点 2　　$G_3 V_2 - G_2(V_1 - V_2) = I_{S6}$

节点 3　　$G_4 V_3 - G_5(V_1 - V_3) = -I_{S6}$

整理得

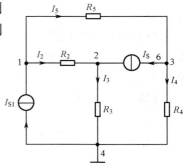

图 1-24　节点分析法举例

$$
\begin{cases}
(G_2 + G_5)V_1 - G_2V_2 - G_5V_3 = I_{S1} \\
-G_3V_1 + (G_2 + G_3)V_2 = I_{S6} \\
-G_5V_1 + (G_4 + G_5)V_3 = -I_{S6}
\end{cases}
$$

这样就把以支路电流为变量的电流方程转变为以节点电压为变量的方程,解方程求得 V_1、V_2、V_3,就可以进一步分析各支路电流,而方程数目却大为减少。电路有 n 个节点,必须要列($n-1$)个以节点电压为变量的节点方程。显然对多支路、少节点的电路来说,这种方法是比较适宜的。

上式中,令 $G_{11} = G_2 + G_5$,$G_{22} = G_2 + G_3$,$G_{33} = G_4 + G_5$,G_{11}、G_{22}、G_{33} 分别为节点 1、节点 2、节点 3 的自导,是分别连接到节点 1、2、3 的所有支路电导之和。用 G_{12} 和 G_{21}、G_{13} 和 G_{31}、G_{23} 和 G_{32} 分别表示节点 1 和 2、节点 1 和 3、节点 2 和 3 之间的互导,分别等于相应两节点间公共电导并取负值。本例中,$G_{12} = G_{21} = -G_2$,$G_{13} = G_{31} = -G_5$,$G_{23} = G_{32} = 0$。由于规定各节点电压的参考方向都是由非参考节点指向参考节点的,所以各节点电压在自导中所引起的电流总是流出该节点的,在该节点的电流方程中,这些电流前取"+"号,因而自导总是正的。节点 1、2 或 3 中任意节点电压在其公共电导中所引起的电流则是流入另一个节点的,所以在另一个节点的电流方程中,这些电流前取"−"号。为使节点电压方程的形式整齐而有规律,我们把这类电流前的负号包含在和它们有关的互导中,因而互导总是负的。此外,用 I_{S11}、I_{S22}、I_{S33} 分别表示电流源或电压源流入节点 1、2、3 的电流。本例中,$I_{S11} = I_{S1}$,$I_{S22} = I_{S6}$,$I_{S33} = -I_{S6}$。其中,电流源电流参考方向指向节点时,该电流前取正号,反之取负号;电压源与电阻串联的支路,电压源的参考"+"极指向节点时,等效电流源前取正号,反之取负号。这样写成一般形式为

$$
\begin{cases}
G_{11}V_1 + G_{12}V_2 + G_{13}V_3 = I_{S11} \\
G_{21}V_1 + G_{22}V_2 + G_{23}V_3 = I_{S22} \\
G_{31}V_1 + G_{32}V_2 + G_{33}V_3 = I_{S33}
\end{cases}
\tag{1-15}
$$

式(1-15)是 4 个节点的电路节点电压方程的一般形式。由此不难推出 n 个节点电路节点电压方程的一般形式,读者可自行写出。

1.7.2 节点法应用举例

节点电压分析法为我们分析计算电路又提供了一个有利的工具。用此方法可以求解各支路电流。

【例 1-5】 图 1-25 所示电路中,已知 $U_{S1} = 16$ V,$I_{S3} = 2$ A,$U_{S6} = 40$ V,$R_1 = 4\ \Omega$,$R_1' = 1\Omega$,$R_2 = 10\ \Omega$,$R_3 = R_4 = R_5 = 20\ \Omega$,$R_6 = 10\ \Omega$,$o$ 为参考节点,求节点电压 V_1、V_2 及各支路电流。

【解】 选定各支路电流参考方向如图 1-25 所示。由已知可得

$$
G_{11} = \frac{1}{R_1 + R_1'} + \frac{1}{R_2} + \frac{1}{R_3} + \frac{1}{R_4} = \frac{1}{4+1} + \frac{1}{10} + \frac{1}{20} + \frac{1}{20} = \frac{2}{5}\ \text{S}
$$

$$
G_{22} = \frac{1}{R_3} + \frac{1}{R_4} + \frac{1}{R_5} + \frac{1}{R_6} = \frac{1}{20} + \frac{1}{20} + \frac{1}{20} + \frac{1}{10} = \frac{1}{4}\ \text{S}
$$

$$
G_{12} = G_{21} = -\left(\frac{1}{R_3} + \frac{1}{R_4}\right) = -\left(\frac{1}{20} + \frac{1}{20}\right) = -\frac{1}{10}\ \text{S}
$$

$$
I_{S11} = \frac{U_{S1}}{R_1 + R_1'} - I_{S3} = \frac{16}{4+1} - 2 = 1.2\ \text{A}
$$

$$I_{S22} = I_{S3} + \frac{U_{S6}}{R_6} = 2 + \frac{40}{10} = 6 \text{ A}$$

列出节点电压方程为

$$\begin{cases} \dfrac{2}{5}V_1 - \dfrac{1}{10}V_2 = 1.2 \\ -\dfrac{1}{10}V_1 + \dfrac{1}{4}V_2 = 6 \end{cases}$$

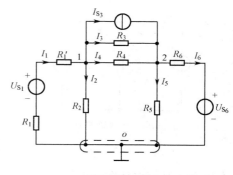

图 1-25　例 1-5 电路

联立解之得

$$V_1 = 10 \text{ V}, \qquad V_2 = 28 \text{ V}$$

根据 $I_1 \sim I_6$ 的参考方向可求得

$$I_1 = -\frac{V_1 - U_{S1}}{R_1 + R'_1} = -\frac{10 - 16}{4 + 1} = 1.2 \text{ A}, \qquad I_2 = \frac{V_1}{R_2} = \frac{10}{10} = 1 \text{ A}$$

$$I_3 = \frac{V_1 - V_2}{R_3} = \frac{10 - 28}{20} = -0.9 \text{ A}, \qquad I_4 = \frac{V_1 - V_2}{R_4} = \frac{10 - 28}{20} = -0.9 \text{ A}$$

$$I_5 = \frac{V_2}{R_5} = \frac{28}{20} = 1.4 \text{ A}, \qquad I_6 = \frac{V_2 - U_{S6}}{R_6} = \frac{28 - 40}{10} = -1.2 \text{ A}$$

1.8　网络定理分析法

1.8.1　叠加定理

叠加定理是分析线性电路的一个重要定理。其表述为:在线性电路中有几个独立源共同作用时,各支路的电流(或电压)等于各独立源单独作用时在该支路产生的电流(或电压)的代数和(叠加)。

使用叠加定理时,应注意以下两点:

(1)在计算某一独立电源单独作用所产生的电流(或电压)时,应将电路中其他独立电压源用短路线代替(即令 $U_S = 0$),其他独立电流源以开路代替(即令 $I_S = 0$)。

(2)功率不是电压或电流的一次函数,故不能用叠加定理来计算功率。

【例 1-6】　在图 1-26(a)所示电路中,用叠加定理求支路电流 I_1 和 I_2。

【解】　根据叠加定理画出叠加电路图如图 1-26 所示。

图 1-26(b)所示为电压源 U_{S1} 单独作用而电流源 I_{S2} 不作用,此时 I_{S2} 以开路代替,则

$$I'_1 = I'_2 = \frac{U_{S1}}{R_1 + R_2} = \frac{20}{10 + 30} = 0.5 \text{ A}$$

I_{S2} 单独作用时,U_{S1} 不起作用,以短路线代替,如图 1-26(c)所示,则

$$I''_1 = I_{S2} \times \frac{R_2}{R_1 + R_2} = 3 \times \frac{30}{10 + 30} = 2.25 \text{ A}$$

$$I''_2 = I_{S2} \times \frac{R_1}{R_1 + R_2} = 3 \times \frac{10}{10 + 30} = 0.75 \text{ A}$$

根据各支路电流总量参考方向与分量参考方向之间的关系,可求得支路电流

$$I_1 = I'_1 - I''_1 = 0.5 - 2.25 = -1.75 \text{ A}$$

$$I_2 = I'_2 + I''_2 = 0.5 + 0.75 = 1.25 \text{ A}$$

根据叠加定理可以推导出另一个重要定理——齐性定理,它表述为:在线性电路中,当所

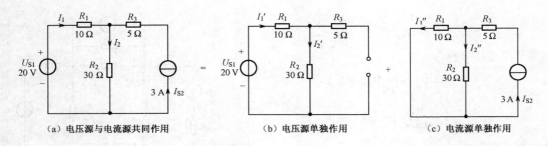

（a）电压源与电流源共同作用　　　（b）电压源单独作用　　　（c）电流源单独作用

图 1-26　例 1-6 电路

有独立源都增大或缩小 k 倍（k 为实常数）时，支路电流或电压也将同样增大或缩小 k 倍。例如，将例 1-6 中各电源的参数做以下调整：$U_{S1} = 40$ V，$I_{S2} = 6$ A，再求支路电流 I_1 和 I_2。很明显，与原电路相比，电源都增大了 1 倍，因此根据齐性定理，各支路电流也同样增大 1 倍，于是得到 $I_1 = -3.5$ A，$I_2 = 2.5$ A。掌握齐性定理有时可使电路的分析快速、简便。

通过以上分析可以看出，叠加定理实际上将多电源作用的电路转化成单电源作用的电路，利用单电源作用的电路进行计算显然非常简单。因此，叠加定理是分析线性电路经常采用的一种方法，望读者务必熟练掌握。

1.8.2　戴维南定理和诺顿定理

在电路中，有时只要分析某一支路的电流或电压，而不需要求电路其余部分的电流或电压。那么，这个待分析支路以外的部分就可看做一个有源二端网络。如果能用一个最简单的电路等效代替这个二端网络，待求支路电流的分析就可以大为简化。这个最简单的电路就是有源二端网络的等效电路。戴维南定理和诺顿定理即提供了该等效电路的求解方法。

1. 戴维南定理

定理内容：任何一个线性有源二端网络，就端口特性而言，可以等效为一个电压源和一个电阻相串联的结构［见图 1-27(a)］。电压源的电压等于有源二端网络端口处的开路电压 u_{oc}；串联电阻 R_o 等于二端网络中所有独立源作用为零时的等效电阻［见图 1-27(b)］。

图 1-27(a)中电压源与电阻的串联支路称为戴维南等效电路，其中串联电阻在电子电路中，当二端网络视为电源时，常称做输出电阻，用 R_o 表示；当二端网络视为负载时，则称做输入电阻，用 R_i 表示。

应用戴维南定理，可以简化线性有源二端网络，进而使电路分析变得简便。

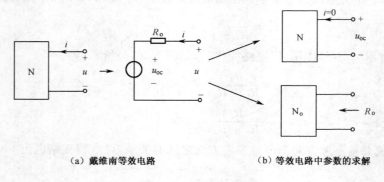

　（a）戴维南等效电路　　　　　　　（b）等效电路中参数的求解

图 1-27　戴维南定理

【例 1-7】 求图 1-28(a)所示有源二端网络的戴维南等效电路。

【解】 首先求有源二端网络的开路电压 U_{oc}。

将 2 A 电流源和 4 Ω 电阻的并联等效变换为 8 V 电压源和 4 Ω 电阻的串联,如图 1-28(b)所示。由于 a、b 两点间开路,所以左边回路是一个单回路(串联回路),因此回路电流为

$$I = \frac{36}{6+3} = 4 \ \text{A}$$

所以
$$U_{oc} = U_{ab} = -8 + 3I = -8 + 3 \times 4 = 4 \ \text{V}$$

再求等效电阻 R_o,图 1-28(b)中所有电压源用短路线代替,如图 1-28(c)所示。则

$$R_o = R_{ab} = 4 + \frac{3 \times 6}{3+6} = 6 \ \Omega$$

所求戴维南等效电路如图 1-28(d)所示。

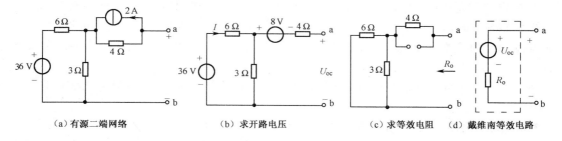

(a) 有源二端网络   (b) 求开路电压   (c) 求等效电阻   (d) 戴维南等效电路

图 1-28 例 1-7 电路

【例 1-8】 电桥电路如图 1-29(a)所示,当 $R = 2 \ \Omega$ 和 $R = 20 \ \Omega$ 时,求通过电阻 R 的电流 I。

【解】 这是一个复杂的电路,如果用前面学过的支路电流法和节点电压法列方程联立求解来分析,当电阻 R 改变时,需要重新列出方程。而用戴维南定理分析,就比较方便。

用戴维南定理分析电路中某一支路电流或电压的一般步骤是:

(1)把待求支路从电路中断开,电路的其余部分便是一个(或几个)有源二端网络。

(2)求有源二端网络的戴维南等效电路,即求 U_{oc} 和 R_o。

(3)用戴维南等效电路代替原电路中的有源二端网络,求出待求支路的电流或电压。

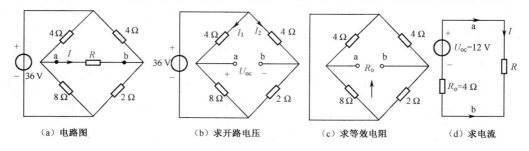

(a) 电路图   (b) 求开路电压   (c) 求等效电阻   (d) 求电流

图 1-29 例 1-8 电路

将图 1-29(a)电路中待求支路断开,得到图 1-29(b)所示有源二端网络。求这个有源二端网络的戴维南等效电路。

在图 1-29(b)中选定支路电流 I_1、I_2 参考方向如图所示。

$$I_1 = \frac{36}{4+8} = 3 \ \text{A}, \qquad\qquad I_2 = \frac{36}{4+2} = 6 \ \text{A}$$

所以图 1-29(b)中 ab 端的开路电压 U_{oc} 为

$$U_{oc} = U_{ab} = 8I_1 - 2I_2 = 8 \times 3 - 2 \times 6 = 12 \text{ V}$$

求等效电阻 R_o，电压源用短路线代替，如图 1-29(c)所示。

$$R_o = R_{ab} = \frac{4 \times 8}{4 + 8} + \frac{4 \times 2}{4 + 2} = 4 \text{ Ω}$$

图 1-29(b)所示的有源二端网络的戴维南等效电路如图 1-29(d)所示，接上电阻 R 即可求出电流 I。

$$R = 2 \text{ Ω 时,} \qquad I = \frac{U_{oc}}{R_o + R} = \frac{12}{4 + 2} = 2 \text{ A}$$

$$R = 20 \text{ Ω 时,} \qquad I = \frac{U_{oc}}{R_o + R} = \frac{12}{4 + 20} = 0.5 \text{ A}$$

2. 诺顿定理

诺顿定理研究的对象也是线性有源二端网络。其内容表述为：任何一个线性有源二端网络，就端口特性而言，可以等效为一个电流源和一个电阻相并联的形式。电流源的电流等于二端网络端口处的短路电流 i_{sc}；并联电阻 R_o 等于二端网络中所有独立源作用为零时的等效电阻。

电流源与电阻的并联模型称为诺顿等效电路。应用诺顿定理，同样可以简化线性有源二端网络。

【例 1-9】 求图 1-30(a)所示有源二端网络的诺顿等效电路。

【解】 首先求 a、b 两点间的短路电流 I_{sc}，如图 1-30(b)所示，选定电流 I_1、I_2 参考方向如图所示。

$$I_1 = \frac{8}{2} = 4 \text{ A}, \qquad I_2 = \frac{12}{6} = 2 \text{ A}$$

根据 KCL $\qquad\qquad I_1 = I_2 + I_{sc}$

所以短路电流 $\qquad\qquad I_{sc} = I_1 - I_2 = 4 - 2 = 2 \text{ A}$

再求等效电阻 R_o，将图 1-30(a)中电压源用短路线代替，得无源二端网络 ab 如图 1-30(c)所示。则

$$R_o = R_{ab} = \frac{2 \times 6}{2 + 6} = 1.5 \text{ Ω}$$

求得诺顿等效电路如图 1-30(d)所示。

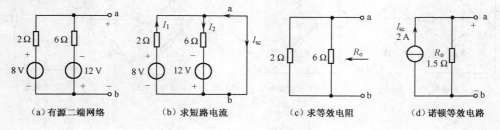

(a) 有源二端网络　　　(b) 求短路电流　　　(c) 求等效电阻　　　(d) 诺顿等效电路

图 1-30　例 1-9 电路

当有源二端网络内部含受控源时，在它内部的独立电源作用为零时，等效电阻 R_o 有可能为零或为无穷大。当 $R_o = 0$ 时，等效电路成为一个电压源，这种情况下，对应的诺顿等效电路就不存在，因为等效电导 $G_o = \infty$。同理，如果 $R_o = \infty$ 即 $G_o = 0$，诺顿等效电路就成为一个电流源，这种情况下，对应的戴维南等效电路就不存在。通常情况下，两种等效电路是同时存在

的。R_o 也有可能是一个线性负电阻。

戴维南-诺顿定理是电路中非常重要的定理,它们不仅指出了线性有源二端网络最简等效电路的结构形式,还给出了直接求解等效电路中参数的方法。这样一来,对于任何线性有源二端网络,应用定理可以直接将其化简。此外,定理还有一个突出的特点,即实践性强。其等效电路中的三个参数 U_{oc}、i_{sc} 和 R_o 可以直接测得。图 1-31 便是测量三个参数的电路。图 1-31(a) 中,将电压表并接在二端网络的输出端,则电压表的测量值近似为端口处的开路电压 u_{oc};图 1-31(b) 中,将电流表串接在二端网络的输出端,则电流表的测量值近似为端口处的短路电流 i_{sc},然后利用公式 $R_o = \dfrac{u_{oc}}{i_{sc}}$ 即可求出等效电阻 R_o。

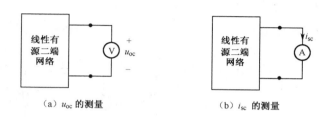

(a) u_{oc} 的测量   (b) i_{sc} 的测量

图 1-31 戴维南-诺顿等效电路中参数的测量方法

1.8.3 最大功率传输定理

本节介绍戴维南-诺顿定理的一个重要应用。在测量、电子和信息工程的电子设备设计中,常常遇到电阻负载如何从电路获得最大功率的问题。这类问题可以抽象为图 1-32(a) 所示的电路模型来分析。

网络 N 表示供给负载能量的有源线性二端网络,它可用戴维南等效电路来代替,如图 1-32(b) 所示。R_L 表示获得能量的负载。这里我们要讨论的问题是负载电阻 R_L 为何值时,可以从二端网络获得最大功率。利用数学知识,可以得知:当负载电阻 R_L 与有源二端网络的等效电阻 R_o 相等时,R_L 能获得最大功率。满足 $R_L = R_o$ 条件时,称为最大功率匹配,此时负载电阻 R_L 获得的最大功率为

$$P_{max} = \frac{u_{oc}^2}{4R_o} \qquad (1\text{-}16)$$

若用诺顿等效电路,则最大功率表示为

$$P_{max} = \frac{i_{sc}^2}{4G_o} \qquad (1\text{-}17)$$

以上结论就是最大功率传输定理。

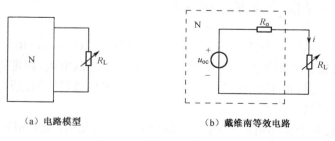

(a) 电路模型   (b) 戴维南等效电路

图 1-32 最大功率传输定理

满足最大功率匹配条件时,R_o吸收功率与R_L吸收功率相等,对电压源u_{oc}而言,功率传输效率$\eta=50\%$。对二端网络中 N 中的独立源而言,效率可能更低。因此,只有在小功率的电子电路中,由于常常要着眼于从微弱信号中获得最大功率,而不看重效率的高低,这时实现最大传输功率才有现实意义;而在大功率的电力系统中,为了实现最大功率传输,以便更充分地利用能源,如此低的传输效率是不允许的,因此不能采用功率匹配条件。

【例 1-10】 电路如图 1-33(a)所示。试求:(1)R_L为何值时获得最大功率;(2)R_L获得的最大功率;(3)10 V 电压源的功率传输效率。

【解】 (1)断开负载R_L,求得二端网络 N 的戴维南等效电路参数为

$$U_{oc}=\frac{2}{2+2}\times 10=5 \text{ V}, \qquad R_o=\frac{2\times 2}{2+2}=1 \text{ }\Omega$$

如图 1-33(b)所示,由此可知当$R_L=R_o=1 \text{ }\Omega$时可获得最大功率。

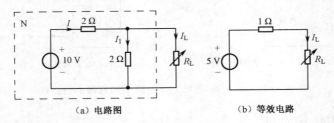

(a) 电路图　　　　　　　(b) 等效电路

图 1-33　例 1-10 电路

(2)由式(1-16)求得R_L的最大功率为

$$P_{\max}=\frac{u_{oc}^2}{4R_o}=\frac{25}{4\times 1}=6.25 \text{ W}$$

(3)先计算 10 V 电压源发出的功率。当$R_L=1 \text{ }\Omega$时,

$$I_L=\frac{U_{oc}}{R_o+R_L}=\frac{5}{2}=2.5 \text{ A}$$

$$U_L=R_L I_L=2.5 \text{ V}$$

$$I=I_1+I_L=(\frac{2.5}{5}+2.5)=3.75 \text{ A}$$

$$P=10\times 3.75=37.5 \text{ W}$$

10 V 电压源发出 37.5 W 功率,电阻R_L吸收功率 6.25 W,则电压源的功率传输效率为

$$\eta=\frac{6.25}{37.5}\%\approx 16.7\%$$

1.9　应用——惠斯登电桥测电阻

欧姆计是测量电阻的一个最简单的方法,用惠斯登(Wheatstone)电桥测电阻能达到更高的精度。欧姆计可设计成用于测量小量程、中量程和大量程的电阻,而惠斯登电桥则是用于测量中量程范围内的电阻,如 1 Ω 到 1 MΩ 之间。很低的电阻值可以用毫欧计测量,而很高的电阻值可以用兆欧表测量。

惠斯登电桥电路(或称为电阻桥)在很多场合有它的应用,这里介绍用它来测量一个未知电阻。未知电阻R_x接到桥电路的桥臂上,如图 1-34 所示。调节可变电阻一直到没有电流流过检流计为止,检流计像微安培表那样作为一个灵敏的电流指示装置。当$u_1=u_2$时,桥被称

为"平衡"了。因为没有电流流过检流计，R_1 和 R_2、R_3 和 R_x 分别如同串联一样，利用分压定理有

$$U_1 = \frac{R_2}{R_1 + R_2} U_s = U_2 = \frac{R_x}{R_3 + R_x} U_s \qquad (1\text{-}18)$$

或者

$$\frac{R_2}{R_1 + R_2} = \frac{R_x}{R_3 + R_x} \Rightarrow R_2 R_3 = R_1 R_x$$

则

$$R_x = \frac{R_3}{R_1} R_2 \qquad (1\text{-}19)$$

若 $R_1 = R_3$，R_2 调到检流计没有电流指示，则 $R_x = R_2$。

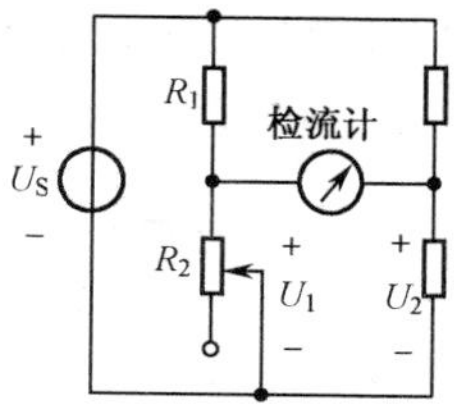

图 1-34 惠斯登电桥测电阻

惠斯登电桥不平衡时，如何寻求流过检流计的电流？以检流计两端作为端点求出桥的戴维南等效电路的两个参数 U_{oc} 和 R_o。设检流计的电阻是 R_g，则流经检流计的电流为

$$I = \frac{U_{oc}}{R_o + R_g} \qquad (1\text{-}20)$$

本章小结

1. 由理想元件组成的电路称为实际电路的电路模型。电路的基本物理量有电流、电压和功率。它们都是具有正负的代数量，电流、电压的正负表明实际方向与参考方向的关系；功率正负表明元件发出功率或吸收功率。

2. 电阻是一种耗能元件，欧姆定律揭示了线性电阻电压、电流之间的约束关系，即电阻元件的 VCR。实际电阻器在使用时要注意它的额定电压、额定电流和额定功率。

3. 电源分独立源和受控源。独立源又分为电压源和电流源，它们是忽略了实际电源的内阻而抽象出来的理想化模型。受控源的输出量具有受控性，它有电压控制电压源、电压控制电流源、电流控制电压源、电流控制电流源四种类型。

4. 基尔霍夫定律是任何集总参数电路都适用的基本定律。它揭示了元件的互联规律。该定律分为 KCL 和 KVL 两方面内容，分别揭示了互联电路中电流电压满足的规律。应用基尔霍夫定律分析电路的方法称为支路电路法。

5. 等效变换是电路中非常重要的概念，是化简电路常用的方法。利用两种电源模型的等效变换，可以化简电路，使计算简便。

6. 以独立节点的电压作为变量根据 KCL 列写节点电压方程，解方程求出节点电压，进而求出各支路电流及其他物理量，这种方法称节点电压分析法。节点法对于分析支路较多的电路尤为方便。在计算机辅助电路分析中，也常采用这两种方法分析电路。

7. 叠加定理适用于有唯一解的任何线性电阻电路。它允许用分别计算每个独立源产生的电压或电流，然后相加的方法，求得含多个独立电源的线性电阻电路的电压或电流。

8. 戴维南定理和诺顿定理研究的是线性含源单口网络，它们分别指出了线性含源单口网络的等效电路模型。应用这两个定理可以简化复杂的含源电路，从而使电路分析变得简便。

9. 最大功率传输定理阐明了输出电阻 R_o 大于零的任何含源线性电阻单口网络向可变电阻传输最大功率的条件是 $R_L = R_o$，最大功率为 $P_{max} = \frac{u_{oc}^2}{4R_o}$ 或 $P_{max} = \frac{i_{sc}^2}{4G_o}$。

习题一

1-1 试写出题图 1-1 所示各电路中电压 U_{ab} 和电流 i 的关系式。

1-2 电路如题图 1-2 所示。已知 16 V 电压源发出 8 W 功率。试求电压 U 和电流 I 及未知元件的功率，并判断是吸收还是输出功率。

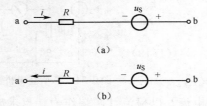

题图 1-1

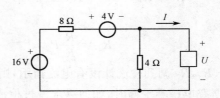

题图 1-2

1-3 电路如题图 1-3 所示，试写出各节点的 KCL 方程和各回路的 KVL 方程，并求各电流源的电压和功率，并判断是吸收还是输出功率。

1-4 在题图 1-4 电路中，已知①、②、③各点电位分别为 $V_1 = 20$ V，$V_2 = 12$ V，$V_3 = 18$ V。(1)试写出各节点的 KCL 方程和各回路的 KVL 方程；(2)求：各支路电流。

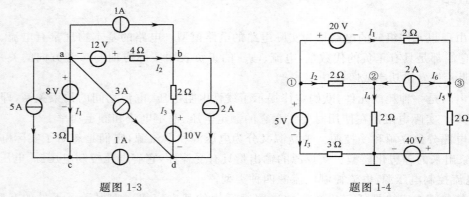

题图 1-3   题图 1-4

1-5 题图 1-5 所示电路中，已知 $U_{S1} = 15$ V，$U_{S2} = 4$ V，$U_{S3} = 3$ V，$R_1 = 1$ Ω，$R_2 = 4$ Ω，$R_3 = 5$ Ω，求回路 I 和 U_{ab}、U_{cb} 的值。

1-6 题图 1-6 所示电路中，已知 a、b 两点间电压 $U_{ab} = 8$ V，其余参数如图所示。求支路电流 I_1、I_2 和 I_3，电流源电流 I_S 及其端电压 U。

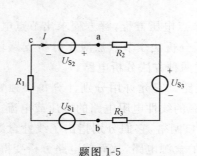

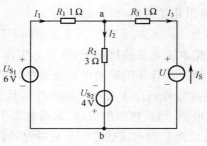

题图 1-5   题图 1-6

1-7 电路及参数如题图 1-7 所示，a、b 两点间开路，试求 U_{ab}。

1-8 题图 1-8 电路中，已知 $U_{S1} = 6$ V，$U_{S2} = 4$ V，$R_1 = R_2 = 1$ Ω，$R_3 = 4$ Ω，$R_4 = R_5 = 3$ Ω，$R_6 = 5$ Ω，选 o 点为参考点。求 a、b、c、d 各点电位。

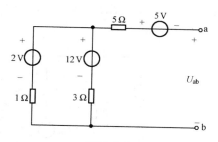

题图 1-7

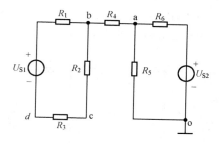

题图 1-8

1-9 电路如题图 1-9 所示,选 o 点为参考点,求 a、b 两点的电位及 U_{ac}。

1-10 求题图 1-10 所示电路中电压表的读数。

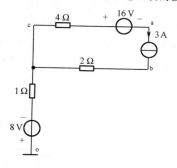

题图 1-9

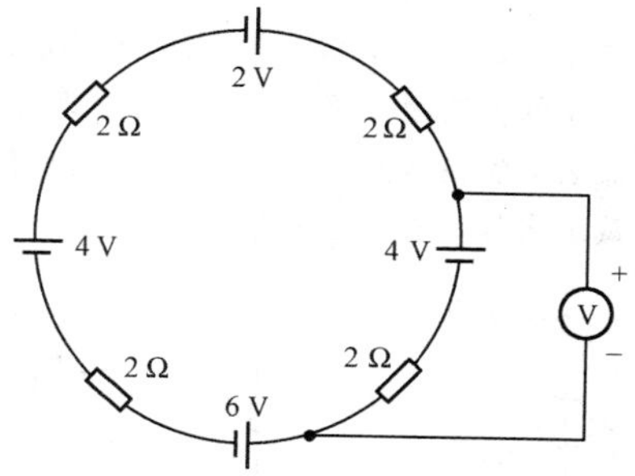

题图 1-10

1-11 用等效变换的方法将题图 1-11 所示有源二端网络化简成最简形式。

1-12 利用电源模型的等效变换,求题图 1-12 所示电路中 2 Ω 电阻的电流 I。

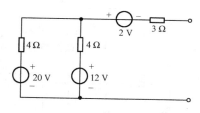

题图 1-11

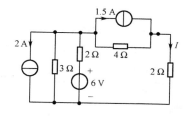

题图 1-12

1-13 在题图 1-13 电路中,已知自导 $G_{11} = 1$ S。(1)求电阻 R 的值;(2)若要使节点电压 $V_1 = 0$,求电压源 U_{S2} 应为多少。

1-14 题图 1-14 电路中,已知支路电流 $I_2 = 0$,求电压源 U_{S1} 的值。

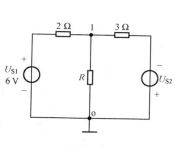

题图 1-13

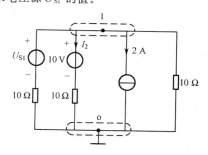

题图 1-14

1-15 题图 1-15 所示电路中,已知 $R_1 = 3$ Ω,$R_2 = 6$ Ω,$R_3 = 6$ Ω,$R_4 = 2$ Ω,$I_{s1} = 3$ A,$U_{S2} = 12$ V,$U_{S4} = 10$ V,各支路电流参考方向如图所示,利用节点电压法求各支路电流。

1-16 电路如题图 1-16 所示,已知 $U_{S1} = 100$ V, $U_{S3} = 25$ V, $I_S = 2$ A, $R_1 = R_2 = 50$ Ω, $R_3 = 25$ Ω,求节点电压 V_1 和各支路电流 I_1、I_2 和 I_3。

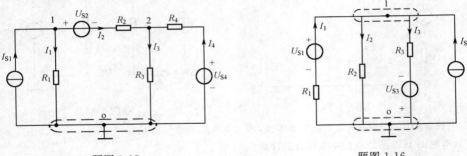

题图 1-15

题图 1-16

1-17 求题图 1-17 所示有源二端网络 ab 的戴维南等效电路和诺顿等效电路。

1-18 用实验的方法测有源二端网络的等效电路,其电路如题图 1-18 所示。调节可变电阻使 $R = 4$ Ω,电流表电流指示为零;调节可变电阻使 $R = 8$ Ω,电流表指针正偏读数为 0.25 A,试求有源二端网络戴维南等效电路的参数 U_{oc} 和 R_i。

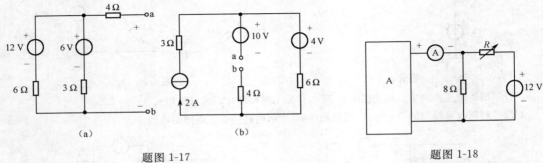

(a)   (b)

题图 1-17   题图 1-18

1-19 电路如题图 1-19(a)和(b)所示。已知 $U = 12.5$ V, $I = 10$ mA。求该二端网络的戴维南等效电路。

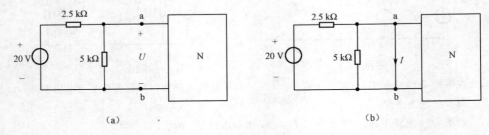

(a)   (b)

题图 1-19

1-20 用戴维南定理求题图 1-20 所示电路中的电流 I。

1-21 用叠加定理求题图 1-21 所示二端网络的端口电压电流关系。

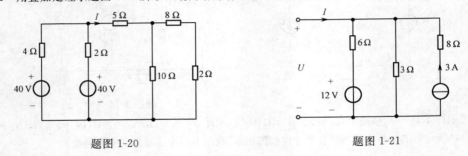

题图 1-20   题图 1-21

1-22 题图 1-22 电路中,已知 $U_{S1} = 15$ V,$I_{S2} = 3$ A,$R_1 = 1$ Ω,$R_2 = 3$ Ω,$R_3 = 2$ Ω,$R_4 = 1$ Ω,利用叠加定理求 a、b 两点间电压 U_{ab}。

1-23 题图 1-23 电路中,已知 $U_{S1} = 12$ V,$I_{S2} = 3$ A,$R_1 = 2$ Ω,$R_2 = 8$ Ω,$R_3 = 3$ Ω,$R_4 = 6$ Ω,$R = 4$ Ω,用叠加定理求电阻 R 中的电流 I。

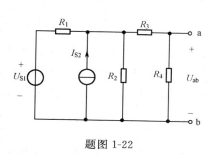

题图 1-22

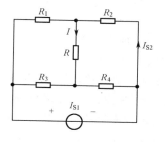

题图 1-23

1-24 求题图 1-24 电路中,负载电阻 $R_L = 80$ Ω,160 Ω,240 Ω 时所吸收的功率。

1-25 电路及参数如题图 1-25 所示,求负载电 R_L 为何值时可获得最大功率? 并计算最大功率。

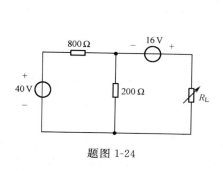

题图 1-24

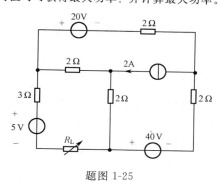

题图 1-25

第2章 正弦稳态交流电路

第1章已经讨论了直流电路。电解、电镀、电车、电力机车、电子线路（如收音机、电视机）的电源等都使用直流电。但应用更广泛的还是正弦交流电，它是随时间按正弦规律变化的电压、电流和电动势的统称，简称正弦量。本章主要学习分析正弦稳态交流电路的一般方法。正弦稳态电路的重要特点是，电路中响应与激励的变化规律完全相同。这也是稳态电路与动态电路的本质区别，关于动态电路将在第4章学习。

对于正弦稳态交流电路的分析，其重要性在于：(1)很多实际电路都工作于正弦稳态；(2)用相量法分析正弦稳态十分有效；(3)已知电路的正弦稳态响应，可以得到任意波形信号激励下的响应。

2.1 正弦交流电路的基本概念

2.1.1 正弦量的瞬时值

与直流电不同，正弦交流电的大小、方向随时间不断变化，即一个周期内，正弦量在不同瞬间具有不同的值，将此称为正弦量的瞬时值，一般用小写字母如 $i(t_k)$、$u(t_k)$ 或 i、u 来表示 t_k 时刻正弦电流、电压的瞬时值。

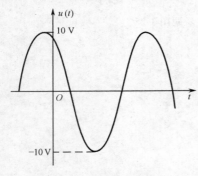

图 2-1 正弦电压的波形

表示正弦量的瞬时值随时间变化规律的数学式叫做正弦量的瞬时值表达式，也叫解析式，用 $i(t)$，$u(t)$ 或 i、u 表示。表示正弦量的瞬时值随时间变化规律的图像叫正弦量的波形。图 2-1 所示为一个正弦电压的波形。

正弦电压 $u(t)$ 的解析式可写为

$$u(t) = U_m \sin(\omega t + \phi_u) \tag{2-1}$$

同样，正弦电流 $i(t)$ 的解析式为

$$i(t) = I_m \sin(\omega t + \phi_i) \tag{2-2}$$

需要说明的是，同一交流量，如果参考方向选择相反，那么瞬时值和解析式都相差一个负号，波形相对横轴（时间轴）相反。因此画交流量的波形和确定解析式时，必须先选定参考方向。

2.1.2 正弦量的三要素

由式(2-1)和(2-2)不难看出，一个正弦量是由振幅、角频率和初相来确定的，称为正弦量的三要素。它们分别反映了正弦量的大小、变化的快慢及初始值三方面的特征。

1. 振幅 U_m（或 I_m）

正弦量瞬时值中的最大值叫振幅，也叫峰值，振幅用来反映正弦量的幅度大小。有时提及的峰-峰值是指电压正负变化的最大范围，即等于 $2U_m$。必须注意，振幅总是取绝对值，即正值。

2. 角频率 ω

角频率 ω 是正弦量在每秒钟内变化的电角度，单位是弧度/秒（rad/s）。正弦量每变化一个周期 T 的电角度相当于 2π 电弧度，因此角频率 ω 与周期 T 及频率 f 的关系如下：

$$\omega = \frac{2\pi}{T} = 2\pi f \qquad (2-3)$$

这里提到了正弦量的周期和频率。所谓周期，就是交流电完成一个循环所需的时间，用字母 T 表示，电位为秒（s）。单位时间内交流电循环的次数称为频率，用 f 表示，据此定义可知，频率与周期互为倒数关系。频率的单位是 1/秒，又称赫兹（Hz），工程实际中常用的单位还有 kHz、MHz 及 GHz 等，相邻两个单位之间是 10^3 进制。工程实际中，往往也以频率区分电路，如高频电路、低频电路。

我国和世界上大多数国家，电力工业的标准频率即所谓的"工频"是 $f = 50$ Hz，其周期为 0.02 s，少数国家（如美国、日本）的工频为 60 Hz。在其他技术领域中也用到各种不同的频率，如声音信号的频率为 $20 \sim 20\,000$ Hz，广播中频段载波频率为 $535 \sim 1\,605$ Hz，电视用的频率以 MHz 计，高频炉的频率为 $200 \sim 300$ kHz，目前无线电波中频率最高的是激光，其频率可达 10^6 MHz（即 1 GHz）以上。

角频率 ω、周期 T、频率 f 都可用来反映正弦量随时间变化的快慢。

3. 相位和初相

（1）相位

在正弦量的解析式（2-1）和式（2-2）中的（$\omega t + \phi$）是随时间变化的电角度，它决定了正弦量每一瞬间的状态，称为正弦量的相位角或相位，单位是弧度（rad）或度（°）。

（2）初相

初相是正弦量在 $t = 0$ 时刻的相位，用 ϕ 表示，规定 $|\phi| \leqslant \pi$。初相反映了正弦量在 $t = 0$ 时的状态。需要注意的是，初相的大小和正负与计时起点（即 $t = 0$ 时刻）的选择有关，选择不同，初相则不同，正弦量的初始值也随之不同。图 2-2 给出了几种不同计时起点的正弦电流的波形。由波形可以看出在一个周期内正弦量的瞬时值两次为零。现规定：靠近计时起点最近的，并且由负值向正值变化所经过的那个零值叫做正弦量的零值，简称正弦零值。正弦量初相的绝对值就是正弦零值到计时起点（坐标原点）之间的电角度。初相的正负这样判断：看正弦零值与计时起点的位置，若正弦零值在计时起点之左，则初相为正，如图 2-2（a）所示；若在右边，则为负值，如图 2-2（b）所示；若正弦零值与计时起点重合，则初相为零，如图 2-2（c）所示。

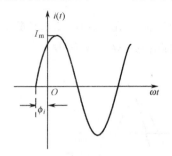

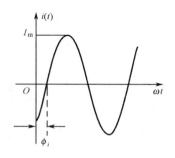

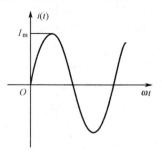

（a）初相位 $\phi > 0$ 的情况　　　（b）初相位 $\phi < 0$ 的情况　　　（c）初相位 $\phi = 0$ 的情况

图 2-2　正弦电流的波形

【例 2-1】　图 2-3 给出一正弦电流的波形,试根据所给条件确定该正弦电流的三要素,并写出其解析式。

【解】　由波形图可知:

电流振幅　　　　$I_m = 20$ A

周期　　$T = (25-5) \times 2 = 40$ ms $= 0.04$ s

角频率　　$\omega = \dfrac{2\pi}{T} = \dfrac{2\pi}{0.04} = 50\pi$ rad/s

图 2-3　例 2-1 用图

假定此电流的解析式为

$$i(t) = 20\sin(50\pi t + \phi_i) \text{ A}$$

由图可知正弦电流在 $t = 5$ ms 时,$i = 0$,即

$$20\sin(50\pi \times 0.05 + \phi_i) = 0$$

因此　　　　　　　　$50\pi \times 0.05 + \phi_i = 0$

$$\phi_i = -\frac{\pi}{4}$$

此正弦电流的解析式为

$$i(t) = 20\sin(50\pi t - \frac{\pi}{4}) \text{ A}$$

2.1.3　相位差

两个同频率正弦量的相位之差,称为相位差,用 φ 表示。同样规定 $|\varphi| \leqslant \pi$。现有两个同频率的正弦电流

$$i_1(t) = I_{1m}\sin(\omega t + \phi_1)$$
$$i_2(t) = I_{2m}\sin(\omega t + \phi_2)$$

它们的相位差为

$$\varphi = (\omega t + \phi_1) - (\omega t + \phi_2) = \phi_1 - \phi_2 \qquad (2\text{-}4)$$

式(2-4)表明两个同频率正弦量的相位之差等于它们的初相之差。相位差不随时间变化,与计时起点也没有关系。通常用相位差 φ 的量值来反映两同频率正弦量在时间上的"超前"和"滞后"关系。以式(2-4)为例,若 $\varphi = \phi_1 - \phi_2 > 0$,表明 $i_1(t)$ 超前 $i_2(t)$,超前的角度为 φ;若 $\varphi = \phi_1 - \phi_2 < 0$,表明 $i_1(t)$ 滞后 $i_2(t)$,滞后的角度为 $|\varphi|$。图 2-4(a)、(b)分别表示电流 $i_1(t)$ 超前 $i_2(t)$ 和 $i_1(t)$ 滞后 $i_2(t)$ 的情况。

同频率正弦量的相位差有 3 种特殊的情况。(1)$\varphi = \phi_1 - \phi_2 = 0$,称电流 $i_1(t)$ 与 $i_2(t)$ 同相;(2)$\varphi = \phi_1 - \phi_2 = \pm\pi/2$,称电流 $i_1(t)$ 与 $i_2(t)$ 正交;(3)$\varphi = \phi_1 - \phi_2 = \pm\pi$,称电流 $i_1(t)$ 与 $i_2(t)$ 反相。

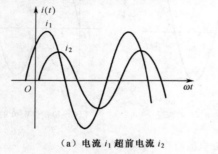
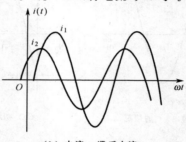

（a）电流 i_1 超前电流 i_2　　　　　　（b）电流 i_1 滞后电流 i_2

图 2-4　同频率正弦电流的相位差

【例 2-2】 已知正弦电压、电流的解析式为

$$u(t) = 311\sin(70\,t - 180°)\ \text{V}$$
$$i_1(t) = 5\sin(70\,t - 45°)\ \text{A}$$
$$i_2(t) = 10\sin(70\,t + 60°)\ \text{A}$$

试求电压 $u(t)$ 与电流 $i_1(t)$ 和 $i_2(t)$ 的相位差并确定其超前滞后关系。

【解】 电压 $u(t)$ 与电流 $i_1(t)$ 的相位差为

$$\varphi = (-180°) - (-45°) = -135° < 0$$

所以 $u(t)$ 滞后 $i_1(t)$ 135°。

电压 $u(t)$ 与电流 $i_2(t)$ 的相位差为

$$\varphi = -180° - 60° = -240°$$

由于规定 $|\varphi| \leqslant \pi$，所以 $u(t)$ 与 $i_2(t)$ 的相位差应为 $\varphi = -240° + 360° = 120° > 0$，因此 $u(t)$ 超前 $i_2(t)$ 120°。

同频率正弦量的相位差不随时间变化，即与计时起点的选择无关。在同一电路中有多个同频率正弦量时，彼此间有一定的相位差。为了分析方便起见，通常将计时起点选得使其中一个正弦量的初相为零，这个被选初相为零的正弦量称为参考正弦量。其他正弦量的初相就等于它们与参考正弦量的相位差。同一电路中的正弦量必须以同一瞬间为计时起点才能比较相位差，因此一个电路中只能选一个正弦量为参考正弦量。这与在电路中只能选一点为电位参考点是同一道理。

2.1.4 正弦量的有效值

由于正弦量的瞬时值是随时间变化的，不便比较其大小，所以通常采用有效值来衡量它们的大小。

正弦量的有效值是根据它的热效应确定的。以正弦电压 $u(t)$ 为例，它加在电阻 R 两端，如果在一个周期 T 内产生的热量与一个直流电压 U 加在同一电阻上产生的热量相同，则定义该直流电压值为正弦电压 $u(t)$ 的有效值。据此定义有

$$\int_0^T \frac{u^2(t)}{R}\mathrm{d}t = \frac{U^2}{R}T$$

如果正弦电压 $u(t)$ 的解析式为 $u(t) = U_\mathrm{m}\sin(\omega t + \phi_u)$，则其有效值 U 为

$$U = \sqrt{\frac{1}{T}\int_0^T u^2(t)\mathrm{d}t} = \sqrt{\frac{1}{T}\int_0^T [U_\mathrm{m}\sin(\omega t + \phi_u)]^2 \mathrm{d}t} = \frac{U_\mathrm{m}}{\sqrt{2}} = 0.707 U_\mathrm{m} \tag{2-5}$$

同理，正弦电流 $i(t) = I_\mathrm{m}\sin(\omega t + \phi_i)$ 的有效值 I 为

$$I = \frac{I_\mathrm{m}}{\sqrt{2}} = 0.707 I_\mathrm{m} \tag{2-6}$$

式(2-5)和式(2-6)表明，振幅为 1 V 的正弦电压(或振幅为 1 A 的正弦电流)，在电路中转换能量方面的实际效果与 0.707 V 的直流电压(或 0.707 A 的直流电流)效果相当。

正弦量的有效值为其振幅值的 $\frac{1}{\sqrt{2}} = 0.707$ 倍。应该注意，式(2-5)和式(2-6)只适用于正弦量。非正弦周期量的有效值与最大值之间不存在这个关系，要按有效值的定义进行计算。通常习惯上用正弦量的有效值表示正弦量大小即幅度，因此有效值可代替振幅作为正弦量的一个要素。

常用的交流仪表所指示的数字均为有效值。交流电机和交流电器铭牌上标的电压或电流也都是有效值。当交流电压表测量出电网电压的读数值(有效值)为 220 V 时,用峰值电压表测出的读数值应为 $U_m = 311$ V。

交流电路中使用电容器、二极管或交流电器设备时,电容器的耐压、二极管的反向击穿电压、交流设备的绝缘耐压等级等,都要根据交流电压的最大值来考虑。

2.2 正弦量的相量表示

前面已经学习了正弦量的两种表示方法,即解析式(三角函数表示法)和正弦量的波形图(正弦曲线表示法)。这两种表示方法都反映了正弦量的三要素,表示出正弦量的瞬时值随时间变化的关系,但是用这两种方法去分析和计算正弦电路就比较烦琐。为了解决这个问题,引入了正弦量的第三种表示方法——相量表示法。相量表示法,实际上采用的是复数表示形式,因此,为了更好地掌握相量表示法,首先我们复习复数的有关知识。

2.2.1 复数的表示形式及运算规则

复数与复平面上的点一一对应,此时复数可用点的横纵坐标,即复数的实部、虚部来描述;

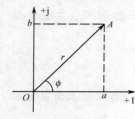

图 2-5 复平面

复数与复平面上带方向的线段(复矢量)也具有一一对应关系,此时复数可用该线段的长度和方向角,即复数的模和幅角来描述。如图 2-5 所示直角坐标系中,实轴(+1)和虚轴(+j)组成一个复平面,该复平面内,点 A 的坐标为 (a,b),复矢量 $\overrightarrow{OA}$ 的长度、方向角分别为 r、ϕ,则它们之间的关系为

$$r = \sqrt{a^2 + b^2}, \qquad \phi = \arctan \frac{b}{a} \qquad (2\text{-}7)$$

或

$$a = r\cos\phi, \qquad b = r\sin\phi \qquad (2\text{-}8)$$

其中 a、b 叫做复数的实部、虚部;r、ϕ 叫做复数的模、幅角,规定幅角 $|\phi| \leqslant \pi$。

1. 复数的表示形式

(1)代数形式
$$A = a + jb \qquad (2\text{-}9)$$

其中 j 叫做虚数单位,且 $j^2 = -1$,$\dfrac{1}{j} = -j$。

(2)三角函数形式
$$A = r\cos\phi + jr\sin\phi \qquad (2\text{-}10)$$

(3)指数形式
$$A = re^{j\phi} \qquad (2\text{-}11)$$

指数形式是根据欧拉公式 $e^{j\phi} = \cos\phi + j\sin\phi$ 得到的。

(4)极坐标形式
$$A = r\angle\phi \qquad (2\text{-}12)$$

2. 复数的运算规则

设两个复数,$A = a_1 + jb_1 = r_1\angle\phi_1$,$B = a_2 + jb_2 = r_2\angle\phi_2$。则复数的运算规则如下。

(1)复数的加减法

复数相加或相减时,一般采用代数形式,实部、虚部分别相加减。即
$$A \pm B = (a_1 \pm a_2) + j(b_1 \pm b_2) \qquad (2\text{-}13)$$

复数相加或相减后,与复数相对应的矢量亦相加或相减。在复平面上进行加减时,其矢量满足

"平行四边形"或"三角形"法则。

（2）复数的乘除法

复数相乘或相除时，以指数形式和极坐标形式进行较为方便。两复数相乘时，模相乘，幅角相加；复数相除时，模相除，幅角相减。以极坐标形式为例

$$AB = r_1 \angle \phi_1 \cdot r_2 \angle \phi_2 = r_1 r_2 \angle \phi_1 + \phi_2 \qquad (2\text{-}14)$$

$$\frac{A}{B} = \frac{r_1 \angle \phi_1}{r_2 \angle \phi_2} = \frac{r_1}{r_2} \angle \phi_1 - \phi_2 \qquad (2\text{-}15)$$

此外，实数 $+1$ 和 -1、虚数 $+j$ 和 $-j$ 是 4 个特殊的复数，它们的极坐标形式分别为 $1 \angle 0°$、$1 \angle 180°$、$1 \angle 90°$ 和 $1 \angle -90°$。记住这 4 个复数，对后面用相量法分析正弦电路会有帮助。

2.2.2 正弦量的相量表示

1. 正弦量的相量表示形式

由前面介绍可知，一个复数可用极坐标形式表示为 $A = r \angle \phi$。假设其中 $r = \sqrt{2}U$，$\phi = \omega t + \phi_u$，则可写出

$$\sqrt{2}U \angle \omega t + \phi_u = \sqrt{2}U\cos(\omega t + \phi_u) + j\sqrt{2}\sin(\omega t + \phi_u)$$

不难看出，该复数的虚部即是一个正弦电压的解析式，而且包含了正弦电压的三要素。因此，将其称为对应于正弦量的相量，表示为 $\dot{U} = U \angle \phi_u$。

可见，相量用大写字母上面加一点表示，电压相量用 $\dot{U}$ 表示，电流相量用 $\dot{I}$ 表示，对应的模用有效值 U 和 I 而一般不用振幅表示。所以，一个正弦电压 $u(t)$、电流 $i(t)$ 的解析式与其对应的相量形式有以下关系：

$$u(t) = \sqrt{2}U\sin(\omega t + \phi_u) \Leftrightarrow \dot{U} = U \angle \phi_u \qquad (2\text{-}16)$$

$$i(t) = \sqrt{2}I\sin(\omega t + \phi_i) \Leftrightarrow \dot{I} = I \angle \phi_i \qquad (2\text{-}17)$$

关于正弦量的相量表示，需注意以下几点：

（1）正弦量的相量形式一般采用复数的极坐标表示，正弦量与其相量形式是"相互对应"关系（即符号"$\Leftrightarrow$"的含义），不是相等关系。

（2）若已知一个正弦量的解析式，可以由有效值及初相角两个要素写出其相量形式，这时角频率 ω 是一个已知的要素，但 ω 不直接出现在相量表达式中。这正是我们所需要的，因为本章讨论的是正弦稳态电路，稳态电路中所有电压电流都是同频率的正弦量。既然频率都相同，那么需要关心的就只是不同正弦量的幅值和相位，相量表示法中正是体现了这两个要素。

（3）后面关于正弦电路的分析都采用相量分析法。所谓相量分析法，就是把电路中的电压、电流先表示成相量形式，然后用相量形式进行运算的方法。由前面的分析可知，相量分析法实际上利用了复数的四则运算。

2. 相量图

和复数一样，正弦量的相量也可以用复平面上一条带方向的线段（复矢量）来表示。我们把画在同一复平面上表示正弦量相量的图称为相量图。只有同频率的正弦量，其相量图才能画在同一复平面上。

在相量图上，能够非常直观地表示出各相量对应的正弦量的大小及相互之间的相位关系。为使图面清晰，有时画相量图时，可以不画出复平面的坐标轴，但相位的幅角应以逆时针方向的角度为正，顺时针方向的角度为负。

【**例 2-3**】 已知正弦量的解析式为 $u_1(t) = 10\sin(100\pi t + 60°)$ V，$u_2(t) = -6\sin(100\pi t + 135°)$ V，$u_3(t) = 5\cos(100\pi t + 60°)$ V。写出其相量形式，并画出相量图。

【**解**】 $\dot{U}_1 = \dfrac{10}{\sqrt{2}} \angle 60° = 7.07 \angle 60°$ V

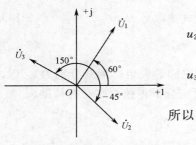

图 2-6 例 2-3 的相量图

因为

$$u_2(t) = -6\sin(100\pi t + 135°) = 6\sin(100\pi t + 135° - 180°)$$
$$= 6\sin(100\pi t - 45°) \text{ V}$$
$$u_3(t) = 5\cos(100\pi t + 60°) = 5\sin(100\pi t + 60° + 90°)$$
$$= 5\sin(100\pi t + 150°) \text{ V}$$

所以

$$\dot{U}_2 = \frac{6}{\sqrt{2}} \angle -45° = 4.24 \angle -45° \text{ V}$$

$$\dot{U}_3 = \frac{5}{\sqrt{2}} \angle 150° = 3.53 \angle 150° \text{ V}$$

其相量图如图 2-6 所示。

2.3 单一参数正弦交流电路的分析

电阻、电容和电感是构成正弦交流电路的基本元件。从本节开始将着重研究这三个元件在正弦电路中电压与电流的相量关系。这是学习正弦交流电路的基础。当我们了解了单一元件正弦电路的基本规律后，再去研究多个元件组合的正弦电路乃至复杂的正弦电路就方便多了。由浅入深，由基本到复杂，这在电路分析中是一种经常使用的分析方法。

正弦电路中，元件上电压与电流的关系包括三个方面：频率关系、大小关系（通常指有效值关系）和相位关系。

2.3.1 纯电阻电路

1. 电阻元件上电压与电流的关系

图 2-7(a)所示为一纯电阻电路，选取电阻元件的电压、电流为关联方向，根据欧姆定律有

$$u(t) = R i(t)$$

假设流过电阻 R 的电流为

$$i(t) = \sqrt{2} I \sin(\omega t + \phi_i)$$

则电压的解析式为

$$u(t) = Ri(t) = \sqrt{2} RI \sin(\omega t + \phi_i) = \sqrt{2} U \sin(\omega t + \phi_u)$$

由上式可以看出，电阻元件上电压、电流为同频率的正弦量，同时，u、i 之间存在如下关系：

(1)电压与电流的大小关系：$U = RI$。

(2)电压与电流的相位关系：$\phi_u = \phi_i$（电压与电流同相）。

2. 电阻元件上电压与电流的相量关系

由以上关系可以推出电阻元件电压与电流的相量关系式为

$$\dot{U} = U \angle \phi_u = RI \angle \phi_i = R \dot{I} \tag{2-18}$$

式(2-18)又叫相量形式的欧姆定律。图 2-8(b)和图 2-8(c)为电阻元件的相量模型与相量图。

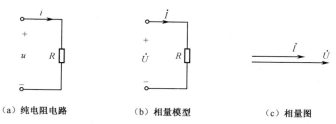

（a）纯电阻电路   （b）相量模型   （c）相量图

图 2-7　纯电阻正弦电路分析

2.3.2　纯电感电路

1. 电感元件

实际的电感器（也叫线圈）是用导线绕制而成的。根据用途的不同，电感器也有很多的种类，但它们可用"电感元件"这个共同的理想化模型来代替，电感元件简称电感，是一种理想元件，用 L 表示。其电路符号如图 2-8(a)所示。

电感具有储存和释放能量的特点。当在电感中通入交流电流 i 时，电感周围就会建立磁场，即储存了磁场能量，而在电感两端会出现感应电压 u。电感储存能量的多少通常用电感系数（简称电感）这个参数来表征，该参数也用 L 表示。在国际单位制中，电感的单位为亨［利］，用 H 表示，此外还有毫亨（mH）、微亨（μH），它们与 H 的关系是

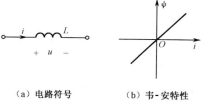

（a）电路符号   （b）韦-安特性

图 2-8　电感元件

$$1H = 10^3 mH = 10^6 \mu H$$

在图 2-8(a)所示关联参考方向下，电感的磁链与电流成线性关系，即

$$\psi(t) = Li(t) \tag{2-19}$$

与式(2-19)对应的韦-安特性如图 2-8(b)所示。

根据法拉第定律，电压、电流取关联方向时，电感元件的电压、电流关系为

$$u = \frac{\mathrm{d}\psi}{\mathrm{d}t} = L\frac{\mathrm{d}i}{\mathrm{d}t} \tag{2-20}$$

式(2-20)表明，电感元件的电压、电流是微分关系，即感应电压与该时刻电流的变化率成正比。电流的变化率越大，则 u 越大。倘若电流不变化，即在直流电路中，则电压 $u=0$，电感相当于短路。因此，电感具有"通低频、阻高频"的作用，可用来制成滤波器。

电感的储能公式为

$$W_\mathrm{L} = \frac{1}{2}Li^2(t) \tag{2-21}$$

2. 电感元件的电压、电流关系

在图 2-8(a)所示纯电感电路中，假设流过电感的电流为

$$i(t) = \sqrt{2}I\sin(\omega t + \phi_i)$$

关联方向下根据电感的伏安关系可得

$$u(t) = L\frac{\mathrm{d}i(t)}{\mathrm{d}t} = L\frac{\mathrm{d}[\sqrt{2}I\sin(\omega t + \phi_i)]}{\mathrm{d}t} = \omega L\sqrt{2}I\cos(\omega t + \phi_i)$$

$$= \omega L\sqrt{2}I\sin(\omega t + \phi_i + 90°) = \sqrt{2}U\sin(\omega t + \phi_u)$$

由以上推导结果可以看出,电感元件上电压电流为同频率的正弦量,同时,u、i 之间存在如下关系:

(1)电压与电流的大小关系:$U = \omega L I$。

(2)电压与电流的相位关系:$\phi_u = \phi_i + 90°$(电压超前电流 $90°$)。

3. 感抗

电感元件上电压与电流的有效值满足"ωL"倍关系,ωL 称为电感元件的感抗,用 X_L 表示。感抗的表达式为

$$X_L = \omega L = 2\pi f L \tag{2-22}$$

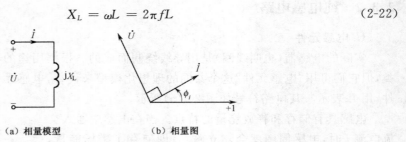

(a) 相量模型　　　　　(b) 相量图

图 2-9　电感元件的相量模型及相量图

感抗的单位是欧姆(Ω),用来表征电感元件对电流阻碍作用的大小。在 L 确定的条件下,X_L 与 ω 成正比,因此电感具有"通直隔交"的作用。

应该注意,感抗 X_L 只是电感电压与电流有效值(或振幅)之比,而不是它们的瞬时值之比,即 $X_L \neq \dfrac{u_L}{i_L}$。对于电感元件来说,电压电流瞬时值之间存在的是微分关系而不是正比关系。同时感抗只对正弦电路有意义。

4. 电感元件电压、电流的相量关系

根据正弦电路中电感元件上电压与电流的关系(大小和相位关系)可以推出

$$\dot{U} = U\angle\phi_u = \omega L I\angle\phi_i + 90° = \omega L\, I\angle\phi_i \cdot \angle 90° = \mathrm{j}\omega L\, \dot{I} = \mathrm{j}X_L\dot{I} \tag{2-23}$$

式(2-23)就是电感元件电压与电流的相量关系式。图 2-9(a)、(b)所示分别为电感元件的相量模型和相量图。

2.3.3　纯电容电路

1. 电容元件

电容是电路中最常见的基本元件之一。两块金属板之间用介质隔开就构成了实际的电容器。电容器在工程上应用非常广泛,种类规格也很多,常用的有电解电容器、瓷片电容器等,而电容元件是各种实际电容器的电路模型,它是一种理想元件,简称电容,用 C 表示。其电路符号如图 2-10(a)所示。

电容也具有充、放电的特性,当在其两端加上电压,两个极板间就会建立电场,储存电场能量,这是充电过程;反之,若给储存有电能的电容提供放电回路,它就会释放其中的能量,这是电容的放电过程。电容放电时,相当一个电压源。

电容是一种能够储存电场能量的元件,储存能量的多少用电容量(简称电容)来表征,电容量是电容元件的主要参数,该参数也用 C 表示。在国际单位制中,电容的单位为法[拉],用 F 表示。此外还有微法(μF)、纳法(nF)和皮法(pF),它们与 F 的关系是

$$1 \text{ F} = 10^6 \mu\text{F} = 10^9 \text{ nF} = 10^{12} \text{ pF}$$

电容极板上储存的电荷量 q 与两极板间的电压 u 成线性关系,写成表达式为

$$q = Cu \tag{2-24}$$

与式(2-24)对应的库-伏特性如图 2-10(b)所示。

图 2-10(a)中,当电压、电流选为关联方向时,其关系式为

$$i = \frac{\mathrm{d}q}{\mathrm{d}t} = C\frac{\mathrm{d}u}{\mathrm{d}t} \tag{2-25}$$

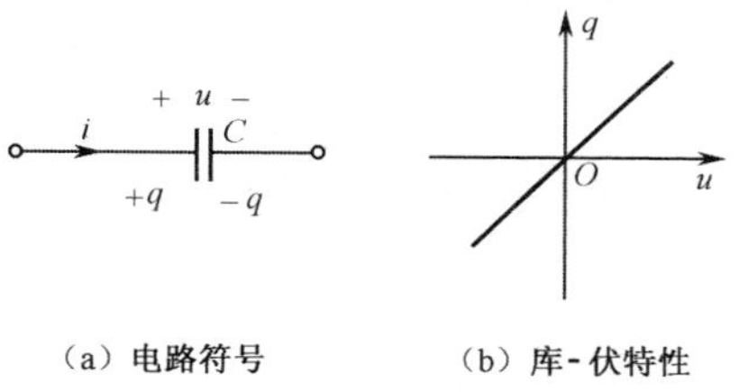

式(2-25)说明,电容元件上电压与电流也是微分关系,电流与该时刻电压的变化率成正比。显然,电压变化越快,即变化频率越大,电流就越大;如果电压不变化,即加上直流电压,则 $i=0$,电容相当于开路。这是电容的一个明显特

(a) 电路符号   (b) 库-伏特性

图 2-10   电容元件

征:"通高频,阻低频;通交流,隔直流"。利用此特性,电容也可制成滤波器。

同时还可得到电容的储能公式为

$$W_\text{C} = \frac{1}{2}Cu^2(t) \tag{2-26}$$

2. 电容元件的电压、电流关系

在图 2-10(a)所示纯电容电路中,假设加在电容上的电压为

$$u(t) = \sqrt{2}U\sin(\omega t + \phi_u)$$

关联方向下根据电容的伏安关系可得

$$i(t) = C\frac{\mathrm{d}u(t)}{\mathrm{d}t} = C\frac{\mathrm{d}[\sqrt{2}U\sin(\omega t + \phi_u)]}{\mathrm{d}t} = \omega C\sqrt{2}U\cos(\omega t + \phi_u)$$

$$= \omega C\sqrt{2}U\sin(\omega t + \phi_u + 90°) = \sqrt{2}I\sin(\omega t + \phi_i)$$

由以上推导结果可以看出,电容元件的电压电流也是同频率的正弦量,同时,u、i 之间存在如下关系:

(1)电压与电流的大小关系:$U = \dfrac{1}{\omega C}I$。

(2)电压与电流的相位关系:$\phi_u = \phi_i - 90°$(电压滞后电流 90° 或电流超前电压 90°)。

3. 容抗

电容元件上电压是电流有效值的"$\dfrac{1}{\omega C}$"倍,$\dfrac{1}{\omega C}$ 称为电容元件的容抗,用 X_C 表示。容抗的表达式为

$$X_\text{C} = \frac{1}{\omega C} = \frac{1}{2\pi f C} \tag{2-27}$$

容抗的单位是欧姆(Ω),用来表征电容元件对电流阻碍作用的大小。在电容 C 确定的条件下,X_C 与 ω 成反比,因此电感具有"通交隔直"的作用。

与感抗一样,容抗 X_C 只是电容上电压与电流有效值(或振幅)之比,而不是它们的瞬时值

之比，即 $X_C \neq \dfrac{u_C}{i_C}$。同样容抗只对正弦电流有意义。

4. 电容元件电压、电流的相量关系

根据正弦电路中电容元件上电压与电流的关系（大小和相位关系）可以推出

$$\dot{U} = U\angle\phi_u = \frac{1}{\omega C}I\angle\phi_i - 90° = \frac{1}{\omega C}I\angle\phi_i \cdot \angle -90° = -j\frac{1}{\omega C}\dot{I} = -jX_C\dot{I} \quad (2\text{-}28)$$

式(2-28)就是电容元件的电压电流相量关系式。图 2-11(a)、(b)所示分别为电容元件的相量模型和相量图。

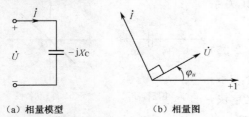

（a）相量模型　　　　（b）相量图

图 2-11　电容元件的相量模型及相量图

【例 2-4】　电容电压 u_C 和电流 i_C 参考方向关联一致，已知 $\dot{U}_C = 220\angle-30°$ V, $\dot{I}_C = 1.1\angle60°$ A，频率 $f = 50$ Hz，求电容 C。

【解】　u_C、i_C 参考方向一致。

$$\dot{U}_C = -jX_C\dot{I}_C$$

$$X_C = \frac{\dot{U}_C}{-j\dot{I}_C} = \frac{220\angle-30°}{-j\times1.1\angle60°} = 200 \ \Omega$$

所以　　$C = \dfrac{1}{\omega X_C} = \dfrac{1}{2\pi f X_C} = \dfrac{1}{2\times3.14\times50\times200} = 15.9\times10^{-6}\text{F} = 15.9 \ \mu\text{F}$

2.3.4　电容与电感的连接

1. 电容的连接

在实际中，考虑到电容器的容量及耐压，常常要将电容器串联或并联起来使用。

（1）并联

电容并联时，其等效电容等于各并联电容之和。电容的并联相当于极板面积的增大，所以增大了电容量。当电容器的耐压符合要求而容量不足时，可将多个电容并联起来使用。

（2）串联

电容串联时，等效电容的倒数等于各串联电容倒数之和。电容串联时，其等效电容比串联时的任一个电容都小。这是因为电容串联相当于加大了极板间的距离，从而减小了电容。若电容的耐压值小于外加电压，则可将几个电容串联使用。

电容串联时，各个电容上的电压与其电容的大小成反比。电容小的所承受的电压高，电容大的所承受的电压反而低。这一点在使用时要注意。

电容可采用既有并联又有串联的接法，以获得所需要的电容量和耐压。

2. 无互感电感的连接

对于无互感的电感来说，当其串并联时，其等效电感的求解方法与电容的串并联正好相反，此处不再赘述。

2.4　RLC 串联电路的分析（多阻抗串联与并联）

2.4.1　RLC 串联电路的分析

1. 电路中电压与电流关系

图 2-12 给出了电阻 R、电感 L 和电容 C 相串联的电路。选取各电压、电流的参考方向如

图 2-12 所示。由于是串联电路,所以通过各元件的电流均为端电流 i。设 i 的解析式为 $i(t)=\sqrt{2}I\sin\omega t$,其对应的相量为 $\dot{I}=I\angle0°$。

各元件上的电压相量分别为

$$\dot{U}_R = R\dot{I} \qquad \dot{U}_L = jX_L\dot{I} \qquad \dot{U}_C = -jX_C\dot{I}$$

根据相量形式的 KVL[①] 得

$$\dot{U} = \dot{U}_R + \dot{U}_L + \dot{U}_C = R\dot{I} + jX_L\dot{I} - jX_C\dot{I}$$
$$= [R + j(X_L - X_C)]\dot{I} = Z\dot{I} \tag{2-29}$$

式(2-29)所示表达式 $\dot{U}=Z\dot{I}$ 是在关联参考方向下,RLC 串联电路端电压与电流的相量关系式,如果端电压与电流参考方向不一致,则 $\dot{U}=-Z\dot{I}$。

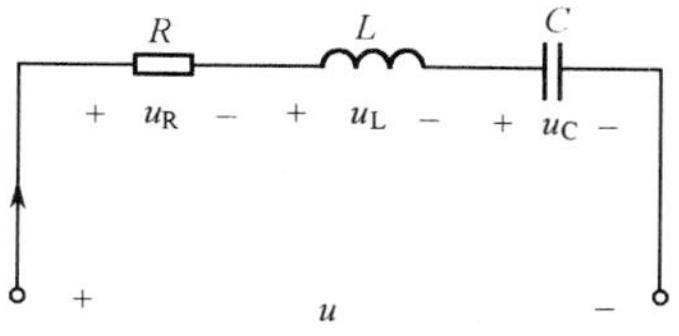

式(2-29)中,$X=X_L-X_C$ 称为 RLC 串联电路的电抗,它等于感抗与容抗之差,单位是欧姆(Ω)。X 可正可负,也可为零,X 值的正负体现了电路中电感和电容所起作用的大小,关系到电路的性质。

图 2-12　*RLC* 串联电路

2. 复阻抗

式(2-29)中 Z 是串联电路的复数阻抗,简称复阻抗。其表达式为

$$Z = \frac{\dot{U}}{\dot{I}} = R + j(X_L - X_C) = R + jX \tag{2-30}$$

复阻抗的单位是欧姆(Ω),它是一个复数,其实部为串联电路的电阻 R,虚部为串联电路的电抗 X,复阻抗的极坐标形式为

$$Z = |Z|\angle\varphi \tag{2-31}$$

其中

$$|Z| = \sqrt{R^2 + X^2} = \sqrt{R^2 + (X_L - X_C)^2} \tag{2-32}$$

$$\varphi = \arctan\frac{X}{R} = \arctan\frac{X_L - X_C}{R} \tag{2-33}$$

$|Z|$ 为复数阻抗 Z 的模,也称电路的阻抗。它反映了串联电路对正弦电流的阻碍作用大小。$|Z|$ 越大,对正弦电流的阻碍作用越大。$|Z|$ 只与元件的参数及频率有关,与电压电流无关。

φ 为复阻抗的幅角,又称电路的阻抗角。它是在关联参考方向下,端电压与端电流的相位差,即 $\varphi=\phi_u-\phi_i$。当 $X_L>X_C$ 即 $X>0$ 时,$\varphi>0$,端电压超前端电流 φ 的电角度,此时电路呈感性;当 $X_L<X_C$ 即 $X<0$ 时,$\varphi<0$,端电压滞后端电流 $|\varphi|$ 的电角度,此时电路呈容性;当 $X_L=X_C$ 即 $X=0$ 时,$\varphi=0$,端电压与端电流同相,此时电路呈中性。

2.4.2　复阻抗的串联

RLC 串联电路推广到一般的情况,就是多个复阻抗的串联。图 2-13(a)所示为多个复阻抗串联的电路,按习惯选定电流和各电压的参考方向。

---

① 在正弦交流电路中,电压、电流的相量形式仍满足 KVL 和 KCL,分别表示为 $\sum\dot{U}=0$ 和 $\sum\dot{I}=0$,称为相量形式的 KVL 和相量形式的 KCL。它是相量法分析正弦电路的理论依据。

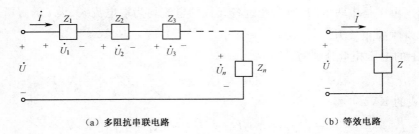

（a）多阻抗串联电路　　　　　　　　（b）等效电路

图 2-13　复阻抗的串联电路

已知复阻抗 $Z_1, Z_2, \cdots, Z_n$，各个复阻抗上的电压分别为 $\dot{U}_1, \dot{U}_2, \cdots, \dot{U}_n$。根据相量形式的 KVL，总电压即端电压 $\dot{U}$ 为

$$\dot{U} = \dot{U}_1 + \dot{U}_2 + \cdots + \dot{U}_n = Z_1 \dot{I} + Z_2 \dot{I} + \cdots + Z_n \dot{I}$$
$$= (Z_1 + Z_2 + \cdots + Z_n)\dot{I} = Z\dot{I} \tag{2-34}$$

其中 Z 为串联电路的等效复阻抗，如图 2-13(b) 所示，有

$$Z = \frac{\dot{U}}{\dot{I}} = Z_1 + Z_2 + Z_3 + \cdots + Z_n = \sum_{k=1}^{n} Z_k \tag{2-35}$$

复阻抗串联时，等效复阻抗等于各个复阻抗之和。例如，R、L、C 串联组成的电路，其等效阻抗为

$$Z = Z_R + Z_L + Z_C = R + j\omega L - j\frac{1}{\omega C} = R + j(X_L - X_C) = R + jX \tag{2-36}$$

复阻抗串联，分压公式仍然成立，以两个复阻抗串联为例，分压公式为

$$\dot{U}_1 = \frac{Z_1}{Z_1 + Z_2}\dot{U}, \qquad\qquad \dot{U}_2 = \frac{Z_2}{Z_1 + Z_2}\dot{U} \tag{2-37}$$

【例 2-5】　图 2-12 所示正弦电路中，已知端电压 $u(t) = 10\sqrt{2}\sin(2t)$ V，$R = 2\ \Omega$，$L = 2$ H，$C = 0.25$ F。试用相量法计算电路的等效复阻抗 Z、电流 $i(t)$ 和电压 $u_R(t)$、$u_L(t)$、$u_C(t)$。

【解】　复阻抗

$$Z = Z_R + Z_L + Z_C = R + j\omega L - j\frac{1}{\omega C} = 2 + j(2 \times 2) - j\frac{1}{2 \times 0.25}$$
$$= 2 + j4 - j2 = 2 + j2 = 2\sqrt{2}\angle 45° \ \Omega$$

根据式（2-29），求得端电流

$$\dot{I} = \frac{\dot{U}}{Z} = \frac{10\angle 0°}{2\sqrt{2}\angle 45°} = 2.5\sqrt{2}\angle -45° \ \text{A}$$

由 R、L、C 各元件电压与电流的相量关系式得

$$\dot{U}_R = R\dot{I} = 2 \times 2.5\sqrt{2}\angle -45° = 7.07\angle -45° \ \text{V}$$

$$\dot{U}_L = j\omega L\dot{I} = 14.14\angle 45 \ °\text{V}$$

$$\dot{U}_C = -j\frac{1}{\omega C}\dot{I} = 7.07\angle -135° \ \text{V}$$

根据以上电压、电流的相量得到相应的瞬时值表达式

$$i(t) = 2.5\sqrt{2} \times \sqrt{2}\sin(2t - 45°) = 5\sin(2t - 45°) \ \text{A}$$

$$u_R(t) = 7.07\sqrt{2}\sin(2t - 45°) = 10\sin(2t - 45°) \text{ V}$$

$$u_L(t) = 14.14\sqrt{2}\sin(2t + 45°) = 20\sin(2t + 45°) \text{ V}$$

$$u_C(t) = 7.07\sqrt{2}\sin(2t - 135°) = 10\sin(2t - 135°) \text{ V}$$

需要注意的是,图 2-12 中各元件电压的有效值与端电压有效值之间不满足 KVL,而满足关系式 $U = \sqrt{U_R^2 + (U_L - U_C)^2}$。

多个复阻抗并联时,各并联阻抗两端电压相等。等效复阻抗的倒数等于各个并联复阻抗倒数之和。

复阻抗的倒数称为复导纳,用字母 Y 表示,单位是西门子(S)。对于有多个(两个以上)复阻抗并联的电路,用复导纳分析较为方便。复阻抗并联,其等效复导纳等于各并联复导纳之和。

2.5 正弦交流电路的功率

2.5.1 瞬时功率和平均功率

图 2-14 所示二端网络,在端口电压电流采用关联参考方向的前提下,它吸收的瞬时功率表达式为

$$p(t) = u(t)i(t) \qquad (2\text{-}38)$$

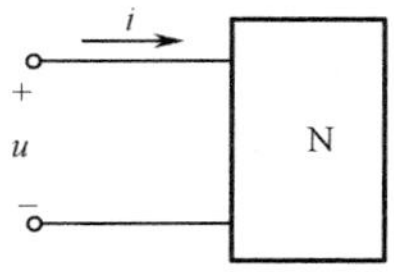

二端网络工作于正弦稳态的情况下,端口电压和电流是同频率的正弦量,即

图 2-14 正弦二端网络

$$u(t) = U_m\sin(\omega t + \phi_u) = \sqrt{2}U\sin(\omega t + \phi_u)$$

$$i(t) = I_m\sin(\omega t + \phi_i) = \sqrt{2}I\sin(\omega t + \phi_i)$$

则二端网络的瞬时功率为

$$\begin{aligned}
p(t) &= u(t)i(t) = 2UI\sin(\omega t + \phi_u)\sin(\omega t + \phi_i) \\
&= UI[\cos(\phi_u - \phi_i) - \cos(2\omega t + \phi_u + \phi_i)] \\
&= UI\cos\varphi - UI\cos(2\omega t + 2\phi_u - \varphi) \qquad (2\text{-}39)
\end{aligned}$$

其中 $\varphi = \phi_u - \phi_i$ 是二端网络端电压与端电流的相位差,也即电路的阻抗角。

由式(2-39)可知,瞬时功率 $p(t)$ 做周期性变化,且有正有负,表明二端网络既消耗功率,也能发出功率。一般用平均功率来表征二端网络的能量消耗情况。平均功率是指周期性变化的瞬时功率在一个周期内的平均值。用 P 表示,单位为瓦特(W),其定义为

$$P = \frac{1}{T}\int_0^T p(t)\mathrm{d}t = \frac{1}{T}\int_0^T [UI\cos\varphi - UI\cos(2\omega t + \phi_u + \phi_i)]\mathrm{d}t = UI\cos\varphi \qquad (2\text{-}40)$$

平均功率是一个重要的概念,得到广泛使用。通常所说某个家用电器消耗多少瓦的功率,就是指它的平均功率,简称功率。

下面讨论二端网络的几种特殊情况。

1. 二端网络是一个电阻,或其等效阻抗为一个电阻

此时二端网络的端电压、端电流相位相同,即 $\varphi = \phi_u - \phi_i = 0$,则 $\cos\varphi = 1$,$\sin\varphi = 0$,式(2-39)变为

$$p(t) = UI - UI\cos 2(\omega t + \phi_u)$$

可见,瞬时功率在任何时刻均大于或等于零,表明电阻元件始终吸收功率。此时平均功率的表达式(2-40)变为

$$P = UI = I^2 R = \frac{U^2}{R} \tag{2-41}$$

由此式可见,在正弦稳态中,采用电压、电流有效值后,计算电阻消耗的平均功率公式从形式上看与直流电路中相同,但符号代表的含义不同。

2. 二端网络是一个电感或电容,或其等效阻抗为一个电抗

此时二端网络电压与电流相位为正交关系,即 $\varphi = \phi_u - \phi_i = \pm 90°$,则 $\cos\varphi = 0$,式(2-39)变为

$$p_L(t) = -U\,I\sin(2\omega t + 2\phi_u)$$
$$p_C(t) = U\,I\sin(2\omega t + 2\phi_u)$$

由上两式可以看出,电感或电容的瞬时功率随时间按正弦规律变化,正负值交替,一段时间内 $p(t) > 0$,电感或电容吸收功率;另一段时间内 $p(t) < 0$,电感或电容发出功率。此时平均功率表达式(2-40)变为

$$P = U\,I\cos(\pm 90°) = 0 \tag{2-42}$$

这说明在正弦稳态中,储能元件电感或电容的平均功率等于零,不消耗能量,但和电源之间存在能量的交换作用,即在前半个周期吸收电源的功率并储存起来,后半个周期又将其全部释放,这种能量交换的速率用另外一种功率——无功功率来描述(见 2.5.2 节)。

2.5.2 复功率、视在功率和无功功率

为了便于用相量计算平均功率,引入复功率的概念。图 2-14 所示二端网络工作于正弦稳态,其电压、电流采用关联的参考方向,假设电压、电流的相量表达式分别为

$$\dot{U} = U\angle\phi_u, \qquad \dot{I} = I\angle\phi_i$$

电流相量的共轭复数为 $\dot{I}* = I\angle-\phi_i$,则二端网络吸收的复功率为

$$\tilde{S} = \dot{U}\dot{I}* = UI\angle\phi_u - \phi_i = UI\angle\varphi = UI\cos\varphi + jUI\sin\varphi = P + jQ \tag{2-43}$$

其中复功率的实部 $P = UI\cos\varphi$ 称为有功功率,它是二端网络吸收的平均功率,单位为瓦(W)。复功率的虚部 $Q = UI\sin\varphi$ 称为无功功率,它反映了电源与单口网络内储能元件之间能量交换的速率,为与平均功率相区别,单位为乏(Var)。复功率 $\tilde{S}$ 的模 $|\tilde{S}| = UI$ 称为视在功率,用 S 表示,即它表征一个电气设备的功率容量,为与其他功率相区别,用伏安(V·A)作为单位。例如我们说某个发电机的容量为 100 kV·A,而不说其容量是 100 kW。显然,视在功率是二端网络所吸收平均功率的最大值。

对于 RLC 串联的正弦交流电路而言,既有耗能元件,又有储能元件。这样在电路中既有能量的消耗,又有能量的转换。也就是电路中既有有功功率,又有无功功率。

【例 2-6】 由电阻 $R = 30\ \Omega$、电感 $L = 382\ \text{mH}$、电容 $C = 40\ \mu\text{F}$ 组成的串联电路,接于电压 $u(t) = 100\sqrt{2}\sin(314t + 45°)\text{V}$ 的电源上,试求电路的功率 P、Q、S。

【解】 按习惯选定各电压、电流的参考方向一致。则电路的复阻抗为

$$Z = R + j\left(\omega L - \frac{1}{\omega C}\right) = 30 + j\left(314 \times 382 \times 10^{-3} - \frac{1}{314 \times 40 \times 10^{-6}}\right)$$

$$= 30 + j(120 - 80) = 30 + j40 = 50\angle\arctan\frac{4}{3} = 50\angle53.1°\ \Omega$$

由此可知电路的阻抗角 $\varphi = 53.1°$。于是可求得电路的各项功率为

平均功率(有功功率) $P=UI\cos\varphi=100\times2\times\cos53.1°=120$ W

无功功率 $\qquad\qquad Q=UI\sin\varphi=100\times2\times\sin53.1°=160$ Var

视在功率 $\qquad\qquad S=UI=100\times2=200$ VA

2.6 功率因数的提高

在交流电路中,负载多为感性负载,例如常用的感应电动机、日光灯等。感性负载在工作时,接上电源后,要建立磁场,所以除了需要从电源取得有功功率外,还要从电源取得建立磁场的能量,并与电源做周期性的能量交换,这从前面的理论分析中可以得知。

从式(2-42)可见,在二端网络电压电流有效值的乘积 UI 一定的情况下,二端网络吸收的平均功率 P 与 $\cos\varphi$ 的大小密切相关,$\cos\varphi$ 表示功率的利用程度,称为功率因数,记为 λ,它与 P 和 UI 的关系为

$$\lambda = \cos\varphi = \frac{P}{UI} \qquad\qquad (2\text{-}44)$$

功率因数介于 0 和 1 之间,当功率因数不等于 1 时,电路中发生能量交换,出现无功功率,φ 角越大,功率因数愈低,发电机发出的有功功率就愈小,而无功功率就愈大。无功功率愈大,即电路中能量交换的规模愈大,发电机发出的能量就不能充分为负载所吸收,其中一部分,在发电机与负载之间进行交换,这样,发电设备的容量就不能充分利用。例如,一台容量为 100 kVA 的变压器,若负载的功率因数 $\lambda=0.9$,变压器能输出 90 kW 的有功功率(即平均功率);若功率因数 $\lambda=0.6$,变压器就只能输出 60 kW 的有功功率。可见负载的功率因数低,电源设备的容量就不能得到充分利用。因此提高功率因数有很大的经济意义。

常用的交流感应电动机在额定负载时,功率因数约在 0.8~0.85,轻载时只有 0.4~0.5,而在空载时仅为 0.2~0.3,因此选择与机械配套的电机容量时,不宜选得过大,并且应在额定情况下工作,避免或尽量减少电机的轻载或空载。不装电容器的日光灯,功率因数约在 0.45~0.6左右。

那么怎样提高电路的功率因数呢?常用的方法是用电容器与感性负载并联,这样可使电感的磁场能量与电容的电场能量进行部分交换,从而减少电源与负载间能量的交换,即减少电源提供给负载的无功功率,进而提高功率因数。但是用电容来提高功率因数时,一般补偿到 $\lambda=0.9$ 左右,而不能补偿到更高,因为补偿到功率因数接近 1 时,所需的电容量大,反而不经济了。

2.7 相量法分析正弦交流电路

相量法是分析正弦电路的基本方法。前面已经学过相量形式的欧姆定律和相量形式的基尔霍夫定律,它们与直流电路中两个定律的形式相似,所不同的是,直流电路中各量均是实数,而正弦交流电路中各量都是复数。如果将直流电路的电阻和电导分别换以复阻抗 Z 和复导纳 Y,所有的正弦量均用相量表示,那么直流电路中的分压与分流、等效变换、电路分析方法、网络定理等都可以推广应用于线性正弦交流电路。用相量法分析正弦电路的一般步骤如下。

(1)作出相量模型图,将电路中的电压、电流都写成相量形式,每个元件或无源二端网络都

用复阻抗或复导纳表示。

（2）应用第 1 章所介绍的定律、定理、分析方法进行计算，得出正弦量的相量值。

（3）根据需要，写出正弦量的解析式或计算出其他量。

下面以节点电压法为例介绍用相量法分析正弦交流电路的方法。

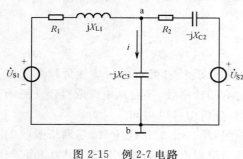

图 2-15   例 2-7 电路

【例 2-7】   电路如图 2-15 所示，已知 $\dot{U}_{S1} = 100\angle 0°\ V, \dot{U}_{S2} = 100\angle 53.1°\ V, R_1 = X_{L1} = X_{C1} = R_2 = X_{C2} = 5\ \Omega$，试用节点法求图中电流 $\dot{I}$。

【解】   选取节点 b 为参考节点，则节点 a 相对于节点 b 的电压为 $\dot{V}_a$，列节点电压方程为

$$\left(\frac{1}{R_1+\mathrm{j}X_{L1}} + \frac{1}{R_2-\mathrm{j}X_{C2}} + \frac{1}{-\mathrm{j}X_{C3}}\right)\dot{V}_a$$

$$= \frac{\dot{U}_{S1}}{R_1+\mathrm{j}X_{L1}} + \frac{\dot{U}_{S2}}{R_2-\mathrm{j}X_{C2}}$$

代入已知数据并解得 $\dot{V}_a = (30-\mathrm{j}10)\ V$

则待求电流为 $\dot{I} = \dfrac{\dot{V}_a}{-\mathrm{j}X_{C3}} = \dfrac{30-\mathrm{j}10}{-\mathrm{j}5} = 2+\mathrm{j}6 = 6.32\angle 71.6°\ A$

2.8   谐振电路

2.8.1   RLC 串联谐振电路

谐振是正弦交流电路中一种物理现象。谐振在电工和电子技术中得到广泛应用，但它也可能给电路系统造成危害。因此，研究电路的谐振现象，有着重要的实际意义。

1. 谐振及谐振条件

图 2-16 电路中，R、L 和 C 组成串联电路，电路的等效阻抗为

$$Z = Z_R + Z_L + Z_C = R + \mathrm{j}\left(\omega L - \frac{1}{\omega C}\right)$$

由上式可知，当正弦电压的频率 ω 变化时，电路的等效复阻抗 Z 随之变化。当 $\omega L = \dfrac{1}{\omega C}$ 时，复阻抗 $Z = R$，串联电路的等效复阻抗变成了纯电阻，端电压与端电流同相，这时就称电路发生了串联谐振。可见，串联电路的谐振条件是

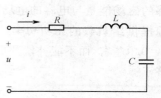

图 2-16   RLC 串联谐振电路

$$\omega = \omega_0 = \frac{1}{\sqrt{LC}} \qquad (2-45)$$

式中 ω_0 称为电路的固有谐振角频率，简称谐振角频率，它由元件参数 L 和 C 确定。用频率表示的谐振条件为

$$f = f_0 = \frac{1}{2\pi\sqrt{LC}} \qquad (2-46)$$

RLC 串联电路在谐振时的感抗和容抗相等，其值称为谐振电路的特性阻抗，用 ρ 表示，即

$$\rho = \omega_0 L = \frac{1}{\omega_0 C} \sqrt{\frac{L}{C}} \tag{2-47}$$

2. 串联谐振时的特点

谐振时,电路的复阻抗 $Z=R$,呈现纯电阻,阻抗 $|Z|$ 达到最小值。假设电压源电压为 $\dot{U}_\mathrm{S}$,则电路谐振时的电流为

$$\dot{I} = \frac{\dot{U}_\mathrm{S}}{Z} = \frac{\dot{U}_\mathrm{S}}{R} \quad (\text{有效值 } I = \frac{U}{|Z|}) \tag{2-48}$$

可见谐振时电路中电流最大,且与电压源电压同相。此时 R、L、C 上的电压分别为

$$\dot{U}_\mathrm{R} = R\dot{I} = \dot{U}_\mathrm{S} \tag{2-49}$$

$$\dot{U}_\mathrm{L} = j\omega L \dot{I} = j\frac{\omega_0 L}{R}\dot{U}_\mathrm{S} = jQ\dot{U}_\mathrm{S} \tag{2-50}$$

$$\dot{U}_\mathrm{C} = \frac{1}{j\omega_0 C}\dot{I} = -j\frac{1}{\omega_0 RC}\dot{U}_\mathrm{S} = -jQ\dot{U}_\mathrm{S} \tag{2-51}$$

其中

$$Q = \frac{\omega_0 L}{R} = \frac{1}{\omega_0 RC} = \frac{\rho}{R} \tag{2-52}$$

可见,谐振时电感和电容电压的大小相等,都等于电源电压的 Q 倍。Q 称为串联谐振电路的品质因数,它是衡量电路特性的一个重要物理量,它取决于电路的参数。谐振电路的 Q 值一般在 $50 \sim 200$ 之间,因此外加电源电压即使不很高,谐振时电感和电容上的电压仍可能很大。在无线电技术方面,正是利用串联谐振的这一特点,将微弱的信号电压输入到串联谐振回路后,在电感或电容两端可以得到一个比输入信号电压大许多倍的电压,这是十分有利的。但在电力系统中,由于电源电压比较高,如果电路在接近串联谐振的情况下工作,在电感或电容两端将出现过电压,引起电气设备的损坏。所以在电力系统中必须适当选择电路参数 L 和 C,以避免发生谐振现象。

谐振电路的通频带 Δf 与品质因数 Q 满足式 $Q = \frac{f_0}{\Delta f}$,即 Δf 与 Q 成反比,Q 越高通频带越窄,选择性越好。所以说,品质因数 Q 是衡量谐振回路频率选择性的参数。

以 I/I_0 为纵坐标,以 ω/ω_0 为横坐标画出不同 Q 值下电流的谐振曲线,如图 2-17 所示,这种谐振曲线又叫通用谐振曲线。

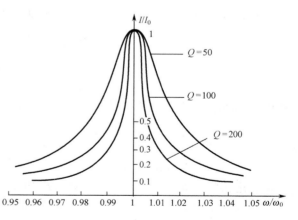

图 2-17 通用谐振曲线

【例 2-8】 串联谐振回路的谐振频率 $f_0 = 800 \text{ kHz}$,电阻 $R = 10 \ \Omega$,要求回路的通频带 $\Delta f = 10^4 \text{ Hz}$,试求回路的品质因数 Q、电感 L 和电容 C。

【解】 由于

$$Q = \frac{f_0}{\Delta f} = \frac{800 \times 10^3}{10^4} = 80$$

又因为

$$Q = \frac{\omega_0 L}{R} = \frac{1}{\omega_0 CR}$$

所以

$$L = \frac{QR}{\omega_0} = \frac{80 \times 10}{2 \times 3.14 \times 800 \times 10^3} = 159 \times 10^{-6} \text{ H} = 159 \ \mu\text{H}$$

$$C = \frac{1}{\omega_0 R Q} = \frac{1}{2 \times 3.14 \times 800 \times 10^3 \times 10 \times 80} = 249 \times 10^{-12} \text{F} = 249 \text{ pF}$$

2.8.2 RLC 并联谐振电路

图 2-18 所示为 RLC 并联电路,是另一种典型的谐振电路,分析方法与 RLC 串联谐振电路相同(具有对偶性)。

并联谐振的定义与串联谐振的定义相同,即端口电压与端口电流同相时的工作状况称为谐振。由于发生在并联电路中,所以称为并联谐振。

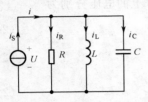

图 2-18 RLC 并联谐振电路

1. 谐振条件

图 2-18 电路中,其等效复导纳为

$$Y = Y_R + Y_L + Y_C = \frac{1}{R} - j\frac{1}{\omega L} + j\omega C = G + j(\omega C - \frac{1}{\omega L})$$

当复导纳 Y 的虚部为零时,电路呈纯阻性,端电压与端电流同相,电路即发生了并联谐振,于是可得 RLC 并联电路的谐振条件为

$$\omega = \omega_0 = \frac{1}{\sqrt{LC}} \qquad \text{或} \qquad f = f_0 = \frac{1}{2\pi \sqrt{LC}}$$

该频率称为电路的固有频率。

2. 并联谐振时的特点

并联谐振时,等效复导纳 Y 为最小,等于纯电导,即 $Y = G$。或者说等效复阻抗最大,$Z = R$,所以谐振时端电压达最大值

$$U = |Z|I_S = RI_S$$

可以根据这一现象判别并联电路谐振与否。

并联谐振时有 $\dot{I}_L + \dot{I}_C = 0$(所以并联谐振又称电流谐振):

$$\dot{I}_L = -j\frac{1}{\omega_0 L}\dot{U} = -j\frac{1}{\omega_0 LG}\dot{I}_S = -jQ\dot{I}_S \qquad (2-53)$$

$$\dot{I}_C = j\omega_0 C\dot{U} = j\frac{\omega_0 C}{G}\dot{I}_S = jQ\dot{I}_S \qquad (2-54)$$

式中 Q 称为并联谐振电路的品质因数,

$$Q = \frac{1}{\omega_0 LG} = \frac{\omega_0 C}{G} = \frac{1}{G}\sqrt{\frac{C}{L}} \qquad (2-55)$$

如果 $Q \gg 1$,则谐振时在电感和电容中会出现过电流,但从 L、C 两端看进去的等效电纳等于零,即阻抗为无穷大,相当于开路。

工程中采用的电感线圈和电容并联的谐振电路,即 RL-C 并联谐振电路,如图 2-19 所示,其中电感线圈用 R 和 L 串联组合表示。读者可以参照以上分析方法,分析该电路的谐振条件及谐振时的电压和电流,此处不再赘述。

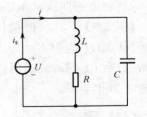

图 2-19 RL-C 并联谐振电路

2.9　三相电路

本章前面研究的正弦交流电路,每个电源都只有两个输出端钮,输出一个电流或电压,习惯上称这种电路为单相交流电路。但在工农业生产中常会遇到"多相制"的交流电路,多相制电路是由多相电源供电的电路。多相电路以相的数目来分,可分为两相、三相、六相等。在多相制中,三相制有很多优点,所以它的应用最为广泛。目前世界上工农业和民用电力系统的电能几乎都是由三相电源提供的,日常生活中所用的单相交流电,也是取自三相交流电的一相。

2.9.1　三相电源

那么什么是三相交流电源呢? 概括地说,三相交流电源是三个单相交流电源按一定方式进行的组合。三相供电系统的三相电源是三相发电机。图 2-20 所示是三相发电机的结构示意图,它有定子和转子两大部分。定子铁心的内圆周的槽中对称地安放着三个绕组(线圈)AX、BY 和 CZ。A、B、C 为始端;X、Y、Z 为末端。三绕组在空间上彼此间隔 120°。转子是旋转的电磁铁。当转子恒速旋转时,AX、BY、CZ 三绕组的两端将分别感应出振幅相等、频率相同的三个正弦电压 $u_a(t)$、$u_b(t)$、$u_c(t)$。如果指定它们的参考方向都由首端指向末端,则它们的初相彼此相差 120°。若以 $\dot{U}_a$ 作为参考相量,则三个电压相量为

$$\dot{U}_a = U\angle 0°, \qquad \dot{U}_b = U\angle -120°, \qquad \dot{U}_c = U\angle 120° \tag{2-56}$$

它们的相量图和波形图分别如图 2-21(a)、(b)所示。像这样由三个振幅相等、频率相同、相位彼此相差 120°的三个单相正弦电源组合而成的电源称为对称三相正弦电源。其中的每个单相正弦电源分别称为 A 相、B 相和 C 相。按照各相电压经过正峰值的先后次序来说,若它们的顺序是 A-B-C-A 时,称为正序,若为 A-C-B-A 时,称为负序。式(2-58)就是正序时三个单相电源电压的相量表达式。工程上通用的相序是正序,如果不加说明,都是指的这种相序。用户可以改变三相电源与三相电动机的连接方式来改变相序,从而改变三相电动机的旋转方向。

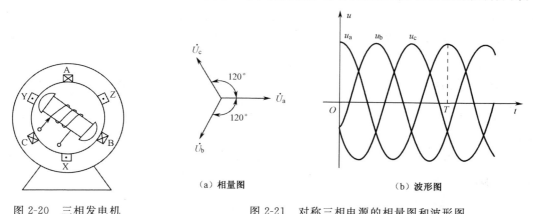

（a）相量图　　　　　　　　（b）波形图

图 2-20　三相发电机　　　　　　图 2-21　对称三相电源的相量图和波形图

2.9.2　三相电源的连接

三相发电机的绕组共有 6 个端子,在实际应用中并不是分别引出和负载相连接的,而是连接成两种最基本的形式,即星形连接和三角形连接,从而以较少的出线为负载供电。

1. 星形连接

将三相电源的每一个绕组的末端 X、Y、Z 连在一起，组成一个公共点 N，对外形成 A、B、C、N 四个端子，这种连接形式称为三相电源的星形连接（也叫 Y 形连接），如图 2-22（a）所示。

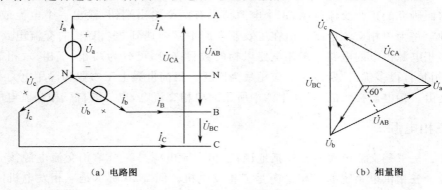

（a）电路图   （b）相量图

图 2-22 三相电源的星形连接

从三相电源的始端 A、B、C 引出的导线称为端线或火线；从中点 N 引出的导线称为中线或零线。流出端线的电流称为线电流，而每一相绕组中的电流称为相电流。显然，图 2-22（a）中 $\dot{I}_A$、$\dot{I}_B$、$\dot{I}_C$ 为线电流，而 $\dot{I}_a$、$\dot{I}_b$、$\dot{I}_c$ 为相电流。端线与端线间的电压称为线电压，依相序分别为 $\dot{U}_{AB}$、$\dot{U}_{BC}$、$\dot{U}_{CA}$；每相绕组两端的电压称为相电压，分别记为 $\dot{U}_a$、$\dot{U}_b$、$\dot{U}_c$。从图 2-22（a）可知，星形连接时，线电流与相电流的关系为

$$\dot{I}_A = \dot{I}_a, \qquad \dot{I}_B = \dot{I}_b, \qquad \dot{I}_C = \dot{I}_c \qquad (2\text{-}57)$$

即三相电源做星形连接时，线电流和对应的相电流相等。

在图 2-22（a）所示电路中，根据相量形式的 KVL 得

$$\dot{U}_{AB} = \dot{U}_a - \dot{U}_b, \qquad \dot{U}_{BC} = \dot{U}_b - \dot{U}_c, \qquad \dot{U}_{CA} = \dot{U}_c - \dot{U}_a \qquad (2\text{-}58)$$

若选 $\dot{U}_a$ 为参考相量，可作出对称三相电源线电压和相电压的相量图，如图 2-22（b）所示。从图中可以看出，三相电源做星形连接时，线电压是相电压的 $\sqrt{3}$ 倍，相位超前对应的相电压 30°。若用 U_l 表示线电压的有效值，用 U_P 表示相电压的有效值，则有

$$U_l = \sqrt{3}U_P \qquad (2\text{-}59)$$

由图 2-22（b）所示相量图可以看出，三个线电压与相电压一样，也具有对称性。它们满足

$$\dot{U}_a + \dot{U}_b + \dot{U}_c = 0 \qquad (2\text{-}60)$$

$$\dot{U}_{AB} + \dot{U}_{BC} + \dot{U}_{CA} = 0 \qquad (2\text{-}61)$$

还需要强调一点，三个相电压只有在对称时它们的和才为零，不对称时它们的和不为零，而三个线电压之和则不论对称与否均为零。这是因为

$$u_{AB} + u_{BC} + u_{CA} = u_A - u_B + u_B - u_C + u_C - u_A = 0$$

因为三相电源的相电压对称，所以在三相四线制的低压配电系统中，可以得到两种不同数值的电压，即相电压 220 V 与线电压 380 V。一般家用电器及电子仪器用 220 V，动力及三相负载用 380 V。

2. 三角形连接

对称三相电源也可以采用三角形连接（又称△连接），它是将三相电源各相的始端和末端

依次相连,再由 A、B、C 引出三根端线与负载相连,如图 2-23 所示。

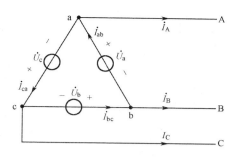

三相电源做三角形连接时,其线电压和相电压相等,线电流等于相电流的 $\sqrt{3}$ 倍,相位滞后对应的相电流 $30°$。这些结论请读者参考星形连接自行证明。

需要注意的是,由于发电机每组绕组本身的阻抗较小,所以当三相电源接成三角形时,其闭合回路内的阻抗并不大。通常因回路内 $u_a + u_b + u_c = 0$,所以在负载断开时电源绕组内并无电流。如果三相电

图 2-23　三相电源的三角形连接

压不对称,或者虽然对称,但有一相接反,则 $u_a + u_b + u_c \neq 0$,即使外部没有负载,闭合回路内仍有很大的电流,这将使绕组过热,甚至烧毁。所以三相电源做三角形连接时必须严格按照每一相的末端与次一相的始端连接。在判断不清时,应保留最后两端钮不接(如 Z 端与 A 端),成为开口三角形,用电压表测量开口处电压(如 u_{AZ}),如果读数为零,表示接法正确,再接成封闭三角形。

2.9.3　三相电源和负载的连接

目前,我国电力系统的供电方式均采用三相三线制或三相四线制。用户用电实行统一的技术规定:额定功率为 50 Hz,额定线电压为 380 V、相电压为 220 V。电力负载可分为单相负载和三相负载,三相负载又有星形连接和三角形连接。结合电源系统,三相电路的连接主要有以下几种方式。

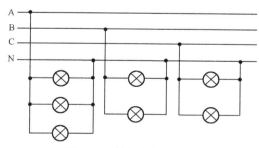

图 2-24　单相负载的连接

1. 单相负载

单相负载主要包括照明负载、生活用电负载及一些单相设备。单相负载常采用三相中引出一相的供电方式。为保证各个单相负载电压稳定,各单相负载均以并联形式接入电路。在单相负荷较大时,如大型居民楼供电,可将所有单相负载平分为三组,分别接入 A、B、C 三相电路,如图 2-24 所示,以保证三相负载尽可能平衡,提高安全供电质量及供电效率。

2. 三相负载

三相负载主要是一些电力负载及工业负载。三相负载的连接方式有 Y 形连接和 △ 形连接。当三相负载中各相负载都相同,即 $Z_A = Z_B = Z_C = Z = |Z| \angle \varphi$ 时,称为三相对称负载,否则,即为不对称负载。因为三相电源也有两种连接方式,所以它们可以组成以下几种三相电路:三相四线制的 Y-Y 连接、三相三线制的 Y-Y 连接、Y-△ 连接、△-Y 连接和 △-△ 连接等,如图 2-25 所示。

2.9.4　三相电路的计算

三相电路由于电源和负载的连接方式较多,负载又分为单相、三相对称、三相不对称等,因而计算时需考虑的问题也较多。本节仅就对称三相电路(三相对称电源和三相对称负载相连组成的电路)进行分析。单相负载和三相不对称负载可用正弦电路的一般分析方法进行分析。

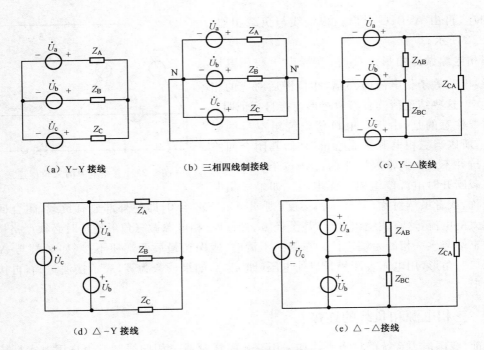

（a）Y-Y 接线 　　　　（b）三相四线制接线 　　　　（c）Y-△接线

（d）△-Y 接线 　　　　　　　　（e）△-△接线

图 2-25　三相负载的连接方式

【例 2-9】　今有三相对称负载做星形连接,设每相负载的电阻为 $R=12\ \Omega$,感抗为 $X_L=16\ \Omega$,电源线电压 $\dot{U}_{AB}=380\angle30°\ V$,试求各相电流。

【解】　由于负载对称,只需计算其中一相即可推出其余两相。

由 $U_l=\sqrt{3}U_P$ 得相电压的有效值

$$U_a=\frac{U_{AB}}{\sqrt{3}}=\frac{380}{\sqrt{3}}=220\ V$$

又相电压 $\dot{U}_a$ 在相位上滞后于线电压 $\dot{U}_{AB}$ 30°,所以

$$\dot{U}_a=220\angle0°\ V$$

又 $\dot{I}_a=\dfrac{\dot{U}_a}{Z_A}$,其中 $Z_A=R+jX_L=12+j16=20\angle53.1°\Omega$,所以有

$$\dot{I}_a=\frac{\dot{U}_a}{Z_A}=\frac{220\angle0°}{20\angle53.1°}=11\angle-53.1°A$$

由此可推出其余两相电流为

$$\dot{I}_b=11\angle-53.1°-120°=11\angle-173.1°A$$

$$\dot{I}_c=11\angle-53.1°+120°=11\angle66.9°A$$

【例 2-10】　图 2-26 电路中,已知线电压 $u_{AB}(t)=220\sqrt{2}\sin(314t)\ V$,$Z=10\sqrt{2}\angle60°\Omega$,试求负载上的相电流和线电流。

【解】　负载上的相电流为

$$\dot{I}_{AB}=\frac{\dot{U}_{AB}}{Z}=\frac{220\angle0°}{10\sqrt{2}\angle60°}=15.56\angle-60°A$$

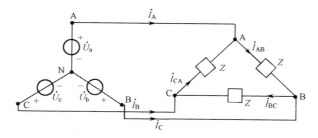

图 2-26 对称 Y—△三相电路

$$\dot{I}_{BC} = \frac{\dot{U}_{BC}}{Z} = \frac{220\angle-120°}{10\sqrt{2}\angle60°} = 15.56\angle-180°A$$

$$\dot{I}_{CA} = \frac{\dot{U}_{CA}}{Z} = \frac{220\angle120°}{10\sqrt{2}\angle60°} = 15.56\angle60°A$$

此时三个线电流 $\dot{I}_A$、$\dot{I}_B$、$\dot{I}_C$ 为

$$\dot{I}_A = \dot{I}_{AB} - \dot{I}_{CA} = 15.56\angle-60° - 15.56\angle60° = 15.56\sqrt{3}\angle-90°A$$

$$\dot{I}_B = \dot{I}_{BC} - \dot{I}_{AB} = 15.56\angle-180° - 15.56\angle-60° = 15.56\sqrt{3}\angle150°A$$

$$\dot{I}_C = \dot{I}_{CA} - \dot{I}_{BC} = 15.56\angle60° - 15.56\angle-180° = 15.56\sqrt{3}\angle30°A$$

2.9.5 三相电路的功率

三相电路的总功率,等于三相负载各相的功率之和,即

$$P = P_A + P_B + P_C \tag{2-62}$$

对于三相对称负载,各相电压、电流大小相等,阻抗角相同,故各相的有功功率是相等的,即

$$P = P_A + P_B + P_C = U_A I_A \cos\varphi_A + U_B I_B \cos\varphi_B + U_C I_C \cos\varphi_C$$
$$= 3U_P I_P \cos\varphi$$

其中,U_P 是相电压的有效值,I_P 是相电流的有效值,φ 为 U_P 与 I_P 的相位差,$\cos\varphi$ 是功率因数。由于设备铭牌中给出的电压、电流均是指额定线电压 U_N 和额定线电流 I_N,故无论是 Y 形连接还是△形连接,三相有功功率的常用计算公式都可表示为

$$P_N = 3U_P I_P \cos\varphi = 3\frac{U_N I_N}{\sqrt{3}}\cos\varphi = \sqrt{3}U_N I_N \cos\varphi \tag{2-63}$$

同理,三相电路的无功功率为

$$Q = Q_A + Q_B + Q_C = 3U_P I_P \sin\varphi = \sqrt{3}U_N I_N \sin\varphi \tag{2-64}$$

三相电路的视在功率为

$$S = \sqrt{P^2 + Q^2} = \sqrt{3}U_N I_N \tag{2-65}$$

测量三相电路的功率,对于三相四线制,应对各相分别测量,通过求和得到三相电路的总功率,如图 2-27 所示;对于三相三线制,可用两瓦计法,如图 2-28 所示。

两瓦计法是用两个功率表来测量三相功率。具体接线方法是:两个功率表的电流线圈分别接入任意两相,把电压线圈、电流线圈各自的同名端相连,两个电压线圈的异名端接在空相(即第三相)上,则两个功率表读数之和即为三相功率。

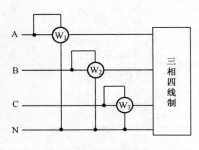

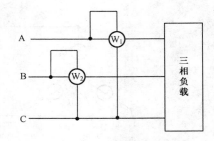

图 2-27　三相四线制功率的测量　　　　图 2-28　两瓦计法测量三相功率

2.10　应用——电容倍增器

图 2-29 所示的运算放大器电路称为电容倍增器,它常用于积分电路中,当积分电路需要一个大电容量时,该电路可以将一个小电容量等效于乘以若干倍,倍数可达 1000。例如,一个 10 pF 的电容器通过该电路后,其作用相当于 100 nF 的电容器。

图 2-29 中的第一级运放是电压跟随器,而第二级则是反相放大器。电压跟随器将电路的电容与反相放大器负载隔离开来。因为运放的输入端没有电流流入,所以输入电流 I_i 是流过反馈电容器的,所以

在节点 1 处,有

$$I_i = \frac{U_i - U_o}{1/j\omega C} = j\omega C(U_i - U_o) \tag{2-66}$$

在节点 2 处,由 KCL 得到

$$\frac{U_i - 0}{R_1} = \frac{0 - U_o}{R_2} \tag{2-67}$$

或

$$U_o = \frac{R_2}{R_1} U_i$$

将式(2-67)代入式(2-66)得

$$I_i = j\omega C \left(1 + \frac{R_2}{R_1}\right) U_i$$

或

$$\frac{I_i}{U_i} = j\omega \left(1 + \frac{R_2}{R_1}\right) C$$

电路的输入阻抗为

$$Z_i = \frac{U_i}{I_i} = \frac{1}{j\omega C_{eq}}$$

式中

$$C_{eq} = \left(1 + \frac{R_2}{R_1}\right) C$$

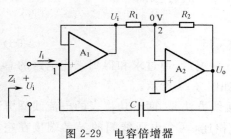

图 2-29　电容倍增器

所以,适当选择 R_1 和 R_2 的阻值,图 2-29 的运放电路可以在输入端与地之间产生一个有效电容量,它是实际电容量 C 的倍数。有效电容量的大小受反相放大器输出电压的限制。若要使有效电容量越大,则允许的输入电压就要越小,这样才能避免运放趋于饱和。

同样,类似的运放电路可以设计出来用于放大电感量或用作电阻倍乘器。

本章小结

1. 正弦交流电的大小和方向随时间不断变化,存在瞬时值,反映瞬时值随时间变化规律的式子叫正弦电的瞬时值表达式,也称解析式。正弦量有三个要素,即振幅、角频率和初相。两个同频率正弦量的相位之差称相位差,通常用相位差来描述两同频率正弦量的位置关系。

2. 为便于正弦电路的计算,引入正弦量的相量表示法。相量表示法实际上是用一个复数表示该正弦量,但复数本身并不等于正弦量。相量图是将同频率正弦量画在同一复平面内的图形。

3. 电阻、电容、电感各元件电压电流的相量关系式分别为

$$\dot{U}_R = R\dot{I}_R, \qquad \dot{U}_C = -j\frac{1}{\omega C}\dot{I}_C, \qquad \dot{U}_L = j\omega L\dot{I}_L$$

4. 正弦交流电路的计算采用相量分析法。所谓相量分析法,就是把电路中的电压、电流先表示成相量形式,然后用相量形式进行运算的方法。

5. 正弦交流电路中不同功率有不同含义:瞬时功率,用来表示不同时刻正弦电的功率;平均功率(有功功率),用来表示元件的耗电情况,单位是 W;无功功率,表示储能元件与电源之间能量交换的速率,单位是 Var;视在功率,反映电气设备的功率容量,单位是 VA。

6. 谐振是正弦交流电路中一种物理现象,它在电工和电子技术中得到广泛应用,但它也可能给电路系统造成危害。谐振电路的谐振条件及谐振时电路的特征是本部分的重点。

7. 由三相电源供电的电路,称为三相电路。对称三相电源的电压是频率相同、相位相差 $120°$ 的正弦电压。三相电源有 Y 形和△形两种连接方式,三相负载也有以上两种连接方式。由对称三相电源和对称三相负载组成的电路叫做对称三相电路。对称三相电路的计算依据是单相正弦电路的相量分析法以及三相电路的对称性。

习题二

2-1 已知正弦电压和电流为 $u(t) = 311\sin(314t - \frac{\pi}{6})$ V,$i(t) = -10\sqrt{2}\sin(50\pi t + \frac{3\pi}{4})$ A。(1)求正弦电压和电流的振幅、有效值、角频率、频率和初相;(2)画出正弦电压和电流的波形。

2-2 已知正弦电压的振幅 100 V,$t=0$ 时的瞬时值为 10 V,周期为 1 ms。试写出该电压的解析式。

2-3 题图 2-3 中,选择电流参考方向由 a→b,电流的解析式为 $i(t) = 28.2\sin(314t + \frac{2\pi}{3})$ A,若选择该电流参考方向由 b→a,并以 i' 表示,求 i' 的表达式。

题图 2-3

2-4 某正弦电流的解析式为 $i(t) = 300\sqrt{2}\sin(1\,200\,\pi t + 55°)$ A。试求频率和 $t=2$ ms 时刻的瞬时值。

2-5 频率为 50 Hz 的正弦电压的最大值为 14.14 V,初始值为 -10 V,试写出其解析式。

2-6 根据题图 2-6 所示正弦电压的波形,确定三要素并写出该电压的解析式。

2-7 题图 2-7 为同频率正弦电流 i 和正弦电压 u 的波形,问 i 和 u 的初相各为多少?两者的相位差为多少? i 和 u 哪个超前?超前多少?若将纵坐标(即计时起点)向右或向左移动 $\frac{\pi}{3}$,i 和 u 的初相将如何变化?相位差改变吗?

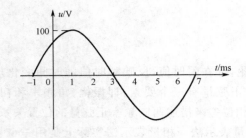 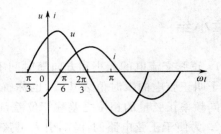

题图 2-6   题图 2-7

2-8 将 5 只反向击穿电压为 50 V 的整流二极管串联到 220 V 的市电上,可以经常使用吗?为什么?那么至少需要几只二极管串联才行?

2-9 已知某个电路元件上的电压和电流为 $u(t)=3\cos(3t)$ V,$i(t)=-2\sin(3t+10°)$ A。试用相位差判断电压与电流的相位关系。

2-10 一正弦电压的初相 $\phi_u=\dfrac{\pi}{3}$,$t=0$ 时,电压初始值为 8.66 V,求此电压的有效值。

2-11 写出下列各正弦量所对应的相量,并画出相量图。

(1)$u_1(t)=220\sqrt{2}\sin(\omega t)$ V   (2)$u_2(t)=100\sqrt{2}\sin(\omega t-20°)$ V

(3)$i_1(t)=14.14\sin(\omega t+90°)$ A   (4)$i_2(t)=10\sin(\omega t+300°)$ A

2-12 写出下列各正弦量相量所对应的解析式($f=100$ Hz)。

(1)$\dot{I}_1=-\text{j}1$ A   (2)$\dot{I}_2=2-\text{j}1$ A

(3)$\dot{U}_1=220\angle120°$ V   (4)$\dot{U}_2=-5+\text{j}5$ V

2-13 将 $R=10$ Ω 的电阻接到 $u(t)=25\sqrt{2}\sin(314t-30°)$ V 的正弦电源上,u、i 参考方向一致,写出电阻上电流的解析式,并作电阻上电压和电流的相量图。

2-14 选定 u、i 参考方向一致,电感元件端电压为 $u(t)=180\sin(1\,200t+30°)$ V,电感电流 $i(t)=0.05\sin(1\,200t+\phi_i)$ A,试求电感的 L 值和电感电流的初相 ϕ_i。

2-15 已知 $C=10$ μF 的电容接在正弦电源上,电容的电流 $i(t)=141\sin(314t+60°)$ mA,在电压电流关联参考方向下,试求电容端电压 $u(t)$,并计算无功功率 Q_C。

2-16 已知某二端元件的电压电流采用关联参考方向,若其瞬时值表达式为:

(1)$u(t)=15\cos(400t+30°)$ V,$i(t)=3\sin(400t+30°)$ A

(2)$u(t)=8\sin(500t+50°)$ V,$i(t)=2\sin(500t+140°)$ A

(3)$u(t)=8\cos(250t+60°)$ V,$i(t)=5\sin(250t+150°)$ A

试确定该元件是电阻、电感、电容中的哪一种,并确定其元件参数。

2-17 题图 2-17 所示电路中,已知 $i(t)=5\sqrt{2}\sin(100t+20°)$ A。求电压 $u_R(t)$,$u_L(t)$ 和 $u_S(t)$ 的相量。

2-18 题图 2-18 所示电路中,已知 $u(t)=5\sqrt{2}\sin(10\pi t+20°)$ V。求电流 $i_R(t)$,$i_C(t)$ 和 $i_S(t)$ 的相量。

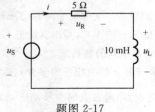 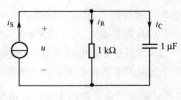

题图 2-17   题图 2-18

2-19 两个同频率的正弦电压源 u_{S1} 和 u_{S2} 串联,如题图 2-19 所示。已知 u_{S1} 和 u_{S2} 的有效值分别为 60 V 和 80 V,问:(1)什么情况下端电压 u 的有效值最大,为 140 V;(2)什么情况下端电压 u 的有效值最小,为 20 V;(3)什么情况下,端电压 u 的有效值为 $\sqrt{60^2+80^2}=100$ V。

2-20 设有两个复阻抗 $Z_1=8+j6$ Ω,$Z_2=3-j4$ Ω 相串联,接在端电压 $u(t)=220\sqrt{2}\sin(\omega t+30°)$ V 的正弦电源上,如题图 2-20 所示。试求:(1)等效阻抗 Z;(2)电路电流 $\dot{I}$;(3)Z_1、Z_2 上的电压 $\dot{U}_1$、$\dot{U}_2$ 并画相量图。

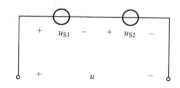

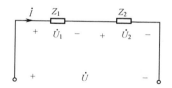

题图 2-19

题图 2-20

2-21 一个线圈接在 50 V、50 Hz 的正弦电源上,电流为 1 A,接在 50 V、100 Hz 的正弦电源上,电流为 0.8 A,试求线圈的电阻 R 和电感 L。

2-22 题图 2-22 所示电路中,已知 $u_S(t)=1.5\sin(10t+60°)$ V。求电流 $i_R(t)$,$i_L(t)$,$i_C(t)$,$i(t)$ 的解析式及相量式。

2-23 题图 2-23 所示电路中,已知电流 $i(t)=1\sin(10^7t+90°)$ A,$R=100$ Ω,$L=1$ mH,$C=10$ pF。求:(1)电路阻抗 Z;(2)电压 $u_R(t)$,$u_L(t)$,$u_C(t)$ 和 $u_S(t)$ 的解析式及相量式,并画相量图;(3)电路功率 P、Q、S。

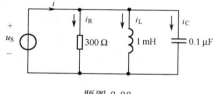

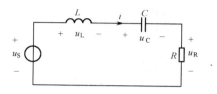

题图 2-22

题图 2-23

2-24 将 $R=15$ Ω、$L=0.1$ H、$C=30$ μF 的三元件串联于正弦电源 $u_S(t)=10\sin(314t+50°)$ V 上,如题图 2-23 所示,电压、电流选为关联参考方向。试用相量法求 $i(t)$、$u_L(t)$ 和 $u_C(t)$。

2-25 在 RLC 串联的正弦电路中,已知 $R=1$ kΩ、$L=10$ mH、$C=0.02$ μF,电容两端电压 $u_C(t)=20\sin(10^5t-40°)$ V,如题图 2-23 所示,求电流 $\dot{I}$ 和电源电压 $\dot{U}_S$。

2-26 题图 2-26 所示电路中,已知电压表的读数为 $V_1=3$ V,$V_2=4$ V。问电压表读数 V_3 等于多少?

2-27 题图 2-27 所示电路中,已知电流表的读数为 $A_1=1$ A,$A_2=2$ A。问电流表读数 A_3 等于多少?

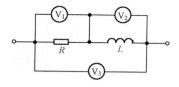

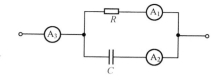

题图 2-26

题图 2-27

2-28 将电阻 $R=8$ Ω、电感 $L=25.5$ mH 的线圈接在电压 $u(t)=200\sqrt{2}\sin(314t+30°)$ V 的电源上,试求:(1)阻抗 Z;(2)电路电流 i;(3)线圈的有功功率、无功功率和视在功率;(4)画相量图。

2-29 RLC 串联电路中,已知 $R=20$ Ω,$L=0.1$ mH,$C=100$ pF,试求谐振频率 ω_0、品质因数 Q。

2-30 RLC 串联电路中,已知信号源电压 $u_S(t)=\sqrt{2}\sin(10^6t+40°)$ V,电路谐振时电流 $I=0.1$ A,电容两端电压 $U_C=100$ V。试求 R、L、C、Q。

2-31 RLC 串联电路接于 $U=1$ V 的正弦电源上,如题图 2-31 所示,电压表 V_1、V_2 的读数均为 50 V,求电压表 V_3 和 V 的读数。

2-32 题图 2-32 所示电路中,开关 S 断开时,电路的谐振频率为 f_0,开关 S 闭合时,电路的谐振频率为 f_0',试求 f_0 与 f_0' 之间的关系。

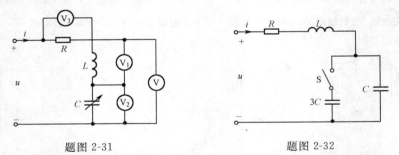

题图 2-31   题图 2-32

2-33 RLC 串联于有效值 $U=1$ V 的信号源上,调电容 C,当 $C=1\,000$ pF 时,测得电路电流达到最大值 20 mA,此时电容两端电压为 100 V。求电路电阻 R、电感 L、品质因数 Q 和谐振频率 f_0。

2-34 一对称三相电源,已知相电压 $\dot{U}_a=100\angle-150°$ V,求 $\dot{U}_b$、$\dot{U}_c$ 并画相量图。

2-35 星形连接的发电机的线电压为 6 300 V,试求每相电压;当发电机的绕组连接成三角形时,问发电机的线电压是多少?

2-36 发电机是星形接法,负载也是星形接法,发电机的相电压 $U_P=1\,000$ V,负载每相均为 $R=50$ Ω,$X_L=25$ Ω。试求:(1)相电流;(2)线电压;(3)线电流;(4)画出负载电压、电流相量图。

2-37 三相四线制电路中,线电压 $\dot{U}_{AB}=380\angle0°$ V,三相负载对称,为 $Z=10\angle60°$ Ω,求各相电流。

2-38 连接成星形的对称负载,接在一对称的三相电压上,线电压为 380 V,负载每相阻抗 $Z=8+j6$ Ω,求每相负载两端电压和其电流、功率。

2-39 某建筑物有三层楼,每一层的照明由三相电源中的一相供电。电源电压为 380/220 V,每层楼装有 220 V、100 W 白炽灯 15 只。(1)画出电灯接入电源的线路图;(2)当三个楼层的电灯全部亮时,求线电流和中线电流;(3)如一层楼电灯全部亮,二层楼只有 5 只灯,三层楼灯全灭,而电源中线又断开,这时一、二层楼电灯两端的电压为多少?

2-40 如题图 2-40 的对称三相负载,已知线电压 $U_1=380$ V,负载阻抗 $Z=6+j8$ Ω,求各相负载电流和负载总功率。

2-41 如题图 2-41 所示的对称三相负载,已知线电压 $U_1=380$ V,负载阻抗 $Z=26\angle53.1°$ Ω,求各线电流和负载吸收的总功率。

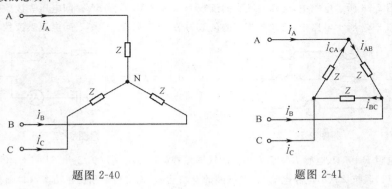

题图 2-40   题图 2-41

第3章 非正弦周期电流电路

本章主要介绍非正弦周期电流电路的一种分析方法——谐波分析法,它是正弦电路相量分析法的推广。其次介绍信号频谱的初步概念。主要内容有:周期函数分解为傅里叶级数和信号的频谱,周期量的有效值、平均值,非正弦周期电流电路的计算。

3.1 非正弦周期信号

在第2章已对正弦稳态交流电路做了讨论和分析。在实际工程和科学实验中,还会遇到另外一些交流电流和电压,它们虽然也是周期性的,但却不是按正弦规律变化的。例如,实际的交流发电机发出的电压波形与正弦波或多或少有些差别,严格讲是非正弦周期波。通信工程方面传输的各种信号,如收音机、电视机所接收到的信号电压或电流,它们的波形都是非正弦的。实验室中信号发生器输出的三角波和方波以及自动控制、电子计算机等技术领域中用到的脉冲信号也都是非正弦波。图 3-1 给出了几种常见非正弦周期波的例子。

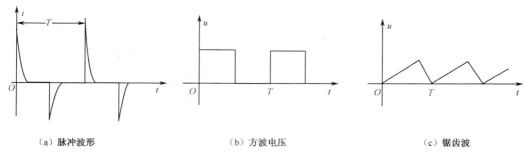

(a) 脉冲波形　　　　　　　(b) 方波电压　　　　　　　(c) 锯齿波

图 3-1 非正弦周期电流、电压波形

另外,如果电路存在非线性元件,即使在正弦电源的作用下,电路中也将产生非正弦周期的电压和电流。例如,在半波整流电路中,二极管就是非线性元件。如果电源电压为正弦量,由于二极管的单向导电性,虽然电源电压是正弦波,但是电路中的电流却是非正弦的。交流铁心线圈接通正弦电压时,线圈中的电流也是非正弦的。

非正弦电流又可分为周期的和非周期的两种。本章主要讨论在非正弦周期电压、电流或信号的作用下,线性电路的稳态分析和计算方法,并简要地介绍信号频谱的初步概念。首先应用数学中的傅里叶级数(傅氏级数)展开方法,将非正弦周期激励电压、电流或信号分解为一系列不同频率的正弦量之和,再根据线性电路的叠加定理,分别计算在各个正弦量单独作用下在电路中产生的同频正弦电流分量和电压分量;最后,把所得分量按时域形式叠加,就可以得到电路在非正弦周期激励下的稳态电流和电压。这种方法称为谐波分析法。它实质上是把非正弦周期电流电路的计算化为一系列正弦电流电路的计算。

3.2 非正弦周期信号的分解

3.2.1 非正弦周期函数分解为傅里叶级数

从数学知识得知,一个周期函数如果满足狄里赫利条件(即周期函数在有限的区间内,只有有限个第一类间断点和有限个极大值和极小值),那么它就可以展开成一个收敛的傅里叶级数。电工和无线电技术中所遇到的周期函数,一般都能满足这个条件,故可展开成为傅里叶级数。

按上所述,周期为 T 的函数 $f(t)$ 分解成的傅里叶级数为

$$f(t) = a_0 + (a_1\cos\omega t + b_1\sin\omega t) + (a_2\cos2\omega t + b_2\sin2\omega t) +$$
$$\cdots + (a_k\cos k\omega t + b_k\sin k\omega t) + \cdots$$

即

$$f(t) = a_0 + \sum_{k=1}^{\infty}(a_k\cos k\omega t + b_k\sin k\omega t) \tag{3-1}$$

式中,$\omega = 2\pi/T$,k 为非零正整数;系数 a_0、a_k、b_k 可按下式求出:

$$\left.\begin{array}{l} a_0 = \dfrac{1}{T}\displaystyle\int_0^T f(t)\mathrm{d}t = \dfrac{1}{T}\displaystyle\int_{-\frac{T}{2}}^{\frac{T}{2}} f(t)\mathrm{d}t \\[3mm] a_k = \dfrac{2}{T}\displaystyle\int_0^T f(t)\cos(k\omega t)\mathrm{d}t = \dfrac{2}{T}\displaystyle\int_{-\frac{T}{2}}^{\frac{T}{2}} f(t)\cos(k\omega t)\mathrm{d}t \\[3mm] b_k = \dfrac{2}{T}\displaystyle\int_0^T f(t)\sin(k\omega t)\mathrm{d}t = \dfrac{2}{T}\displaystyle\int_{-\frac{T}{2}}^{\frac{T}{2}} f(t)\sin(k\omega t)\mathrm{d}t \end{array}\right\} \tag{3-2}$$

若把式(3-1)中同频率的正弦项和余弦项合并,就得到傅里叶级数的另一种表达形式

$$f(t) = A_0 + \sum_{k=1}^{\infty} A_{km}\sin(k\omega t + \phi_k) \tag{3-3}$$

式(3-3)在电工技术中更为常用。

以上两种形式的傅里叶级数系数之间有如下关系:

$$\left.\begin{array}{lll} a_0 = A_0, & a_k = A_{km}\sin\phi_k, & b_k = A_{km}\cos\phi_k \\[3mm] A_{km} = \sqrt{a_k^2 + b_k^2}, & \phi_k = \arctan\left(\dfrac{a_k}{b_k}\right) \end{array}\right\} \tag{3-4}$$

由式(3-3)可看出,一个非正弦周期波可以展开(或分解)为一系列正弦波的和。其中,第一项 A_0 为常量,它是非正弦周期函数一周期内的平均值,与时间无关,称为周期函数 $f(t)$ 的直流分量;第二项 $A_{1m}\cos(\omega t + \phi_1)$ 是正弦波,其频率与原正弦周期函数 $f(t)$ 的频率相同,称为基波分量或一次谐波,A_{1m} 和 ϕ_1 分别为基波的振幅和初相位;其他各项统称为高次谐波,如二次谐波、三次谐波、四次谐波等。A_{km} 和 ϕ_k 分别为第 k 次谐波的振幅和初相位。有时还把各奇次的谐波统称为奇次谐波,偶次的谐波统称为偶次谐波,直流分量可看做零次谐波。由于傅里叶级数是收敛的,一般来说其谐波次数越高,振幅越小。

常用非正弦周期信号的傅里叶级数展开式如表 3-1 所列。本书要求读者会查表分析非正弦周期波的傅里叶级数展开式。表 3-1 如有不足,可参阅有关资料。

表 3-1 常用非正弦周期信号的傅里叶级数展开式

名　称	波　形	傅里叶级数(基波角频率 $\omega = \dfrac{2\pi}{T}$)
矩形波		$f(t) = \dfrac{4I_{\mathrm{m}}}{\pi}\left(\sin\omega t + \dfrac{1}{3}\sin3\omega t + \dfrac{1}{5}\sin5\omega t + \cdots + \dfrac{1}{k}\sin k\omega t + \cdots \right)$ $(k = 1,3,5,\cdots)$
锯齿波		$f(t) = \dfrac{I_{\mathrm{m}}}{2} - \dfrac{I_{\mathrm{m}}}{\pi}\left(\sin\omega t + \dfrac{1}{2}\sin2\omega t + \dfrac{1}{3}\sin3\omega t + \cdots + \dfrac{1}{k}\sin k\omega t + \cdots \right)$ $(k = 1,2,3,4,\cdots)$
半波整流波		$f(t) = \dfrac{2I_{\mathrm{m}}}{\pi}\left(\dfrac{1}{2} + \dfrac{\pi}{4}\cos\omega t + \dfrac{1}{3}\cos2\omega t - \dfrac{1}{15}\cos4\omega t + \cdots + \right.$ $\left. \dfrac{(-1)^{\frac{k-2}{2}}}{k^2 \cdot 1}\cos k\omega t + \cdots \right)$ $(k = 2,4,6,\cdots)$
全波整流波		$f(t) = \dfrac{4I_{\mathrm{m}}}{\pi}\left(\dfrac{1}{2} + \dfrac{1}{3}\cos2\omega t - \dfrac{1}{15}\cos4\omega t + \cdots + \right.$ $\left. \dfrac{(-1)^{\frac{k-2}{2}}}{k^2 - 1}\cos k\omega t + \cdots \right)$ $(k = 2,4,6,\cdots)$
三角波		$f(t) = \dfrac{8I_{\mathrm{m}}}{\pi^2}\left(\sin\omega t - \dfrac{1}{9}\sin3\omega t + \dfrac{1}{25}\sin5\omega t + \cdots + \right.$ $\left. \dfrac{(-1)^{\frac{k-1}{2}}}{k^2}\sin k\omega t + \cdots \right)$ $(k = 1,3,5,\cdots)$
梯形波		$f(t) = \dfrac{4I_{\mathrm{m}}}{\alpha\pi}\left(\sin\alpha\sin\omega t + \dfrac{1}{9}\sin3\alpha\sin3\omega t + \dfrac{1}{25}\sin5\alpha\sin5\omega t + \cdots + \right.$ $\left. \dfrac{1}{k^2}\sin k\alpha\sin k\omega t + \cdots \right)$ $(k = 1,3,5,\cdots)$
矩形脉冲波		$f(t) = \dfrac{\tau I_{\mathrm{m}}}{T} + \dfrac{2I_{\mathrm{m}}}{\pi}\left(\sin\omega\,\dfrac{\tau}{2}\cos\omega t + \dfrac{\sin2\omega\,\frac{\tau}{2}}{2}\cos2\omega t + \cdots + \right.$ $\left. \dfrac{\sin k\omega\,\frac{\tau}{2}}{k}\cos k\omega t + \cdots \right)$ $(k = 1,2,3,\cdots)$

【例 3-1】 已知矩形周期电流的波形如图 3-2 所示,且

$$\begin{cases} i = f(t) = 10 \text{ A}, & 0 < t < T/2 \\ i = f(t) = -10 \text{ A}, & T/2 < t < T \end{cases}$$

求 i 的傅里叶级数展开式。

【解】 查表 3-1 得

$$i = f(t) = \frac{4 \times 10}{\pi}(\sin\omega t + \frac{1}{3}\sin 3\omega t + \frac{1}{5}\sin 5\omega t + \cdots + \frac{1}{k}\sin k\omega t + \cdots)$$

$$= 12.74(\sin\omega t + \frac{1}{3}\sin 3\omega t + \frac{1}{5}\sin 5\omega t + \cdots + \frac{1}{k}\sin k\omega t + \cdots)(k = 1,3,5\cdots)$$

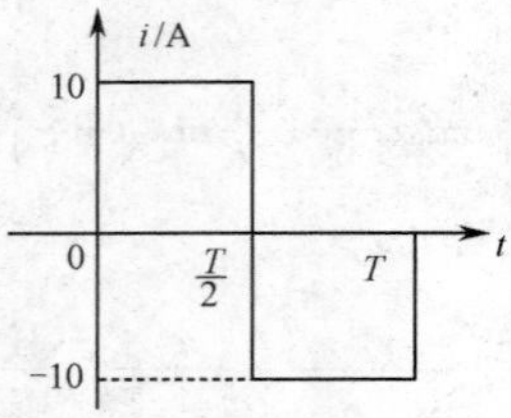

图 3-2 例 3-1 用图

从以上结果可以看出,矩形电流的傅里叶级数展开式中没有直流分量和余弦分量,正弦分量中只有奇次谐波。基波振幅(12.74 A)大于矩形波的振幅(10 A),谐波次数越高,谐波分量的振幅越小。

3.2.2 对称波形的傅里叶级数

从表 3-1 可以看出,一些非正弦周期波分解成为傅里叶级数时,并不含有式(3-1)中的所有项,这是由波形本身的特点即波形的对称性所决定的。在电子技术中遇到的周期函数的波形具有某种对称性。这种对称性可直接用来判断这类周期函数波形的傅里叶级数中应含有哪些成分及哪种类型的谐波,而且利用函数的对称性可使系数 a_0、a_k、b_k 的确定简化。主要规律如下:

(1)周期函数在一个周期内波形与横轴所包围的上下面积的代数和等于零,该周期函数的常数项,即直流分量等于零。表 3-1 中的矩形波、三角波、梯形波均属这种情况。

(2)周期函数为偶函数,即 $f(t) = f(-t)$,函数波形对称于纵轴。它们的傅里叶级数展开式中 $b_k = 0$,因此分解为傅里叶级数时,含有常数项和余弦分量($\cos k\omega t$ 项),不含有正弦分量($\sin k\omega t$ 项),可参看表 3-1 中的半波、全波整流波形和矩形脉冲波。

(3)周期函数为奇函数,即 $f(t) = -f(-t)$,函数波形对称于原点。分解为傅里叶级数时,$a_0 = 0$,$a_k = 0$,只含有正弦分量($\sin k\omega t$ 项),不含有常数项和余弦分量($\cos k\omega t$ 项),如表 3-1 中的矩形波、三角波、梯形波。

需要注意的是,一个函数为偶函数或奇函数,不但与波形本身的特点有关,还与计时起点即坐标原点的选择有关,如表 3-1 中的矩形波或三角波,若将纵轴右移或左移 $T/4$ 周期,就成为偶函数了。

(4)周期函数满足 $f(t) = -f(t + \frac{T}{2})$,即周期函数的波形在它相差半个周期时,函数值(纵坐标值)大小相等而符号相反,这种性质称奇次对称性。也就是将后半周期的波形沿横轴前移半个周期时,恰好是前半周期波形的镜像(称镜对称)。这种函数的傅里叶级数中,$a_0 = 0$,$a_{2k} = b_{2k} = 0$,不含有常数项(直流分量)和偶次谐波,只含有奇次谐波。所以也称这种函数为奇谐波函数。

一个周期函数可能同时具有几种对称性,例如表 3-1 中的三角波,波形与横轴所包围的面积上下相等,波形对原点对称,是奇函数,同时又是奇谐波函数,因此,在其傅里叶级数展开式中无直流分量和余弦分量,所含正弦分量中只有奇次谐波,分解结果就大为简化。

傅里叶级数是一个无穷级数,因此把一个非正弦周期函数分解为傅里叶级数,从理论上讲,必须有无穷多项才能准确地代表原函数,但实际上只需取起始的有限项,取多少项,应由误差的要求来决定。

3.2.3 非正弦周期波的频谱

前面已经讨论过,一个非正弦周期波一般可以展开成为傅里叶级数,这种数学表达方式虽然详尽并能准确表示出谐波之间的规律,但不够直观。如果要画出各次谐波的波形,作图十分麻烦。为了能方便而又直观地表示出一个非正弦周期波中包含哪些频率的分量以及各分量所占有的比重,常采用一种称为频谱图的表示方法。

在直角坐标系中,用横坐标表示频率或角频率,纵坐标表示谐波的振幅,然后用一些长度与基波和各次谐波振幅大小相对应的线段按频率高低顺序排列起来。这种代表各次谐波振幅大小的线段按频率高低依次排列起来的图形称为频谱图。图中每一条谱线代表基波或谐波分量,谱线的高度代表这一谐波分量的振幅,谱线所在的横坐标位置代表这一谐波分量的频率或角频率。将各条谱线顶点连接起来的曲线(以虚线表示)称为振幅包络线。这样从图中就可以一目了然地看出,信号中包含了哪些谐波分量以及每个分量所占的"比重"。这种频谱图称为振幅频谱。

例如,锯齿波(见表 3-1)的傅里叶级数展开式为

$$i = \frac{I_m}{2} - \frac{I_m}{\pi}\left(\sin\omega t + \frac{1}{2}\sin2\omega t + \frac{1}{3}\sin3\omega t + \cdots\right)$$

按照展开式中直流分量和各次谐波分量的振幅与频率画出其频谱图如图 3-3 所示。应注意振幅只取其正值,谐波分量前面的负号可变换到它的初相中去。

下面以周期性矩形脉冲波形为例,分析其频谱并以此归纳周期信号频谱的特点。

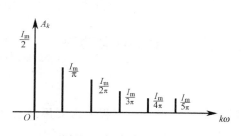

图 3-3 锯齿波的频谱图

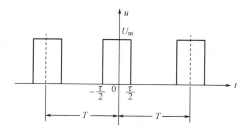

图 3-4 周期性矩形脉冲

【例 3-2】 图 3-4 所示为一周期性矩形脉冲信号,其中 U_m 为脉冲幅度,τ 为脉冲持续时间,T 为脉冲重复周期,试分析并画出其频谱图。

【解】 根据表 3-1 写出该矩形脉冲信号的傅里叶级数展开式为

$$u(t) = \frac{U_m\tau}{T} + \frac{2U_m}{\pi}\left(\sin\omega\frac{\tau}{2}\cos\omega t + \frac{1}{2}\sin2\omega\frac{\tau}{2}\cos2\omega t + \cdots + \frac{1}{k}\sin k\omega\frac{\tau}{2}\cos k\omega t + \cdots\right)$$

$$= \frac{U_m\tau}{T} + \frac{2U_m}{\pi}\sum_{k=1}^{\infty}\frac{\sin k\omega\frac{\tau}{2}\cos k\omega t}{k} \quad (k = 1,2,3,\cdots)$$

基波的角频率 $\omega = \frac{2\pi}{T}$,因此 $\frac{\omega T}{2} = \pi$。

矩形脉冲波对称于纵轴,展开式中只含有直流分量和余弦分量,不含有正弦分量。由展开式可得 k 次谐波振幅的通式为

$$a_k = \left|\frac{2U_m\sin k\omega\frac{\tau}{2}}{k\pi}\right| = \left|\frac{2U_m\tau\sin k\omega\frac{\tau}{2}}{k\frac{\omega T}{2}\cdot\tau}\right| = \frac{2U_m\tau}{T}\left|\frac{\sin k\omega\frac{\tau}{2}}{k\omega\frac{\tau}{2}}\right|$$

当 $k\omega\dfrac{\tau}{2}=n\pi$ 或 $k\omega=\dfrac{2n\pi}{\tau}$ 时,振幅 $a_k=0$,由 a_k 的表达式可画出周期性矩形脉冲的频谱如图 3-5 所示。

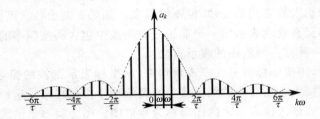

图 3-5　周期性矩形脉冲的频谱图

现以图 3-5 所示的周期性矩形脉冲的频谱图为例,说明周期信号的频谱的特点。

(1)频谱由不连续的谱线组成,每一条谱线代表一个正弦分量或余弦分量,所以这样的频谱称为离散频谱。

(2)频谱的相邻两条谱线间的间隔是相等的,都等于基波角频率 ω,这是因为所有的谐波频率都是基波频率的整数倍。

(3)从总体上看,各谐波的振幅随谐波次数的增高而逐渐减小,谐波次数无限增高,谐波分量的振幅就无限地趋小。

以上三个特性,分别称为频谱的离散性、谐波性和收敛性。其他特性,可参阅无线电技术基础课程的有关知识。

3.3　非正弦周期信号的最大值、有效值、平均值和平均功率

3.3.1　最大值

非正弦周期信号的最大值是一个周期内最大瞬时值的绝对值。工程上常要用到它,例如电容器的耐压、二极管的反向击穿电压,就要考虑电压的最大值。

3.3.2　有效值

在正弦稳态交流电路中已介绍过,有效值是交流量在热效应方面所相当的直流值。一个非正弦周期量的有效值等于其瞬时值的方均根值。利用傅里叶级数不难推出非正弦周期电流和非正弦周期电压的有效值分别为

$$I=\sqrt{I_0^2+I_1^2+I_2^2+I_3^2+\cdots}=\sqrt{I_0^2+\sum_{k=1}^{\infty}I_k^2} \tag{3-5}$$

$$U=\sqrt{U_0^2+U_1^2+U_2^2+U_3^2+\cdots}=\sqrt{U_0^2+\sum_{k=1}^{\infty}U_k^2} \tag{3-6}$$

即非正弦周期量的有效值等于恒定分量的平方与各次谐波有效值的平方和的平方根。

3.3.3　平均值

除有效值外,还经常用到非正弦周期量的平均值(如分析整流效果,比较波形等)。一个非正弦周期量的平均值为

$$A_0 = \frac{1}{T} \int_0^T f(t) \, \mathrm{d}t$$

式中,A_0 就是非正弦周期量的直流分量,当 $f(t)$ 在一个周期内与横轴所包围的面积相等时,A_0 为零。

3.3.4 平均功率

不同频率的正弦电压与电流乘积的上述积分为零(即不产生平均功率);同频率的正弦电压、电流乘积的上述积分不为零。因此可得

$$P = U_0 I_0 + U_1 I_1 \cos\varphi_1 + U_2 I_2 \cos\varphi_2 + \cdots U_k I_k \cos\varphi_k + \cdots$$

式中,$U_k = \dfrac{U_{km}}{\sqrt{2}}$;$I_k = \dfrac{I_{km}}{\sqrt{2}}$;$\varphi_k = \phi_{uk} - \phi_{ik}$。

可见非正弦周期电流电路的平均功率等于直流分量的功率及各次谐波的平均功率的和。

3.4 非正弦周期电流电路的分析和计算

本章开始已指出,线性非正弦周期电流电路的分析和计算的基本方法为"谐波分析法"。就是将非正弦周期量按傅里叶级数展开为直流分量和一系列谐波分量,根据线性电路的叠加原理,分别计算各个谐波分量单独作用下在电路中产生的响应,然后叠加起来求出总的响应。因此,线性非正弦周期电路的分析实质就是一个直流电路和一系列不同频率的正弦电路的分析。具体步骤如下:

(1)把给定的非正弦周期电压或电流分解为直流分量和各次谐波分量。高次谐波取到哪一项为止,由所需的准确度的高低来决定。

(2)计算电路元件对各谐波分量的感抗和容抗。对于直流分量来说,电容相当于开路,电感相当于短路。对于各次谐波,电容的容抗和电感的感抗随频率而变,谐波频率越高,感抗越大,容抗越小,对 k 次谐波,感抗、容抗分别为

$$X_{Lk} = k\omega L, \qquad X_{Ck} = \frac{1}{k\omega C}$$

忽略趋肤效应,电阻值可视为恒定不变。

(3)分别计算各分量单独作用下电路中的电流或电压,正弦激励的响应,用相量法进行分析和计算。

(4)应用叠加定理求出某一支路的总电流或总电压(即总响应)。应该注意,由于各次谐波频率不同,不能将各次谐波的相量相加,必须把各次谐波的相量写成相应的解析式后再叠加表示和的形式。如果要求电流或电压的有效值,可按有效值的公式进行计算。

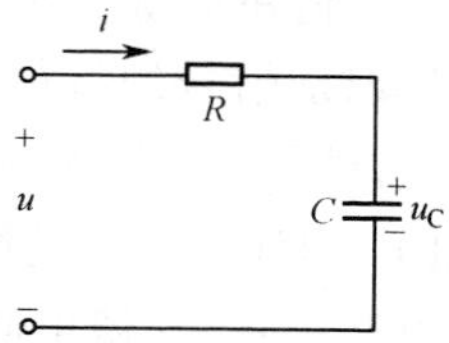

【例 3-3】 图 3-6 所示为 RC 串联电路,已知 $R = 1\ \Omega$,$\dfrac{1}{\omega C} = 1\ \Omega$,输入电压 $u = 5 + 10\sqrt{2}\sin(\omega t) + 6\sqrt{2}\sin(3\omega t + 45°)$ V,求电路电流 i、电容电压 u_C 和 U_C。

图 3-6 例 3-3 电路

【解】 选定电压、电流参考方向如图所示。

直流分量单独作用,$U_0 = 5$ V

对于直流分量,电容相当于开路,所以

$$I_0 = 0, \qquad U_{C0} = U_0 = 5\ V$$

基波分量单独作用，

$$Z_{(1)} = R - \mathrm{j}\,\frac{1}{\omega C} = 1 - \mathrm{j}1 = \sqrt{2}\angle -45° \ \Omega$$

$$\dot{I}_1 = \frac{\dot{U}_1}{Z_{(1)}} = \frac{10\angle 0°}{\sqrt{2}\angle -45°} = 5\sqrt{2}\angle 45° \ \mathrm{A}$$

$$\dot{U}_{C1} = -\mathrm{j}\,\frac{1}{\omega C}\dot{I}_1 = -\mathrm{j}1 \times 5\sqrt{2}\angle 45° = 5\sqrt{2}\angle -45° \mathrm{V}$$

所以
$$i_1 = 10\sin(\omega t + 45°) \ \mathrm{A}$$
$$u_{C1} = 10\sin(\omega t - 45°) \ \mathrm{V}$$

三次谐波分量单独作用，

$$Z_{(3)} = R - \mathrm{j}\,\frac{1}{3\omega C} = 1 - \mathrm{j}\,\frac{1}{3} = 1.054\angle -18.4° \ \Omega$$

$$\dot{I}_3 = \frac{\dot{U}_3}{Z_{(3)}} = \frac{6\angle 45°}{1.054\angle -18.4°} = 5.69\angle 63.4° \ \mathrm{A}$$

$$\dot{U}_{C3} = -\mathrm{j}\,\frac{1}{3\omega C}\dot{I}_3 = -\mathrm{j}\,\frac{1}{3} \times 5.69\angle 63.4° = 1.9\angle -26.6° \ \mathrm{V}$$

所以
$$i_3 = 5.69\sqrt{2}\sin(3\omega t + 63.4°) = 8.05\sin(3\omega t + 63.4°) \ \mathrm{A}$$
$$u_{C3} = 1.9\sqrt{2}\sin(3\omega t - 26.6°) = 2.69\sin(3\omega t - 26.6°) \ \mathrm{V}$$

电路电流 i 和电容电压 u_C 分别为
$$i = I_0 + i_1 + i_3 = 10\sin(\omega t + 45°) + 8.05\sin(3\omega t + 63.4°) \ \mathrm{A}$$
$$u_C = U_{C0} + u_{C1} + u_{C3} = 5 + 10\sin(\omega t - 45°) + 2.69\sin(3\omega t - 26.6°) \ \mathrm{V}$$

电容电压的有效值 U_C 为
$$U_C = \sqrt{U_{C0}^2 + U_{C1}^2 + U_{C3}^2} = \sqrt{5^2 + (5\sqrt{2})^2 + 1.9^2} = 8.87 \ \mathrm{V}$$

3.5　应用——频谱分析仪

3.1 节中已经提到过，有了傅里叶级数展开式，可以将交流电路分析中的相量技术应用到非正弦周期性激励的电路中，傅里叶级数还有许多其他的应用，特别在通信和信号处理方面。一些典型的应用是频谱分析、滤波器、检波与整流以及谐波失真等，本节以频谱分析仪为例讨论它的应用。

傅里叶级数给出了信号的频谱，包括各次频率的振幅和相位，正是信号 $f(t)$ 的频谱有助于识别信号的特征，它能指出哪些频率成分对输出信号的形状起主要作用，哪些则不起主要作用，譬如说，声音的主要频率范围为 20 Hz 到 15 kHz，而可见光的频率范围是 10^5 GHz 到 10^6 GHz 之间。周期信号的振幅频谱中若只包含有限个傅里叶系数 A_k 或 c_k，则称为有限带宽周期信号，其傅里叶级数为

$$f(t) = \sum_{k=-N}^{N} c_n \mathrm{e}^{\mathrm{j}k\omega_0 t} = a_0 + \sum_{k=1}^{N} A_k \cos(k\omega_0 t + \phi_k)$$

上式表示，若 ω_0 已知，只要 $(2N+1)$ 项的傅里叶系数（即 $a_0, A_1, A_2, \cdots, A_N, \phi_1, \phi_2, \cdots, \phi_N$）就能完全确定函数 $f(t)$。这个结果导致了取样定理的成立：一个含有 N 个谐波傅里叶级数的有限带宽周期信号可以唯一地由它在一个周期内的 $(2N+1)$ 个瞬间来定义。

频谱分析仪是一种显示信号不同频率的幅度分量分别情况的仪器,即它能给出不同频率中每个频率的能量分布。频谱分析仪与示波器不同,示波器显示时间域中的信号,而频谱分析仪显示频率域中的信号,是电路分析中最有用的仪器之一,它能做噪声和杂波信号分析、相位检测、电磁干扰和滤波器分析、振动测量、雷达测量等。

本章小结

1.除了正弦交流电外,在实际工程和科学实验中,还会遇到另外一些交流电流和电压,它们虽然也是周期性的,但却不是按正弦规律变化的。分析这种非正弦周期电流激励下的电路,采用的分析方法是谐波分析法。

2.谐波分析法实际上是应用数学中的傅里叶级数(傅氏级数)展开方法,将非正弦周期激励电压、电流或信号分解为一系列不同频率的正弦量之和,再根据线性电路的叠加定理,分别计算在各个正弦量单独作用下在电路中产生的同频正弦电流分量和电压分量;最后,把所得分量按时域形式叠加,就可以得到电路在非正弦周期激励下的稳态电流和电压。

3.在电子技术中遇到的周期函数的波形具有某种对称性。这种对称性可直接用来判断这类周期函数波形的傅里叶级数中应含有哪些成分及哪种类型的谐波,而且利用函数的对称性可使系数 a_0、a_k、b_k 的确定简化。

4.为了能方便而又直观地表示出一个非正弦周期波中包含哪些频率的分量以及各分量所占有的比重,常采用一种称为频谱图的表示方法。

5.非正弦周期电流的最大值、有效值、平均值有着不同的物理意义和用途,掌握它们的计算方法。

习题三

3-1 求题图 3-1 所示周期波形的傅里叶级数。

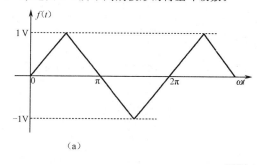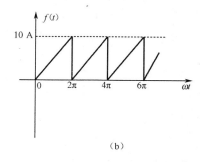

题图 3-1

3-2 求题图 3-2 所示周期余弦半波整流波形的傅里叶级数并作出幅度频谱图。

3-3 求题图 3-3 所示电路中电压 u 的有效值。已知 $u_1 = 4$ V,$u_2 = 6\sin(\omega t)$ V。

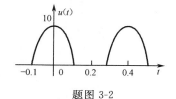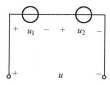

题图 3-2　　　　　　　　题图 3-3

3-4 已知某电容对基波的容抗为 20 Ω,问它对三次谐波、七次谐波的容抗各是多少?

3-5 已知题图 3-5 所示电路中,$R = 3\ \Omega$,$C = (1/8)\ \text{F}$,$u_S = 12 + 10\sin(2t)$ V。试求:
(1) 电流 i、电压 u_R 和 u_C 的有效值;(2) 电压源提供的平均功率。

3-6 已知题图 3-6 所示电路中,$R = 6\ \Omega$,$L = 0.1\ \text{H}$,$u_S = 63.6 + 100\sin(\omega t) - 42.4\sin(2\omega t + 90°)$ V,
$\omega = 377\ \text{rad/s}$。试求稳态电流 i 及电路的平均功率。

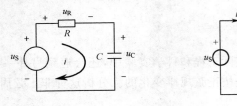

题图 3-5   题图 3-6

3-7 在 RLC 串联电路中,已知 $R = 10\ \Omega$,$L = 2\ \text{mH}$,$C = 40\ \mu\text{F}$,电路端口施加激励电压 $u = 100\sin(1\,000t) + 50\sin(2\,000t) + 25\sin(3\,000t)$ V。求电流的有效值及电路的有功功率。

3-8 在题图 3-8 所示电路中,已知 $u_1 = 30 + 80\sin(2t) + 20\sin(6t)$ V,$R = 3\ \Omega$,$L_1 = L_2 = 2\ \text{H}$,$M = 3\ \text{H}$,求电压 u_2。

3-9 在题图 3-9 所示电路中,已知 u_1 的直流分量为 8 V,其中还有三次谐波分量,L、C 对基波的电抗 $X_{C(1)} = 9\ \Omega$,$X_{L(1)} = 1\ \Omega$,安培表 A 的读数为 $2\sqrt{2}$ A,求伏特表 V 及 V_1 的读数。

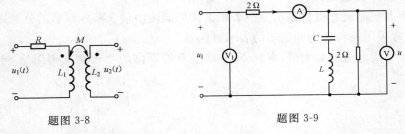

题图 3-8   题图 3-9

3-10 题图 3-10 所示电路中,已知 $u_S(t) = [500 + 100\sqrt{2}\sin 377t + 30\sqrt{2}\sin(3 \times 377t + 30°) + 40\sqrt{2}\sin(5 \times 377t + 50°)]$V,试求 $i(t)$ 和 $i_R(t)$。

3-11 题图 3-11 所示电路中,已知 $u_S(t) = U_{1m}\sin(\omega t) + U_{3m}\sin(3\omega t)$,$L_1 = 0.12\ \text{H}$,$\omega = 314\ \text{rad/s}$,电阻 R 上的端电压为 $u_o(t) = U_{1m}\sin(\omega t)$。求 C_1 和 C_2。

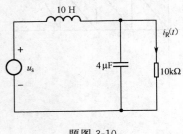
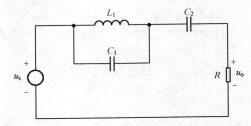

题图 3-10   题图 3-11

第4章 电路的暂态分析

本章重点以一阶动态电路为例介绍动态电路的暂态过程,具体内容包括一阶电路的零输入响应、零状态响应、全响应。在一阶电路的分析中,重点介绍三要素法。

4.1 过渡过程及换路定律

4.1.1 过渡过程

前面各章讨论的线性电路中,当电源电压(激励)为恒定值或做周期性变化时,电路中各部分电压或电流(响应)也是恒定的或按周期性规律变化,即电路中响应与激励的变化规律完全相同,称电路的这种工作状态为稳定状态,简称稳态。但是,在实际电路中,经常遇到电路由一个稳定状态向另一个稳定状态的变化,在这个变化过程中,如果电路中含有电感、电容等储能元件时,则这种状态的变化要经历一个时间过程,称为暂态过程,也叫过渡过程。

含有储能元件(也叫动态元件)L 或 C 的电路称为动态电路。

电路产生过渡过程的原因无外乎有外因和内因,电路的接通或断开、电路参数或电源的变化、电路的改接等都是外因。这些能引起电路过渡过程的电路变化统称为"换路"。除了外因,电路中还必须含有储能元件电感或电容,这是产生过渡过程的内因。动态电路的过渡过程,实质是储能元件的充、放电过程。

电路的过渡过程一般比较短暂,但它的作用和影响都十分重要。有的电路专门利用其过渡特性实现延时、波形产生等功能;而在电力系统中,过渡过程的出现可能产生比稳定状态大得多的过电压或过电流,若不采取一定的保护措施,就会损坏电气设备,引起不良后果。因此研究电路的过渡过程,掌握有关规律,是非常重要的。

4.1.2 换路定律

1. 换路定律

为便于分析,通常认为换路是在瞬间完成的,记为 $t=0$,并且用 $t=0_-$ 表示换路前的终了时刻,用 $t=0_+$ 表示换路后的初始时刻。由于电容内部的能量与其电压有关($W_C = \frac{1}{2}Cu_C^2$),电感的能量与其电流有关($W_L = \frac{1}{2}Li_L^2$),而能量是不能跃变的,也就是说,电容上的电压 u_{C0} 不能跃变,电感中的电流 i_L 也不能跃变(假设电容电流 i_C 和电感电压 u_L 为有限值),这个基本原则对换路前后的电路亦适用。因此可以得到

$$
\left.
\begin{array}{l}
u_C(0_+) = u_C(0_-) \\
i_L(0_+) = i_L(0_-)
\end{array}
\right\}
\tag{4-1}
$$

式(4-1)称为换路定律。

换路定律说明,在换路前后,电容电压 u_C 和电感电流 i_L 不能发生跃变,即满足 $t=0_+$ 时刻

值等于 $t = 0_-$ 时刻值,其值具有连续性。需要注意的是,换路定律只揭示了换路前后电容电压 u_C 和电感电流 i_L 不能发生突变的规律,对于电路中其他的电压、电流包括电容电流 i_C 和电感电压 u_L,在换路瞬间都是可以突变的。

2. 电路中其他变量初始值的计算

通常将 $t = 0_+$ 时刻电压电流的值称为动态电路的初始值。对于动态电路中除 u_C 和 i_L 以外的其他变量的初始值可按以下步骤确定:

(1) 先求换路前瞬间即 $t = 0_-$ 时刻的 $u_C(0_-)$ 或 $i_L(0_-)$(这一步要用 $t = 0_-$ 时刻的等效电路进行求解,此时电路尚处于稳态,电容开路,电感短路)。

(2) 根据换路定律确定 $u_C(0_+)$ 或 $i_L(0_+)$。

(3) 以 $u_C(0_+)$ 或 $i_L(0_+)$ 为依据,应用欧姆定律、基尔霍夫定律和直流电路的分析方法确定电路中其他电压、电流的初始值(这一步要用 $t = 0_+$ 时刻的等效电路进行求解,此时,电容等效为电压值为 $u_C(0_+)$ 的电压源,电感等效为电流值为 $i_L(0_+)$ 的电流源)。

【例 4-1】 图 4-1(a)所示为直流电源激励下的含有电容元件的动态电路,已知 $U_S = 100$ V,$R_1 = R_2 = 100\ \Omega$,$R_3 = 50\ \Omega$,开关 S 打在 1 位时,电路处于稳态。$t = 0$ 时,S 由 1 位打向 2 位进行换路,求此瞬间 $u_C(0_+)$、$i(0_+)$、$u_{R2}(0_+)$ 和 $u_{R3}(0_+)$ 各为多少?

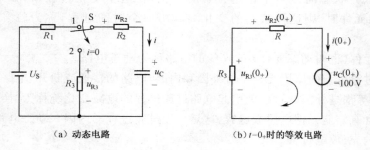

(a) 动态电路　　　　　　　(b) $t = 0_+$ 时的等效电路

图 4-1　例 4-1 电路

【解】 选定各电压、电流参考方向如图所示。

S 打在 1 位时,电路处于稳态,电容相当于开路,此时

$$u_C(0_-) = U_S = 100 \text{ V}$$

$t = 0$ 时,S 由 1 位打向 2 位,根据换路定律,有

$$u_C(0_+) = u_C(0_-) = 100 \text{ V}$$

此时电容相当于 100 V 的电压源,作 $t = 0_+$ 时的等效电路如图 4-1(b)所示。由 KVL 得

$$u_C(0_+) - u_{R3}(0_+) + u_{R2}(0_+) = 0$$

$$u_C(0_+) - [-R_3 i(0_+)] + R_2 i(0_+) = 0$$

$$i(0_+) = -\frac{u_C(0_+)}{R_2 + R_3} = -\frac{100}{100 + 50} = -\frac{2}{3} \text{ A}$$

$$u_{R2}(0_+) = R_2 i(0_+) = 100 \times \left(-\frac{2}{3}\right) = -66.7 \text{V}$$

$$u_{R3}(0_+) = -R_3 i(0_+) = -50 \times \left(-\frac{2}{3}\right) = 33.3 \text{ V}$$

4.2 一阶 RC 电路的过渡过程

4.2.1 RC 电路的零输入响应

前面已讲过,一阶电路是指电路中仅含一个独立的动态元件的电路。当一阶电路中的动态元件为电容时称为一阶电阻电容电路(简称为 RC 电路);当动态元件为电感时称为一阶电阻电感电路(简称为 RL 电路)。

当电路中仅含有一个电容和一个电阻或一个电感和一个电阻时,称为最简 RC 电路或 RL 电路。如果不是最简,则可以把该动态元件以外的电阻电路用戴维南定理或诺顿定理进行等效,从而变换为最简 RC 电路或 RL 电路。

本节首先分析一阶 RC 动态电路的零输入响应。所谓零输入响应,是指换路后电路没有外加激励,仅由储能元件(动态元件)的初始储能引起的响应。

图 4-2(a)所示电路中,原先开关 S 打在 1 位,直流电源 U_S 给电容充电,充电完毕,电路达到稳态时,电容相当于开路。$t=0$ 时,S 由 1 位打向 2 位进行换路,此时电容与电源断开,与电阻 R 构成闭合回路,如图 4-2(b) 所示,电容通过电阻进行放电,放电完毕,电路进入新的稳态。显然,S 由 1 位打向 2 位后,RC 串联回路的输入为零,电路中的电压 u_R、电流 i_R 是仅仅依靠电容放电产生的,这便是一阶 RC 电路的零输入响应。

1. 电压电流变化规律

电压、电流参考方向如图 4-2(b)所示。换路后,根据 KVL 可得

$$u_R - u_C = 0$$

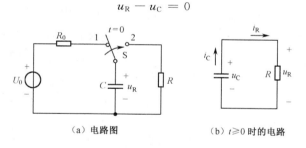

(a) 电路图　　　　　(b) $t \geqslant 0$ 时的电路

图 4-2　RC 电路的零输入响应

根据图 4-2(b)中电压、电流参考方向,可写出电阻、电容 VCR,分别为

$$u_R = Ri_R$$

$$i_C = -C\frac{du_C}{dt}$$

将以上三式联立,可求出换路后(即 $t \geqslant 0$ 时)电容电压 u_C 变化规律的微分方程

$$RC\frac{du_C}{dt} + u_C = 0, \quad t \geqslant 0 \tag{4-2}$$

由于电阻和电容的参数均为常数,所以式(4-2)是一个常系数一阶线性齐次微分方程,应用分离变量法解以上方程得

$$u_C(t) = e^{-\frac{1}{RC}t} \cdot e^C = Ae^{-\frac{1}{RC}t}$$

式中,A 为待定的积分常数,可根据初始条件 $u_C(0_+)$ 的值确定。在换路瞬间,由于 $u_C(0_+) = u_C(0_-) = U_0$,故有 $A = U_0$。所以,微分方程的解为

$$u_C(t) = U_0 e^{-\frac{1}{RC}t}, \quad t \geqslant 0 \tag{4-3}$$

式(4-3)即为换路后电容电压 u_C 随时间变化的解析式。从解析式可以看出,换路后,电容电压 u_C 从初始值 U_0 开始,按照指数规律递减,直到最终 $u_C \to 0$,电路达到新的稳态。

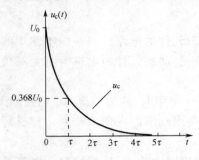

图 4-3 RC 电路零输入响应的波形曲线

u_C 的变化曲线如图 4-3 所示。很明显,曲线反映出的 u_C 的变化规律与解析式完全一致,而且曲线更为直观。

以 u_C 为依据,可求出换路后 u_R、$i_C(i_R)$ 的变化规律为

$$u_R(t) = u_C(t) = U_0 e^{-\frac{1}{RC}t}, \quad t \geqslant 0$$

$$i_C(t) = i_R(t) = -C\frac{\mathrm{d}u_C}{\mathrm{d}t} = \frac{U_0}{R} e^{-\frac{1}{RC}t}, \quad t \geqslant 0$$

可见,换路后,电路中的电压、电流都是按照相同的指数规律进行变化。

2. 时间常数

式(4-3)中,令 $\tau = RC$,τ 称为 RC 电路的时间常数。当 R 的单位为欧[姆](Ω),C 的单位为法[拉](F)时,τ 的单位为秒(s)。

$$[\tau] = [R][C] = \Omega \cdot F = \frac{V}{A} \cdot \frac{C}{V} = \frac{A \cdot s}{A} = s(秒)$$

于是,式(4-3)写为

$$u_C(t) = u_C(0_+) e^{-\frac{t}{\tau}}, \quad t \geqslant 0 \tag{4-4}$$

式(4-4)即为一阶 RC 电路零输入响应时电容电压 u_C 变化规律的通式。

时间常数 τ 是表征动态电路过渡过程进行快慢的物理量。τ 越大,过渡过程进行得越慢;反之,τ 越小,过渡过程进行得越快。由表达式 $\tau = RC$ 可以看出,RC 电路的时间常数 τ,仅由电路的参数 R 和 C 决定,R 是指换路后电容两端的等效电阻。当 R 越大时,电路中放电电流越小,放电时间就越长,过渡过程进行得就越慢;当 C 越大时,电容储存的电场能量越多,放电时间也就越长。现以电容电压 u_C 为例说明时间常数 τ 的物理意义。

在式(4-4)中,分别取 $t = \tau, 2\tau, 3\tau, \cdots$ 不同的时间,求出对应的 u_C 值,如表 4-1 所列。

表 4-1 不同时刻的 u_C 值

τ	0	τ	2τ	3τ	4τ	5τ	∞
$u_C(t)$	U_0	$0.368U_0$	$0.135U_0$	$0.050U_0$	$0.018U_0$	$0.007U_0$	0

从表 4-1 可以看出:

(1) 当 $t = \tau$ 时,$u_C = 0.368U_0$,这表明时间常数 τ 是电容电压 u_C 从换路瞬间开始衰减到初始值的 36.8% 时所需要的时间,参见图 4-3 所示的 u_C 的变化曲线。

(2) 从理论上讲,$t = \infty$ 时,u_C 才衰减到 0,过渡过程才结束,但当 $t = (3 \sim 5)\tau$ 时,u_C 已衰减到初始值的 5% 以下,因此实际工程当中一般认为从换路开始经过 $3\tau \sim 5\tau$ 的时间,过渡过程便基本结束了。

【例 4-2】 有一个 $C = 40 \ \mu F$ 的电容器从高压电路上断开,断开时电容器的电压 $U_0 = 6 \ kV$,电容器经本身漏电阻放电,漏电阻 $R = 50 \ M\Omega$,试求电容器电压下降到 400 V 时所需的时间。

【解】 电容器放电时的时间常数

$$\tau = RC = 50 \times 10^6 \times 40 \times 10^{-6} = 2\,000 \text{ s}$$

现有

$$u_C(t) = U_0 \mathrm{e}^{-\frac{t}{\tau}}$$

代入已知数据得

$$400 = 6\,000 \mathrm{e}^{-\frac{t}{2\,000}}$$

所以

$$t = 2\,000 \ln 15 = 5\,416 \text{ s} \approx 1.5 \text{ h}$$

需要指出的是,在电子设备中,RC 电路的时间常数 τ 很小,放电时过程经历不过几十毫秒甚至几个微秒。但在电力系统中,高压电力电容器放电时间比较长,可达几十分钟,如例 4-2 中电容器放电经过 1.5 h 后,两端仍有 400 V 的电压。因此检修具有大电容的高压设备时,一定要让电容充分放电以保证安全。

4.2.2 RC 电路的零状态响应

零状态响应是指电路在零初始状态下(动态元件的初始储能为零)仅由外施激励所产生的响应。

图 4-4 所示电路中,电容原来未充电,$u_C(0_-) = 0$,即电容为零初始状态。$t = 0$ 时开关闭合,RC 串联电路与电源连接,电源通过电阻对电容充电,直到最终充电完毕,电路达到新的稳态。这便是一阶 RC 电路的零状态响应。零状态响应的实质是储能元件的充电过程。

1. 电压、电流变化规律

以电容电压为变量,列出换路后图 4-4 所示电路的微分方程

$$RC \frac{\mathrm{d}u_C}{\mathrm{d}t} + u_C = U_s, \qquad t \geqslant 0 \qquad (4\text{-}5)$$

解方程得

$$u_C(t) = A \mathrm{e}^{-\frac{1}{RC}t} + U_s$$

式中的常数 A 由初始条件确定。在换路瞬间,由于 $u_C(0_+) = u_C(0_-) = 0$,故有 $A = -U_s$。所以,式(4-5)的解为

$$u_C(t) = U_s(1 - \mathrm{e}^{-\frac{1}{RC}}), \qquad t \geqslant 0 \qquad (4\text{-}6)$$

式(4-6)中的 U_s 是换路后电路达到新稳态时 u_C 的值,即 $u_C(\infty) = U_s$,于是式(4-6)可写为

$$u_C(t) = u_C(\infty)(1 - \mathrm{e}^{-\frac{t}{\tau}}), \qquad t \geqslant 0 \qquad (4\text{-}7)$$

式(4-7)即为一阶 RC 电路零状态响应时电容电压 u_C 变化规律的通式。u_C 的变化曲线如图 4-5 所示。从曲线可以看出,换路后电容电压从初始值 0 开始,按照指数规律递增到新的稳态值 U_s。

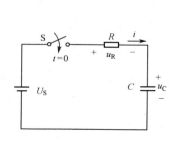

图 4-4　RC 电路的零状态响应

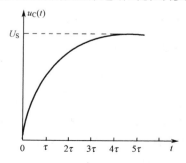

图 4-5　RC 零状态响应的波形曲线

以 u_C 为依据，同样可求出电路中其他电压电流的变化规律。

2. 时间常数

与放电一样，电路的时间常数为 $\tau = RC$。电源电压 U_S 一定，电容 C 越大，储存的电场能量越多，充电时间长。电阻 R 越大，充电电流越小，电容极板上电荷增加慢，充电时间长，过渡过程进行得慢。

4.3 一阶 RL 电路的过渡过程

上一节讨论了 RC 串联电路的过渡过程，分析了电容电压零输入响应与零状态响应的变化规律及物理过程。本节讨论含有电感元件的一阶 RL 电路的过渡过程，分析方法与 RC 电路基本相似。

4.3.1 RL 电路的零输入响应

图 4-6 所示电路中，开关 S 打在 1 位时，电路已达到稳态，电感中电流等于电流源电流 I_0，电感中储存能量 $W_L = \dfrac{1}{2}LI_0^2$。$t=0$ 时开关由 1 位打向 2 位进行换路，电流源被短路，电感与电阻 R 构成串联回路，电感通过电阻 R 释放其中的磁场能量，直到全部释放完毕，电路达到新的稳态。显然，换路后电路发生的过渡过程属于 RL 电路的零输入响应。

以电感电流 i_L 为变量，列出换路后电路的微分方程

$$\frac{L}{R}\frac{\mathrm{d}i_L}{\mathrm{d}t} + i_L = 0, \qquad t \geqslant 0 \tag{4-8}$$

解方程得到

$$i_L(t) = I_0 \mathrm{e}^{-\frac{R}{L}t} = i_L(0_+)\mathrm{e}^{-\frac{t}{\tau}}, \qquad t \geqslant 0 \tag{4-9}$$

上式即为一阶 RL 串联电路零输入响应时电感电流 i_L 变化规律的通式。其中 $\tau = L/R$ 称为 RL 电路的时间常数，单位是秒（s）。i_L 的变化曲线如图 4-7 所示。

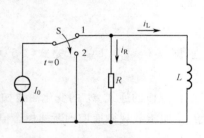

图 4-6　RL 电路的零输入响应

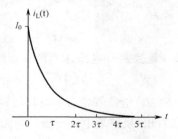

图 4-7　零输入响应的波形曲线

有了电感电流 $i_L(t)$ 的解析式，可以进一步求出电感电压 u_L 的解析式为

$$u_L(t) = L\frac{\mathrm{d}i_L(t)}{\mathrm{d}t} = -RI_0\mathrm{e}^{-\frac{R}{L}t} = -RI_0\mathrm{e}^{-\frac{t}{\tau}}$$

【例 4-3】 图 4-8 为实际的电感线圈和电阻 R_1 串联与直流电源接通的电路。已知电感线圈的电阻 $R = 2\,\Omega$，$L = 1\,\mathrm{H}$，$R_1 = 6\,\Omega$，电源电压 $U_S = 24\,\mathrm{V}$。线圈两端接一内阻 $R_V = 5\,\mathrm{k}\Omega$、量程为 50 V 的直流电压表，开关 S 闭合时，电路处于稳态。$t=0$ 时 S 打开，求：(1)S 打开后电感电流 i_L 的初始值和电路的时间常数；(2)i_L 和 u_V 的解析式即变化规律；(3)开关打开瞬间电压表两端电压。

【解】 选取电压、电流参考方向如图 4-8 所示。

（1）开关 S 闭合时，电路处于稳态，电感相当于短路，由于 $R \ll R_V$，所以

$$i_L(0_+) = i_L(0_-) = \frac{U_S}{R_1 + R} = \frac{24}{2 + 6} = 3 \text{ A}$$

电路的时间常数

$$\tau = \frac{L}{R + R_V} \approx \frac{L}{R_V} = \frac{1}{5\,000} = 2 \times 10^{-4} \text{ s} = 0.2 \text{ ms}$$

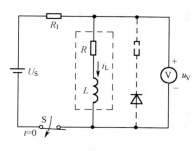

图 4-8　例 4-3 电路

（2）S 打开后，输入为零，电感电流 i_L 的零输入响应解析式为

$$i_L(t) = i_L(0_+)\mathrm{e}^{-\frac{t}{\tau}} = 3\mathrm{e}^{-\frac{t}{0.2 \times 10^{-3}}} = 3\mathrm{e}^{-5\,000t} \text{ A}$$

$$u_V(t) = -R_V i_L(t) = -5 \times 10^3 \times 3\mathrm{e}^{-5\,000t} = -15 \times 10^3 \mathrm{e}^{-5\,000t} \text{ V} = -15\mathrm{e}^{-5\,000t} \text{ kV}$$

（3）S 刚打开（即 $t = 0_+$）时，电压表两端电压为

$$|u_V(0_+)| = 15 \text{ kV}$$

开关 S 打开瞬间，电感线圈两端即电压表两端出现了 15 kV 的高电压，这就是我们通常所说的过电压。电压表内阻越大，电压表两端电压越大。此时，若不采取保护措施，电压表将立即损坏。通常可采取以下几种保护措施：（1）在开关打开瞬间，先将电压表拆除；（2）如图 4-9 所示在电压表两端并接一只二极管，利用二极管的单向导电性进行保护；（3）工厂车间使用大电感的场合，由于开关打开瞬间，电感要释放大量的能量，因此常常出现电弧，这时要采用专门的灭弧罩进行灭弧。

4.3.2　RL 电路的零状态响应

图 4-9（a）所示电路中，开关转换前，电感电流为零，即 $i_L(0_-) = 0$，电感为零初始状态。开关由 a 打向 b 后，电流源与电感接通，如图 4-9（b）所示，电感内部开始储能，直至储能完毕，电路进入新的稳态，电感相当于短路。显然，换路后电路发生的过渡过程是 RL 电路的零状态响应。

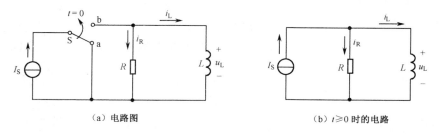

（a）电路图　　　　　　　　　　（b）$t \geq 0$ 时的电路

图 4-9　RL 电路的零状态响应

以电感电流 i_L 为变量，可以列出换路后图 4-9（b）所示电路的微分方程

$$\frac{L}{R}\frac{\mathrm{d}i_L}{\mathrm{d}t} + i_L = I_S, \qquad t \geq 0 \tag{4-10}$$

解方程得到

$$i_L(t) = I_S(1 - \mathrm{e}^{-\frac{R}{L}t}) = i_L(\infty)(1 - \mathrm{e}^{-\frac{t}{\tau}}), \qquad t \geq 0 \tag{4-11}$$

式（4-11）便是 RL 电路零状态响应时电感电流 i_L 变化规律的通式。以此为依据，可进一步求出电路中其他电压、电流的变化规律即解析式。

4.4　一阶电路的全响应及三要素法

4.4.1　一阶电路的全响应

换路后由储能元件和独立电源共同引起的响应,称为全响应。以图4-10为例,开关接在1位已久,$u_C(0_-) = U_0$,电容为非零初始状态。$t = 0$时开关打向2位进行换路,换路后继续有电源U_S作为RC串联回路的激励,因此$t \geqslant 0$时电路发生的过渡过程是全响应。同样利用求解微分方程的方法,可以求得电容电压u_C全响应的变化通式为

$$u_C(t) = u_C(0_+)e^{-\frac{t}{\tau}} + u_C(\infty)(1 - e^{-\frac{t}{\tau}}), \qquad t \geqslant 0 \tag{4-12}$$

式(4-12)还可写为

$$u_C(t) = u_C(\infty) + [u_C(0_+) - u_C(\infty)]e^{-\frac{t}{\tau}}, \qquad t \geqslant 0 \tag{4-13}$$

可见,全响应是零输入响应与零状态响应的叠加,或稳态响应与暂态响应的叠加。

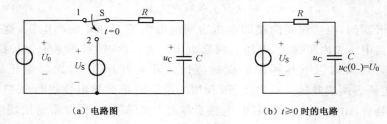

(a) 电路图　　　　　　　　　　　(b) $t \geqslant 0$ 时的电路

图 4-10　RC 电路的完全响应

4.4.2　一阶电路的三要素法

通过前面对一阶动态电路过渡过程的分析可以看出,换路后,电路中的电压、电流都是从一个初始值 $f(0_+)$ 开始,按照指数规律递变到新的稳态值 $f(\infty)$,递变的快慢取决于电路的时间常数 τ。$f(0_+)$、$f(\infty)$ 和 τ 称为一阶电路的三要素。有了三要素,根据式(4-13)可求出换路后电路中任一电压、电流的解析式 $f(t)$。$f(t)$ 的一般表达式为

$$f(t) = f(\infty) + [f(0_+) - f(\infty)]e^{-\frac{t}{\tau}}, \qquad t \geqslant 0 \tag{4-14}$$

由式(4-14)可以确定电路中电压或电流从换路后的初始值变化到某一个数值所需要的时间为

$$t = \tau \ln \frac{f(0_+) - f(\infty)}{f(t) - f(\infty)} \tag{4-15}$$

【例 4-4】　图 4-11 所示电路中,开关转换前电路已处于稳态,$t = 0$ 时开关由 1 位接至 2 位,求 $t \geqslant 0$ 时(即换路后)i_L、i_2、i_3 和电感电压 u_L 的解析式。

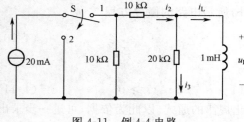

图 4-11　例 4-4 电路

【解】　先用三要素法计算电感电流 $i_L(t)$。

(1)求电感电流的初始值 $i_L(0_+)$

$$i_L(0_+) = i_L(0_-) = \frac{20}{2} = 10 \text{ mA}$$

(2)求电感电流的稳态值 $i_L(\infty)$

开关转换后,电感与电流源脱离,电感储存的能量释放出来消耗在电阻中,达到新稳态时,电感

电流为零,即

$$i_L(\infty) = 0$$

(3)求时间常数 τ

$$R = \frac{20 \times (10 + 10)}{20 + 10 + 10} = 10 \text{ k}\Omega$$

所以

$$\tau = \frac{L}{R} = \frac{10^{-3}}{10 \times 10^3} = 10^{-7} \text{s}$$

根据三要素法,可写出电感电流的解析式为

$$i_L(t) = 0 + (10 \times 10^{-3} - 0)e^{-10^7 t} = 10e^{-10^7 t} \text{ mA}$$

以 $i_L(t)$ 为依据,根据 KCL、KVL 和 VCR(元件自身的电压电流关系)求出其他电压、电流的解析式:

$$u_L(t) = L\frac{\mathrm{d}i_L}{\mathrm{d}t} = -10^{-3} \times 10 \times 10^{-3} \times 10^7 e^{-10^7 t} = -100e^{-10^7 t} \text{ V}$$

$$i_3(t) = \frac{u_L(t)}{20 \times 10^3} = \frac{-100e^{-10^7 t}}{20 \times 10^3} = -5e^{-10^7 t} \text{ mA}$$

$$i_2(t) = i_L(t) + i_3(t) = 10e^{-10^7 t} - 5e^{-10^7 t} = 5e^{-10^7 t} \text{ mA}$$

此题也可以分别计算出 i_L、i_2、i_3 和 u_L 的初始值和稳态值,然后分别代到式(4-14)中,求出它们的解析式。

【例 4-5】 图 4-12(a)所示电路中,电感电流 $i_L(0_-) = 0$,$t = 0$ 时开关 S_1 闭合,经过 0.1 s,再闭合开关 S_2,同时断开 S_1。试求电感电流 $i_L(t)$,并画波形图。

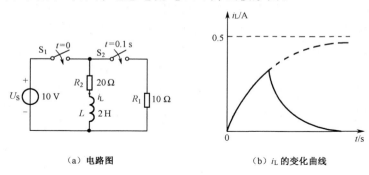

(a)电路图　　　　　　　　(b) i_L 的变化曲线

图 4-12　例 4-5 电路及波形

【解】 本题属于包含开关序列的直流一阶电路的分析。对于这一类电路,可以按照开关转换的先后次序,从时间上分成几个区间,分别用三要素法求解电路的响应。

(1)在 $0 \leqslant t \leqslant 0.1$ s 时间范围内响应的计算

在 S_1 闭合前,已知 $i_L(0_-) = 0$。S_1 闭合后,电感电流不能跃变,$i_L(0_+) = i_L(0_-) = 0$,处于零状态,电感电流为零状态响应。可用三要素法求解:

$$i_L(\infty) = \frac{U_s}{R_2} = \frac{10}{20} = 0.5 \text{ A}$$

$$\tau_1 = \frac{L}{R_2} = \frac{2}{20} = 0.1 \text{ s}$$

根据三要素公式(4-14)得到

$$i_L(t) = 0.5(1 - e^{-10t}) \text{ A} \qquad (0.1 \text{ s} \geqslant t \geqslant 0)$$

（2）在 $t \geqslant 0.1$ s 时间范围内响应的计算

仍然用三要素法，先求 $t = 0.1$ s 时刻的初始值。根据前一段时间范围内电感电流的表达式可以求出在 $t = 0.1$ s 时刻前一瞬间的电感电流

$$i_L(0.1_-) = 0.5(1 - e^{-10 \times 0.1}) = 0.316 \text{ A}$$

在 $t = 0.1$ s 时，闭合开关 S_2，同时断开开关 S_1，由于电感电流不能跃变，所以有 $i_L(0.1_+) = i_L(0.1_-) = 0.316$ A。此后的电感电流属于零输入响应，$i_L(\infty) = 0$。在此时间范围内电路的时间常数为

$$\tau_2 = \frac{L}{R_1 + R_2} = \frac{2}{10 + 20} \approx 0.0667 \text{ s}$$

根据三要素公式（4-14）得到

$$i_L(t) = i_L(0.1_+) e^{\frac{t-0.1}{\tau_2}} = 0.316 e^{-15(t-0.1)} \text{A}, \qquad t \geqslant 0.1 \text{ s}$$

电感电流 $i_L(t)$ 的波形曲线如图 4-12(b) 所示。在 $t = 0$ 时，它从零开始，以时间常数 $\tau_1 = 0.1$ s 确定的指数规律增加到最大值 0.316 A 后，就以时间常数 $\tau_2 = 0.0667$ s 确定的指数规律衰减到零。

4.5　应用——闪光灯电路

RC 和 RL 电路在许多电子设备中都很常用，包括直流电源中的滤波器、数字通信中的平滑电路、微分器、积分器、延时电路、继电器电路等。其中有一些应用场合是利用 RC 或 RL 电路的短（或长）时间常数的优点。

电子闪光灯装置是 RC 电路应用的一个例子，它是利用电容器阻止其电压突变的性能。图 4-13(a) 所示是一个简化了的电路，它由一个直流高压源 U_S、一个限流大电阻 R_1 和一个与闪光灯并联的电容器 C 等组成，闪光灯用一个小电阻 R_2 代表。开关处于位置 1 时，时间常数（$\tau_1 = R_1 C$）很大，电容器被缓慢地充电，如图 4-13(b) 所示，电容器的电压 u_C 慢慢由 0 升到 U_S，而其电流逐渐由 $I_1 = U_S/R_1$ 下降到零。充电时间近似等于 5 倍的时间常数，即 $t_{充电} = 5R_1 C$。

在开关处于位置 2 时，电容器放电。闪光灯的低电阻 R_2 使该电路在很短的时间内产生很大的放电电流，其峰值 $I_2 = U_S/R_2$，如图 4-13(c) 所示，放电时间近似等于 5 倍的时间常数，即 $t_{放电} = 5R_2 C$。

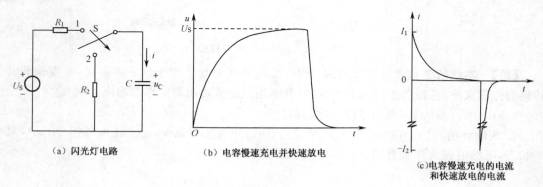

（a）闪光灯电路　　　（b）电容慢速充电并快速放电

（c）电容慢速充电的电流和快速放电的电流

图 4-13　闪光灯电路及波形

因此，图 4-13 所示的简单 RC 电路能产生短时间的大电流脉冲，这一类电路还可用于电子点焊机和雷达发射管等装置中。

本章小结

1.含有储能元件的电路,从一个稳态变化到另一个稳态都要经历一个中间过程,即动态电路的过渡过程。根据过渡过程期间电路中电压、电流产生的根源不同,过渡过程分为三种:零输入响应、零状态响应和全响应。

2.零输入响应的实质是储能元件的放电过程,零状态响应的实质是储能元件的充电过程。零输入响应和零状态响应是全响应的特例。

3.动态电路过渡过程进行的快慢取决于电路的时间常数 τ。一阶 RC 电路与一阶 RL 电路的时间常数分别为 $\tau = RC$ 和 $\tau = L/R$,表达式中的 R 分别指换路后电容以及电感两端的等效电阻。

4.一阶电路过渡过程期间电压电流的变化规律满足

$$f(t) = f(\infty) + [f(0_+) - f(\infty)]\mathrm{e}^{-\frac{t}{\tau}}, \qquad t \geqslant 0$$

上式即为一阶动态电路三要素法的通式。

习题四

4-1 题图 4-1 所示电路中,已知 $U_{S1} = 3$ V,$U_{S2} = 5$ V,$R_1 = 2$ kΩ,$R_2 = 3$ kΩ,$R_3 = 5$ kΩ,开关 S 打在 1 时,电路处于稳态。$t = 0$ 时 S 由 1 打向 2,求 S 由 1 → 2 的瞬间,$u_C(0_+)$ 和 $i_C(0_+)$ 的值。

4-2 电路如题图 4-2 所示,已知 $U_S = 20$ V,$R_1 = 5$ Ω,$R_2 = 15$ Ω,$L = 0.1$ H,开关 S 打开时电路处于稳态。$t = 0$ 时,S 闭合,求 S 闭合瞬间 $i_L(0_+)$、$i_1(0_+)$、$i_2(0_+)$ 和 $u_L(0_+)$。

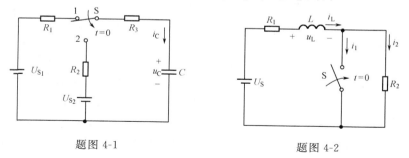

题图 4-1   题图 4-2

4-3 题图 4-3 所示电路中,已知 $R_1 = 3$ kΩ,$R_2 = 2$ kΩ,$C = 2$ μF,开关 S 闭合时电路处于稳态。$t = 0$ 时,S 打开,S 打开瞬间 $u_C(0_+) = 12$ V,$i_C(0_+) = -1.5$ A,试求电阻 R_3 及电压源 U_S 之值。

4-4 电路如题图 4-4 所示,已知 $U_S = 12$ V,$R = 4$ Ω,$R_1 = 8$ Ω,$R_2 = 6$ Ω,开关 S 打开时电路处于稳态。$t = 0$ 时,S 闭合,试求 S 闭合瞬间 $u_C(0_+)$、$i_C(0_+)$、$i_L(0_+)$、$u_L(0_+)$ 和 $i(0_+)$。

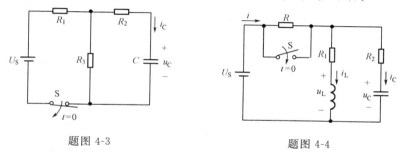

题图 4-3   题图 4-4

4-5 题图 4-5 所示电路中,$t = 0$ 时开关 S 闭合,试写出电路的时间常数 τ 的表达式。

4-6 题图 4-6 所示电路中,已知 $U_S = 20\ V$,$R_1 = R_2 = 1\ k\Omega$,$C = 0.5\ \mu F$,开关 S 闭合时电路处于稳态。$t = 0$ 时,S 打开,求 S 打开后 u_C 和 i 的变化规律即解析式。

4-7 在题图 4-7 电路所示中,已知 $U_{S1} = 3\ V$,$U_{S2} = 5\ V$,$R_1 = R_2 = 5\ \Omega$,$L = 0.05\ H$,开关 S 打在 1 时,电路处于稳态。$t = 0$ 时 S 由 1 打向 2,求 S 由 $1 \rightarrow 2$ 后,$i_L(t)$、$i_1(t)$ 和 $u_L(t)$,并画出它们的变化曲线。

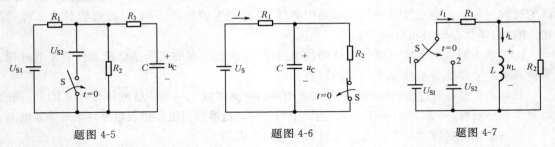

题图 4-5   题图 4-6   题图 4-7

4-8 题图 4-8 所示电路中,已知 $U_S = 12\ V$,$R_1 = R_2 = 3\ k\Omega$,$R_3 = 6\ k\Omega$,$C = 1\ 000\ pF$,开关 S 打开时电路处于稳态。$t = 0$ 时,S 闭合,求 S 闭合后 u_C、i_C 和 i_3 的变化规律,并画出其变化曲线。

4-9 一个 RL 串联电路,已知 $L = 0.5\ H$,$R = 10\ \Omega$,通过的稳定电流为 2 A。当 RL 短接后,求 i_L 下降到初始值的一半时所需要的时间。

4-10 题图 4-10 所示的 RC 串联电路,已知 $U_S = 250\ V$,$R = 5\ k\Omega$,$C = 0.4\ \mu F$。求:(1) 开关 S 闭合前,电容未充电;(2)S 闭合前,电容已充电至 $u_C(0_-) = 50\ V$ 两种情况下的电容电压 $u_C(t)$ 及电路电流 $i(t)$,并画出变化曲线。

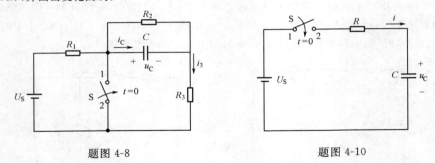

题图 4-8   题图 4-10

4-11 电路如题图 4-11 所示,已知已知 $U_{S1} = 5\ V$,$U_{S2} = 4\ V$,$R_1 = 20\ \Omega$,$R_2 = 10\ \Omega$,$R_3 = 10\ \Omega$,$L = 20\ mH$,开关 S 打在 1 时电路处于稳态。$t = 0$ 时 S 由 1 打向 2,求 $i_L(t)$、$i_1(t)$,并画出它们的变化曲线。

4-12 题图 4-12 电路中,已知 $U_S = 80\ V$,$R_1 = R_2 = 10\ \Omega$,$L = 0.2\ H$,电感原先没有储能。先闭合开关 S_1,经过 10 ms 后再将 S_2 闭合,求 S_2 闭合后经过多长时间电流 i 能增加到 6 A。

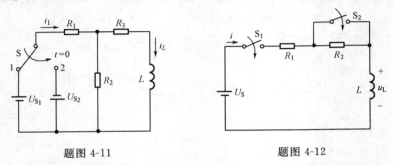

题图 4-11   题图 4-12

4-13 题图 4-13 所示电路中,已知 $I_S = 1\ mA$,$R_1 = 2\ k\Omega$,$R_2 = 1\ k\Omega$,$C = 3\ \mu F$,开关 S 打开时电路处于稳态。$t = 0$ 时,S 闭合,求 S 闭合后 u_C、i_C 和 i_2 的变化规律,并画出其变化曲线。

4-14 题图 4-14 为一个简单的产生锯齿波电压的电路原理图。已知 $U_S = 12$ V，$R_1 = 6$ kΩ，$R_2 = 20$ Ω，$C = 0.4$ μF，开关 S 打开时，电容被充电，电容电压 u_C 上升到 6 V 时，开关 S 闭合，电容对电阻 R_2 放电。电容电压 u_C 下降到接近为零时，S 又打开，电容 C 又被充电，u_C 上升到 6 V 时，S 又闭合，如此周期性进行。试分析电容电压 u_C 和电阻 R_2 的电压 u_{R2}，并画出它们随时间变化的曲线。

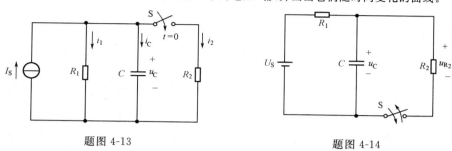

题图 4-13   题图 4-14

第二篇　模拟电子技术

第5章 半导体二极管及其应用

半导体器件是构成各种电子电路(包括模拟电路和数字电路)的基础。本章首先介绍半导体二极管,学习二极管的结构、型号、伏安特性以及二极管的应用电路。在介绍二极管之前,首先学习半导体的有关知识。

5.1 半导体的基础知识

5.1.1 本征半导体与杂质半导体

1. 本征半导体

导电能力介于导体和绝缘体之间的物质称为半导体。一般来说,半导体的电阻率在 $(10^{-4} \sim 10^{10})\Omega \cdot m$ 的范围内。半导体是构成电子元器件的重要材料,最常用的半导体材料是硅(Si)和锗(Ge)两种元素。纯净的晶体结构的半导体称为本征半导体。

本征半导体是通过一定的工艺过程形成的单晶体,其中每个硅或锗原子最外层的 4 个价电子,均与它们相邻的 4 个原子的价电子公用,从而形成共价键。

本征半导体中原子间的共价键具有较强的束缚力,每个原子都趋于稳定。它们能否有足够的能量挣脱共价键的束缚与热运动即温度紧密相关。在热力学温度零度(约 $-273℃$)时,价电子基本不能移动,因而在外电场作用下半导体中电流为零,此时它相当于绝缘体。但在常温下,由于热运动价电子被激活,有些获得足够能量的价电子会挣脱共价键成为自由电子,与此同时共价键中就流下一个空位,称为空穴。这种现象称为本征激发。由于电子带负电荷,所以空穴表示缺少一个负电荷,即空穴具有正电荷粒子的特性。

在电子、空穴对产生的同时,运动中的自由电子也有可能去填补空穴,使电子和空穴成对消失,这种现象称为复合。在外电场作用下,一方面带负电荷的自由电子做定向移动,形成电子电流;另一方面价电子会按电场方向依次填补空穴,产生空穴的定向移动,形成空穴电流。我们把能够运动的、可以参与导电的带电粒子称为载流子,因而自由电子和空穴是半导体中的两种载流子。由于它们所带电荷极性相反,所以电子电流和空穴电流的方向相反。

在一定温度下,电子、空穴对的产生和复合都在不停地进行,最终处于一种动态平衡状态,使半导体中载流子的浓度一定。当温度升高时,本征半导体中载流子浓度将增大。由于导电能力决定于载流子数目,因此半导体的导电能力将随温度升高而增强。温度是影响半导体器件性能的一个重要的外部因素,半导体材料的这种特性称为热敏性。此外,还有光敏性和掺杂性。

2. 杂质半导体

在常温下,本征半导体中载流子浓度很低,因而导电能力很弱。为了改善导电性能并使其具有可控性,需在本征半导体中掺入微量的其他元素(称为杂质)。这种掺入杂质的半导体称为杂质半导体。因掺入杂质的性质不同,可分为 N 型半导体和 P 型半导体。

（1）N 型半导体

在本征半导体硅（或锗,此处以硅为例）中掺入微量的 5 价元素磷（P）,由于磷原子最外层的 5 个价电子中有 4 个与相邻硅原子组成共价键,多余一个价电子受磷原子核的束缚力很小,很容易成为自由电子,而磷原子本身因失去电子成为不能移动的杂质正离子。当然,在杂质半导体中,同本征半导体一样,由于热运动仍然产生自由电子、空穴对,但这种热运动产生的载流子浓度远小于掺杂而产生的自由电子数,所以在这种半导体中,自由电子数远超过空穴数,它是以电子导电为主的杂质型半导体,因为电子带负电（negative electricity）,所以称为 N 型半导体。N 型半导体中,自由电子是多数载流子（简称多子）,空穴是少数载流子（简称少子）。杂质离子带正电。

（2）P 型半导体

在本征硅中掺入三价元素硼（B）,由于硼有三个价电子,每个硼原子与相邻的 4 个硅原子组成共价键时,因缺少一个电子而产生一个空位（不是空穴,因为硼原子仍呈中性）。在室温或其他能量激发下,与硼原子相邻的的硅原子共价键上的电子就可能填补这些空位,从而在电子原来所处的位置上形成带正电荷的空穴,硼原子本身则因获得电子而成为不能移动的杂质负离子。每个硼原子都能产生一个空穴,这种半导体的空穴数远大于自由电子数,它是以空穴导电为主的杂质型半导体,因为空穴带正电（positive electricity）,所以称为 P 型半导体。P 型半导体中,空穴是多数载流子（多子）,自由电子是少数载流子（少子）。杂质离子带负电。

需要指出的是,不论 N 型还是 P 型半导体,虽然都有一种载流子占多数,但它们都是电中性的,对外不显电性。这主要是由于半导体和掺入的杂质都是电中性的,而且掺杂过程中既不丧失电荷也不从外界得到电荷,只是在半导体中出现了大量可以运动的电子或空穴,并没有破坏整个半导体内正负电荷的平衡状态。

以后,为简单起见,通常只画出正离子和等量的自由电子来表示 N 型半导体;同样,只画出负离子和等量的空穴来表示 P 型半导体。

综上所述,掺入杂质后,由于载流子的浓度提高,因而杂质半导体的导电性能将增强,而且掺入的杂质越多,多子浓度越高,导电性能也就越强,实现了导电性能的可控性。当然,仅仅提高导电能力不是最终目的,因为导体的导电能力更强。杂质半导体的奇妙之处在于,只要掺入不同性质、不同浓度的杂质,并使 P 型半导体和 N 型半导体采用不同的方式组合,就可以制造出形形色色、品种繁多、用途各异的半导体器件。

5.1.2 PN 结

如果将一块半导体的一侧掺杂成为 P 型半导体,另一侧掺杂成为 N 型半导体,则在二者的交界处将形成一个 PN 结。

1. PN 结的形成

将 P 型半导体和 N 型半导体制作在一起,在两种半导体的交界面就出现了电子和空穴的浓度差。物质总是从浓度高的地方向浓度低的地方扩散,自由电子和空穴也不例外。因此,P 区中的多子（即空穴）将向 N 区扩散,而 N 区中的多子（即自由电子）将向 P 区扩散,如图 5-1（a）所示。扩散运动的结果就使两种半导体交界面附近出现了不能移动的带电离子区,P 区出现负离子区,N 区出现正离子区,如图 5-1（b）所示。这些带电离子形成了一个很薄的空间电荷区,产生了内电场。

一方面,随着扩散运动的进行,空间电荷区加宽使内电场增强;另一方面,内电场又将阻止

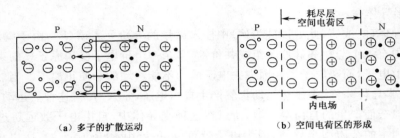

| (a) 多子的扩散运动 | (b) 空间电荷区的形成 |

图 5-1　PN 结的形成

多子的扩散运动,促进少子的运动,而少子的运动方向正好与多子扩散运动的方向相反。这种在电场作用下少子的运动称为漂移运动。电场力越大,漂移运动越强。最后,漂移运动与扩散运动达到动态平衡,使空间电荷区的载流子耗尽,成为耗尽层,这个耗尽层(空间电荷区)就是PN 结。

2. PN 结的单向导电性

PN 结具有单向导电性,这种导电特性只有在外加电压时才能显示出来。

若在 PN 结上加以正向电压,即 P 区接电源正极,N 区接电源负极,称 PN 结处于正向偏置状态,简称正偏,如图 5-2(a)所示。这时外电场与内电场方向相反,削弱了内电场,空间电荷区变窄,正向电流 I 较大,PN 结在正向偏置时呈现较小电阻,PN 结变为导通状态。正向偏置电压稍有增加,PN 结的正向电流 I 急剧增加,为了防止大的正向电流把 PN 结烧毁,实际电路都要串接限流电阻 R。

若在 PN 结上加以反向电压,即 P 区接电源负极,N 区接电源正极,称 PN 结处于反向偏置状态,简称反偏,如图 5-2(b)所示。这时外电场与内电场方向相同,空间电荷区变宽,内电场增强,因而有利于少子的漂移而不利于多子的扩散。由于电源的作用,少子的漂移形成了反向电流 I_S。但是,少子的浓度非常低,使得反向电流很小,一般为微安(μA)数量级。所以可以认为 PN 结反向偏置时基本不导电。

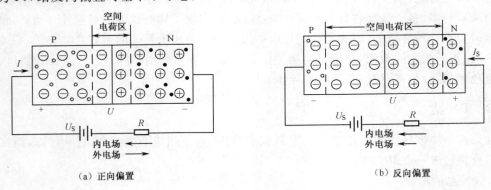

| (a) 正向偏置 | (b) 反向偏置 |

图 5-2　PN 的单向导电性

综上所述,PN 结正偏时导通,表现出的正向电阻很小,正向电流 I 较大;反偏时截止,表现出的反向电阻很大,正向电流几乎为零,只有很小的反向饱和电流 I_S,这就是 PN 结最重要的特性——单向导电性。二极管、三极管及其他各种半导体器件的工作特性,都是以 PN 结的单向导电性为基础的。

此外,PN 结在一定条件下还具有电容效应,根据产生原因不同分为势垒电容和扩散电容。当 PN 结外加电压变化时,空间电荷区的宽度将随之变化,即耗尽层的电荷量随外加电压而增大或减小,这种现象与电容器的充放电过程相同,耗尽层宽窄变化所等效的电容称为势垒电容 C_b。PN 结的扩散区内,电荷的积累和释放过程与电容器充放电过程相同,这种电容效应称为扩散电容 C_d。

5.2　半导体二极管

5.2.1　基本结构

在 PN 结的两端引出两个电极并将其封装在金属或塑料管壳内,就构成二极管(Diode)。二极管通常由管芯、管壳和电极三部分组成,管壳起保护管芯的作用,如图 5-3 所示。从 P 区引出的电极称为正极或阳极,从 N 区引出的电极称为负极或阴极。二极管的外形图和电路符号如图 5-4 所示。二极管一般用字母 D 表示。

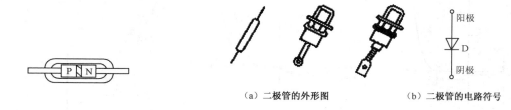

（a）二极管的外形图　　　　（b）二极管的电路符号

图 5-3　二极管结构示意图　　　图 5-4　二极管的外形和电路符号

二极管的种类很多,分类方法也不同。按制造所用材料分类,主要有硅二极管和锗二极管;按其结构分类,有点接触型和面接触型二极管。

点接触型二极管的结面积小,极间电容小,不能承受高的反向电压和大的正向电流。这种类型的管子适于作为高频检波和脉冲数字电路里的开关元件。

面接触型二极管的结面积大,可承受较大的电流,但极间电容也大,适合于低频整流。

小电流二极管常用玻璃壳塑料壳封装,为便于散热,大电流二极管一般使用金属外壳。通过电流在 1 A 以上的二极管常加散热片以帮助散热。

5.2.2　伏安特性

二极管的伏安特性是指二极管两端电压 u 和流过二极管的电流 i 之间的关系。据 u 和 i 的关系画成的曲线,叫做二极管的伏安特性曲线。以硅管为例,其伏安特性如图 5-5 所示。

1. 正向特性

二极管两端不加电压时,其电流为零,故特性曲线从坐标原点开始,如图 5-5(a)所示。当外加正向电压时,若正向电压小于 U_{on},此时,外电场不足以克服内电场,多数载流子的扩散运动仍受较大阻碍,二极管的正向电流很小,此时二极管工作于死区,称 U_{on} 为死区的开启电压。硅管的 U_{on} 约为 0.5 V,锗管的约为 0.2 V。当正向电压超过 U_{on} 后,内电场被大大削弱,电流将随正向电压的增大按指数规律增大,二极管呈现出很小的电阻。硅管的正向导通电压为 0.6~0.8 V(常取 0.7 V),锗管的正向导通电压为 0.1~0.3 V。

2. 反向特性

反向电压增大时,反向电流随着稍有增加,当反向电压大到一定程度时,反向电流将基本不变,即达到饱和,因而称该反向电流为反向饱和电流,用 I_S 表示。通常硅管的 I_S 可达 10^{-9} A

数量级,锗管的为 10^{-6} A 数量级。反向饱和电流越小,管子的单向导电性越好。

当反向电压增大到图中的 U_{BR} 时,在外部强电场作用下,少子的数目会急剧增加,因而使得反向电流急剧增大。这种现象称为反向击穿,电压 U_{BR} 称为反向击穿电压。各类二极管的反向击穿电压大小不同,通常为几十到几百伏,最高可达 300 伏以上。PN 结被击穿后,常因温度过高、功耗过大而造成永久性的损坏。

前面已指出,半导体中少子的浓度受温度影响,因而二极管的伏安特性对温度很敏感。当温度升高时,正向特性曲线向左移,反向特性曲线向下移,如图 5-5(b)所示。

需要指出的是,有时为了分析方便,将二极管理想化,忽略其正向导通电压和反向饱和电流,于是得到图 5-6 所示理想二极管的伏安特性。对于理想二极管,认为正偏导通时相当于开关闭合,反偏截止时相当于开关断开。

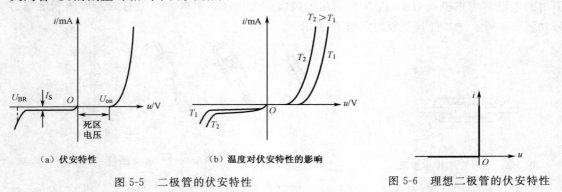

（a）伏安特性　　　　　　　（b）温度对伏安特性的影响

图 5-5　二极管的伏安特性　　　　　　图 5-6　理想二极管的伏安特性

5.2.3 主要参数

每种半导体器件都有一系列表示其性能特点的参数,并汇集成器件手册,供使用者查找选择。半导体二极管的主要参数如下。

（1）最大整流电流 I_F

最大整流电流 I_F 指二极管长期运行时,允许通过管子的最大正向平均电流。使用时,管子的平均电流不得超过此值,否则可能使二极管过热而损坏。

（2）最高反向工作电压 U_R

工作时加在二极管两端的反向电压不得超过此值,否则二极管可能被击穿。为了留有余地,通常将击穿电压 U_{BR} 的一半定为 U_R。

（3）反向电流 I_R

I_R 是指在室温条件下,在二极管两端加上规定的反向电压时,流过管子的反向电流。通常希望 I_R 值愈小愈好。反向电流愈小,说明二极管的单向导电性愈好。此时,由于反向电流由少数载流子形成,所以 I_R 受温度的影响很大。

（4）最高工作频率 f_M

由于 PN 结存在结电容,它的存在限制了二极管的工作频率,因此如果通过二极管的信号频率超过管子的最高工作频率 f_M,则结电容的容抗变小,高频电流将直接从结电容上通过,管子的单向导电性变差。

5.3 半导体二极管的应用

5.3.1 限幅电路

当输入信号电压在一定范围内变化时,输出电压随输入电压做相应变化;而当输入电压超出该范围时,输出电压保持不变,这种电路就是限幅电路。通常将输出电压 u_o 保持不变的电压值称为限幅电平,当输入电压高于限幅电平时,输出电压保持不变的限幅称为上限幅;当输入电压低于限幅电平时,输出电压保持不变的限幅称为下限幅。二极管限幅电路有串联、并联、双向限幅电路。下面再看一个双限幅电路的例子。

【例5-1】 在图5-7(a)所示电路中,已知两只二极管的导通压降 U_{on} 均为 0.7 V,试画出输出电压 u_o 与输入电压 u_i 的关系曲线(即电压传输特性)。

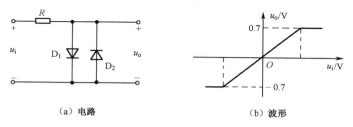

(a)电路 (b)波形

图 5-7 例 5-1 用图

【解】 此题中二极管不能视为理想二极管。

图(a)中两只二极管 D_1、D_2 方向相反,所以当 $u_i \geqslant 0.7$ V 时,D_1 导通,D_2 截止,$u_o = U_{on} = 0.7$ V;当 $u_i \leqslant -0.7$ V 时,D_1 截止,D_2 导通,$u_o = -U_{on} = -0.7$ V;当 -0.7 V $< u_i < 0.7$ V 时,D_1、D_2 均截止,相当于开关断开,$u_o = u_i$,u_o 与 u_i 成正比例关系。

由以上分析可画出 u_o 与 u_i 的关系曲线,如图5-7(b)所示。该电路为一个双向限幅电路,D_1、D_2 的接法使 u_o 的大小限在 $-0.7 \sim +0.7$ V 之内。

5.3.2 整流电路

任何电子设备都需要用直流电源供电。获得直流电源的方法较多,如干电池、蓄电池、直流电机等。但比较经济实用的办法是将交流电网提供的 50 Hz、220 V 的正弦交流电经整流、滤波和稳压后变换成直流电。对于直流电源的主要要求是:输出电压的幅值稳定,即当电网电压或负载电流波动时能基本保持不变;直流输出电压平滑,脉动成分小;交流电变换成直流电时的转换效率高。一般的小功率直流稳压电源由电源变压器、整流电路、滤波电路和稳压电路 4 个部分组成。其框图及各部分的输出波形如图5-8所示。

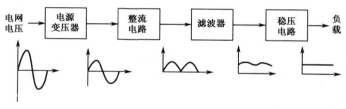

图 5-8 直流电源的组成框图

所谓整流,就是利用二极管的单向导电性,将交流电压变成单方向的脉动直流电压。在整流电路中,加在电路两端的交流电压远大于二极管的导通电压 U_{on},而整流输出电流远大于二极管的反向饱和电流 I_S,所以,在分析整流电路时,二极管均用理想模型代替。

1. 单向半波整流电路

图 5-9(a)所示为单相半波整流电路,它是最简单的整流电路,由变压器、二极管和负载电阻组成。u_1 是变压器初级线圈的输入电压,通常为有效值 220 V,频率 50 Hz,u_2 是变压器次级的输出电压(也称副边电压)。一般设

$$u_2 = U_{2m}\sin\omega t = \sqrt{2}U_2\sin\omega t$$

u_2 的波形如图 5-9(b)所示。设二极管为理想二极管,在电压 u_2 的正半周,二极管 D 正偏导通,电流 i_D 经二极管流向负载 R_L,在 R_L 上就得到一个上正下负的电压;在 u_2 的负半周,二极管 D 反偏截止,流过负载的电流为 0,因而 R_L 上电压为 0。这样以来,在 u_2 信号的一个周期内,R_L 上只有半个周期有电流通过,结果在 R_L 两端得到的输出电压 u_o 就是单方向的,且近似为半个周期的正弦波,所以叫"半波整流电路"。半波整流电路中各段电压、电流的波形如图 5-9(b)所示。

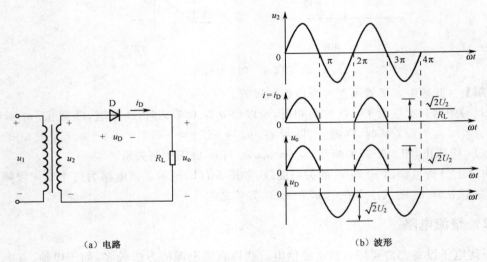

(a) 电路　　　　　　　　　　　　　　　(b) 波形

图 5-9　单相半波整流电路

2. 单向桥式全波整流电路

半波整流电路虽然简单,但它只利用了电源的半个周期,整流输出电压低,脉动幅度较大且变压器利用率低。为了克服这些缺点,可以采用全波整流电路,如图 5-10(a)所示。电路中采用了 $D_1 \sim D_4$ 四只二极管,并且接成电桥形式,故名单向桥式全波整流电路。

当 u_2 为正半周时,D_1、D_2 导通,D_3、D_4 截止;当 u_2 为负半周时,D_2、D_4 导通,D_1、D_2 截止,即在 u_2 的一个周期内,负载 R_L 上均能得到直流脉动电压 u_o,故称为全波整流电路。所有波形如图 5-10(d)所示。桥式整流电路还可以有其他画法,如图 5-10(b)、(c)所示。

显然,全波整流因为在整个周期里均有电流流过负载,所以它的输出电压要大于半波整流,并且脉动程度也小于半波整流。

3. 整流电路的主要参数

下面以应用较广泛的单相桥式整流电路为例,介绍各项主要参数。

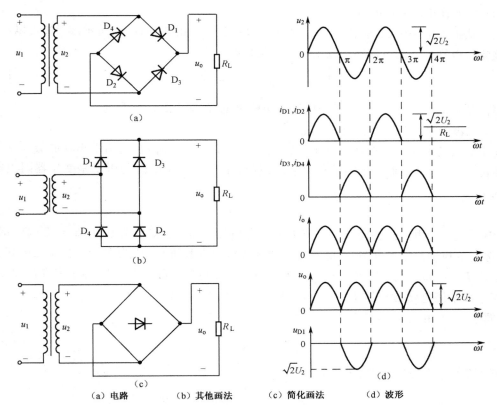

（a）电路　　　（b）其他画法　　　（c）简化画法　　　（d）波形

图 5-10　单相桥式整流电路

（1）输出电压的平均值 $U_{o(AV)}$

输出直流电压 $U_{o(AV)}$ 是整流电路的输出电压瞬时值 u_o 在一个周期内的平均值，即

$$U_{o(AV)} = \frac{1}{2\pi}\int_0^{2\pi} u_o \mathrm{d}(\omega t)$$

由图 5-10(d)可见，在桥式整流电路中

$$U_{oAV} = \frac{1}{\pi}\int_0^{\pi} \sqrt{2}U_2 \sin\omega t\, \mathrm{d}(\omega t) = \frac{2\sqrt{2}}{\pi}U_2 = 0.9U_2 \tag{5-1}$$

上式说明，在桥式整流电路中，负载上得到的直流电压约为变压器副边电压 u_2 有效值的 90%，而半波整流时仅为 $0.45U_2$。

（2）脉动系数 S

输出电压的脉动系数 S 表示输出电压的脉动程度，定义为输出电压基波的最大值 U_{o1m} 与其平均值 $U_{o(AV)}$ 之比，若用傅里叶级数将全波整流输出电压波形展开，可知其基波最大值为 $U_{o1m} = \frac{4\sqrt{2}}{3\pi}U_2$。因此全波整流输出电压的脉动系数为

$$S = \frac{\dfrac{4\sqrt{2}}{3\pi}U_2}{\dfrac{2\sqrt{2}}{\pi}U_2} = 0.67 \tag{5-2}$$

同理可求出，半波整流输出电压的脉动系数为 1.57。

(3) 二极管正向平均电流 $I_{D(AV)}$

在桥式整流电路中,二极管 D_1、D_2 和 D_3、D_4 轮流导通,由图 5-10(d)所示波形图可以看出,每个整流二极管的平均电流等于输出电流平均值的一半,即

$$I_{D(AV)} = \frac{1}{2} I_{o(AV)} = \frac{U_{o(AV)}}{2R_L} \tag{5-3}$$

半波整流时,二极管的正向平均电流等于输出电流,即 $I_{D(AV)} = I_{o(AV)}$。

(4) 二极管最大反向峰值电压 U_{RM}

每个整流管的最大反向峰值电压 U_{RM} 是指整流管不导电时,在它两端出现的最大反向电压。由图 5-10(d)所示波形容易看出,整流二极管承受的最大反向电压就是变压器副边电压的最大值,即

$$U_{RM} = \sqrt{2} U_2 \tag{5-4}$$

【例 5-2】 某电子设备要求电压值为 15 V 的直流电源,已知负载电阻 $R_L = 50 \ \Omega$,试问:(1)若选用单相桥式整流电路,则电源变压器副边电压有效值 U_2 应为多少?整流二极管正向平均电流 $I_{D(AV)}$ 和最大反向电压 U_{RM} 各为多少?输出电压的脉动系数 S 等于多少?(2)若改用单相半波整流电路,则 U_2、$I_{D(AV)}$、U_{RM} 和 S 各为多少?

【解】 (1) 由式(5-1)可知

$$U_2 = \frac{U_{o(AV)}}{0.9} = \frac{15}{0.9} \approx 16.7 \ \text{V}$$

根据所给条件,可得输出直流电流为

$$I_{o(AV)} = \frac{U_{o(AV)}}{R_L} = \frac{15}{50} = 0.3 \ \text{A} = 300 \ \text{mA}$$

由式(5-3)和式(5-4)可得

$$I_{D(AV)} = I_{o(AV)}/2 = 0.3/2 = 0.15 \ \text{A} = 150 \ \text{mA}$$

$$U_{RM} = \sqrt{2} U_2 \approx \sqrt{2} \times 16.7 \approx 23.6 \ \text{V}$$

此时脉动系数为
$$S = 0.67 = 67\%$$

(2) 若改用半波整流电路,则

$$U_2 = \frac{U_{o(AV)}}{0.45} = \frac{15}{0.45} \approx 33.3 \ \text{V}$$

$$I_{D(AV)} = I_{o(AV)} = 300 \ \text{mA}$$

$$U_{RM} = \sqrt{2} U_2 \approx \sqrt{2} \times 33.3 \approx 47.1 \ \text{V}$$

$$S = 1.57 = 157\%$$

5.3.3 滤波电路

为了降低整流电路输出电压的脉动成分,需要在整流电路的输出端加上一级滤波电路,其作用是尽量降低输出电压中的脉动成分,保留其中的直流成分,使输出电压尽可能接近理想的直流。滤波电路的形式很多,有电容滤波电路、电感滤波电路、π 形 RC 滤波电路、LC 滤波电路和 π 形 LC 滤波电路等。

1. 电容滤波电路

图 5-11(a)所示为单相桥式整流的电容滤波电路。其中与负载并联的电容 C 称为滤波电容。图 5-11(b)所示为滤波电路的工作波形图。

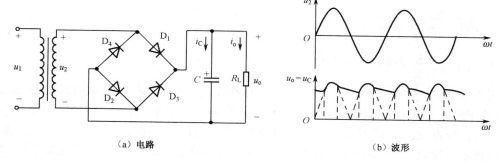

（a）电路 　　　　　　　　　　　　　　　　（b）波形

图 5-11　桥式整流、电容滤波电路

电容滤波的原理就是利用电容的充放电特性。没有接入电容时，就是前面介绍的桥式整流电路，图 5-11(b) 中点画线是它的输出电压波形。接入滤波电容后，在 u_2 正半周里，D_1 和 D_2 导通，D_3 和 D_4 截止。u_2 上升，导通电流分成两路，除了向负载供电外，还向电容充电，极性是上正下负。电容电压 u_C 最高可达到 u_2 的峰值。u_2 下降，u_C 放电而下降。当 u_C 大于 u_2，D_1 和 D_2 反向截止，u_C 按指数规律向负载放电。

在 u_2 负半周里，整流输出电压 $|u_2|$ 大于 u_C，二极管 D_3 和 D_4 导通，对电容重新充电，重复刚才的过程。因此负载上的电压 u_o 就是滤波电容不断充电和放电的电压。图 5-11(b) 中实线是滤波输出电压 u_o 的工作波形。

电容 C 的充放电时间常数 $\tau = R_L C$，τ 越大，C 放电的过程越慢，滤波效果也越好。在实际电路中，通常采用大容量的电解电容，其容量一般选为

$$C \geqslant (3 \sim 5) \frac{T}{2R_L} \tag{5-5}$$

式中，T 为输入交流电压的周期。要注意电容器的耐压应大于 $\sqrt{2}\, U_o$。

2. 电感滤波电路

由于电容器具有通高频、阻低频的特性，因此用电容滤波时电容是并联于负载上的。而电感具有通低频、阻高频的特性，因而用电感滤波时，必须将电感串联于负载电路中，利用电感阻止电流变化的特点实现滤波。电感滤波电路如图 5-12 所示。

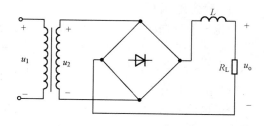

图 5-12　桥式整流、电感滤波电路

为了减小输出电压的脉动程度，可以利用电阻、电感和电容组成复式滤波电路，如图 5-13 所示。

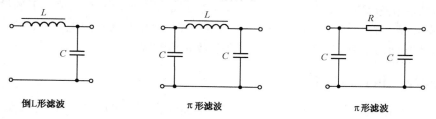

倒 L 形滤波　　　　　　　π 形滤波　　　　　　　π 形滤波

图 5-13　常用复式滤波电路

5.4 稳压二极管及其应用

5.4.1 稳压二极管特性与参数

由二极管的特性曲线可知,如果二极管工作在反向击穿区,则当反向电流的变化量 ΔI 较大时,管子两端相应的电压变化量 ΔU 却很小,说明其具有"稳压"特性。利用这种特性可以做成稳压管。所以,稳压管实质上就是一个二极管,但它通常工作在反向击穿区。只要击穿后的反向电流不超过允许范围,稳压管就不会发生热击穿损坏。为此,必须在电路中串接一个限流电阻。

反向击穿后,当流过稳压管的电流在很大范围内变化时,管子两端的电压几乎不变,从而可以获得一个稳定的电压。稳压管的伏安特性和外形图、电路符号分别如图 5-14(a)和(b)所示。

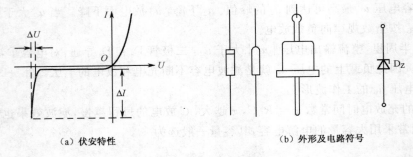

(a) 伏安特性   (b) 外形及电路符号

图 5-14　稳压二极管

稳压管的主要参数如下。

(1) 稳定电压 U_Z

当稳压管反向击穿,且使流过的电流为规定的测试电流时,稳压管两端的电压值即为稳定电压 U_Z。对于同一种型号的稳压管,U_Z 有一定的分散性,因此一般都给出其范围。例如型号为 2CW14 的稳压管的 U_Z 为 6～7.5 V,但对于某一只稳压管,U_Z 为一个确定值。

(2) 稳定电流 I_Z

稳定电流 I_Z 是保证稳压管正常稳压的最小工作电流,电流低于此值时稳压效果不好。I_Z 一般为毫安数量级。如 5 mA 或 10 mA。

(3) 最大耗散功率 P_{ZM} 和最大稳定电流 I_{ZM}

当稳压管工作在稳压状态时,管子消耗的功率等于稳定电压 U_Z 与流过稳压管电流的乘积,该功率将转化为 PN 结的温升。最大耗散功率 P_{ZM} 是在结温升允许情况下的最大功率,一般为几十毫瓦至几百毫瓦。因 $P_{ZM} = U_Z I_{ZM}$,由此即可确定最大稳定电流 I_{ZM}。

此外,还有动态电阻 r_Z、稳定电压的温度系数 a 等参数。

5.4.2 稳压二极管稳压电路

稳压管主要作用是稳压和限幅,也可和其他电路配合构成欠压或过压保护、报警环节等。

图 5-15 所示是稳压管 D_Z 和限流电阻 R 组成的稳压电路,R 的作用是使流过稳压管的电流不超过允许值,同时它与稳压管配合起稳压作用。图中 U_i 是稳压电路的输入电压,U_o 是输出电压,由电路可知

$$U_\circ = U_Z = U_i - RI_R \qquad\qquad (5\text{-}5)$$

假设负载电阻 R_L 不变,当电网电压升高使 U_i 增大时,输出电压 $U_\circ$ 也将随之增大。根据稳压管反向特性,稳压管两端电压的微小增加,将使流过稳压管的电流 I_{D_Z} 急剧增加,因为 $I_R = I_{D_Z} + I_L$,I_{D_Z} 增加使 I_R 增大,电阻 R 上的压降 U_R 随之增大,以此来抵消 U_i 的升高,从而使输出电压 $U_\circ$ 基本不变。当电网电压降低时,U_i、I_{D_Z}、I_R 及 R 上电压的变化与上述过程相反,$U_\circ$

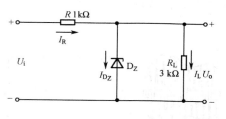

图 5-15   稳压管稳压电路

也基本不变。可见,在电网电压变化时,$\Delta U_R \approx \Delta U_i$,从而使得 $U_\circ$ 稳定。

假设输入电压 U_i 保持不变,当负载电阻变小,即负载电流 I_L 增大时,造成流过电阻 R 的电流 I_R 增大,R 上压降也随之增大,从而使得输出电压 $U_\circ$ 下降。但 $U_\circ$ 的微小下降将使流过稳压管的电流 I_{D_Z} 急剧减小,补偿 I_L 的增大,从而使 I_R 基本不变,R 上压降也就基本不变,最终使输出电压 $U_\circ$ 基本不变。当 I_L 减小时,I_{D_Z} 和 R 上电压变化与上述过程相反,$U_\circ$ 也基本不变。可见,在负载电流变化时,$\Delta I_{D_Z} \approx -\Delta I_L$,从而使得 $U_\circ$ 稳定。

选择稳压管时,一般取

$$U_Z = U_\circ, \qquad\qquad I_{ZM} = (1.5 \sim 3)I_{OM}, \qquad\qquad U_i = (2 \sim 3)U_\circ$$

稳压管稳压电路结构简单,稳压效果较好。但由于该电路是靠稳压管的电流调节作用来实现稳压的,因而其电流调节范围有限,只适用于负载电流较小且变化不大的场合。

【例 5-3】 在图 5-15 所示电路中,已知输入电压 $U_i = 12$ V,稳压管 D_Z 的稳定电压 $U_Z = 6$ V,稳定电流 $I_Z = 5$ mA,额定功耗 $P_{ZM} = 90$ mW,试问输出电压 $U_\circ$ 能否等于 6 V。

【解】   稳压管正常稳压时,其工作电流 I_{D_Z} 应满足 $I_Z < I_{D_Z} < I_{Zmax}$,而

$$I_{Zmax} = \frac{P_{ZM}}{U_Z} = \frac{90 \text{ mW}}{6 \text{ V}} = 15 \text{ mA}$$

即

$$5 \text{ mA} < I_{D_Z} < 15 \text{ mA} \qquad\qquad (5\text{-}6)$$

设电路中 D_Z 能正常稳压,则 $U_\circ = U_Z = 6$ V。由图中可求出

$$I_{D_Z} = I_R - I_L = \frac{U_i - U_Z}{R} - \frac{U_Z}{R_L} = 4 \text{ mA}$$

I_{D_Z} 不在式(5-6)的范围内,因此不能正常稳压,$U_\circ$ 将小于 U_Z。若要电路能够稳压,则应减小 R 的阻值。

5.5   应用——检波电路

无线电技术中经常要进行信号的远距离输送,这就需要把低频信号(如声频信号)装载到高频振荡信号上并由天线发射出去。电路分析中,将低频信号称为调制信号,高频振荡信号称为载波,受低频信号控制的高频振荡称为已调波,控制的过程称为调制。在接收地点,接收机天线接收到的已调波信号,经放大后再设法还原成原来的低频信号,这一过程称为解调或检波。图 5-16(a)所示为一已调波,图 5-16(b)为由二极管组成的检波器,其中 D 用于检波,称为检波二极管,一般为点接触型二极管;C 为检波器负载电容,用来滤除检波后的高频成分;R_L 为检波器负载,用来获取检波后所需的低频信号。

由于二极管的单向导电作用,已调波经二极管检波后,负半波被截去,如图 5-16(c)所示,检波器负载电容将高频成分旁路,在 R_L 两端得到的输出电压就是原来的低频信号,如图 5-16(d)所示。

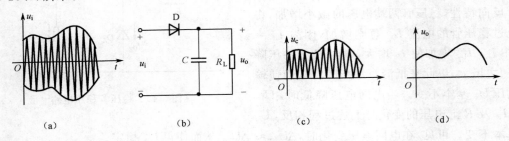

图 5-16　二极管检波电路

本章小结

1. 半导体材料是制造半导体器件的物理基础,利用半导体的掺杂性,控制其导电能力,从而把无用的本征半导体变成有用的 P 型和 N 型两种杂质半导体。

2. PN 结是制造半导体器件的基础。它的最主要的特性是单向导电性。因此,正确地理解它的特性,对于了解和使用各种半导体器件有着十分重要的意义。

3. 半导体二极管由一个 PN 结构成。它的伏安特性形象地反映了二极管的单向导电性和反向击穿特性。普通二极管工作在正向导通区,而稳压管工作在反向击穿区。

习题五

5-1　已知在题图 5-1(a)中,$u_i = 10\sin(\omega t)$V,$R_L = 1$ kΩ,试对应画出二极管的电流 i_D、电压 u_D 以及输出电压 u_o 的波形,并在波形图上标出幅值。设二极管为理想二极管。

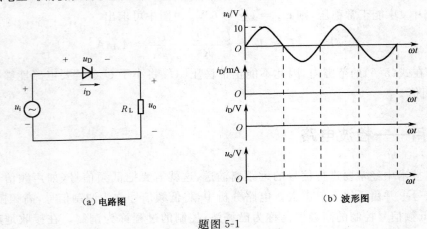

(a) 电路图　　　　　　　　　　　　　(b) 波形图

题图 5-1

5-2　题图 5-2 中,D_1、D_2 都是理想二极管,求电阻 R 中的电流 I 和电压 U。已知 $R = 6$ kΩ,$U_1 = 6$ V,$U_2 = 12$ V。

5-3　题图 5-3 电路中,D_1、D_2 都是理想二极管,直流电压 $U_1 > U_2$,u_i、u_o 是交流电压信号的瞬时值。试求:(1)当 $u_i > U_1$ 时,u_o 的值;(2)当 $u_i < U_2$ 时,u_o 的值。

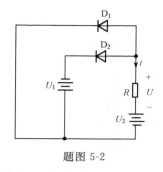

题图 5-2

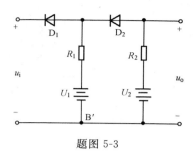

题图 5-3

5-4 题图 5-4 中二极管均为理想二极管,请判断它们是否导通,并求出 u_o。

5-5 题图 5-5 所示电路中,已知二极管为理想二极管,u_i 为峰值 $U_{im} = 5$ V 的正弦波。试画出电压 u_o 的波形,并标明幅值。

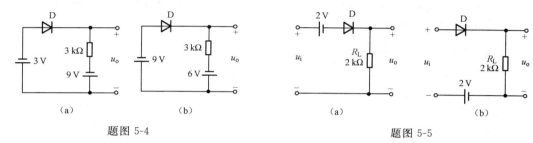

(a)   (b)   (a)   (b)

题图 5-4   题图 5-5

5-6 在室温(300 K)情况下,若二极管的反向饱和电流为 1 nA,问它的正向电流为 0.5 mA 时应加多大电压?

5-7 稳压值为 7.5 V 和 8.5 的两只稳压管串联或并联使用时,可得到几种不同的稳压值?各为多少伏?设稳压管正向导通电压为 0.7 V。

5-8 设题图 5-8 所示电路中,二极管为理想器件,输入电压由 0 V 变化到 140 V。试画出电路的电压传输特性。

5-9 单相桥式整流电路如题图 5-9 所示。(1)若 $U_2 = 20$ V,则 u_o 的直流平均电压为多大?(2)当输出电流平均值为 $I_{o(AV)}$ 时,I_{D1} 为多大?(3)若变压器副边电压有效值为 U_2,则二极管最大反向电压 U_{RM} 为多少?(4)若 D_1 的正负极性接反,输出波形会怎样变化?(5)若 D_1 开路,则输出波形会怎样?

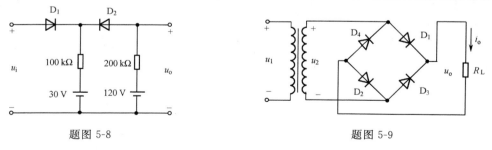

题图 5-8   题图 5-9

5-10 题图 5-10 所示是一种能输出两种电压的桥式整流电路,设变压器和二极管都是理想器件。
(1)试分析二极管工作情况,当 $u_{21} = u_{22} = \sqrt{2}U_2 \sin(\omega t)$ V 时,画出 u_{o1}、u_{o2} 的波形;(2)若 $U_2 = 10$ V,试求 u_{o1} 和 u_{o2} 的平均值;(3)每只二极管的 $I_{D(AV)}$ 和 U_{RM} 为多少?

5-11 稳压管接成题图 5-11 所示电路。(1)近似计算稳压管的耗散功率 P_Z;(2)计算负载电阻 R_2 所吸收的功率 P_{R2};(3)限流电阻 R_1 所消耗的功率 P_{R1} 为多少?

5-12 在题图 5-11 所示电路中,当稳压管的稳压值为 6 V 时,在下面四种情况下,分别求出输出电压 U_o。
(1)$U_i = 12$ V,$R_1 = 4$ kΩ,$R_2 = 8$ kΩ;   (2)$U_i = 12$ V,$R_1 = 4$ kΩ,$R_2 = 4$ kΩ;

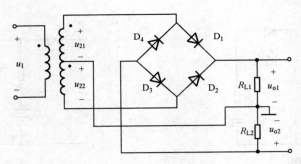

题图 5-10

(3) $U_i = 24$ V，$R_1 = 4$ kΩ，$R_2 = 2$ kΩ；　　　(4) $U_i = 24$ V，$R_1 = 4$ kΩ，$R_2 = 1$ kΩ。

5-13　在题图 5-13 中，已知电源电压 $V = 10$ V，$R = 200$ Ω，$R_L = 1$ kΩ，稳压管的 $U_Z = 6$ V，试求：(1)稳压管中的电流 I_Z；(2)当电源电压 V 升高到 12 V 时，I_Z 将变为多少？(3)当 V 仍为 10 V，但 R_L 改为 2 kΩ 时，I_Z 将变为多少？

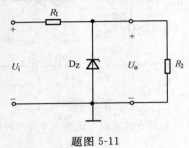

题图 5-11

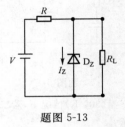

题图 5-13

第6章　半导体三极管及放大电路

本章首先学习半导体三极管和场效应管的结构、工作原理、特性曲线及主要参数,然后在阐明放大的概念、提出放大电路主要技术指标的基础上,以单管共射放大电路为例,介绍放大电路的组成及分析方法。

6.1　晶体三极管

晶体三极管又称半导体三极管、双极型晶体管,简称三极管或晶体管。它具有电流放大作用,是构成各种电子电路的基本元件。

6.1.1　基本结构及电路符号

在一块极薄的硅基片或锗基片上制作两个 PN 结,并从 P 区和 N 区引出接线,再封装在管壳里,如图 6-1 所示的结构,就构成了三极管。三极管有三个区、三个电极和两个 PN 结:中间层称为基区,外面两层分别称为发射区和集电区;从三个区各引一个电极出来,分别称为基极 b(base)、发射极 e(emitter)和集电极 c(collector);基区与集电区之间的 PN 结称为集电结,基区与发射区之间的 PN 结称为发射结。

三极管有两种类型:NPN 型和 PNP 型。在电路中分别用两种不同的符号表示,如图 6-1(a)和(b)所示。两种符号的区别在于发射极箭头的方向不同,它们表示发射结加上正向电压时,发射极电流的实际方向。

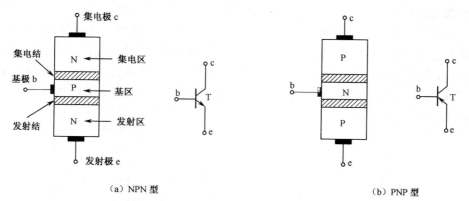

（a）NPN 型　　　　　　　　　　　　　　　（b）PNP 型

图 6-1　三极管的结构示意图及电路符号

三极管的内部结构在制造工艺上的特点如下:

(1)发射区的掺杂浓度远大于集电区的掺杂浓度。

(2)基区很薄,一般为 $1\mu m$ 至几 μm。

(3)集电结面积大于发射结面积。

三极管按材料不同分为硅管和锗管。目前我国制造的硅管多为 NPN 型,锗管多为 PNP型。不论是硅管还是锗管,NPN 管还是 PNP 管,它们的基本工作原理是相同的。本节主要以 NPN 管为例进行讨论。三极管的外形如图 6-2 所示。

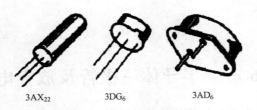

3AX₂₂   3DG₆   3AD₆

图 6-2　几种三级管外形

6.1.2　三极管的电流放大原理

下面以 NPN 型三极管为例,讨论三极管的电流放大原理。

三极管要实现电流放大,除了要满足内部结构特点外,还应满足外部偏置条件,即发射结正偏,集电结反偏,如图 6-3(a)所示。电源 V_{BB} 约几伏,V_{CC} 约几十伏,且 $R_b > R_c$。

1. 三极管内部载流子的运动

三极管的电流放大作用是通过载流子的运动体现的,其内部载流子的运动有三个过程。

(1)发射区向基区发射自由电子,形成发射极电流 I_E

从图 6-3(b)可以看出,发射结施加正向电压且掺杂浓度高,所以发射区的多子自由电子越过发射结扩散到基区,发射区的自由电子由直流电源补充,从而形成了发射极电流 I_E。同时基区的多数载流子空穴也会扩散到发射区,成为 I_E 的一部分。但由于基区很薄且掺杂浓度较低,故这部分由基区空穴形成的电流可以忽略不计。

(2)自由电子在基区和空穴复合,形成基区电流 I_B,并继续向集电区扩散

自由电子在基区扩散过程中,其一小部分和基区的多数载流子空穴复合,基区中的空穴由直流电源补充,从而形成基极电流 I_B,大部分自由电子则继续向集电区扩散。

(3)集电区收集自由电子,形成集电极电流 I_C

由于集电结加反向电压且结面积较大,所以将基区扩散过来的自由电子吸引到集电区,形成集电极电流 I_C。另外,基区的少子自由电子和集电区的少子空穴在集电结反向电压作用下会进行漂移运动,成为集电极电流 I_C 的一部分。这部分电流称为反向饱和电流 I_{CBO},I_{CBO} 是由少子形成的,因而其值受温度影响很大,I_{CBO} 越小越好,越小表明管子的温度稳定性越好。通常,I_{CBO} 数值很小,可以忽略不计,但由于它受温度影响大,将影响管子的性能。

由以上分析可知,三极管内部有两种载流子参与导电,故称为双极型晶体管。

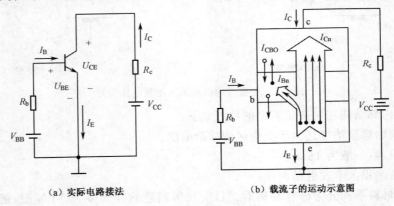

(a) 实际电路接法　　　　　　　(b) 载流子的运动示意图

图 6-3　三极管内部载流子的运动和电流的形成

2. 三极管各电极电流之间的关系

在图 6-3 所示电路中，I_B 所在回路称为输入回路，I_C 所在回路称为输出回路，而发射极是两个回路的公共端，因此，该电路称为共发射极放大电路，简称共射电路。此外还有共基极电路，简称共基电路，共集电极电路，简称共集电路。

图 6-3 所示电路中，电流 I_E 主要由发射区扩散到基区的电子产生；I_B 主要由发射区扩散过来的电子在基区与空穴复合而产生；I_C 主要由发射区注入基区的电子漂移到集电区而形成。当管子制成以后，复合和漂移所占的比例就确定了，也就是说 I_C 与 I_B 的比值是确定的，这个比值就称为共发射极直流电流放大系数 $\bar{\beta}$。

由于 I_B 远小于 I_C，因此 $\bar{\beta} \gg 1$，一般 NPN 型三极管的 $\bar{\beta}$ 为几十倍至一百多倍。

实际电路中，三极管主要用于放大动态信号。当输入回路加上动态信号后，将引起发射结电压的变化，从而使发射极电流、基极电流变化，集电极电流也将随之变化。集电极电流的变化量 ΔI_C 与基极电流变化量 ΔI_B 的比值称为共发射极交流电流放大系数 β，即 $\beta = \dfrac{\Delta I_C}{\Delta I_B}$。

此式表明三极管具有将基极电流变化量 ΔI_B 放大 β 倍的能力，这就是三极管的电流放大作用。

因为在近似分析中可以认为 $\beta = \bar{\beta}$，故在实际应用中不再将两者加以区分。

发射区发射的自由电子包括基区被复合的部分和被集电区收集的部分，因此三个电极的电流具有如下关系：

$$I_E = I_B + I_C \tag{6-1}$$

式(6-1)符合基尔霍夫电流定律(KCL)。

6.1.3 三极管的共射特性曲线

三极管的共射特性曲线是指三极管在共射接法下各电极电压与电流之间的关系曲线，分为输入特性曲线和输出特性曲线。本节主要介绍 NPN 型三极管的共射特性曲线。

1. 输入特性曲线

输入特性是指当 U_{CE} 一定时，I_B 与 U_{BE} 之间的关系曲线，即 $I_B = f(U_{BE}) \mid U_{CE} = $ 常数，如图 6-4 所示。从图中可知，输入特性曲线和二极管正向特性曲线相似。当 U_{CE} 增大时，输入特性曲线右移，但当 $U_{CE} \geqslant 2$ V 后曲线重合。

2. 输出特性

输出特性是指当 I_B 一定时，I_C 与 U_{CE} 之间的关系曲线，即 $I_C = f(U_{CE}) \mid I_B = $ 常数。由于三极管的基极输入电流 I_B 对输出电流 I_C 的控制作用，因此不同的 I_B，将有不同的 I_C-U_{CE} 关系，由此可得图 6-5 所示的一簇曲线，这就是三极管的输出特性曲线。

从输出特性曲线可以看出，三极管有三个不同的工作区域，即截止区、放大区和饱和区，它们分别表示三极管的三种工作状态，即截止、放大和饱和状态。三极管工作在不同状态，特点也各不相同。

(1)截止区

截止区指曲线上 $I_B \leqslant 0$ 的区域，此时，集电结和发射结均反偏，三极管为截止状态，I_C 很小，集电极与发射极之间有很大的电阻，呈现开路状态，相当于断开的开关。

(2)放大区

放大区指曲线上 $I_B > 0$ 和 $U_{CE} > 1$ V 之间的部分，此时三极管的发射结正偏、集电结反偏,三极管处于放大状态。此时,对于 NPN 型三极管来说,$U_{BE}>0$,$U_{BC}<0$,即各电极电位满足 $V_C>V_B>V_E$;对于 PNP 型三极管来说,$U_{BE}<0$,$U_{BC}>0$,各电极电位满足 $V_C<V_B<V_E$。在放大区时,可以看出 I_B 不变时 I_C 也基本不变,即具有恒流特性;而当 I_B 变化时,I_C 也随之变化,且满足 $\Delta I_C=\beta\Delta I_B$,这就是三极管的电流放大作用。

（3）饱和区

饱和区指曲线上 $U_{CE}\leqslant U_{BE}$ 的区域,此时 I_C 与 I_B 无对应关系,$\Delta I_C<\beta\Delta I_B$。集电结和发射结均正偏,三极管处于饱和状态。一般称 $U_{CE}=U_{BE}$ 时三极管的工作状态为临界饱和状态。饱和时的 U_{CE} 称为饱和管压降,记为 U_{CES},一般小功率硅三极管的 $U_{CES}<0.4$ V,c-e 间相当于闭合的开关。饱和时的集电极电流 I_C 称为临界饱和电流,用 I_{CS} 表示,大小为

$$I_{CS}=\frac{V_{CC}-U_{CES}}{R_C}\approx\frac{V_{CC}}{R_C} \tag{6-2}$$

三极管的放大区可以近似看成线性工作区,饱和区和截止区是非线性工作区。模拟电路主要讨论各种放大电路,因此三极管工作在放大区;数字电路讨论输出变量与输入变量的逻辑关系,需要三极管充当开关使用,因此三极管工作在饱和区和截止区。

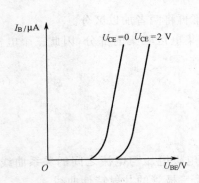

图 6-4 三极管的输入特性曲线

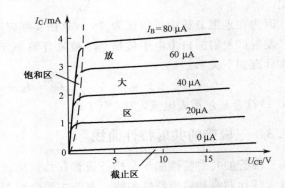

图 6-5 三极管的输出特性曲线

6.1.4 三极管的主要参数

1. 电流放大系数 β

三极管的电流放大系数是表征管子放大作用大小的参数。综合前面的讨论,有以下几个参数:共射交流电流放大系数 β 和共射直流电流放大系数 $\bar{\beta}$。

2. 极间反向饱和电流

（1）集电极 - 基极反向饱和电流 I_{CBO}:I_{CBO} 是指发射极 e 开路时,集电极 c 和基极 b 之间的反向电流。一般小功率锗管的 I_{CBO} 约为几微安至几十微安;硅三极管的 I_{CBO} 要小得多,有的可以达到纳安数量级。

（2）集电极 - 发射极间的穿透电流 I_{CEO}:I_{CEO} 是指基极 b 开路时,集电极 c 和发射 e 间加上一定电压时所产生的集电极电流。$I_{CEO}=(1+\bar{\beta})I_{CBO}$。

因为 I_{CBO} 和 I_{CEO} 都是由少数载流子运动形成的,所以对温度非常敏感。I_{CBO} 和 I_{CEO} 越小,表明三极管的质量越高。

3. 极限参数

三极管的极限参数是指使用时不得超过的限度。主要有以下几项。

（1）集电极最大允许电流 I_{CM}

当集电极电流过大，超过一定值时，三极管的 β 值就要减小，且三极管有损坏的危险，该电流值即为 I_{CM}。

（2）集电极最大允许功耗 P_{CM}

三极管的功率损耗大部分消耗在反向偏置的集电结上，并表现为结温升高，P_{CM} 是在管子温升允许的条件下集电极所消耗的最大功率。超过此值，管子将被烧毁。

（3）反向击穿电压

三极管的两个结上所加反向电压超过一定值时都将被击穿，因此，必须了解三极管的反向击穿电压。极间反向击穿电压主要有以下几项：

$U_{(BR)CEO}$：基极开路时，集电极和发射极之间的反向击穿电压。

$U_{(BR)CBO}$：发射极开路时，集电极和基极之间的反向击穿电压。

6.2　场效应晶体管

场效应管（FET，Field Effect Transistor）是另一类晶体管，它也有三个电极，叫栅极（G）、源极（S）和漏极（D），分别对应于三极管的基极、发射极和集电极。场效应管工作时，参与导电的是单一极性的载流子，所以它是单极型晶体管。

场效应管分为两大类：一类是结型场效应管（JFET，Junction FET），另一类是绝缘栅型场效应管（IGFET，Insulated Gate FET）。而按导电沟道分，每一类场效应管都有 P 沟道和 N 沟道两种。

绝缘栅型场效应管由金属、氧化物和半导体构成，一般称为 MOS（Metal Oxide Semiconductor）管，目前在大规模和超大规模集成电路中使用非常广泛。绝缘栅型场效应管可分为增强型和耗尽型两类，两者的区别是前者没有原始的导电沟道，后者有原始的导电沟道。下面主要以 N 沟道增强型 MOS 管为例，介绍场效应管的基本结构和工作原理。

6.2.1　N 沟道增强型 MOS 管

1. 基本结构

图 6-6（a）所示为 N 沟道增强型 MOS 管的结构图。它是用一块掺杂浓度较低的 P 型硅片作为衬底，在其上扩散出两个高掺杂的 N 型区（称为 N^+ 区），然后在半导体表面覆盖一层很薄的二氧化硅绝缘层。从两个 N^+ 区表面及它们之间的二氧化硅表面分别引出三个铝电极：源极 S、漏极 D 和栅极 G。因为栅极是和衬底完全绝缘的，所以称为绝缘栅型场效应管。衬底 B 也有引极，通常在管子内部和源极相连。图 6-6（b）为 N 沟道增强型 MOS 管的电路符号。

2. 工作原理

增强型 MOS 管的两个 N^+ 区和 P 型衬底形成两个背靠背的 PN 结，不加栅-源电压时，源-漏两极之间没有原始的导电沟道。当栅极和源极之间施加正向电压 U_{GS} 时，将产生一个作用于衬底的电场，在该电场的作用下，可将 P 型衬底中的少数载流子自由电子吸引到绝缘层下方，感生出一个 N 型电荷层（称为反型层），如图 6-7 所示，该电路是共源接法。当电压 U_{GS} 超过一定值时，这个 N 型电荷层将会把两个 N^+ 区联结起来，从而在漏-源两极之间形成一个导电沟道。刚开始产生导电沟道的栅-源电压 U_{GS} 称为开启电压 U_T。由于该导电沟道是由自由电子构成的，所以称为 N 沟道。

当漏-源两极间加上电压 U_{DS} 时,自由电子定向运动,就会形成漏极电流 I_D,如图 10-8 所示。当 U_{DS} 一定时,改变 U_{GS} 的大小,可以改变导电沟道的宽度,从而改变漏极电流 I_D 的大小。可见,作为输出的漏极电流 I_D 受输入电压 U_{GS} 的控制,因此,场效应管是一种电压控制型器件。

当漏-源两极间加上电压 U_{DS} 时,沿沟道有一个电位梯度,靠近漏极处电位最高,该处栅-漏电压($U_{GD} = U_{GS} - U_{DS}$)最小,因此感生出的导电沟道最窄,而靠近源极处电位最低,该处栅-源电压最大,因此感生出的导电沟道最宽,所以实际的导电沟道呈楔形。

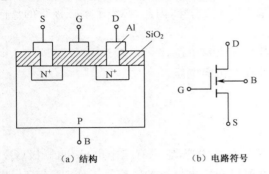

图 6-6　N 沟道增强型 MOS 管的结构图和符号

图 6-7　N 沟道增强型 MOS 管工作原理

3. 伏安特性

增强型 MOS 管的伏安特性分为转移特性和漏极输出特性。

（1）转移特性

转移特性用来描述场效应管的栅-源电压 U_{GS} 对漏极电流 I_D 的控制关系,如图 6-8(a) 所示。从图中可以看出,栅-源电压 $U_{GS} < U_T$ 时,漏极电流 $I_D = 0$;$U_{GS} > U_T$ 时,I_D 随 U_{GS} 的增大而增大。U_T 就是增强型 MOS 管的开启电压。

（2）漏极输出特性

漏极输出特性用来描述场效应管的栅-源电压 U_{GS} 一定时,漏极电流 I_D 和漏-源电压 U_{DS} 的关系,如图 6-8(b) 所示。该特性类似于双极型三极管的共射输出特性。

从图 6-8(b) 可以看出,场效应管的漏极输出特性也可分为三个区:可变电阻区、恒流区和击穿区。

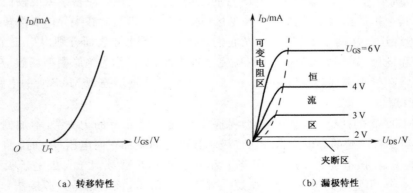

（a）转移特性　　　　　（b）漏极特性

图 6-8　N 沟道增强型 MOS 管的特性曲线

可变电阻区:位于特性曲线的左侧。表示当 U_{DS} 较小时,I_D 随 U_{DS} 的增加基本上按直线上升,因此在此区域可近似将场效应管等效为一个线性电阻。只不过当 U_{GS} 不同时,曲线的斜率也不同,即等效电阻值不同。因此,在此区域里,场效应管相当于一个受栅-源电压 U_{GS} 控制的可变电阻。

恒流区:位于特性曲线的中间部分。在此区域,I_D 基本上不随 U_{DS} 的变化而变化,它只受栅-源电压 U_{GS} 的控制,各条曲线近似为水平直线,称为恒流区,也称饱和区,类似于双极型三极管的放大区。场效应管构成放大电路时,就是工作在此区域。

击穿区:位于特性曲线的右侧。在此区域,当 U_{DS} 增大到一定程度时,反向偏置的 PN 结被击穿,I_D 突然增大,管子有的能损坏,因此管子不能工作在这一区域。

6.2.2 N 沟道耗尽型 MOS 管

耗尽型 MOS 管和增强型 MOS 管的区别是:前者具有原始的导电沟道,而后者没有原始的导电沟道。如果在 MOS 的制作过程中,在二氧化硅里掺入大量的正离子,那么即使栅-源电压 $U_{GS}=0$,在这些正离子的作用下,也能在 P 型衬底中感生出原始的导电沟道,将两个高浓度的 N^+ 区相连。这就是 N 沟道耗尽型 MOS 管。

N 沟道耗尽型 MOS 管在使用中,栅-源电压 U_{GS} 可正可负。$U_{GS}>0$ 时,工作过程与增强型 MOS 管相仿,U_{GS} 增大,导电沟道变宽,使 I_D 增大;$U_{GS}<0$ 时,其产生的电场将削弱正离子的作用,使导电沟道变窄,从而使 I_D 减小。当负的 U_{GS} 大到一定程度时,将使导电沟道消失,此时 $I_D=0$,这种现象叫夹断。使导电沟道刚好消失,即 I_D 刚好为零时的 U_{GS} 的电压值称作夹断电压,用 U_P 表示。

各种 MOS 管的电路符号如图 6-9 所示。

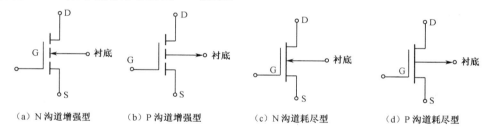

(a) N 沟道增强型　　(b) P 沟道增强型　　(c) N 沟道耗尽型　　(d) P 沟道耗尽型

图 6-9　各种 MOS 管的电路符号

场效应管和普通三极管一样可以构成各种放大电路和其他信号处理电路。限于篇幅,这里只对场效应管做一般介绍,详细内容可参阅有关书籍。

6.2.3 场效应管和三极管比较

(1)三极管是两种载流子(多子和少子)参与导电,故称双极型晶体管。而场效应管是由一种载流子(多子)参与导电,N 沟道管是电子,P 沟道管是空穴,故称单极型晶体管。所以场效应管的温度稳定性好,因此,若使用条件恶劣,宜选用场效应管。

(2)三极管的集电极电流 I_C 受基极电流 I_B 的控制,若工作在放大区可视为电流控制的电流源(CCCS)。场效应管的漏极电流 I_D 受栅源电压 U_{GS} 的控制,是电压控制元件。若工作在放大区可视为电压控制的电流源(VCCS)。

(3)三极管的输入电阻低($10^2 \sim 10^4 \Omega$),而场效应管的输入电阻可高达 $10^6 \sim 10^{15} \Omega$。

(4)三极管的制造工艺较复杂,场效应管的制造工艺较简单,因而成本低,适用于大规模和超大规模集成电路中。

有些场效应管的漏极和源极可以互换使用,而三极管正常工作时集电极和发射极不能互换使用,这是基于结构和工作原理所致。

场效应管产生的电噪声比三极管小,所以低噪声放大器的前级常选用场效应管。

(5)三极管分 NPN 型和 PNP 型两种,有硅管和锗管之分。场效应管分结型和绝缘栅型两大类,每类场效应管又可分为 N 沟道和 P 沟道两种,都由硅片制成。

6.3　基本放大电路的组成及性能指标

在电子设备中,经常要把微弱的电信号放大,以便推动执行元件工作。例如,在测量或自动控制的过程中,常常需要检测和控制一些与设备运行有关的非电量,如温度、湿度、流量、转速、声、光、力和机械位移等,虽然这些非电量的变化可以用传感器转换成相应的电信号,但这样获得的电信号一般都比较微弱,必须经过放大电路放大以后,才能驱动继电器、控制电机、显示仪表或其他执行机构动作,以达到测量或控制的目的。所以说,放大电路是自动控制、检测装置、通信设备、计算机以及扩音机、电视机等电子设备中最基本的组成部分。

放大电路又叫放大器。基本放大电路,是指由一只放大管构成的简单放大电路,又称为单管放大电路,它是构成多级放大电路的基础。本章首先分析基本放大电路的有关问题。

6.3.1　基本放大电路的组成

图 6-10 所示是单管共射基本放大电路的结构图,图(a)是完整画法,图(b)是简化画法。输入端接交流信号源 u_i,输出端接负载 R_L,输出电压为 u_o。单管共射放大电路是最常用的基本放大电路。

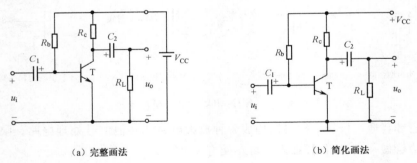

(a) 完整画法　　　　　　　　　　　　(b) 简化画法

图 6-10　单管共射放大电路

电路中各元件的作用如下。

(1)三极管 T:起电流放大作用,是放大电路的核心元件。

(2)直流电源 V_{CC}:有两个作用,一方面与 R_b、R_c 相配合,为三极管提供合适的直流偏置电压,保证发射结正偏和集电结反偏,使三极管工作在放大状态;另一方面为输出信号提供能量,将直流能量转换为交流能量输出到负载。V_{CC} 的数值一般为几至十几伏。

(3)基极偏置电阻 R_b:基极偏置电阻 R_b 与 V_{CC} 配合,决定了放大电路基极静态偏置电流的大小,这个电流的大小直接影响三极管的工作状况,因此必须大小合适。R_b 的阻值一般为几十至几百千欧。

（4）集电极负载电阻 R_c：集电极负载电阻 R_c 的主要作用是将三极管集电极电流的变化量转换为电压的变化量，反映到输出端，从而实现电压放大。R_c 的阻值一般为几至几十千欧。

（5）耦合电容 C_1 和 C_2：耦合电容 C_1 和 C_2 起"隔直通交"的作用：一方面隔离放大电路与信号源和与负载之间的直流通路；另一方面把输入信号中的直流隔断，只把交流成分送到输入回路，同理，把输出中的直流电压隔断，仅把交流电压送出去。C_1、C_2 一般为几至几十微法的电解电容。

6.3.2　放大电路的主要性能指标

为了评价一个放大电路质量的优劣，通常需要规定若干项性能指标。测试指标时，一般在放大电路的输入端加上一个正弦测试电压 u_S，如图 6-11 所示。放大电路的主要技术指标有以下几项。

1. 放大倍数

放大倍数（又称"增益"）是衡量一个放大电路放大能力的指标。放大倍数越大，则放大电路的放大能力越强。根据输入端、输出端所取的是电压信号还是电流信号，放大倍数又分为电压放大倍数、电流放大倍数等。

（1）电压放大倍数

测试电压放大倍数指标时，通常在放大电路的输入端加上一个正弦波电压信号，假设其相量为 $\dot{U}_i$，然后在输出端测得输出电压的相量为 $\dot{U}_o$，此时可用 $\dot{U}_o$ 与 $\dot{U}_i$ 之比表示放大电路的电压放大倍数 $\dot{A}_u$，即

$$\dot{A}_u = \frac{\dot{U}_o}{\dot{U}_i} \tag{6-3}$$

一般情况下，放大电路中输入与输出信号近似为同相，因此可用电压有效值之比表示电压放大倍数，即 $A_u = U_o / U_i$。

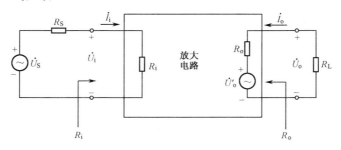

图 6-11　放大电路性能指标测试电路

（2）电流放大倍数

同理，可用输出电流与输入电流相量之比表示电流放大倍数，即

$$\dot{A}_i = \frac{\dot{I}_o}{\dot{I}_i} \tag{6-4}$$

也可用有效值之比 $A_i = I_o / I_i$ 表示电流放大倍数。

放大倍数是无量纲的常数。以上两式中，最常用的是电压放大倍数 A_u。

2. 输入电阻

输入电阻衡量一个放大电路向信号源索取信号大小的能力。输入电阻愈大,放大电路向信号源索取信号的能力愈强。放大电路的输入电阻是指从输入端看进去的等效电阻,用 R_i 表示。R_i 是输入电压有效值 U_i 与输入电流有效值 I_i 之比,即

$$R_i = \frac{U_i}{I_i} \tag{6-5}$$

3. 输出电阻

输出电阻是衡量一个放大电路带负载能力的指标,用 R_o 表示。输出电阻愈小,则放大电路的带负载能力愈强。

放大电路的输出回路均可等效成一个有内阻的电压源,如图 6-11 所示,从放大电路输出端看进去的等效内阻就是输出电阻。输出电阻定义为:信号源 U_S 置零,输出端开路(即 $R_L = \infty$)时,在输出端外加一个端口电压 $\dot{U}_o$,得到相应端口电流 $\dot{I}_o$,两者之比就是输出电阻,即

$$R_o = \left. \frac{\dot{U}_o}{\dot{I}_o} \right|_{\substack{U_S = 0 \\ R_L = \infty}} \tag{6-6}$$

上述结论的理论依据是戴维南定理。

4. 通频带

通频带是衡量一个放大电路对不同频率的输入信号适应能力的指标。

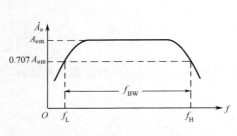

图 6-12　放大电路的通频带

一般来说,由于放大电路中耦合电容、三极管极间电容以及其他电抗元件的存在,使放大倍数在信号频率比较低或比较高时,不但数值下降,还产生相移。可见放大倍数是频率的函数。通常在中间一段频率范围内(中频段),由于各种电抗性元件的作用可以忽略,因此放大倍数基本不变,而当频率过高或过低时,放大倍数都将下降,当信号频率趋近于零或无穷大时,放大倍数的数值将趋近于零。放大倍数 A_u 与频率 f 的这种关系可用图 6-12 中的示意图表示。

把放大倍数下降到中频放大倍数 A_{um} 的 0.707 倍的两个点所限定的频率范围定义为放大电路的通频带,用符号 f_{BW} 表示,如图 10-13 所示,其中 f_L 称做下限频率,f_H 称做上限频率,f_L 与 f_H 之间的频率范围即为通频带,用式子表示为

$$f_{BW} = f_H - f_L \tag{6-7}$$

放大电路的性能指标还有最大输出幅度、最大输出功率与效率、抗干扰能力、信号噪声比、允许工作温度范围等。

6.4　基本放大电路的工作原理及分析方法

6.4.1　基本放大电路的工作原理

放大电路在正常放大信号时,电路中既有直流电源 V_{CC},也有动态信号源 u_i(这里以正弦交

流信号源为例),也就是说,电路中的电压、电流是"交、直流并存"的。直流是基础,交流是放大的对象。为了便于分析,通常将直流和交流分开来讨论,也即所谓的放大电路的静态分析和动态分析。

1. 放大电路的静态

当放大电路的输入信号 $u_i = 0$ 时,电路中只有直流电压和直流电流的状态称为静态。电路参数确定后,直流电压 U_{BE}、U_{CE} 和直流电流 I_B、I_C 的数值便唯一地确定下来。静态电流和静态电压的数值将在三极管的特性曲线上确定一点,这一点称为静态工作点,用 Q 表示。所以静态工作点可以用 I_{BQ}、U_{BEQ}、I_{CQ} 和 U_{CEQ} 四个物理量来表示。

为了不失真地放大信号,必须设置合适的静态工作点,否则就会出现非线性失真。这里包括两方面的含义,一是必须设置静态工作点,即给电路加上直流量;二是静态工作点要合适,即所加直流量的大小要适中。如果设置了静态工作点,但大小不合适(在特性曲线上表现为工作点 Q 的位置太高或太低),则将会发生失真。工作点太高,u_i 中幅值较大的部分将进入饱和区,输出波形将发生饱和失真;工作点太低,u_i 中幅值较小的部分将进入截止区,输出波形将发生截止失真。无论是饱和区还是截止区都是非线性的,信号得不到放大,会发生非线性失真,只有放大区才近似为线性。所以必须设置合适的静态工作点,以保证交流信号叠加在大小合适的直流量上,处于三极管的近似线性区。

2. 放大电路的动态

当放大电路加上交流信号 u_i 后,信号电量叠加在原静态值上,此时电路中的电流、电压既有直流成分,也有交流成分。图 6-13 所示为单管共射放大电路中电压、电流的工作波形,由波形可见,除 u_i 和 u_o 外,其他电压电流波形都是交直流并存的。为了分析方便,通常将直流和交流分开考虑(仅是一种分析方法)。现只考虑交流的情况,此时电路中的电压、电流是纯交流信号,没有直流成分,电路的这种工作状态称为动态。

为了清楚地表示放大电路中的各电量,对其表示的符号进行如下规定:

(1)直流量:字母大写,下标大写。如 I_B、I_C、U_{BE}、U_{CE}。

(2)交流量:字母小写,下标小写。如 i_b、i_c、u_{be}、u_{ce}。

(3)交、直流叠加量:字母小写,下标大写。如 i_B、i_C、u_{BE}、u_{CE}。

(4)交流量的有效值:字母大写,下标小写。如 I_b、I_c、U_{be}、U_{ce}。

(5)交流量的相量:有效值上加点。$\dot{I}_b$、$\dot{I}_c$、$\dot{U}_{be}$、$\dot{U}_{ce}$。

3. 直流通路与交流通路

从基本共射放大电路工作原理的分析可知,直流量与交流量共存于放大电路之中,前者是

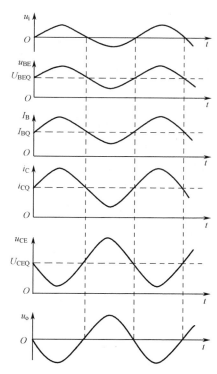

图 6-13　单管共射放大电路的电压电流波形

直流电源 V_{CC} 作用的结果，后者是输入交流电压 u_i 作用的结果；而且由于电容、电感等电抗元件的存在，使直流量与交流量所流经的通路有所不同。因此，为了研究问题的方便，将放大电路分为直流通路和交流通路。所谓直流通路，就是直流电源 V_{CC} 作用形成的电流通路；所谓交流通路，就是交流信号源 u_i 作用所形成的电流通路。

在画直流通路时，根据电容、电感不同的频率特性，电容应开路，电感应短路。由于理想电压源电压值恒定不变，故对于交流信号电压源相当于短路。对于理想电流源，由于其电流值恒定不变，故对于交流信号相当于开路。

图 6-10(b) 所示单管共射放大电路的直流通路和交流通路分别如图 6-14(a) 和(b)所示。对于放大电路，画出直流通路和交流通路后，就可以分别对它进行静态分析和动态分析。

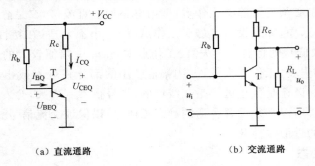

（a）直流通路　　　　　　　　　　（b）交流通路

图 6-14　单管共射放大电路的直流通路和交流通路

6.4.2　基本放大电路的分析

1. 静态分析——近似估算法

放大电路静态分析的目的是求解静态工作点，实际上就是求四个直流量 I_{BQ}、U_{BEQ}、I_{CQ} 和 U_{CEQ}。通常 U_{BEQ} 作为已知量，因此只需求 I_{BQ}、I_{CQ} 和 U_{CEQ} 三个物理量。静态分析时，有时采用一些简单实用的近似估算法，这在工程上是允许的。

图 6-14(a) 所示直流通路中，各直流量及其参考方向已标出，由图首先可以求出单管共射放大电路的基极静态偏置电流 I_{BQ} 为

$$I_{BQ} = \frac{V_{CC} - U_{BEQ}}{R_b} \tag{6-8}$$

于是

$$I_{CQ} \approx \beta I_{BQ} \tag{6-9}$$

$$U_{CEQ} = V_{CC} - I_{CQ}R_C \tag{6-10}$$

【例 6-1】　图 6-10(b)所示单管共射放大电路中，已知 $V_{CC} = 12$ V，$R_c = 3$ kΩ，$R_b = 280$ kΩ，NPN 型硅管的 β 等于 50，试估算电路的静态工作点。

【解】　由于是硅三极管，可取 $U_{BEQ} = 0.7$ V，

$$I_{BQ} = \frac{V_{CC} - U_{BEQ}}{R_b} = \frac{12 - 0.7}{280} = 0.04 \text{ mA} = 40 \text{ } \mu A$$

$$I_{CQ} = \beta I_{BQ} = 50 \times 0.04 = 2 \text{ mA}$$

$$U_{CEQ} = V_{CC} - I_{CQ}R_c = 12 - 2 \times 3 = 6 \text{ V}$$

2. 动态分析——微变等效电路法

如果放大电路的输入信号较小，就可以保证三极管工作在输入特性曲线和输出特性曲线

的线性放大区(严格说,应该是近似线性区)。因此,对于微变量(小信号)来说,三极管可以近似看成是一个线性元件,可以用一个与之等效的线性电路来表示。这样,放大电路的交流通路就可以转换为一个线性电路。此时,可以用线性电路的分析方法来分析放大电路。这种分析方法得出的结果与实际测量结果基本一致,此法称为微变等效电路法。微变等效电路法主要进行的是动态分析。

(1)三极管的线性等效电路

三极管特性曲线的局部线性化如图 6-15 所示。当三极管工作在放大区,在静态工作 Q 附近,输入特性曲线基本上是一条直线,如图 6-15(a)所示。即 Δi_B 与 Δu_{BE} 成正比,因而三极管的 b、e 间可用一个等效电阻 r_{be} 来代替。

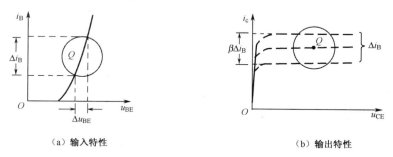

（a）输入特性　　　　　　　　　　（b）输出特性

图 6-15　三极管特性曲线的局部线性化

从图 6-15(b)输出曲线来看,在 Q 点附近一个微小范围内,特性曲线基本上是水平的,而且相互之间平行等距,即 Δi_C 仅由 Δi_B 决定而与 u_{CE} 无关,满足 $\Delta i_C = \beta \Delta i_B$。所以三极管的 c-e 间可以等效为一个线性的受控电流源,其大小为 $\beta \Delta i_B$。三极管的线性等效电路如图 6-16 所示。由于该等效电路忽略了 u_{CE} 对 i_B、i_C 的影响,因此又称为简化的微变等效电路。

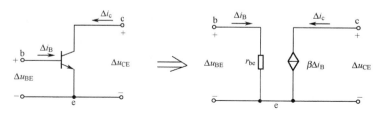

图 6-16　三极管等效电路

(2)r_{be} 的计算

由于输入特性曲线往往手册上不给出,而且也较难测准,因此对于 r_{be} 参数可以用下面的简便公式进行计算:

$$r_{be} = r_{bb'} + (1+\beta)\frac{26(\mathrm{mV})}{I_{EQ}(\mathrm{mA})} \tag{6-11}$$

式(6-11)中,I_{EQ} 是发射极静态电流,$r_{bb'}$ 是三极管的基区体电阻。三极管的三个区对载流子的运动呈现一定的电阻,称为半导体的体电阻,阻值较小。$r_{bb'}$ 是其中的一个体电阻。对于小功率管,$r_{bb'} \approx 300\ \Omega$。今后如无特别说明,$r_{bb'}$ 均取 300 Ω。

(3)用微变等效电路法分析基本放大电路

微变等效电路法是进行动态分析的常用方法。动态分析的目的是求解放大电路的几个主要性能指标,如电压放大倍数 $\dot{A}_u$、输入电阻 R_i、输出电阻 R_o。

用微变等效电路法分析放大电路时，首先需要画出交流通路的微变等效电路，在微变等效电路中进行几个动态指标的求解。由交流通路画微变等效电路时，只需将交流通路中的三极管用其线性等效电路代替，其余部分按照交流通路原样画上即可。所以，关键还是画对交流通路。

单管共射放大电路如图 6-17(a)所示。根据以上分析可画出其微变等效电路如图 6-17(b)所示。现将输入端加上一个正弦输入电压 $\dot{U}_i$，图中 $\dot{U}_i$、$\dot{U}_o$、$\dot{I}_b$ 和 $\dot{I}_c$ 等分别表示相关电压和电流的正弦相量。

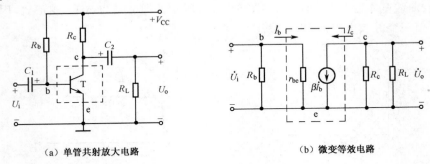

（a）单管共射放大电路   （b）微变等效电路

图 6-17　单管共射放大电路的交流微变等效电路

由输入回路求得 $\dot{U}_i = \dot{I}_b r_{be}$，由输出回路求得 $\dot{I}_c = \beta \dot{I}_b$，$\dot{U}_o = -\dot{I}_c R'_L$，其中 $R'_L = R_c /\!/ R_L$。则

$\dot{U}_o = -\dfrac{\beta \dot{U}_i}{r_{be}} R'_L$，所以电压放大倍数为

$$\dot{A}_u = \frac{\dot{U}_o}{\dot{U}_i} = -\beta \frac{R'_L}{r_{be}} \tag{6-12}$$

式(6-12)中的负号表明输出电压与输入电压反相，由此可知，单管共射放大电路具有倒相作用。

由图 6-17(b)求出基本放大电路的输入电阻 R_i 为

$$R_i = r_{be} /\!/ R_b \tag{6-13}$$

若不考虑三极管的 r_{ce}[①]，则输出电阻为

$$R_o = R_c \tag{6-14}$$

【例 6-2】　在图 6-18 所示的放大电路中，已知 $R_b = 280\ \text{k}\Omega$，$R_c = 3\ \text{k}\Omega$，$V_{CC} = 12\ \text{V}$，$R_L = 3\ \text{k}\Omega$，试估算三极管的 r_{be} 以及 $\dot{A}_u$、R_i 和 R_o。如欲提高电路的 $|\dot{A}_u|$，可采取什么措施，应调整电路中的哪些参数？

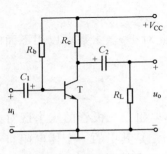

图 6-18　例 6-2 用图

【解】　用静态工作点的近似估算法不难求出：$I_{EQ} \approx I_{CQ} = 2\ \text{mA}$。则

$$r_{be} = 300\ \Omega + (1+\beta)\frac{26(\text{mV})}{I_{EQ}(\text{mA})} = 300\ \Omega + 51\frac{26\ \text{mV}}{2\ \text{mA}} = 963\ \Omega$$

---

① r_{ce} 是三极管 c-e 之间的等效电阻。当三极管工作在放大状态时，u_{ce} 变化，i_c 几乎不变，因此 Δu_{ce} 与 Δi_c 的比值，即 c-e 之间的等效电阻 $r_{ce} \approx \infty$。所以 r_{ce} 与 R_c 并联时可以忽略。

$$R'_L = R_c \mathbin{/\mkern-5mu/} R_L = \frac{3 \times 3}{3 + 3} = 1.5 \text{ k}\Omega$$

$$\dot{A}_u = \frac{\dot{U}_o}{\dot{U}_i} = -\beta \frac{R'_L}{r_{be}} = -\frac{50 \times 1.5}{0.96} = -78$$

$$R_i = r_{be} \mathbin{/\mkern-5mu/} R_b \approx r_{be} = 963 \ \Omega$$

$$R_o = R_c = 3 \text{ k}\Omega$$

如欲提高电路的 $|\dot{A}_u|$，可调整 Q 点使 I_{EQ} 增大，r_{be} 减小，从而提高 $|\dot{A}_u|$。比如将 I_{EQ} 增大至 3 mA，则此时

$$r_{be} = 300 + 51 \frac{26}{3} = 742 \ \Omega$$

$$\dot{A}_u = -\beta \frac{R'_L}{r_{be}} = -\frac{50 \times 1.5}{0.74} = -101$$

为了增大 I_{EQ}，在 V_{CC}、R_c 等电路参数不变的情况下，减小基极电阻 R_b，则 I_{BQ}、I_{CQ}、I_{EQ} 将随之增大。

但应注意，在调节 $|\dot{A}_u|$ 大小的同时，要考虑到 Q 点的位置（Q 点应在放大区的中心区域），二者应兼顾。

【例 6-3】 图 6-19（a）所示放大电路中，已知：$\beta = 50$，$R_b = 470$ kΩ，$R_e = 1$ kΩ，$R_c = 3.9$ kΩ，$R_L = 3.9$ kΩ，$V_{CC} = 12$ V。要求：（1）画出其直流通路和微变等效电路；（2）用估算法求静态工作点；（3）求电压放大倍数 $\dot{A}_u$、输入电阻 R_i、输出电阻 R_o。

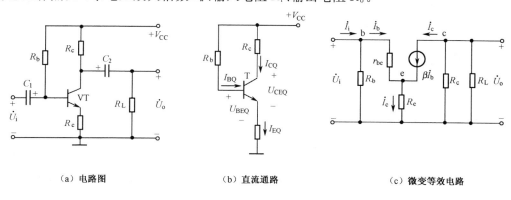

| （a）电路图 | （b）直流通路 | （c）微变等效电路 |

图 6-19　例 6-3 用图

【解】 （1）画出直流通路和微变等效电路分别如图 6-19（b）和（c）所示。

（2）根据直流通路可得下列方程：

$$V_{CC} = I_{BQ} R_b + U_{BEQ} + I_{EQ} R_e$$

而 $I_{EQ} = (1 + \beta) I_{BQ}$，所以可解出 I_{BQ}，

$$I_{BQ} = \frac{V_{CC} - U_{BEQ}}{R_b + (1 + \beta) R_e} = \frac{12 - 0.6}{470 + 51 \times 1} \approx \frac{12}{521} = 0.023 \text{ mA}$$

$$I_{CQ} = \beta I_{BQ} = 50 \times 0.023 = 1.15 \text{ mA}$$

根据直流通路又可得到下列方程：

$$V_{CC} = I_{CQ} R_c + U_{CEQ} + I_{EQ} R_e$$

所以

$$U_{CEQ} \approx V_{CC} - I_{CQ}(R_C + R_e) = 12 - 1.15(3.9 + 1) = 6.4 \text{ V}$$

所以,静态工作点 Q 为

$$I_{BQ} = 23 \ \mu A, \qquad U_{BEQ} = 0.6 \text{ V}, \qquad I_{CQ} = 1.15 \text{ mA}, \qquad U_{CEQ} = 6.4 \text{ V}$$

(3)由图 6-19(c)可以列出以下关系式:

$$\dot{U}_i = \dot{I}_b r_{be} + \dot{I}_e R_e$$

其中 $\dot{I}_e = (1+\beta)\dot{I}_b$。所以

$$\dot{U}_i = [r_{be} + (1+\beta)R_e]\dot{I}_b$$

式中

$$r_{be} = 300 + (1+\beta)\frac{26 \text{ mV}}{I_{EQ}} = 300 + 51 \times \frac{26}{1.15} = 1.5 \text{ k}\Omega$$

而

$$\dot{U}_o = -\dot{I}_C R_L' = -\beta \dot{I}_b R_L'$$

式中

$$R_L' = R_C \ /\!/ \ R_L = \frac{1}{2} \times 3.9 \text{ k}\Omega = 1.95 \text{ k}\Omega$$

则电压放大倍数为

$$\dot{A}_u = \frac{\dot{U}_o}{\dot{U}_i} = -\beta \frac{R_L'}{r_{be} + (1+\beta)R_e} = -\frac{50 \times 1.95}{1.5 + 51 \times 1} = -1.86$$

可见,引入发射极电阻 R_e 之后,电压放大倍数下降了,但改善了放大电路其他一些性能。

放大电路的输入电阻为

$$R_i = [r_{be} + (1+\beta)R_e] \ /\!/ \ R_b = 470 \ /\!/ \ (1.5 + 51 \times 1) = 47.2 \text{ k}\Omega$$

由计算结果可知,引入 R_e 之后,输入电阻增大了。

放大电路的输出电阻为

$$R_o = R_C = 3.9 \text{ k}\Omega$$

6.5 放大电路静态工作点的稳定

放大电路的多项技术指标均与静态工作点的位置有关。如果静态工作点不稳定,则放大电路的某些性能也将发生变化。因此,如何保持静态工作点稳定,是一个十分重要的问题。

本节首先介绍影响静态工作点稳定性的因素,然后重点讲述典型的工作点稳定电路及其稳定工作点的基本原理。

6.5.1 温度对静态工作点的影响

三极管是一种对温度非常敏感的元件。温度变化主要影响管子的 U_{BE}、I_B、I_{CBO}、β 等参数,而这些参数的变化最终都表现为使静态电流 I_{CQ} 变化。温度升高,I_{CQ} 增加,工作点上移;温度降低,I_{CQ} 减小,工作点下移。当工作点变动太大时,有可能使输出信号出现失真。所以,在实际工作中,必须采取措施稳定静态工作点。根据上面的分析,只要能设法使 I_{CQ} 近似维持稳定,问题就可以得到解决。

6.5.2 静态工作点稳定电路

1. 电路组成

图 6-20(a)所示电路便是实现上面设想的电路,图 6-20(b)、(c)分别是它的直流通路和交流微变等效电路。

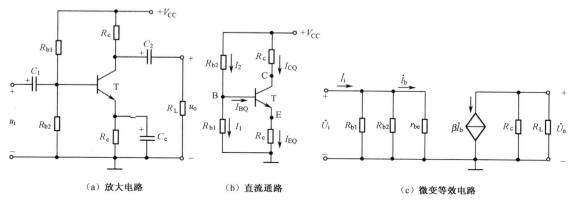

(a) 放大电路   (b) 直流通路   (c) 微变等效电路

图 6-20   分压式工作点稳定电路

在图 6-20(a)所示电路中,发射极接有电阻 R_e 和电容 C_e;直流电源 V_{CC} 经电阻 R_{b1}、R_{b2} 分压接到三极管的基极,所以通常称为分压式工作点稳定电路。

由于三极管的基极电位 U_{BQ} 是由 V_{CC} 分压后得到的,因此它不受温度变化的影响,基本是恒定的。当集电极电流 I_{CQ} 随温度的升高而增大时,发射极电流 I_{EQ} 也相应增大,此电流流过 R_e,使发射极电位 U_{EQ} 升高,则三极管的发射结电压 $U_{BEQ} = U_{BQ} - U_{EQ}$ 将降低,从而使静态基极电流 I_{BQ} 减小,于是 I_{CQ} 也随之减小,结果使静态工作点 Q 稳定。简述上面过程如下:

$$T \uparrow \rightarrow I_{CQ}(I_{EQ}) \uparrow \rightarrow U_{EQ} \uparrow (因为 U_{BQ} \text{ 基本不变}) \rightarrow U_{BEQ} \downarrow \rightarrow I_{BQ} \downarrow$$
$$I_{CQ} \downarrow \leftarrow\!$$

同理可分析出,当温度降低时,各物理量与上述过程变化相反,即

$$T \downarrow \rightarrow I_{CQ}(I_{EQ}) \downarrow \rightarrow U_{EQ} \downarrow (因为 U_{BQ} \text{ 基本不变}) \rightarrow U_{BEQ} \uparrow \rightarrow I_{BQ} \uparrow$$
$$I_{CQ} \uparrow \leftarrow\!$$

上述过程是通过发射极电阻 R_e 的电流负反馈作用牵制集电极电流的变化的,使静态工作点 Q 稳定。所以此电路也称为电流反馈式工作点稳定电路。

另外,接入 R_e 后,使电压放大倍数大大下降,为此,在 R_e 两端并联一个大电容 C_e,此时电阻 R_e 和电容 C_e 的接入对电压放大倍数基本没有影响。C_e 称为旁路电容。

2. 电路的基本分析

(1)静态分析

由图 6-20(b)所示直流通路,可进行分压式电路的静态分析。首先可先从估算 U_{BQ} 入手。由于电路设计使 I_{BQ} 很小,可以忽略,所以 $I_1 \approx I_2$,R_{b1}、R_{b2} 近似为串联,根据串联分压,可得

$$U_{BQ} \approx \frac{R_{b1}}{R_{b1} + R_{b2}} V_{CC} \tag{6-15}$$

静态发射极电流

$$I_{EQ} = \frac{U_{EQ}}{R_e} = \frac{U_{BQ} - U_{BEQ}}{R_e} \tag{6-16}$$

静态集电极电流

$$I_{CQ} \approx I_{EQ} = \frac{U_{BQ} - U_{BEQ}}{R_e} \qquad (6\text{-}17)$$

三极管 c-e 之间的静态电压为

$$U_{CEQ} = V_{CC} - I_{CQ}R_c - I_{EQ}R_e \approx V_{CC} - I_{CQ}(R_c + R_e) \qquad (6\text{-}18)$$

三极管静态基极电流

$$I_{BQ} \approx \frac{I_{CQ}}{\beta} \qquad (6\text{-}19)$$

（2）动态分析

由于旁路电容 C_e 足够大，使发射极对地交流短路，这样，分压式工作点稳定电路实际上也是一个共射放大电路，通过利用图 6-20（c）所示微变等效电路法分析，可知电压放大倍数与共射放大电路电压放大倍数相同。即 $\dot{A}_u = -\beta \dfrac{R_L'}{r_{be}}$，式中 $R_L' = R_c /\!/ R_L$。

输入电阻为

$$R_i = r_{be} /\!/ R_{b1} /\!/ R_{b2} \qquad (6\text{-}20)$$

输出电阻为

$$R_o = R_c \qquad (6\text{-}21)$$

6.6 射极输出器

三极管的三个电极均可作为输入回路和输出回路的公共端。前面介绍的共射电路以发射极为公共端；如果以基极或集电极为公共端，则称为共基极电路和共集电极电路，也叫三极管的三种组态，如图 6-21 所示。判断放大电路以哪个电极为公共端主要是看交流信号的通路。本节介绍较为常用的共集电极电路。

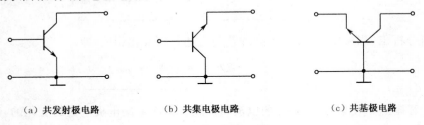

（a）共发射极电路　　　　（b）共集电极电路　　　　（c）共基极电路

图 6-21　三极管的三种组态

6.6.1 电路的基本分析

共集电极放大电路的基本结构如图 6-22（a）所示。可以看出，对交流信号而言，集电极是输入和输出的公共端，所以称为共集电极电路。另外，信号是通过发射极输出到负载的，因此它又称为射极输出器。

1. 静态分析

图 6-22（a）所示的共集电极放大电路的直流通路如图 6-22（b）所示。对该电路可求得基极静态电流为

$$I_{BQ} = \frac{V_{CC} - U_{BE}}{R_b + (1+\beta)R_e} \qquad (6\text{-}22)$$

集电极静态电流为

$$I_{CQ} \approx \beta I_{BQ} \tag{6-23}$$

射极电压为

$$U_{CEQ} = V_{CC} - I_{EQ}R_e \approx V_{CC} - I_{CQ}R_e \tag{6-24}$$

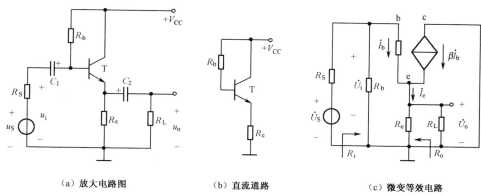

（a）放大电路图　　　　　（b）直流通路　　　　　（c）微变等效电路

图 6-22　共集电极放大电路

2. 动态分析

图 6-22(c)所示为共集电极放大电路的交流微变等效电路。

（1）电压放大倍数

由图 6-22(c)可得

$$\dot{U}_o = \dot{I}_e R'_L = (1 + \beta)\dot{I}_b R'_L$$

$$\dot{U}_i = \dot{I}_b r_{be} + \dot{I}_e R'_L = \dot{I}_b r_{be} + (1 + \beta)\dot{I}_b R'_L$$

因此,电压放大倍数为

$$\dot{A}_u = \frac{\dot{U}_o}{\dot{U}_i} = \frac{(1 + \beta)R'_L}{r_{be} + (1 + \beta)R'_L} \tag{6-25}$$

式中 $R'_L = R_e /\!/ R_L$。

从式(6-25)可知,共集电极放大电路的电压放大倍数恒小于 1,且接近于 1[因为 $(1+\beta)R'_L \gg r_{be}$];而且输出电压和输入电压同相。因此,共集电极放大电路也被称为射极跟随器或电压跟随器。

（2）输入电阻

由图 6-22(c)微变等效电路可得输入电阻为

$$R_i = R_b /\!/ [r_{be} + (1 + \beta)R'_L] \tag{6-26}$$

由于 R_b 和 $(1+\beta)R'_L$ 值都较大,因此,共集电极放大电路的输入电阻很高,可达几十千欧到几百千欧。

（3）输出电阻

根据输出电阻的定义式可得共集电极放大电路的输出电阻为

$$R_o = \frac{\dot{U}_o}{\dot{I}_o} = \frac{r_{be} + R'_S}{1 + \beta} \tag{6-27}$$

式中 $R'_S = R_b /\!/ R_S$。

由上式可知,射极输出器的输出电阻等于基极回路的总电阻($r_{be} + R'_S$)除以($1+\beta$),因此,输出电阻低,带负载能力强。

6.6.2 共集电极电路的特点和应用

共集电极电路具有输入电阻高、输出电阻低的特点,因此,在与共射电路共同组成多级放大电路时,它可用做输入级、中间级或输出级,借以提高放大电路的性能。

(1)用做输入级

由于共集电路的输入电阻很高,常用做多级放大电路的输入级。输入级采用射极输出器,可使信号源内阻上的压降相对来说比较小。因此,可以得到较高的输入电压,同时减小信号源提供的信号电流,从而减轻信号源负担。这样不仅提高了整个放大电路的电压放大倍数,而且减小了放大电路的接入对信号源的影响。在电子测量仪器中,利用射极输出器这一特点,减小对被测电路的影响,提高了测量精度。

(2)用做输出级

因其输出电阻很小,常用做多级放大电路的输出级。当负载电流变动较大时,输出电压的变化较小,因此带负载能力较强。功率放大器的输出级采用的就是射极输出器。

(3)用做中间级

作为一种电压跟随器,共集电极电路也常被用做前后两级的隔离级,进行阻抗变换。在多级放大电路中,有时前后两级间的阻抗匹配不当,会直接影响放大倍数的提高。若在两级之间加入一级共集电路,可起到阻抗变换的作用,具体而言,前一级放大电路的外接负载正是共集电路的输入电阻,这样前级的等效负载提高了,从而使前一级电压放大倍数也随之提高;同时,共集电路的输出是后一级的信号源,由于输出电阻很小,使后一级接收信号的能力提高,即源电压放大倍数增加,从而整个放大电路的电压放大倍数提高。

6.7 多级放大电路

在实际应用中,有时需要放大非常微弱的信号,单级放大电路的电压放大倍数往往不够高,因此常采取多级放大电路。将第一级的输出接到第二级的输入,第二级的输出作为第三级的输入……这样使信号逐级放大,以得到所需要的输出信号。不仅是电压放大倍数,对于放大电路的其他性能指标,如输入电阻、输出电阻等,通过采用多级放大电路,也能达到所需要求。

6.7.1 多级放大电路的耦合方式

在多级放大电路中,级与级之间的连接方式称为耦合。多级放大电路的耦合方式共有三种,分别是阻容耦合、直接耦合和变压器耦合。

1. 阻容耦合

图 6-23 是一个两级阻容耦合放大器。两级之间用电容 C_2 连接起来,C_2 称为耦合电容。前一级的输出电压经 C_2 接到下一级的输入端。耦合电容的取值较大,一般为数微法到数十微法。对交流信号而言,电容相当于短路,信号可以畅通流过;对直流信号而言,电容相当于开路,从而使前后两级的工作点相互独立,互不影响,给分析、设计和调试带来很大方便。但它也有局限性,因为作为耦合元件的电容对缓慢变化的信号容抗很大,不利于流畅传输。所以,它不能放大缓慢变化的信号,更不能反映直流成分的变化,而只能放大交流信号。另外,耦合电容不易集成化。

2. 直接耦合

图 6-24 是一个两级直接耦合放大器。为了避免耦合电容对低频率信号的影响,把前一级的输出信号直接接到下一级的输入端。直接耦合的优点是:既能放大交流信号,也能放大直流信号;同时还便于集成化。但直接耦合前后级之间存在直流通路,造成各级静态工作点相互影响,分析、设计和调试比较烦琐。另外,直接耦合带来的第二个问题是零点漂移问题,这是直接耦合电路最突出的问题。如果将一个直接耦合放大电路的输入端对

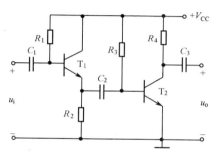

图 6-23　阻容耦合放大电路

地短路,即令输入电压 $u_i = 0$,并调整电路使输出电压 u_o 等于零。从理论上讲,输出电压 u_o 应一直为零并保持不变,但实际上输出电压将离开零点,缓慢地发生不规则的变化,如图 6-25 所示,这种现象称为零点漂移,简称零漂。产生零点漂移的主要原因是放大器件的参数受温度的影响而发生波动(因此零漂又叫温漂),导致放大电路静态工作点不稳定,而放大级之间又采用直接耦合方式,使静态工作点的变化逐级传递并放大。

因此,一般来说,直接耦合放大电路的级数越多,放大倍数越高,零漂问题就越严重。零漂对放大电路的影响重要有两个方面:(1)零漂使静态工作点偏离原设计值,使放大器无法正常工作;(2)零漂信号在输出端叠加在被放大的信号上,干扰有效信号甚至"淹没"有效信号,使有效信号无法判别,这时放大器已经没有使用价值了。可见,控制多级直接耦合放大电路中第一级的零漂是至关重要的问题。通常采取抑制零漂的措施有:(1)采用分压式放大电路;(2)利用热敏元件补偿;(3)将两个参数对称的单管放大电路接成差分放大电路的结构形式,使输出端的零漂互相抵消。这种措施十分有效而且比较容易实现,实际上,集成运算放大电路的输入级基本上都采用差分放大电路的结构形式。

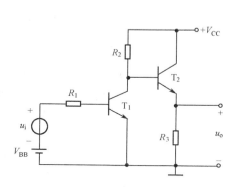

图 6-24　直接耦合放大电路

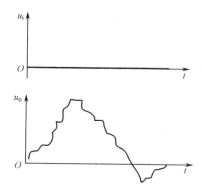

图 6-25　零点漂移现象

3. 变压器耦合

因为变压器能够通过磁路的耦合将原边的交流信号传送到副边,所以也可以作为多级放大电路的耦合元件。

图 6-26 所示为变压器耦合放大电路的一个实例。变压器 T_{r1} 将第一级的输出信号传送到第二级,T_{r2} 将第二级的输出信号传送给负载并进行阻抗变换。在第二级,三极管 T_2 和 T_3 组成推挽式放大电路。

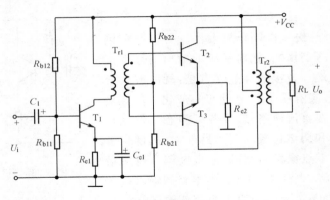

图 6-26　变压器耦合放大电路

6.7.2　多级放大电路的动态分析

多级放大电路的动态性能指标与单级放大电路相同,即有电压放大倍数、输入电阻和输出电阻。分析交流性能时,各级间是相互联系的,第一级的输出电压是第二级的输入电压,而第二级的输入电阻又是第一级的负载电阻。对于一个 n 级放大电路,其电压放大倍数为

$$\dot{A}_u = \dot{A}_{u1} \cdot \dot{A}_{u2} \cdot \dot{A}_{u3} \cdots \dot{A}_{un} \tag{6-28}$$

根据输入电阻、输出电阻的定义,多级放大电路的输入电阻等于第一级(即输入级)的输入电阻,输出电阻等于最后一级(即输出级)的输出电阻。

应当指出,当共集放大电路作输入级时,R_i 将与第二级的输入电阻(输入级的负载)有关;当共集放大电路作输出级时,R_o 将与倒数第二级的输出电阻(输出级的信号源内阻)有关。

6.8　应用——复合晶体管

复合管是将两个或两个以上晶体管的电极适当连接起来使之等效为一个晶体管。复合管的接法有多种,它们可以由相同类型的三极管组成,也可以由不同类型的三极管组成。例如在图 6-27 中,图 6-27(a)和图 6-27(b)分别由两个同为 NPN 型或同为 PNP 型的三极管组成,但图 6-27(c)和图 6-27 (d)中的复合管却由不同类型的三极管组成。

无论由相同或不同类型的三极管组成复合管,首先,在前后两个三极管的连接关系上,应保证前级三极管的输出电流与后级三极管的输入电流的实际方向一致,以便形成适当的电流通路,否则电路不能形成通路,复合管无法正常工作。其次,外加电压的极性应保证前后两个三极管均为发射结正向偏置,集电结反向偏置,使两管都工作在放大区。

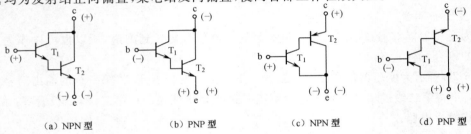

(a) NPN 型　　　　(b) PNP 型　　　　(c) NPN 型　　　　(d) PNP 型

图 6-27　复合管的接法

综合图 6-27 所示的几种复合管,可以得出以下结论:

(1)由两个相同类型的三极管组成的复合管,其类型与原来相同。复合管的 $\beta \approx \beta_1 \beta_2$,复合管的 $r_{be} = r_{be1} + (1 + \beta_1) r_{be2}$。

(2)由两个不同类型的三极管组成的复合管,其类型与前级三极管相同。复合管的 $\beta = \beta_1 (1 + \beta_2) \approx \beta_1 \beta_2$,复合管的 $r_{be} = r_{be1}$。

通过介绍可以看出,复合管与单个三极管相比,其电流放大系数 β 大大提高,因此,复合管常用于运放的中间级,以提高整个电路的电压放大倍数,不仅如此,复合管也常常用于输入级和输出级。

图 6-28 和图 6-29 为由复合管组成的互补对称功率放大电路和准互补对称功放电路。

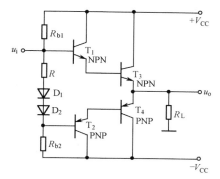
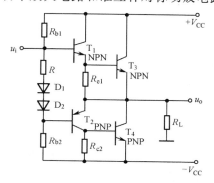

图 6-28 由复合管组成的互补对称电路　　6-29 由复合管组成的准互补对称电路

本章小结

1.三极管由两个 PN 结构成,当发射结正偏、集电结反偏时,三极管的基极电流对集电极电流具有控制作用,即电流放大作用。三个电极电流具有以下关系:$I_C \approx \beta I_B$,$I_E = I_B + I_C \approx (1 + \beta) I_B$。三极管有截止、放大、饱和三种工作状态,在不同工作状态下,其外部偏置条件也不同。

2.MOS 器件主要用于制成集成电路。由于微电子工艺水平的不断提高,在大规模和超大规模数字集成电路中应用极为广泛,同时在集成运算放大器和其他模拟集成电路中也得到了迅速发展。

3.基本共射放大电路、分压式工作点稳定电路和基本共集电极放大电路是常用的单管放大电路。它们的组成原则是:直流通路必须保证三极管有合适的静态工作点;交流通路必须保证输入信号能传送到放大电路的输入回路,同时保证放大后的信号传送到放大电路的输出端。

4.由于放大电路中交、直流信号并存,含有非线性器件,出现受控电流(压)源,因此增加了分析电路的难度。

一般分析放大电路的方法是:先静态,后动态。静态分析是为确定静态工作点 Q,即 I_{BQ}、I_{CQ}、I_{EQ} 和 U_{CEQ};动态分析包括波形和动态指标,即 A_u、R_i 和 R_o。

5.微变等效电路法是在小信号的条件下,把三极管等效成线性电路的分析方法。该方法只能分析动态,不能分析静态,也不能分析失真和动态范围等。

6.多级放大电路有三种耦合方式,即阻容耦合、直接耦合、变压器耦合。

习题六

6-1 分别测得两个放大电路中三极管的各电极电位如题图 6-1(a)和(b)所示,试判别它们的引脚,分别标上 e、b、c,并判断这两个三极管是 NPN 型,还是 PNP 型,是硅管还是锗管。

6-2 题图 6-2 所示为 MOSFET 的转移特性,请分别说明各属于何种沟道。如是增强型,说明它的开启电压 U_T 为多少。如是耗尽型,说明它的夹断电压 U_P 为多少。

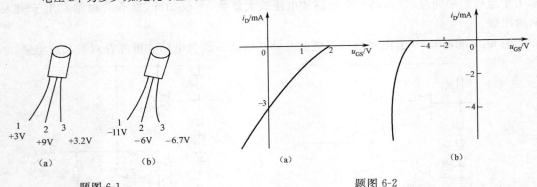

题图 6-1

题图 6-2

6-3 在题图 6-3 所示复合管中,哪些接法不合理? 不合理的请简要说明理由。接法合理的请指出它们的等效管子类型及引脚,并列出复合管的 β 和 r_{be} 的表达式。

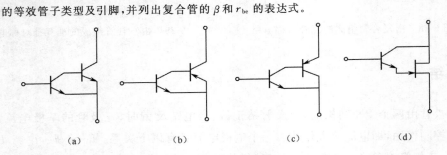

(a)　　　　　　(b)　　　　　　(c)　　　　　　(d)

题图 6-3

6-4 电路如题图 6-4 所示,已知晶体管 $\beta = 50$,在下列情况下,用直流电压表测晶体管的集电极电位,应分别为多少?设 $V_{CC} = 12\ V$,晶体管饱和管压降 $U_{CES} = 0.5\ V$。

(1) 正常情况;(2)R_{b1} 短路;(3)R_{b1} 开路;(4)R_{b2} 开路;(5)R_c 短路。

6-5 电路如题图 6-5 所示,晶体管的 $\beta = 80$,$r_{bb'} = 100\ \Omega$。计算 $R_L = \infty$ 时的 Q 点及 $\dot{A}_u$、R_i 和 R_o。

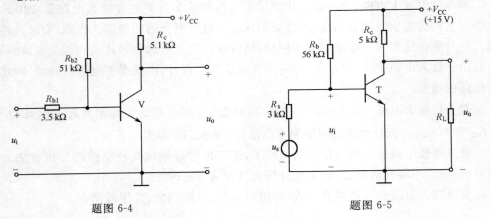

题图 6-4　　　　　　　　　　　　　　题图 6-5

6-6 在题图 6-5 所示电路中,由于电路参数不同,在信号源电压为正弦波时,测得输出波形如题图 6-6 (a)、(b)、(c)所示,试说明电路分别产生了什么失真,如何消除。

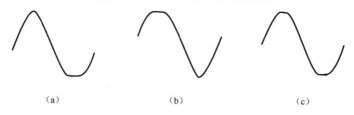

（a）　　　　　　　　（b）　　　　　　　　（c）

题图 6-6

6-7 已知题图 6-7 所示电路中晶体管的 $\beta = 100$,$r_{be} = 1 \text{ k}\Omega$。求:(1) 现已测得静态管压降 $U_{CEQ} = 6 \text{ V}$,估算 R_b 约为多少千欧;(2) 若测得 $\dot{U}_i$ 和 $\dot{U}_o$ 的有效值分别为 1 mV 和 100 mV,则负载电阻 R_L 为多少千欧?

6-8 电路如题图 6-8 所示,晶体管的 $\beta = 100$,$r_{bb'} = 100 \text{ }\Omega$。(1) 求电路的 Q 点、$\dot{A}_u$、R_i 和 R_o;(2) 若电容 C_e 开路,则将引起电路的哪些动态参数发生变化?如何变化?

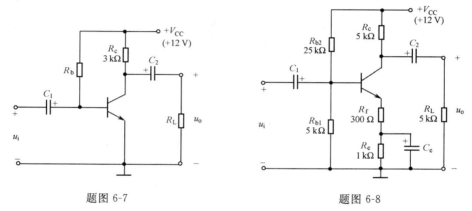

题图 6-7　　　　　　　　　　　　　　题图 6-8

6-9 题图 6-9 所示放大电路中,已知:$\beta = 50$,$R_b = 470 \text{ k}\Omega$,$R_e = 1 \text{ k}\Omega$,$R_c = 3.9 \text{ k}\Omega$,$R_L = 3.9 \text{ k}\Omega$。要求:

(1) 用估算法求静态工作点;(2) 画出其微变等效电路;(3) 求电压放大倍数 $\dot{A}_u$、输入电阻 R_i、输出电阻 R_o。

6-10 试用微变等效电路法估算题图 6-10 所示放大电路的电压放大倍数和输入、输出电阻。已知三极管的 $\beta = 50$,$r_{bb'} = 100 \text{ }\Omega$,$V_{CC} = +12 \text{ V}$。假设电容 C_1、C_2 和 C_e 足够大。

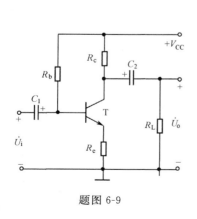

题图 6-9

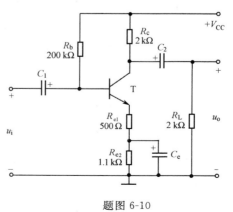

题图 6-10

6-11 有两个放大倍数相同的放大电路 A 和 B,分别对同一电压信号进行放大,其输出电压分别为 $U_{OA} = 5.2$ V,$U_{OB} = 5$ V。由此可得出放大电路_____优于放大电路_____,其原因是它的_____。[(a)放大倍数大;(b)输入电阻大;(c)输出电阻小。]

6-12 _____耦合放大电路各级 Q 点相互独立,_____耦合放大电路温漂小,_____耦合放大电路能放大直流信号。

6-13 如题图 6-13 所示电路中,已知三极管为硅管,其 $\beta = 50$,$R_{b1} = 10$ kΩ,$R_{b2} = 20$ kΩ,$R_c = 2$ kΩ,$R_e = 2$ kΩ,$R_L = 4$ kΩ,$V_{cc} = +12$ V,电容 C_1、C_2、C_e 足够大。求:(1)静态工作点 Q;(2)电压放大倍数 $\dot{A}_u$、输入电阻 R_i、输出电阻 R_o;(3)若更换管子使 $\beta = 100$,计算静态工作点,与(1)比较说明了什么?

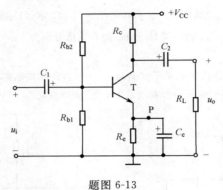

题图 6-13

第7章 集成运算放大器及其应用

本章围绕集成运算放大器主要介绍以下几方面的问题:(1)集成运放的组成及各部分的作用,尤其是运放的差动放大输入级电路;(2)理想运放的性能指标及工作特点;(3)放大电路中反馈的类别、反馈的判断方法和负反馈对放大电路性能的影响;(4)集成运放应用电路举例。

7.1 集成电路概述

前面几章介绍的都是分立元件电路。所谓分立元件电路是指由单个电阻、电容、二极管和三极管等电子元件连接起来组成的电子线路。由于分立元件电路中的元器件都裸露在外,因此体积大,工作可靠性差。

电子技术发展的一个重要方向和趋势就是实现集成化,因此,集成放大电路的应用是本章的重点内容之一。本章首先介绍集成电路的一些基本知识,然后着重讨论模拟集成电路中发展最早、应用最广泛的集成运算放大器(简称集成运放)。

7.1.1 集成电路及其发展

集成电路简称 IC(Integrated Circuits),是 20 世纪 60 年代初期发展起来的一种半导体器件。它是在半导体制造工艺的基础上,将电路的有源器件(三极管、场效应管等)、无源器件(电阻、电感、电容)及其布线集中制作在同一块半导体基片上,形成紧密联系的一个整体电路。

人们经常以电子器件的每一次重大变革作为衡量电子技术发展的标志。1904 年出现的半导体器件(如真空三极管)称为第一代器件,1948 年出现的半导体器件(如半导体三极管)称为第二代器件,1959 年出现的集成电路称为第三代器件,而 1974 年出现的大规模集成电路,则称为第四代器件。可以预料,随着集成工艺的发展,电子技术将日益广泛地应用于人类社会的各个方面。

7.1.2 集成电路的特点及分类

与分立元件电路相比,集成电路具有突出特点:体积小,重量轻;可靠性高,寿命长;速度高,功耗低;成本低。

按照不同的标准可将集成电路分成不同种类。

(1) 按制造工艺分类。按照集成电路的制造工艺不同可分为半导体集成电路(又分双极型集成电路和 MOS 集成电路)、薄膜集成电路和混合集成电路。

(2) 按功能分类。集成电路按其功能的不同,可分为数字集成电路、模拟集成电路和微波集成电路。

(3) 按集成规模分类。集成规模又称集成度,是指集成电路内所含元器件的个数。按集成度的大小,集成电路可分为小规模集成电路(SSI),内含元器件数小于 100;中规模集成电路(MSI),内含元器件数为 100~1 000 个;大规模集成电路(LSI),元器件数为 1 000~10 000 个;超大规模集成电路(VLSI),元器件数目在 10 000 至 100 000 之间。集成电路的集成化程度仍在不断地提高,目前,已经出现了内含上亿个元器件的集成电路。

7.1.3 集成电路制造工艺简介

在集成电路的生产过程中,在直径为 3~10 mm 的硅片上,同时制造几百甚至几千个电路。人们称这个硅晶片为基片,称每一块电路为管芯。

基片制成后,再经划片、压焊、测试、封装后成为产品。图 7-1(a)、(b) 所示为圆壳式集成电路的剖面图及外形,图(c)、(d)所示为双列直插式集成电路的剖面图及外形。

集成电路的制造工艺较为复杂,在制造过程中需要很多道工序,现将制造过程中的几个主要工艺名词介绍如下:

(1) 氧化:在温度为 800~1 200 ℃的氧气中使半导体表面形成 SiO_2 薄层,以防止外界杂质的污染。

(2) 光刻与掩膜:制作过程中所需的版图称为掩膜,利用照相制版技术将掩膜刻在硅片上称为光刻。

(3) 扩散:在 1 000 ℃左右的炉温下,将磷、砷或硼等元素的气体引入扩散炉,经一定时间形成杂质浓度一定的 N 型半导体或 P 型半导体。每次扩散完毕都要进行一次氧化,以保护硅片的表面。

(4) 外延:在半导体基片上形成一个与基片结晶轴同晶向的半导体薄层,称为外延生长技术。所形成的薄层称为外延层,其作用是保证半导体表面性能均匀。

(5) 蒸铝:在真空中将铝蒸发,沉积在硅片表面,为制造连线或引线做准备。

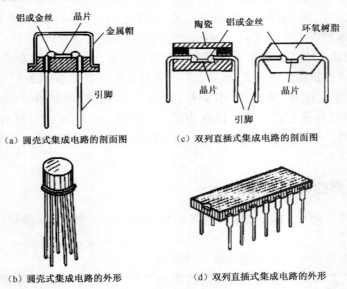

图 7-1 集成电路的剖面图及外形

7.2 集成运放的基本组成及功能

从原理上说,集成运放的内部实质上是一个高放大倍数的直接耦合的多级放大电路。它通常包含 4 个基本组成部分,即输入级、中间级、输出级和偏置电路,如图 7-2 所示。输入级的作用是提供与输出端成同相和反相关系的两个输入端,通常采用差动放大电路,对其要求是温漂要小,输入电阻要大。中间级主要是完成电压放大任务,要求有较高的电压增益,一般采用带有源负载的共射电压放大电路。输出级向负载提供一定的功率,属于功率放大,一般采用互补对称的功率放大器。偏置电路是向各级提供稳定的静态工作电流,一般采用电流源。下面分别介绍。

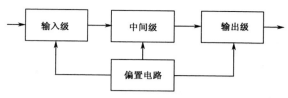

图 7-2　集成运放的基本组成部分

7.2.1　偏置电路——电流源

在电子电路中,特别是模拟集成电路中,广泛使用不同类型的电流源。它的用途之一是为各种基本放大电路提供稳定的偏置电流;第二个用途是用做放大电路的有源负载。下面讨论几种常见的电流源。

1. 镜像电流源

图 7-3 所示为镜像电流源的结构原理图。图中 T_1 管和 T_2 管具有完全相同的输入特性和

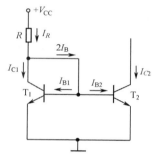

图 7-3　镜像电流源

输出特性,且由于两管的 b、e 极分别相连,$U_{BE1} = U_{BE2}$,$I_{B1} = I_{B2}$,因而就像照镜子一样,T_2 管的集电极电流和 T_1 管的相等,所以该电路称为镜像电流源。由图可知,T_1 管的 b、c 极相连,T_1 管处于临界放大状态,电阻 R 中电流 I_R 为基准电流,表达式为

$$I_R = \frac{V_{CC} - U_{BEQ}}{R} \tag{7-1}$$

且 $I_R = I_{C1} + I_{B1} + I_{B2} = I_{C2} + 2I_{B2} = (1 + 2/\beta)I_{C2}$,所以当 $\beta \gg 2$ 时,有

$$I_{C2} \approx I_R = \frac{V_{CC} - U_{BEQ}}{R} \tag{7-2}$$

可见,只要电源 V_{CC} 和电阻 R 确定,则 I_{C2} 就确定。恒定的 I_{C2} 可作为提供给某个放大级的静态偏置电流。另外,在镜像电流源中,T_1 的发射结对 T_2 具有温度补偿作用,可有效地抑制 I_{C2} 的温漂。例如当温度升高使 T_2 的 I_{C2} 增大的同时,也使 T_1 的 I_{C1} 增大,从而使 $U_{BE1}(U_{BE2})$ 减小,致使 I_{B2} 减小,从而抑制了 I_{C2} 的增大。但是,镜像电流源也有不足之处,当直流电源 V_{CC} 变化时,输出电流 I_{C2} 几乎按同样的规律波动,因此不适用于直流电源在大范围内变化的集成运放。此外,若输入级要求微安级的偏置电流,则所用电阻将达兆欧级,在集成电路中无法实现。

2. 微电流源

为了得到微安级的输出电流,同时又希望电阻值不太大,可以在镜像电流源的基础上,在 T_2 的射极电路接入电阻 R_E,如图 7-4 所示。图中,当基准电流 I_R 一定时,由于

$$U_{BE1} - U_{BE2} = \Delta U_{BE} = I_{E2}R_E$$

所以得到 I_{C2} 为

$$I_{C2} \approx I_{E2} = \frac{\Delta U_{BE}}{R_E} \tag{7-3}$$

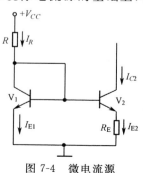

由式(7-3)可知,利用两管发射结电压差 ΔU_{BE} 可以控制输出电流 I_{C2}。由于 ΔU_{BE} 的数值较小,这样,用阻值不大的 R_E 即可获

图 7-4　微电流源

得微小的工作电流,故称此电流源为微电流源。该电路由于 T_1、T_2 是对管,两管基极又连在一起,当 V_{CC}、R 和 R_E 为已知时,基准电流 $I_R \approx V_{CC}/R$,在 U_{BE1}、U_{BE2} 为一定时,I_{C2} 也就确定了;在电路中,当电源电压 V_{CC} 发生变化时,I_R 以及 ΔU_{BE} 也将发生变化,由于 R_E 的值一般为数千欧,使 $U_{BE2} \ll U_{BE1}$,以致 T_2 的 U_{BE2} 值很小而工作在输入特性的弯曲部分,则 I_{C2} 的变化远小于 I_R 的变化,故电源电压波动对工作电流 I_{C2} 的影响不大。

7.2.2 输入级——差动放大电路

集成运放的输入级采用差动放大电路(也称差分放大电路),就其功能来说,是放大两个输入信号之差。

由于集成运放的内部实质上是一个高放大倍数的直接耦合的多级放大电路,因此必须解决零漂问题,电路才能实用。虽然集成电路中元器件参数分散性大,但是相邻元器件参数的对称性却比较好。差动放大电路就是利用这一特点,采用参数相同的三极管来进行补偿,从而有效地抑制零漂。在集成运放中多以差动放大电路作为输入级。

差动放大电路常见的形式有三种:基本形式、长尾式和恒流源式。

1. 基本形式差动放大电路

(1) 输入信号类型

将两个电路结构、参数均相同的单管放大电路组合在一起,就组成差动放大电路的基本形式,如图 7-5 所示。

在差动放大电路的两个输入端分别输入大小相等、极性相反的信号,即 $u_{i1} = -u_{i2}$,这种输入方式称为差模输入。差模输入方式下,差动放大电路两输入端总的输入信号称为差模输入信号,用 u_{id} 表示,u_{id} 为两输入端输入信号之差,即

$$u_{id} = u_{i1} - u_{i2} \tag{7-4}$$

或者

$$u_{i1} = -u_{i2} = \frac{1}{2}u_{id} \tag{7-5}$$

差模输入电路如图 7-6 所示。

在差动放大电路的两个输入端分别输入大小相等、极性相同的信号,即 $u_{i1} = u_{i2}$,这种输入方式称为共模输入,所输入的信号称为共模输入信号,用 u_{ic} 表示。u_{ic} 与两输入端的输入信号有以下关系:

$$u_{ic} = u_{i1} = u_{i2} \tag{7-6}$$

共模输入电路如图 7-7 所示。

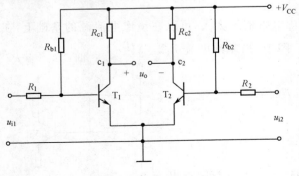

图 7-5 基本差动放大电路

当差动放大电路的两个输入端输入的信号大小不等时,可将其分解为差模信号和共模信号。信号的输入方式如图 7-5 所示。由于差模输入信号 $u_{id} = u_{i1} - u_{i2}$,共模输入信号 u_{ic} 可以写为

$$u_{ic} = \frac{u_{i1} + u_{i2}}{2} \tag{7-7}$$

于是,加在两输入端上的信号可分解为

$$u_{i1} = u_{ic} + \frac{u_{id}}{2} \tag{7-8}$$

$$u_{i2} = u_{ic} - \frac{u_{id}}{2} \tag{7-9}$$

（2）电压放大倍数

差动放大电路对差模输入信号的放大倍数叫做差模电压放大倍数，用 A_{ud} 表示，假设两边单管放大电路完全对称，且每一边单管放大电路的电压放大倍数为 A_{u1}，可以推出当输入差模信号时，A_{ud} 为

$$A_{ud} = \frac{u_o}{u_{id}} = \frac{u_{C1} - u_{C2}}{u_{i1} - u_{i2}} = \frac{2u_{C1}}{2u_{i1}} = \frac{u_{C1}}{u_{i1}} = A_{u1} \tag{7-10}$$

上式表明，差动放大电路的差模电压放大倍数和单管放大电路的电压放大倍数相同。多用一个放大管后，虽然电压放大倍数没有增加，但是换来了对零漂的抑制。这正是差动放大电路的优点。

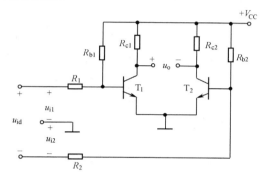

图 7-6　差模输入电路

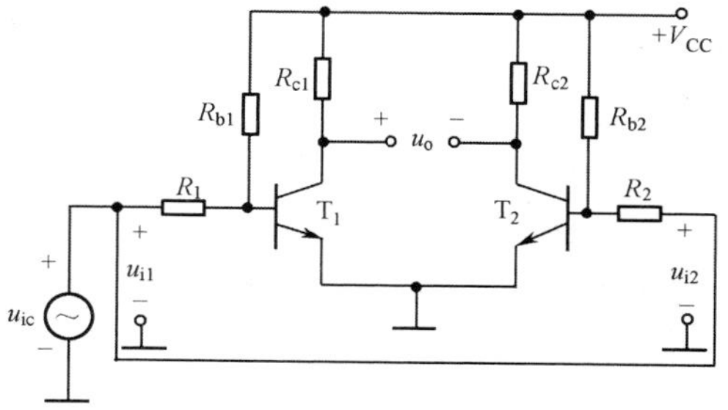

图 7-7　共模输入电路

差动放大电路对共模输入信号的放大倍数叫做共模电压放大倍数，用 A_{uc} 表示，可以推出，当输入共模信号时，A_{uc} 为

$$A_{uc} = \frac{u_o}{u_{ic}} = \frac{u_{c1} - u_{c2}}{u_{i1}} = \frac{0}{u_{i1}} = 0 \tag{7-11}$$

式(7-11)表明，差动放大电路对共模信号没有放大作用。

（3）工作原理

由电压放大倍数可以看出，差动放大电路只对差模信号有放大作用，而对共模信号没有放大作用，这正是我们所希望的结果。因为共模信号就是由于外界干扰而产生的有害信号，如零漂信号，必须加以抑制。这里可以这样解释：差动放大电路具有对称结构，当有外界干扰时，例如温度变化，对两只管子的影响完全相同，因此在两输入端产生的输入信号也完全相同，这就是共模输入信号。

综上所述，差动放大电路要想放大输入信号，必须使两输入端的信号有差别，即所谓"输入有差别，输出才有变动"，差动放大电路由此得名。

（4）共模抑制比

差动放大电路的共模抑制比用符号 K_{CMR} 表示，它定义为差模电压放大倍数与共模电压放大倍数之比，一般用对数表示，单位为分贝(dB)，即

$$K_{CMR} = 20\lg\left|\frac{A_{ud}}{A_{uc}}\right| \tag{7-12}$$

共模抑制比描述差动放大电路对共模信号即零漂的抑制能力。K_{CMR} 愈大，说明抑制零漂

的能力愈强。在理想情况下，差动放大电路两侧的参数完全对称，两管输出端的零漂完全抵消，则共模电压放大倍数 $A_{uc}=0$，共模抑制比 $K_{CMR}=\infty$。

对于基本形式的差动放大电路而言，由于内部参数不可能绝对匹配，所以输出电压 u_o 仍然存在零点漂移，共模抑制比很低。而且从每个三极管的集电极对地电压来看，其零漂与单管放大电路相同，丝毫没有改善。因此，在实际工作中一般不采用这种基本形式的差动放大电路，而是在此基础上稍加改进，组成长尾式差动放大电路。

2. 长尾式差动放大电路

（1）电路组成

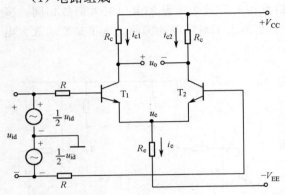

图 7-8　长尾式差动放大电路

在图 7-5 的基础上，在两个放大管的发射极接入一个发射极电阻 R_e，如图 7-8 所示。这个电阻像一条"长尾"，所以这种电路称为长尾式差动放大电路。

长尾电阻 R_e 对共模信号具有抑制作用。假设在电路输入端加上正的共模信号，则两个管子的集电极电流 i_{c1}、i_{c2} 同时增加，使流过发射极电阻 R_e 的电流 i_e 增加，于是发射极电位 u_e 升高，从而两管的 u_{BE1}、u_{BE2} 降低，进而限制了 i_{c1}、i_{c2} 的增加。

但是对于差模输入信号，由于两管的输入信号幅度相等而极性相反，所以 i_{c1} 增加多少，i_{c2} 就减少同样的数量，因而流过 R_e 的电流总量保持不变，即 $\triangle u_e=0$，所以 R_e 对差模输入信号无影响。

由以上分析可知，长尾电阻 R_e 的接入使共模放大倍数减小，降低了每个管子的零点漂移，但对差模放大倍数没有影响，因此提高了电路的共模抑制比。R_e 愈大，抑制零漂的效果愈好。但是，随着 R_e 的增大，R_e 上的直流压降将愈来愈大。为此，在电路中引入一个负电源 V_{EE} 来补偿 R_e 上的直流压降，以免输出电压变化范围太小。引入 V_{EE} 后，静态基极电流可由 V_{EE} 提供，因此可以不接基极电阻 R_b，如图 7-8 所示。

（2）静态分析

当输入电压等于零时，由于电路结构对称，故设 $I_{BQ1}=I_{BQ2}=I_{BQ}$，$I_{CQ1}=I_{CQ2}=I_{CQ}$，$U_{BEQ1}=U_{BEQ2}=U_{BEQ}$，$U_{CQ1}=U_{CQ2}=U_{CQ}$，$\beta_1=\beta_2=\beta$。由三极管的基极回路可得

$$I_{BQ}R+U_{BEQ}+2I_{EQ}R_e=V_{EE}$$

则静态基极电流为

$$I_{BQ}=\frac{V_{EE}-U_{BEQ}}{R+2(1+\beta)R_e} \tag{7-13}$$

静态集电极电流和电位为

$$I_{CQ}\approx\beta I_{BQ} \tag{7-14}$$

$$U_{CQ}=V_{CC}-I_{CQ}R_c \quad（对地） \tag{7-15}$$

静态基极电位为

$$U_{BQ}=-I_{BQ}R \quad（对地） \tag{7-16}$$

（3）动态分析

当输入差模信号时，由于两管的输入电压大小相等、方向相反，流过两管的电流也大小相

等,方向也相反,结果使得长尾电阻 R_e 上的电流变化为零,则 $u_e = 0$。可以认为:R_e 对差模信号呈短路状态。交流通路如图 7-9 所示。

图中 R_L 为接在两个三极管集电极之间的负载电阻。当输入差模信号时,一管集电极电位降低,另一管集电极电位升高,而且升高与降低的数值相等,于是可以认为 R_L 中点处的电位为零。也就是说,在 $R_L/2$ 处相当于交流接地。根据交流通路可得差模电压放大倍数为

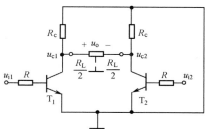

图 7-9　长尾式差动放大电路的交流通路

$$A_{ud} = \frac{u_o}{u_{id}} = \frac{u_{c1} - u_{c2}}{u_{i1} - u_{i2}} = \frac{2u_{c1}}{2u_{i1}} = -\frac{\beta R'_L}{r_{be} + R} \tag{7-17}$$

其中 $R'_L = R_c''(R_L/2)$。

从两管输入端向里看,差模输入电阻为

$$R_{id} = 2(R + r_{be}) \tag{7-18}$$

两管集电极之间的输出电阻为

$$R_o = 2R_c \tag{7-19}$$

在长尾式差动放大电路中,为了在两参数不完全对称的情况下能使静态时的 u_o 为零,常常接入调零电位器 RP,如图 7-10 所示。图 7-11 是电位器滑动端在中间位置时的交流通路。

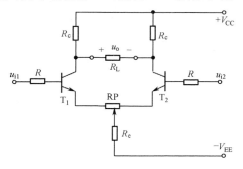

图 7-10　接有调零电位器的长尾式差动放大电路

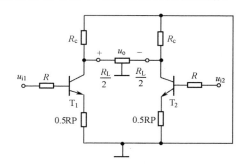

图 7-11　图 7-10 电路的交流通路

3. 恒流源式差动放大电路

在长尾式差动放大电路中,R_e 越大,抑制零漂的能力越强。但 R_e 的增大是有限的,原因有两个:一是在集成电路中难于制作大电阻;二是在同样的工作电流下 R_e 越大,所需 V_{EE} 将越高。为此,可以考虑采用一个三极管代替原来的长尾电阻 R_e。

在三极管输出特性的恒流区,当集电极电压有一个较大的变化量 Δu_{CE} 时,集电极电流 i_c 基本不变。此时三极管 c-e 之间的等效电阻 $r_{CE} = \frac{\Delta u_{CE}}{\Delta i_c}$ 的值很大。用恒流三极管充当一个阻值很大的长尾电阻 R_e,既可在不用大电阻的条件下有效地抑制零漂,又适合集成电路制造工艺中用三极管代替大电阻的特点,因此,这种方法在集成运放中被广泛采用。

恒流源式差动放大电路如图 7-12 所示。由图可见,恒流管 T_3 的基极电位由 R_{b1}、R_{b2} 分压后得到,可认为基本不受温度变化的影响,则当温度变化时 T_3 的发射极电位和发射极电流也基本保持稳定,而两个放大管的集电极电流 i_{c1} 和 i_{c2} 之和近似等于 i_{c3},所以 i_{c1} 和 i_{c2} 将不会因温度的变化而同时增大或减小,可见,接入恒流三极管后,抑制了共模信号的变化。

有时,为了简化起见,常常不把恒流源式差动放大电路中恒流管 T_3 的具体电路画出,而采用一个简化的恒流源符号来表示,如图 7-13 所示。

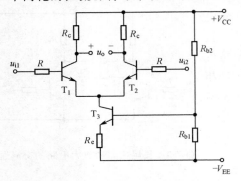
图 7-12　恒流源式差动放大电路

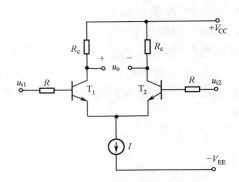
图 7-13　图 7-12 的简化画法

4. 差动放大电路的四种接法

差动放大电路有两个放大三极管,它们的基极和集电极分别是放大电路的两个输入端和两个输出端。差动放大电路的输入端、输出端可以有 4 种不同的接法:双端输入、双端输出,双端输入、单端输出,单端输入、双端输出,单端输入、单端输出,如图 7-14 所示。当输入、输出的接法不同时,放大电路的性能、特点也不尽相同,这里不再介绍。

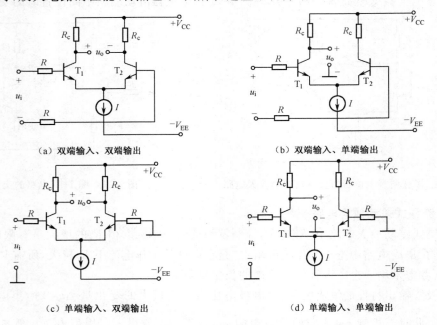

（a）双端输入、双端输出　　　　　　　　（b）双端输入、单端输出

（c）单端输入、双端输出　　　　　　　　（d）单端输入、单端输出

图 7-14　差动放大电路的 4 种接法

7.2.3　输出级——功率放大电路

集成运放的输出级是向负载提供一定的功率,属于功率放大,一般采用互补对称的功率放大电路。

功率放大电路在本质上和电压放大电路并无区别,不过为了能获得足够大的输出功率,功率放大电路有以下特点：

（1）因为信号的幅度放大在前置电路中已经完成，所以功率放大电路对电压放大倍数并无要求。由于射极输出器的输出电流较大，能使负载获得较大输出功率，并且它的输出电阻小，带负载能力强，因此通常采用射极输出器作为基本的功率放大电路。不过单个的射极输出器对信号正负半周的跟随能力不同，在实用的功率放大电路中大多采用双管的互补对称电路形式。

（2）为了能获得足够大的不失真输出功率，功率放大电路中的电压和电流的幅度都很大，使输出信号容易产生非线性失真，这就需要根据负载要求规定允许的失真度范围，一般也不采用微变等效电路法进行分析。

（3）为了提高功率放大电路的工作效率，需要尽可能降低其静态工作电流。但静态工作电流太小容易引起输出信号的失真，互补对称电路形式的功率放大电路可以克服因不适合的工作点而引起的非线性失真。

1. OCL 互补对称功率放大电路

（1）乙类 OCL 电路

① 电路组成及工作原理

图 7-15 所示是双电源乙类互补功率放大电路。它由两个不同类型的管子构成的射极输出器组合而成。T_1 是 NPN 型管，T_2 是 PNP 型管，T_1 和 T_2 管的基极连在一起作为信号输入端，发射极连在一起作为信号输出端，R_L 为负载。电路中正、负电源对称，两管参数对称。

电路的工作原理可简述如下：由于两管都没有偏置电阻，故静态（$u_i = 0$）时，两管都截止，此时 I_{BQ}、I_{CQ}、I_{EQ} 均为零，负载上无电流通过，输出电压 $u_o = 0$。动态时，当输入信号 u_i 为正半周时，$u_i > 0$，两管的基极电位为正，故 T_1 管导通，T_2 管截止，电流 i_{c1} 从 $+V_{CC}$ 流出，经 T_1 后流过负载电阻 R_L，在负载 R_L

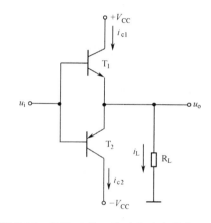

图 7-15　OCL 乙类互补对称功率放大电路

上形成正半周输出电压 $u_o > 0$。当输入信号 u_i 为负半周时，$u_i < 0$，两管的基极电位为负，故 T_2 管导通，T_1 管截止，i_{c2} 从 $-V_{CC}$ 通过 T_2 流过负载 R_L，在 R_L 上形成负半周输出电压 $u_o < 0$。

不难看出，在输入信号 u_i 的一个周期内，T_1、T_2 管轮流导通，而且 i_{c1}、i_{c2} 流过负载的方向相反，从而形成完整的正弦波。由于静态时两管的静态偏置电流均为零，这种工作方式称为乙类放大电路。这种电路中的三极管交替工作，组成推挽式电路，两个管子互补对方缺少的另一个半周，且互相对称，故称为互补对称功率放大电路。这种电路又称为无输出电容的功率放大电路，即 OCL（Output Capacitorless）。

② 交越失真

乙类电路由于静态电流为零，因此效率较高；但是它会产生严重的波形失真，这是因为当输入电压 u_i 小于管子的死区电压时，两个管子均是截止的，这段范围里的输出电压 $u_o = 0$，从而在输出电压的交越处产生不连续的间断点，这种失真称为交越失真，如图 7-16 所示。交越失真是由于管子工作在乙类状态引起的，为了克服这个缺点，实用电路都采用甲乙类互补对称电路。

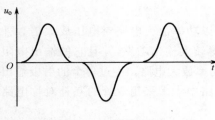

图 7-16 交越失真

③ 功率放大电路的主要工作指标

最大输出功率:当输入信号足够大时,可使负载获得最大输出功率。负载电压为正弦波形,若忽略管子的饱和压降,其幅值(最大值)为

$$U_{om} = V_{CC} \tag{7-20}$$

负载电流幅值为

$$I_{om} = \frac{U_{om}}{R_L} = \frac{V_{CC}}{R_L} \tag{7-21}$$

则 OCL 电路的最大输出功率为

$$P_{om} = \frac{U_{om}}{\sqrt{2}} \times \frac{I_{om}}{\sqrt{2}} = = \frac{1}{2} \frac{V_{CC}^2}{R_L} \tag{7-22}$$

如果考虑管子的饱和压降 U_{CES},则最大输出功率为

$$P_{om} = \frac{1}{2R_L}(V_{CC} - U_{CES})^2 \tag{7-23}$$

电源提供功率:直流电源的电压为 V_{CC},电流即为管子中的集电极电流。因此,在一个周期里两个电源提供的平均功率为

$$P_{vm} = 2 \times \frac{1}{2\pi} \int_0^\pi V_{CC} I_{cm} \sin\omega t \, d(\omega t) \approx \frac{2}{\pi} \cdot \frac{V_{CC}^2}{R_L} \tag{7-24}$$

这是在输入信号足够大时得到的电源功率。

效率:放大电路的输出能量是由直流电源提供的,因此电路的工作效率是指输出功率和电源提供功率的比值,即

$$\eta = \frac{P_o}{P_v} \times 100\% \tag{7-25}$$

当输入信号足够大,并忽略管子的饱和压降 U_{CES} 时,其效率为

$$\eta = \frac{P_{om}}{P_{vm}} \times 100\% = \frac{\pi}{4} \times 100\% = 78.5\% \tag{7-26}$$

这是理想状态的效率,实际效率要比这个数值小。

每个管子的最大管耗:直流电源提供的功率与输出功率之差就是消耗在三极管的功率,即管耗 P_T。可求得当 $U_{om} = \frac{2}{\pi} V_{CC} \approx 0.63 V_{CC}$ 时,三极管的管耗最大,此时,每只三极管的最大管耗为

$$P_{T1m} = P_{T2m} = 0.2 P_{om} \tag{7-27}$$

管子 c-e 间承受的最大电压为 $2V_{CC}$。

以上参数可用于对功率放大管的选择。

(2)甲乙类 OCL 电路

为了克服乙类电路产生的交越失真,实际工作时广泛采用图 7-17 所示的甲乙类 OCL 互补对称功率放大电路。

在图 7-17 的电路中,通过电阻 R_1 和 R_2 及两个二极管为三极管 T_1 和 T_2 建立了较小的静态基极电流,使它们在静态时已处于微导通状态,这种偏置方式称为甲乙类电路。由于三极管已经导通,当加入输入信号 u_i 后,立即会有输出电流流过负载,在负载上得到的输出电压,在正负交替处比较平滑,因此输出波形将是较为理想的正弦波。

在甲乙类电路中为了减小静态损耗,提高效率,通常工作点选得很低。因此,甲乙类电路的工作状况和乙类基本相似,各项技术指标可按乙类电路方式估算。

2. OTL 互补对称功率放大电路

图 7-17 所示电路中,由于静态时 T_1、T_2 两管的发射极电位为零,故负载可直接连接到发射极,而不必采用耦合电容,因此称为 OCL 电路。其特点是低频效应好,便于集成。但需要两个独立电源,使用很不方便。为了简化电路,可采用单电源供电的互补对称功率放大电路,如图 7-18 所示。与图 7-17 相比省去了一个负电源($-V_{CC}$),在两管的发射极与负载之间增加了电容 C,这种电路通常称为无输出变压器的功率放大电路,即 OTL(Output Transformless) 功率放大电路。

OTL 电路与 OCL 电路的区别除了是用单电源方式外,它在电路的输出端通过较大的耦合电容 C 与负载相连。该电容一方面传递信号,另一方面起到了在信号负半周时向负载供电的作用。

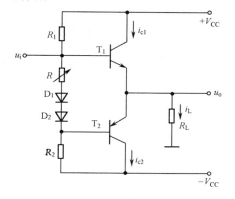

图 7-17　OCL 甲乙类互补对称功率放大电路

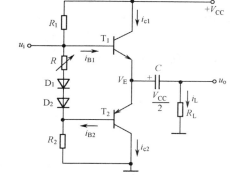

图 7-18　OTL 甲乙类互补对称功率放大电路

图 7-18 电路中 R_1、R_2 为偏置电阻,适当选择 R_1、R_2 的阻值,可使两管静态时发射极电位 V_E 为 $V_{CC}/2$,电容两端电压也稳定在 $V_{CC}/2$,这样 T_1、T_2 两管的 c-e 之间如同分别加上了 $+V_{CC}/2$ 和 $-V_{CC}/2$ 的电源电压。

在输入信号正半周,T_1 导通,T_2 截止,T_1 以射极输出器形式将正信号传送给负载,同时对电容 C 充电;在输入信号负半周,T_1 截止,T_2 导通,电容 C 放电,相当于 T_2 管的直流工作电源,此时 T_2 也以射极输出器的形式将负向信号传送给负载。这样,负载 R_L 上得到一个完整的信号波形。

OTL 电路的计算,对前述 OCL 电路的各个公式用 $V_{CC}/2$ 代替式中的 V_{CC} 即可。

OTL 电路和负载的连接是阻容耦合,因此它不能放大频率较低的信号。而 OCL 电路和负载是直接耦合,对信号频率没有限制,且易于集成化,因此获得广泛应用。

7.3　理想运算放大器

7.3.1　理想运放的技术指标

在分析集成运放的各种应用电路时,常常将其中的集成运放看成一个理想的运算放大器。所谓理想运放就是将集成运放的各项技术指标理想化,即认为集成运放的各项指标为:开环差

模电压增益 $A_{od} = \infty$，差模输入电阻 $R_{id} = \infty$，输出电阻 $R_o = 0$，共模抑制比 $K_{CMR} = \infty$，输入失调电压、失调电流以及它们的零漂均为零。

实际的集成运放当然达不到上述理想化的技术指标。但由于集成运放工艺水平的不断提高，集成运放产品的各项性能指标愈来愈好。因此，一般情况下，在分析估算集成运放的应用电路时，将实际运放看成理想运放所造成的误差，在工程上是允许的。后面的分析中，如无特别说明，均将集成运放作为理想运放进行讨论。

7.3.2 理想运放的两种工作状态

在各种应用电路中集成运放的工作状态有线性和非线性两种状态，在其传输特性曲线上对应两个区域，即线性区和非线性区。集成运放的电路符号和电压传输特性分别如图 7-19(a) 和图 7-19(b) 所示。由图(a)所示电路符号可以看出，运放有同相和反相两个输入端，分别对应其内部差动输入级的两个输入端，u_+ 代表同相输入端电压，u_- 代表反相输入端电压，输出电压 u_o 与 u_+ 具有同相关系，与 u_- 具有反相关系。运放的差模输入电压 $u_{id} = (u_+ - u_-)$。图(b)中，虚线代表实际运放的传输特性，实线代表理想运放。可以看出，线性工作区非常窄，当输入端电压的幅度稍有增加，则运放的工作范围将超出线性放大区而到达非线性区。运放工作在不同状态，其表现出的特性也不同，下面分别讨论。

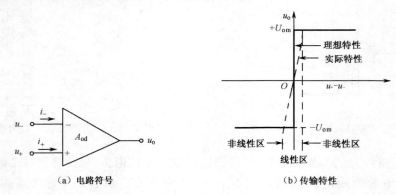

(a) 电路符号   (b) 传输特性

图 7-19　集成运放

1. 线性区

当工作在线性区时，运放的输出电压与两个输入端电压之间存在着线性放大关系，即

$$u_o = A_{od}(u_+ - u_-) \tag{7-28}$$

工作在线性区时有两个重要特点。

(1) 理想运放的差模输入电压等于零

由于运放工作在线性区，故输出、输入电压之间符合式(7-28)。而且，因理想运放的 $A_{od} = \infty$，所以由式(7-28)可得

$$u_+ - u_- = u_o/A_{od} = 0$$

即

$$u_+ = u_- \tag{7-29}$$

式(7-29)表明同相输入端与反相输入端的电位相等，如同将该两点短路一样，但实际上该两点并未真正被短路，因此常将此特点简称为"虚短"。

实际集成运放的 $A_{od} \neq \infty$，因此 u_+ 与 u_- 不可能完全相等。但是当 A_{od} 足够大时，集成运放的差模输入电压（$u_+ - u_-$）的值很小，可以忽略。例如，在线性区内，当 $u_o = 10$ V 时，若 $A_{od} = 10^5$，则 $u_+ - u_- = 0.1$ mV；若 $A_{od} = 10^7$，则 $u_+ - u_- = 1\ \mu$V。可见，在一定的 u_o 值下，集成运放的 A_{od} 愈大，则 u_+ 与 u_- 的差值愈小，将两点视为短路所带来的误差也愈小。

（2）理想运放的输入电流等于零

由于理想运放的差模输入电阻 $R_{id} = \infty$，因此在其两个输入端均没有电流，即在图 7-19（a）中，有

$$i_+ = i_- = 0 \tag{7-30}$$

此时运放的同相输入端和反相输入端的电流都等于零，如同该两点被断开一样，将此特点简称为"虚断"。

"虚短"和"虚断"是理想运放工作在线性区时的两个重要特点。这两个特点常常作为今后分析运放应用电路的出发点，因此必须牢固掌握。

2. 非线性区

如果运放的工作信号超出了线性放大范围，则输出电压与输入电压不再满足式（7-28），即 u_o 不再随差模输入电压（$u_+ - u_-$）线性增长，u_o 将达到饱和，如图 7-19（b）所示。

理想运放工作在非线性区时，也有两个重要特点。

（1）理想运放的输出电压 u_o 只有两种取值：或等于运放的正向最大输出电压 $+U_{om}$，或等于其负向最大输出电压 $-U_{om}$，如图 7-19（b）中的实线所示。

$$\left.\begin{array}{l} \text{当 } u_+ > u_- \text{ 时}, u_o = +U_{om} \\ \text{当 } u_+ < u_- \text{ 时}, u_o = -U_{om} \end{array}\right\} \tag{7-31}$$

在非线性区内，运放的差模输入电压（$u_+ - u_-$）可能很大，即 $u_+ \neq u_-$。也就是说，此时"虚短"现象不复存在。

（2）理想运放的输入电流等于零。因为理想运放的 $R_{id} = \infty$，故在非线性区仍满足输入电流等于零，即式（11-30）对非线性工作区仍然成立。

如上所述，理想运放工作在不同状态时，其表现出的特点也不相同。因此，在分析各种应用电路时，首先必须判断其中的集成运放究竟工作在哪种状态。

集成运放的开环差模电压增益 A_{od} 通常很大，如不采取适当措施，即使在输入端加一个很小的电压，仍有可能使集成运放超出线性工作范围。为了保证运放工作在线性区，一般情况下，必须在电路中引入深度负反馈，以减小直接施加在运放两个输入端的净输入电压。

7.4　放大电路中的反馈

前面我们学习的各种类型的放大电路，大都是将信号从输入端输入，经放大电路后从输出端送给负载。而在实际应用中，往往将输出量的一部分或者全部又返送回放大电路的输入端，这就是反馈。反馈不仅是改善放大电路性能的重要手段，也是电子技术和自动调节原理中的一个基本概念。

本章首先介绍反馈的基本概念，然后阐明负反馈放大电路的表示方法、分析方法、负反馈对放大电路性能的影响以及引入负反馈的一般原则。

由于集成运放是最常用的放大电路，所以本章以集成运放所组成的反馈放大电路为主。

7.4.1 反馈的基本概念及判别方法

1. 反馈的基本概念

在第 3 章介绍分压式工作点稳定电路时曾经提出过反馈的概念。在该电路中引入反馈起到稳定静态工作点的作用。

所谓放大电路中的反馈,是指在电路中通过一定方式把输出回路的电压或电流引回到输入回路,去影响输入信号对电路的作用。

电路中引入反馈必定存在一条反馈通路,以便把电路的输出回路和输入回路联系起来。图 7-20 是含有反馈电路的一般方框图。图中上边方框是基本放大电路,A 是基本放大电路的信号放大倍数;下边方框是反馈电路,F 是反馈电路的反馈系数。图中箭头方向表示信号流通方向。对基本放大电路来说,左边是信号入口,右边是出口;而对反馈电路来说,右边是信号

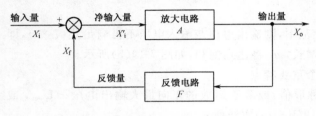

图 7-20 反馈放大电路的方框图

入口,左边是出口,符号 $\otimes$ 表示信号叠加。输入信号 X_i 由前级电路提供;反馈信号 X_f 是反馈电路从输出端取样后送回到输入端的信号;X_i' 是输入信号 X_i 与反馈信号 X_f 在输入端叠加后的净输入信号;X_o 为输出信号。通常,从输出端取出信号的过程称为取样;把 X_i 与 X_f 的叠加过程称为比较。

引入反馈后,放大电路与反馈电路构成一个闭合环路,所以有时把引入了反馈的放大电路叫做闭环放大电路(或闭环系统),而把未引入反馈的放大电路叫做开环放大电路(或开环系统)。反馈有各种类型。本章的重点是要掌握对各种反馈类型的判断。

2. 反馈的分类及判别方法

介绍反馈的分类之前,首先应搞清如何判断电路中是否引入了反馈。

若放大电路中存在将输出回路与输入回路相连接的通路,即反馈电路,并由此影响了放大电路的净输入量,则表明电路中引入了反馈;否则电路中便没有反馈。

在图 7-21(a)所示电路中没有反馈。在图 7-21(b)所示电路中引入了反馈。在图 7-21(c)所示电路中,虽然电阻 R 跨接在集成运放的输出端与同相输入端之间,但是由于同相输入端接地,所以 R 只不过是集成运放的负载,而不会使 u_o 作用于输入回路,可见电路中没有引入反馈。

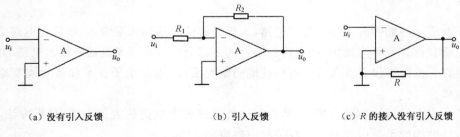

(a) 没有引入反馈   (b) 引入反馈   (c) R 的接入没有引入反馈

图 7-21 有无反馈的判断

由以上分析可知,寻找电路中有无反馈通路是判断电路中是否引入反馈的主要方法。只有首先判断出电路中存在反馈,继而才能进一步分析反馈的类型。

（1）正反馈和负反馈

按照反馈量的极性分类，有正反馈和负反馈。以图 7-20 为例，如果反馈量 X_f 增强了净输入量 X_i'，使输出量有所增大，称为正反馈。反之，如果反馈量 X_f 削弱了净输入量 X_i'，使输出量有所减小，则称为负反馈。

判断正、负反馈，一般用瞬时极性法。具体方法如下。

① 首先假设输入信号某一时刻的瞬时极性为正（用"＋"表示）或负（用"－"表示），"＋"号表示该瞬间信号有增大的趋势，"－"号则表示有减小的趋势。

② 根据输入信号与输出信号的相位关系，逐步推断电路有关各点此时的极性，最终确定输出信号和反馈信号的瞬时极性。

③ 再根据反馈信号与输入信号的连接情况，分析净输入量的变化，如果反馈信号使净输入量增强，即为正反馈，反之为负反馈。

【例 7-1】 试判断图 7-22 所示电路中引入的是正反馈还是负反馈。

【解】 图 7-22(a)所示电路中，假设集成运放同相输入端输入信号 u_i 的瞬时极性为"＋"，因而输出电压 u_o 的极性对地为"＋"，u_o 通过电阻 R_2 在电阻 R_1 上产生的反馈电压 u_f 的极性对地也为"＋"，所以净输入电压 u_i' 等于输入电压 u_i 减去反馈电压 u_f，即 $u_i' = u_i - u_f$，显然反馈的结果使净输入电压减小。说明该电路引入的反馈是负反馈。

图 7-22(b)所示电路中，假设集成运放反相输入端输入信号 u_i 的瞬时极性为"＋"，因而输出电压 u_o 的极性对地为"－"，u_o 通过电阻 R_2 在电阻 R_1 上产生的反馈电压 u_f 的极性对地为"－"，所以净输入电压 u_i' 等于输入电压 u_i 加上反馈电压 u_f，即 $u_i' = u_i + u_f$，反馈的结果使净输入电压增加。说明此电路引入的反馈极性是正反馈。

通过以上两例可知，对于单个集成运放，若通过纯电阻网络将反馈引到反相输入端，则为负反馈；引到同相输入端，则为正反馈。

图 7-22(c)所示电路中，假设交流信号源 u_S 的瞬时极性为"＋"，则基极电位也瞬时为"＋"，i_b 电流如图中虚线所示，集电极电位对地瞬时为"－"，所以 u_o 在电阻 R_F 上产生的电流 i_f 有增大的趋势，而净输入电流 $i_b = i_i - i_f$，显然反馈的结果使净输入电流减小，所以此电路引入的是负反馈。

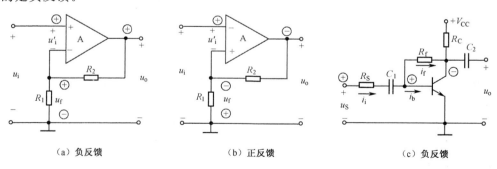

图 7-22 例 7-1 用图

（2）直流反馈和交流反馈

按照反馈量中包含交、直流的成分的不同，有直流反馈和交流反馈之分。如果反馈量中只含有直流成分，称为直流反馈。如果反馈量中只含交流成分，称为交流反馈。在集成运放反馈电路中，往往是两者兼有。直流负反馈的主要作用是稳定静态工作点；交流负反馈则影响电路的动态性能。

关于交、直流反馈的判断方法,主要看交流通路或直流通路中有无反馈通路,若存在反馈通路,必有对应的反馈。例如,图7-23(a)所示放大电路中,只引入了直流反馈;(b)图中则只引入了交流反馈。

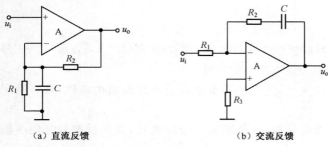

(a) 直流反馈　　　　　　(b) 交流反馈

图 7-23　交、直流反馈的判断

（3）电压反馈和电流反馈

按照反馈量在放大电路输出端取样方式的不同,可分为电压反馈和电流反馈。如果反馈量取自输出电压,和输出电压成正比,则称为电压反馈;如果反馈量取自输出电流,和输出电流成正比,则称为电流反馈。

对于电路中引入的是电压反馈还是电流反馈,可以用这样的方法判断:首先假设输出电压 u_o 等于零,即将放大电路的输出端和地短路,然后看反馈信号是否依然存在,如果短路后反馈信号消失,则为电压反馈;否则,反馈信号依然存在,就是电流反馈。原因很简单,因为输出端和地短路后输出电压为零,如果反馈信号消失,表示它与输出电压有关,所以是电压反馈;如果反馈信号依然存在,表示它与输出电压无关,因而是电流反馈。

按上述方法可以判定,图7-24(a)所示放大电路中引入的是电压反馈,图7-24(b)中引入的是电流反馈。

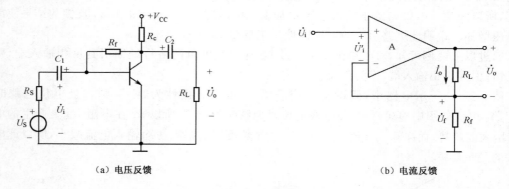

(a) 电压反馈　　　　　　　　　　　(b) 电流反馈

图 7-24　反馈电路举例

（4）串联反馈和并联反馈

串联反馈和并联反馈是指反馈信号在放大电路的输入回路和输入信号的连接形式。

反馈信号可以是电压形式或电流形式;输入信号也可以是电压形式或电流形式。如果反馈信号和输入信号都以电压形式出现,那么它们在输入回路必定以串联的方式连接,这就是串联反馈;如果反馈信号和输入信号都是以电流形式出现,那么它们在输入回路必定以并联的方式连接,这就是并联反馈。

判断串、并联反馈的方法是:对于交流分量而言,如果输入信号和反馈信号分别接到同一放大器件的同一个电极上,则为并联反馈;如果两个信号接到不同电极上,则为串联反馈。按此方法可以判定图7-24(a)所示放大电路中引入的是并联反馈,图7-24(b)中引入的是串联反馈。

以上提出了几种常见的反馈分类方法。除此之外,反馈还可以按其他方面分类。例如,在多级放大电路中,可以分为局部反馈(本级反馈)和级间反馈;又如在差动放大电路中,可以分为差模反馈和共模反馈等,此处不再一一列举。

根据以上分析可知,实际放大电路中的反馈形式是多种多样的,本章将着重分析各种形式的负反馈。对于负反馈来说,根据反馈信号在输出端的取样方式以及在输入回路中叠加形式的不同,共有四种组态,分别是电压串联负反馈、电压并联负反馈、电流串联负反馈和电流并联负反馈。

7.4.2 负反馈对放大电路性能的影响

负反馈对放大电路性能的影响,主要表现在以下几个方面。

(1) 降低放大倍数

若 A_f 为引入负反馈后的闭环放大倍数,A 为开环放大倍数,F 为反馈系数,可以得到

$$A_f = \frac{A}{1+AF} \tag{7-32}$$

可见,$A_f < A$。上式中,$1+AF$ 称为反馈深度,当 $1+AF \gg 1$ 时,$A_f \approx \frac{1}{F}$,称放大电路为深度负反馈。

(2) 提高放大倍数的稳定性

A_f 的稳定性是 A 的 $(1+AF)$ 倍。例如,当 A 变化 10% 时,若 $1+AF = 100$,则 A_f 仅变化 0.1%。

应当指出,A_f 的稳定性是以损失放大倍数作为代价的,即 A_f 减小到 A 的 $(1+AF)$ 分之一,才使其稳定性提高到 A 的 $(1+AF)$ 倍。

(3) 改善非线性失真

可以证明,在输出信号基波不变的情况下,引入负反馈后,电路的非线性失真减小到原来的 $(1+AF)$ 分之一。

(4) 展宽频带

引入负反馈后,电压放大倍数下降几分之一,通频带就展宽几倍。可见,引入负反馈可以展宽通频带,但这也是以降低放大倍数作为代价的。

(5) 负反馈可以改变输入、输出电阻

① 串联负反馈使输入电阻增大。在串联负反馈中,由于在放大电路的输入端反馈网络和基本放大电路是串联的,输入电阻的增加是不难理解的。通过分析可知,串联负反馈放大电路的输入电阻

$$R_{if} = (1+AF)R_i \tag{7-33}$$

式中,R_i 为基本放大电路的输入电阻。因此,串联负反馈放大电路与基本放大电路相比,输入电阻增大为原来的 $(1+AF)$ 倍。

② 并联负反馈使输入电阻减小。在并联负反馈中,由于在放大电路的输入端反馈网络和基本放大电路是并联的,因而势必造成输入电阻的减小。通过分析可得,并联负反馈放大电路的输入电阻

$$R_{if} = \frac{1}{1+AF}R_i \tag{7-34}$$

因此,并联负反馈放大电路与基本放大电路相比,输入电阻减为原来的 $1/(1+AF)$ 倍。

③ 电压负反馈使输出电阻减小。电压负反馈具有稳定输出电压的作用,即当负载变化

时,输出电压的变化很小,这意味着电压负反馈放大电路的输出电阻减小了。若基本放大电路的输出电阻为 R_o,可以证明,电压负反馈放大电路的输出电阻

$$R_\text{of} = \frac{R_\text{o}}{1+AF} \tag{7-35}$$

④ 电流负反馈使输出电阻增大。电流负反馈具有稳定输出电流的作用,即当负载变化时,输出电流的变化很小,这意味着电流负反馈放大电路的输出电阻增大了。若基本放大电路的输出电阻为 R_o,可以证明,电流负反馈放大电路的输出电阻

$$R_\text{of} = (1+AF)R_\text{o} \tag{7-36}$$

7.5 集成运算放大器的线性应用

集成运放作为通用性的器件,它的应用十分广泛,如模拟信号的产生、放大、滤波等。运放有线性和非线性两种工作状态,一般而言,判断运放工作状态最直接的方法是看电路中引入反馈的极性,若为负反馈,则工作在线性区;若为正反馈或者没有引入反馈(开环状态),则运放工作在非线性状态。

集成运算放大器加入负反馈,可以实现比例、加法、减法、积分、微分等数学运算功能,实现这些运算功能的电路统称为运算电路。在运算电路中,运放工作在线性区,在分析各种运算电路时,要注意输入方式,利用"虚短"和"虚断"的特点。本节主要介绍运放在线性状态下的基本应用电路——运算电路。

7.5.1 比例运算电路

比例运算电路的输出电压与输入电压之间存在比例关系,比例电路是最基本的运算电路,它是其他各种运算电路的基础。本章随后将介绍的各种运算电路,都是在比例电路的基础上,加以扩展或演变以后得到的。根据输入信号接法的不同,比例电路有三种基本形式:反相输入、同相输入及差分输入比例电路。

1. 反相比例运算电路

图 7-25 所示为反相比例运算电路,其中输入电压 u_i 通过电阻 R_1 接入运放的反相输入端。

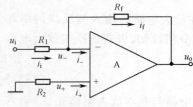

图 7-25 反相比例运算电路

R_f 为反馈电阻,引入了电压并联负反馈。同相输入端电阻 R_2 接地,为保证运放输入级差动放大电路的对称性,要求 $R_2 = R_1 /\!/ R_\text{f}$。

根据前面的分析,该电路的运放工作在线性区,并具有虚短和虚断的特点。由于虚断,故 $i_+ = 0$,即 R_2 上没有压降,则 $u_+ = 0$。又因虚短,可得

$$u_+ = u_- = 0$$

上式说明在反相比例运算电路中,集成运放的反相输入端与同相输入端的电位不仅相等,而且均等于零,如同该两点接地一样,这种现象称为虚地。虚地是反相比例运算电路的一个重要特点,由于虚地,使得加在运放输入端的共模输入电压很小。

由于 $i_- = 0$,则由图可见 $i_\text{i} = i_\text{f}$,即

$$\frac{u_\text{i} - u_-}{R_1} = \frac{u_- - u_\text{o}}{R_\text{f}}$$

式中 $u_- = 0$，由此可求得反相比例运算电路输出电压与输入电压的关系为

$$u_o = -\frac{R_f}{R_1}u_i \qquad (7\text{-}37)$$

则反相比例运算电路的电压放大倍数为

$$A_{uf} = \frac{u_o}{u_i} = \frac{R_f}{R_1} \qquad (7\text{-}38)$$

式中负号表示输出电压与输入电压反相。特别地，当式(7-37)中 $R_1 = R_f$ 时，$u_o = -u_i$，此时反相比例运算电路即为反相器。

由于反相输入端虚地，故该电路的输入电阻为

$$R_{if} = R_1$$

反相比例运算电路中引入了深度的电压并联负反馈，该电路输出电阻很小，具有很强的带负载能力。

2. 同相比例运算电路

图 7-26 是同相比例运算电路，运放的反相输入端通过电阻 R_1 接地，同相输入端则通过补偿电阻 R_2 接输入信号，$R_2 = R_1 /\!/ R_f$。电路通过电阻 R_f 引入了电压串联负反馈，运放工作在线性区。同样根据虚短和虚断的特点可知，$i_+ = i_- = 0$，故

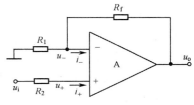

图 7-26　同相比例运算电路

$$u_- = \frac{R_1}{R_1 + R_f}u_o$$

而且

$$u_+ = u_- = u_i$$

由以上两式可得同相比例运算电路输出电压与输入电压的关系为

$$u_o = \left(1 + \frac{R_f}{R_1}\right)u_i \qquad (7\text{-}39)$$

则同相比例运算电路的电压放大倍数为

$$A_{uf} = \frac{u_o}{u_i} = \left(1 + \frac{R_f}{R_1}\right) \qquad (7\text{-}40)$$

A_{uf} 的值总为正，表示输出电压与输入电压同相。另外，该比值总是大于或等于1，不可能小于1。

如果同相比例运算电路中的 $R_f = 0$，从式(7-40)可得 $A_{uf} = 1$。这时，输入电压 u_i 等于输出电压 u_o，而且相位相同，故称这一电路为电压跟随器。

同相比例运算电路引入的是电压串联负反馈，具有较高的输入电阻和很低的输出电阻，这是这种电路的主要优点。

3. 差动比例运算电路

前面介绍的反相和同相比例运算电路，都是单端输入放大电路，差动比例运算电路属于双端输入放大电路，其电路如图 7-27 所示。为了保证运放两个输入端对地的电阻平衡，同时为了避免降低共模抑制比，通常要求 $R_1 = R'_1$，$R_f = R'_f$。

利用叠加定理及理想运放的特点，不难推出输出电压与输入电压关系式为

$$u_o = -\frac{R_f}{R_1}(u_i - u'_i) \qquad (7\text{-}41)$$

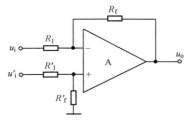

图 7-27　差动比例运算电路

在电路元件参数对称的条件下,差动比例运算电路的差模输入电阻为
$$R_{if} = 2R_1$$

由以上分析可见,差动比例运算电路的输出电压与两个输入电压之差成正比,实现了差动比例运算。

比例运算电路是一种基本的运放应用电路,以它为基础可以组成具有各种用途的实际电路。例如,可以组成应用十分广泛的数据放大器等。

数据放大器是一种高增益、高输入电阻和高共模抑制比的直接耦合放大器,一般具有差动输入、单端输出的形式。它通常用在数据采集、工业自动控制、精密测量以及生物工程等系统中,对各种传感器送来的缓慢变化信号加以放大,然后输出给系统。数据放大器质量的优劣常常是决定整个系统精密的关键。

7.5.2 加减运算电路

实现多个输入信号按各自不同的比例求和或求差的电路统称为加减运算电路。若所有输入信号均作用于集成运放的同一个输入端,则实现加法运算;若一部分输入信号作用于集成运放的同相输入端,而另一部分输入信号作用于反相输入端,则实现加减运算。

1. 加法运算电路

加法运算电路的输出信号反映多个模拟输入信号相加的结果。用运放实现加法运算时,可以采用反相输入方式,也可采用同相输入方式。

(1)反相加法运算电路

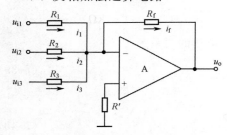

图 7-28 反相输入加法运算电路

图 7-28 所示为反相加法运算电路。由虚短和虚断的概念可得

$$i_1 = \frac{u_{i1}}{R_1} \qquad i_2 = \frac{u_{i2}}{R_2} \qquad i_3 = \frac{u_{i3}}{R_3}$$

$$i_f = i_1 + i_2 + i_3$$

又因运放的反相输入端虚地,故有

$$u_o = -i_f R_f = -\left(\frac{R_f}{R_1}u_{i1} + \frac{R_f}{R_2}u_{i2} + \frac{R_f}{R_3}u_{i3}\right)$$

$$(7\text{-}42)$$

这就是反相加法运算电路输出电压表达式。图中 $R' = R_1 \ /\!/ \ R_2 \ /\!/ \ R_3 \ /\!/ \ R_f$。当 $R_1 = R_2 = R_3 = R$ 时,上式变为

$$u_o = \frac{R_f}{R}(u_{i1} + u_{i2} + u_{i3})$$

$$(7\text{-}43)$$

图 7-28 所示反相输入加法运算电路的优点是:当改变某一输入回路的电阻时,仅仅改变输出电压与该路输入电压之间的比例关系,对其他各路没有影响,因此调节比较灵活方便。另外,由于"虚地",使得加在集成运放输入端的共模电压很小。在实际工作中,反相输入方式的加法电路应用比较广泛。

(2)同相加法运算电路

图 7-29 所示为同相加法运算电路,各输入电压加在集成运放的同相输入端。同样利用理想运放线性工作区的两个特点,可以推出输出电压与各输入电压之间的关系为

$$u_o = \left(1 + \frac{R_f}{R_1}\right)\left(\frac{R_+}{R_1'}u_{i1} + \frac{R_+}{R_2'}u_{i2} + \frac{R_+}{R_3'}u_{i3}\right)$$

$$(7\text{-}44)$$

式(7-44)中 $R_+ = R'_1 \mathbin{/\mkern-5mu/} R'_2 \mathbin{/\mkern-5mu/} R'_3 \mathbin{/\mkern-5mu/} R'$。也就是说,$R_+$ 与接在运放同相输入端所有各路的输入电阻以及反馈电阻有关,如欲改变某一路输入电压与输出电压的比例关系,则当调节该路输入端电阻时,同时也将改变其他各路的比例关系,故常常需要反复调整,才能最后确定电路的参数,因此估算和调整的过程不太方便。另外,由于集成运放两个输入端不"虚地",所以对集成运放的最大共模输入电压的要求比较高。在实际工作中,同相加法不如反相加法电路应用广泛。

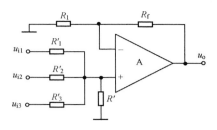

图 7-29 同相输入加法运算电路

另外,同相加法电路也可由反相加法电路与反相器共同实现。通过前面的分析可以看出,反相与同相加法电路的 u_0 表达式只差一个负号,因此,若在图 11-28 所示反相加法电路的基础上再加一反相器,则可消除负号,变为同相加法电路。

【例 7-2】 假设一个控制系统中的温度、压力和速度等物理量经传感器后分别转换成为模拟电压量 u_{i1}、u_{i2}、u_{i3},要求该系统的输出电压与上述各物理量之间的关系为

$$u_o = -3u_{i1} - 10u_{i2} - 0.53u_{i3}$$

现采用图 11-28 所示的反相加法电路,试选择电路中的参数以满足以上要求。

【解】 将以上给定的关系式与式(7-42)比较,可得 $\dfrac{R_f}{R_1} = 3, \dfrac{R_f}{R_2} = 10, \dfrac{R_f}{R_3} = 0.53$。为了避免电路中的电阻值过大或过小,可先选 $R_f = 100\ \text{k}\Omega$,则

$$R_1 = \frac{R_f}{3} = \frac{100}{3} = 33.3\ \text{k}\Omega \qquad R_2 = \frac{R_f}{10} = \frac{100}{10} = 10\ \text{k}\Omega$$

$$R_3 = \frac{R_f}{0.53} = \frac{100}{0.53} = 118.7\ \text{k}\Omega \qquad R' = R_1 \mathbin{/\mkern-5mu/} R_2 \mathbin{/\mkern-5mu/} R_3 \mathbin{/\mkern-5mu/} R_F$$

为了保证精度,以上电阻应选用精密电阻。

2. 加减运算电路

前面介绍的差动比例运算电路实际上就是一个简单的加减运算电路。如果在差动比例运算电路的同相输入端和反相输入端各输入多个信号,就变成了一般的加减运算电路,如图 7-30 所示,它综合了反相加法运算电路和同相加法运算电路的特点,所以也可称为双端输入求和运算电路。令 $R_N = R_1 \mathbin{/\mkern-5mu/} R_2 \mathbin{/\mkern-5mu/} R_f$,$R_P = R_3 \mathbin{/\mkern-5mu/} R_4 \mathbin{/\mkern-5mu/} R_5$,取 $R_N = R_P$,使电路参数对称。利用叠加定理可方便地得到这个电路的运算关系。根据"虚短"和"虚断"以及叠加定理,不难推出输出电压与输入电压的关系式为

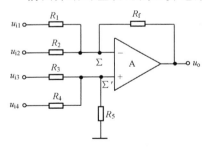

图 7-30 加减运算电路

$$u_o = \frac{R_f}{R_3}u_{i3} + \frac{R_f}{R_4}u_{i4} - \frac{R_f}{R_1}u_{i1} + \frac{R_f}{R_2}u_{i2} \tag{7-45}$$

利用图 7-30 实现加减运算,要保证 $R_N = R_P$,有时选择参数比较困难,这时可考虑用两级电路实现,下面举例说明。

【例 7-3】 求解图 7-31 所示电路 u_o 和 u_{i1}、u_{i2}、u_{i3} 的运算关系。

【解】 图 7-31 所示为由两个反相加法电路组成的加减运算电路。图中

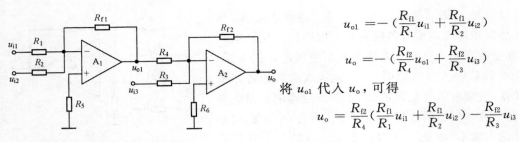

$$u_{o1} = -\left(\frac{R_{f1}}{R_1}u_{i1} + \frac{R_{f1}}{R_2}u_{i2}\right)$$

$$u_o = -\left(\frac{R_{f2}}{R_4}u_{o1} + \frac{R_{f2}}{R_3}u_{i3}\right)$$

将 u_{o1} 代入 u_o, 可得

$$u_o = \frac{R_{f2}}{R_4}\left(\frac{R_{f1}}{R_1}u_{i1} + \frac{R_{f1}}{R_2}u_{i2}\right) - \frac{R_{f2}}{R_3}u_{i3}$$

图 7-31 例 7-3 用图

7.5.3 积分和微分运算电路

电容的电压和电流之间有微分和积分关系,可以利用它来构成积分和微分运算电路。

1. 积分运算电路

积分电路如图 7-32 所示,由虚地和虚短的概念可得 $i_i = i_C = u_i/R$,所以输出电压 u_o 为

$$u_o = -u_C = -\frac{1}{C}\int i_C \mathrm{d}t = -\frac{1}{RC}\int u_i \mathrm{d}t \qquad (7\text{-}46)$$

从而实现了输入电压与输出电压之间的积分运算。

积分运算电路的用途很多,例如,在自动控制系统中用以延缓过渡过程的冲击,使被控制的电动机外加电压缓慢上升,避免其机械转矩猛增,造成传动机械的损坏。又如用做波形变换,当输入电压为矩形波时,输出电压为三角波。

2. 微分运算电路

微分是积分的逆运算。将积分电路中 R 和 C 的位置互换,即可组成基本微分电路,如图 7-33 所示。由虚地和虚短的概念可得 $i_C = i_R$,则输出电压为

$$u_o = -i_R R = -i_C R = -RC\frac{\mathrm{d}u_C}{\mathrm{d}t} = -RC\frac{\mathrm{d}u_i}{\mathrm{d}t} \qquad (7\text{-}47)$$

可见,输出电压正比于输入电压的微分。

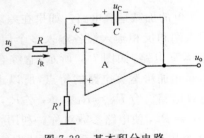

图 7-32 基本积分电路

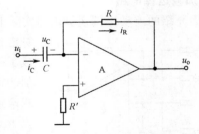

图 7-33 基本微分电路

7.5.4 模拟乘法器及其应用

模拟乘法器是一种完成两个模拟信号相乘的电子器件。近年来,单片的集成模拟乘法器发展十分迅速。由于技术性能不断提高,而价格比低廉,使用比较方便,所以应用十分广泛,不仅用于模拟信号的运算,而且已经扩展到电子测量仪表、无线电通信等各个领域。

1. 模拟乘法器的电路符号和运算关系

模拟乘法器的电路符号如图 7-34 所示,它有两个输入电压信号 u_X、u_Y 和一个输出电压信号 u_o。输出电压

$$u_o = ku_X u_Y \qquad (7\text{-}48)$$

其中 k 是比例系数,其值可正可负,若 k 大于 0 则为同相乘法器,若 k 值小于 0 则为反相乘法器。k 值通常为 $+0.1\ \mathrm{V}^{-1}$ 或 $-0.1\ \mathrm{V}^{-1}$。

2. 模拟乘法器的应用

模拟乘法器的用途十分广泛,除了用于模拟信号的运算,如乘法、平方、除法及开方等运算以外,还在电子测量及无线电通信等领域用于振幅调制、混频、倍频、同步检测、鉴相、鉴频、自动增益控制及功率测量等方面。下面举几个例子。

图 7-34　模拟乘法器的电路符号　　　　　图 7-35　平方运算电路

（1）平方运算电路

将模拟乘法器的两个输入端并联后输入相同的信号,就可实现平方运算,如图 7-35 所示。其输出电压

$$u_{\mathrm{o}} = k u_{\mathrm{i}}^2 \tag{7-49}$$

以此类推,当多个模拟乘法器串联使用时,可以实现 u_{i} 的任意次方运算。

（2）除法运算电路

图 7-36 所示为除法运算电路,模拟乘法器放在反馈回路中,并形成深度负反馈。根据乘法规律可得 $u_{\mathrm{o1}} = k u_{\mathrm{i2}} u_{\mathrm{o}}$。

而根据"虚短"和"虚断"的概念,则有 $u_{-} = u_{+} = 0, i_{+} = i_{-}$,所以

$$\frac{u_{\mathrm{i1}}}{R_1} = \frac{-u_{\mathrm{o1}}}{R_2}$$

将 u_{o1} 代入,整理可得

$$u_{\mathrm{o}} = -\frac{R_2}{kR_1} \cdot \frac{u_{\mathrm{i1}}}{u_{\mathrm{i2}}} \tag{7-50}$$

从而实现了 u_{i1} 对 u_{i2} 的除法运算,$-\dfrac{1}{k}$ 是比例系数。

必须指出,u_{i1} 和 u_{o1} 极性必须相反,才能保证运放工作于深度负反馈状态,因此要求 u_{i2} 必须为正,u_{i1} 的极性可以是任意的。此为二象限除法器。

（3）开方(平方根)运算电路

在图 7-36 所示除法运算电路中,如果将 u_{i2} 端也接到 u_{o} 端,则除法运算电路变成了开方运算电路,如图 7-37 所示。由图可得

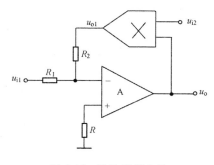

图 7-36　除法运算电路

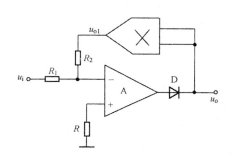

图 7-37　平方根运算电路

$$u_i = -u_{o1} = -ku_o^2$$

所以

$$u_o = \sqrt{-\frac{u_i}{k}} \tag{7-51}$$

显然,信号 u_i 的极性必须和比例系数 k 的符号相反,电路才能正常工作。图中二极管的作用是防止出现当 u_i 因受干扰等原因变为正值时,u_o 为负值的情况,而且 u_{o1} 与 u_i 都为正值,运算放大电路变为正反馈,电路不能正常工作,电路将出现锁定现象,加了二极管后,即可避免锁定现象的发生。

7.6 集成运算放大器的非线性应用

当集成运放处于开环或正反馈状态时,由于运放的开环放大倍数很高,若运放两输入端的电压略有差异,输出电压不是最高就是最低,输出电压不再随输入电压连续线性变化。当 $u_- > u_+$ 时,输出为最低值 $-U_{om}$(低电平);当 $u_- < u_+$ 时,输出为最高值 $+U_{om}$(高电平),此时的运放为非线性状态。运放的非线性应用最常见的就是电压比较器。

7.6.1 电压比较器概述

电压比较器(简称比较器)是信号处理电路,其功能是比较两个电压的大小,通过输出电压的高电平或低电平,表示两个输入电压的大小关系。在自动控制和电子测量中,常用于鉴幅、模数转换、各种非正弦波形的产生和变换电路中。

1. 电压比较器的特点

电压比较器的输入信号通常是两个模拟量,一般情况下,其中一个输入信号是固定不变的参考电压 U_{REF},另一个输入信号则是变化的信号 u_1。输出只有两种可能的状态:正饱和值 $+U_{om}$ 或负饱和值 $-U_{om}$。可以认为,比较器的输入信号是连续变化的模拟量,而输出信号则是数字量,即 0 或 1。

电压比较器中集成运放通常工作在非线性区,即满足:当 $u_- < u_+$ 时,$U_o = +U_{om}$,正向饱和;当 $u_- > u_+$ 时,$U_o = -U_{om}$,负向饱和;当 $u_- = u_+$ 时,$-U_{om} < U_o < +U_{om}$,状态不定。

上述关系表明,工作在非线性区的运放,当 $u_- < u_+$ 或 $u_- > u_+$ 时,其输出状态都保持不变,只有当 $u_- = u_+$ 时,输出状态才能够发生跳变。反之,若输出状态发生跳变,必定发生在 $u_- = u_+$ 的时刻。这是分析比较器的重要依据。

2. 电压比较器的要素。

电压比较器有以下 3 个要素。

(1)比较器的阈值。比较器的输出状态发生跳变的时刻,所对应的输入电压值叫做比较器的阈值电压,简称阈值或门限电压,也可简称为门限。记为 U_{TH}。

(2)比较器的传输特性。比较器的输出电压 U_o 与输入电压 U_i 之间的对应关系叫做比较器的传输特性,它可用曲线表示,也可用方程式表示。

(3)比较器的组态。若输入电压 u_1 从运放的"-"端输入,则称为反相比较器;若从"+"端输入,则称为同相比较器。

3. 电压比较器的种类

(1)单限比较器。电路只有一个阈值电压,输入电压变化(增大或减小)经过阈值电压时,输出电压发生跃变。

（2）滞回比较器。电路有两个阈值电压 U_{TH1} 和 U_{TH2}，且 $U_{TH1} > U_{TH2}$。它与单限比较器的相同之处在于，在输入电压向单一方向的变化过程中，输出电压只跃变一次，根据这一特点可以将滞回比较器视为两个不同的单限比较器的组合。

（3）双限比较器。电路有两个阈值电压 U_{TH1} 和 U_{TH2}，且 $U_{TH1} > U_{TH2}$。与滞回比较器不同，双限比较器在输入电压向单一方向的变化过程中，输出电压将发生两次跃变。

7.6.2 单限比较器

单限电压比较器的基本电路如图 7-38（a）所示，集成运放处于开环状态，工作在非线性区，输入信号 u_i 加在反相端，参考电压 U_{REF} 接在同相端。当 $u_i > U_{REF}$，即 $u_- > u_+$ 时，$U_o = -U_{om}$；当 $u_i < U_{REF}$，即 $u_- < u_+$ 时，$U_o = +U_{om}$。传输特性如图 7-38（b）所示。

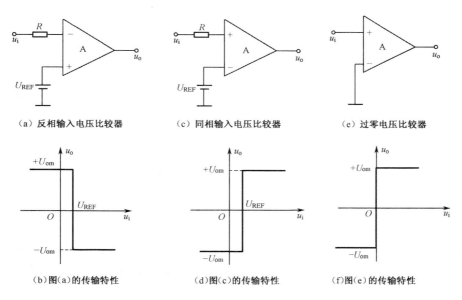

（a）反相输入电压比较器　　（c）同相输入电压比较器　　（e）过零电压比较器

（b）图（a）的传输特性　　（d）图（c）的传输特性　　（f）图（e）的传输特性

图 7-38　单门限电压比较电路

若希望当 $u_i > U_{REF}$ 时，$U_o = +U_{om}$，只需将 u_i 输入端与 U_{REF} 输入端调换即可，如图 7-38（c）所示。

如果输入电压过零时，输出电压发生跳变，就称为过零电压比较器，如图 7-38（e）所示，特性曲线如图 7-38（f）所示。过零电压比较器可在正弦波转换为方波。

7.6.3 滞回电压比较器

单限电压比较器只有一个阈值电压，只要输入电压经过阈值电压，输出电压就产生跃变。若输入电压受到干扰或噪声的影响在阈值电压附近波动，即使其幅值很小，输出电压也会在正、负饱和值之间反复跃变。若发生在自动控制系统中，这种过分灵敏的动作将会对执行机构产生不利的影响，甚至干扰其他设备，使之不能正常工作。为了克服这个缺点，可将比较器的输出端与输入端之间引入由 R_1 和 R_2 构成的电压串联正反馈，使运放同相输入端的电压随着输出电压而改变；输入电压接在运放的反相输入端，参考电压经 R_2 接在运放的同相输入端，构成滞回电压比较器，电路如图 7-39（a）所示。滞回比较器也称施密特触发器。

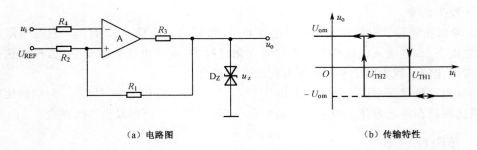

（a）电路图　　　　　　　　　　　　（b）传输特性

图 7-39　滞回电压比较器

图 7-39(a)所示滞回比较器电路中，D_z 是稳压二极管，起输出限幅作用。当输入电压很小时，比较器输出为高电平，即 $u_o = +U_{om}$。利用叠加定理可求出同相输入端的电压

$$u_+ = \frac{R_1}{R_1 + R_2}U_{REF} + \frac{R_2}{R_1 + R_2}U_{om} \qquad (7\text{-}52)$$

因 $u_+ = u_-$ 为输出电压的跳变条件，临界条件可用虚短和虚断的概念，所以 $u_i = u_-$ 和 $u_+ = u_-$ 时的 u_i 即为阈值 U_{TH1}，即

$$U_{TH1} = u_i = u_- = u_+ = \frac{R_1}{R_1 + R_2}U_{REF} + \frac{R_2}{R_1 + R_2}U_{om} \qquad (7\text{-}53)$$

由于 u_+ 不变，当输入电压增大至 $u_i > u_+$ 时，比较器的输出端由高电平变为低电平，即 $u_o = U_{ol} = -U_{om}$，此时，同相输入端的电压变为

$$u'_+ = \frac{R_1}{R_1 + R_2}U_{REF} + \frac{R_2}{R_1 + R_2}(-U_{om}) = U_{TH2} \qquad (7\text{-}54)$$

可见 $u'_+ < u_+$。当输入电压继续增大时，比较器输出电压将维持低电平。只有当输入电压由大变小至 $u_i < u'_+$ 时，比较器输出电压才由低电平翻转为高电平，其传输特性如图 7-39(b)所示。由此可见滞回比较器有两个门限电压 U_{TH1} 和 U_{TH2}，分别称为上门限电平和下门限电平。两个门限电压之差称为门限宽度或回差电压。调整 R_1 和 R_2 的大小，可改变比较器的门限宽度。门限宽度越大，比较器抗干扰的能力越强，但分辨率随之下降。

7.6.4　双限电压比较器

单限比较器和滞回比较器在输入电压单一方向变化时，输出电压只跃变一次，因而不能检测出输入电压是否在两个给定电压之间，而双限比较器具有这一功能。图 7-40(a)所示为一种双限比较器，它由两个运放 A_1 和 A_2 组成。输入电压分别接到 A_1 的同相端和 A_2 的反相端，两个参考电压 U_{REFH} 和 U_{REFL} 分别接到 A_1 的反相端和 A_2 的同相端，并且 $U_{REFH} > U_{REFL}$，这两个参考电压就是比较器的两个阈值电压 U_{TH1} 和 U_{TH2}，$U_{TH1} = U_{REFH}$，$U_{TH2} = U_{REFL}$。电阻 R 和稳压管 D_z 构成限幅电路。

当输入电压 $u_i > U_{REFH}$ 时，必然大于 U_{REFL}，所以集成运放 A_1 的输出 $u_{o1} = +U_{om}$，A_2 的输出 $u_{o2} = -U_{om}$，使得二极管 D_1 导通，D_2 截止，稳压管 D_z 工作在稳压状态，输出电压 $u_o = +U_z$。

当 $u_i < U_{REFL}$ 时，必然小于 U_{REFH}，所以 A_1 的输出 $u_{o1} = -U_{om}$，A_2 的输出 $u_{o2} = +U_{om}$，因此 D_1 截止，D_2 导通，D_z 工作在稳压状态，输出电压 u_o 仍为 $+U_z$。

当 $U_{REFL} < u_i < U_{REFH}$ 时，$u_{o1} = u_{o2} = -U_{om}$，此时 D_1、D_2 均截止，稳压管截止，$u_o = 0$。

由以上分析可以画出电压传输特性如图 7-40(b)所示，其形状如窗口，因此双限比较器又名窗口比较器。

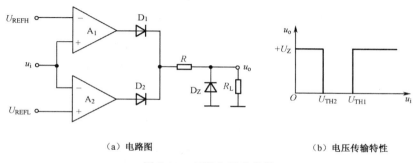

（a）电路图 （b）电压传输特性

图 7-40　双限电压比较器

7.6.5　集成稳压电路

1. 串联型稳压电路

在第 5 章已经介绍过稳压管构成的稳压电路,稳压管稳压电路的优点是电路简单,稳压性能较好,内阻较小(一般为几欧至几十欧),适合于负载电流较小的场合。其缺点是输出电压仅取决于稳压二极管的型号,不能随意调节,只能用在负载电流变化不大的电路中。串联型稳压电路可以克服这些缺点,目前具有广泛的应用前景。

（1）电路组成

串联型稳压电路是目前较为通用的一种稳压电路。图 7-41 所示是串联型稳压电路的结构图。它由基准电压源、比较放大电路、调整电路和采样电路四部分组成。三极管 T 接成射极输出器形式,主要起调整作用。因为它与负载 R_L 相串联,所以这种电路称为串联型直流稳压电源。

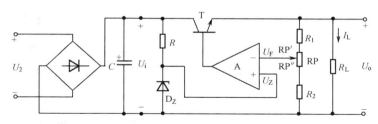

图 7-41　串联型直流稳压电源

稳压管 D_Z 和限流电阻 R 组成基准电压源,提供基准电压 U_Z。电阻 R_1、RP 和 R_2 组成采样电路。当输出电压变化时,采样电阻将其变化量的一部分 U_F 送到比较放大电路。运算放大器 A 组成比较放大电路。采样电压 U_F 和基准电压 U_Z 分别送至运算放大器 A 的反相输入端和同相输入端,进行比较放大,其输出端与调整管的基极相接,以控制调整管的基极电位。

（2）工作原理

当电网电压的波动使 U_i 升高或者负载变动使 I_L 减小时,U_o 应随之升高,采样 U_F 也升高,因基准电压 U_Z 基本不变,它与 U_F 比较放大后,使调整管基极电位降低,调整管的集电极电流减小,集电极-发射极之间电压增大,从而使输出电压 U_o 基本不变。

同理,当 U_i 下降或者 I_L 增大时,U_o 应随之下降,采样电压 U_F 也减小,它与基准电压 U_Z 比较放大后,使调整管基极电位升高,调整管的集电极电流增大,c-e 间电压减小,从而使输出电压 U_o 保持基本不变。由此可见,电路的稳压实质上是通过负反馈使输出电压维持稳定的。

（3）输出电压的调节范围

改变采样电路中间电位器 RP 抽头的位置，可以调节输出电压的大小。

当电位器抽头调至 RP 的最上端时，$RP' = RP$，此时输出电压最小。即

$$U_{\text{o min}} = \frac{R_1 + R_2 + RP}{R_2 + RP} \cdot U_z \tag{7-55}$$

当电位器抽头调至 RP 的最下端时，$RP' = 0$，此时输出电压最大。即

$$U_{\text{o max}} = \frac{R_1 + R_2 + RP}{R_2} \cdot U_z \tag{7-56}$$

故该稳压电路输出电压的范围为 $U_{\text{omin}} \sim U_{\text{omax}}$，且可通过 RP 连续调节。

2. 集成稳压电路

集成稳压电路的工作原理与分立元件的稳压电路是相同的。它的内部结构同样包括有基准电压源、比较放大器、调整电路、采样电路和保护电路等部分。集成稳压电路的类型很多。按其内部的工作方式可分为串联型、并联型、开关型；按其外部特性可分为三端固定式、三端可调式、多端固定式、多端可调式、正电压输出式、负电压输出式。现主要介绍三端集成稳压电路。三个端子分别是输入端、稳定输出端和公共接地端。三端集成稳压电路的通用产品有W7800 系列（正电压输出）和 W7900 系列（负电压输出）。具体型号后面的两位数字代表输出电压值，可为 ±5 V、±6 V、±8 V、±12 V、±15 V、±18 V 和 ±24 V 七个等级。这个系列的产品，输出的最大电流可达 1.5 A。例如 W7805 表示输出电压为 +5 V，输出电流为 1.5 A；W7905 表示输出电压为 −5 V，输出电流为 0.5 A。

三端固定 W7800 系列稳压器属于一种串联型稳压器，其应用电路有以下几种。

（1）固定输出电压电路

图 7-42(a)所示电路是 W7800 系列作为固定输出时的典型接线图。为了保证稳压器正常工作，最小输入/输出电压差至少为 2～3 V；输入端的电容 C_i 一般取 0.1～1 μF，其作用是在输入线较长时抵消其感应效应，防止产生自激振荡；输出端的 C_o 是为了消除电路的高频噪声，改善负载瞬态响应，一般取 0.1 μF。如果需要负电源时，可采用图 7-42(b)所示的应用电路。

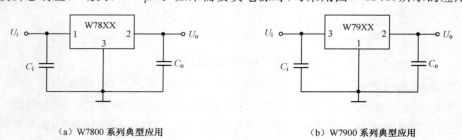

(a) W7800 系列典型应用　　　　　　　　　　　(b) W7900 系列典型应用

图 7-42　固定输出电压电路

（2）提高输出电压的电路

目前，三端稳压器的最高输出电压是 24 V。当需要大于 24 V 的输出电压时，可采用图 7-43 所示的电路提高输出电压。图中 V_{XX} 是三端稳压器的标称输出电压；I_z 是组件的稳态电流，约为几 mA；外接电阻 R_1 上的电压是 V_{XX}；R_2 接在稳压器公共端 3 和电源公共端之间。按图示接法的输出电压为

$$U_o = V_{XX}\left(1 + \frac{R_2}{R_1}\right) + I_z R_2 \tag{7-57}$$

（3）具有正负电压输出的稳压电源

当需要正负电压同时输出时,可用一块 W7800 正压单片稳压器和一块 W7900 负压单片稳压器连接成图 7-44 所示的电路。这两块稳压器有一个公共接地端,并共用整流电路。

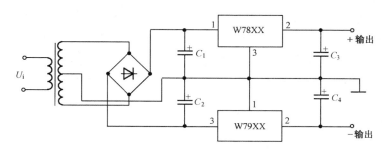

图 7-43　提高输出电压的电路

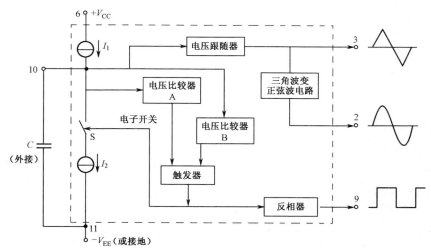

图 7-44　具有正负输出电压的稳压电源

7.7　应用——集成函数发生器 8038

集成函数发生器 8038 是一种多用途的波形发生器,可以产生正弦波、方波、三角波和锯齿波,其频率可以通过外加的直流电压进行调节,使用方便,性能可靠。

图 7-45 所示为 8038 的内部原理电路图,可以看出,它由两个恒流源、两个电压比较器和触发器等组成。

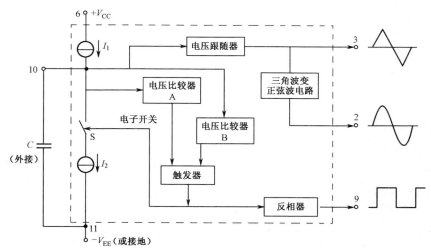

图 7-45　8038 的内部原理电路图

在图 7-45 中,电压比较器 A、B 的门限电压分别为两个电源电压之和（$V_{CC} + V_{EE}$）的 2/3 和 1/3,电流源 I_1 和 I_2 的大小通过外接电阻调节,其中 I_2 必须大于 I_1。

当触发器的输出端为低电平时,它控制开关 S 使电流源 I_2 断开。而电流源 I_1 则向外接电容 C 充电,使电容两端电压随时间线性上升,当 u_C 上升到 $u_C = 2(V_{CC} + V_{EE})/3$ 时,比较器 A 的输出电压发生跳变,使触发器输出端由低电平变为高电平,这时,控制开关 S 使电流源 I_2 接通。由于 $I_2 > I_1$,因此外接电容 C 放电,u_C 随时间线性下降。

当 u_C 下降到 $u_C \leqslant (V_{CC} + V_{EE})/3$ 时,比较器 B 输出发生跳变,使触发器输出端又由高电平变为低电平,I_2 再次断开,I_1 再次向 C 充电,u_C 又随时间线性上升。如此周而复始,产生振荡。外接电容 C 交替地从一个电流源充电后向另一个电流源放电,就会在电容 C 的两端产生三角波并输出到脚 3。该三角波经电压跟随器缓冲后,一路经正弦波变换器变成正弦波后由脚 2 输出,另一路通过比较器和触发器,并经过反相器缓冲,由脚 9 输出方波。

利用 8038 构成的函数发生器如图 7-46 所示,其振荡频率由电位器 R_{P1} 滑动触点的位置、C 的容量、R_A 和 R_B 的阻值决定,图中 C_1 为高频旁路电容,用以消除 8 脚的寄生交流电压,R_{P2} 为方波占空比和正弦波失真度调节电位器,当 R_{P2} 位于中间时,可输出方波。

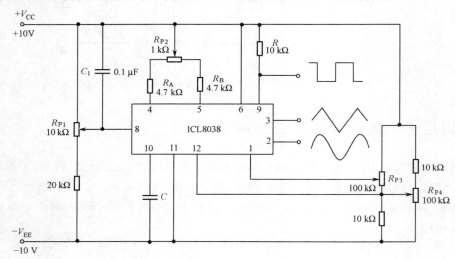

图 7-46　用 8038 构成的函数发生器

本章小结

1. 利用半导体工艺将各种元器件集成在同一硅片上组成的电路就是集成电路。集成电路具有体积小、成本低、可靠性高等优点,是现代电子系统中常见的器件之一。

2. 集成运放的内部实质上是一个高放大倍数的多级直接耦合放大电路。它的内部通常包含四个基本组成部分,即输入级、中间级、输出级和偏置电路。为了有效地抑制零漂,运放的输入级常采用差动放大电路。集成运放的输出级基本上都采用各种形式的互补对称电路,以降低输出电阻,提高电路的带负载能力。

3. 在各种放大电路中普遍采用了负反馈。按照不同的分类标准,反馈可分为正、负反馈,交、直流反馈,串、并联反馈和电压、电流反馈。负反馈有 4 种组态。负反馈虽然降低了放大电路的增益,但却提高了放大电路增益的稳定性,展宽了通频带,减小了非线性失真,改变了放大电路的输入、输出电阻。

4. 在分析集成运放的各种应用电路时,常常将其中的集成运放看成一个理想的运算放大器。理想运放有两种工作状态,即线性和非线性工作状态,在其传输特性曲线上对应两个工作区域。当运放工作在线性区时,满足虚短和虚断特点。

5. 运算电路是集成运放最基本的应用之一,其输出电压是输入电压某种运算的结果,如比例、加减、积分和微分等,因而要求集成运放工作在线性区。

6. 电压比较器是集成运放的基本应用之一,其输入信号为模拟信号,输出通常只有高电平和低电平两种状态。在电压比较器中,集成运放多处于开环状态或仅引入正反馈,因而工作在非线性区。串联型稳压电路也是集成运放的非线性应用。

习题七

7-1 题图 7-1 所示电路中,已知三极管的 $\beta = 100, r_{be} = 10.3 \text{ k}\Omega, V_{EE} = V_{CC} = 15 \text{ V}, R_c = 36 \text{ k}\Omega$,
　　$R_e = 56 \text{ k}\Omega, R = 2.7 \text{ k}\Omega, R = 100 \Omega, R_P$ 的滑动端处于中点,$R_L = 18 \text{ k}\Omega$。
　　(1)估算电路的静态工作点;(2)求电路的差模电压放大为数 A_{ud};(3)求电路的差模输入电阻 R_{id}。

7-2 在题图 7-2 所示的放大电路中,已知 $V_{EE} = V_{CC} = 9 \text{ V}, R_c = 47 \text{ k}\Omega, R_e = 13 \text{ k}\Omega, R_{b1} = 3.6 \text{ k}\Omega$,
　　$R_{b2} = 16 \text{ k}\Omega, R = 10 \text{ k}\Omega, R_L = 20 \text{ k}\Omega, \beta = 30, U_{BEQ} = 0.7 \text{ V}$。(1)估算静态工作点;(2)估算差模电压放大为数 A_{ud}。

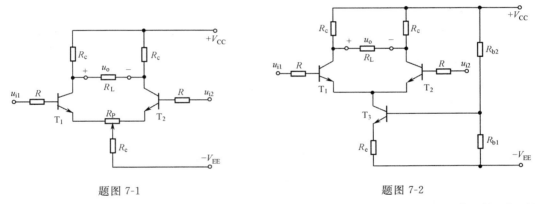

题图 7-1　　　　　　　　　　　　　　　　题图 7-2

7-3 在题图 7-3 所示电路中,试说明存在哪些反馈支路,并判断哪些是正反馈,哪些是负反馈,哪些是直流反馈,哪些是交流反馈。如为交流负反馈,请判断反馈的组态。

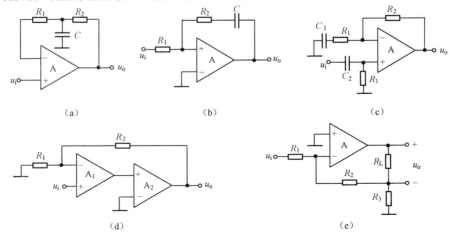

　　(a)　　　　　　　　　　(b)　　　　　　　　　　(c)

　　　　　　(d)　　　　　　　　　　　　(e)

题图 7-3

7-4 在题图 7-4 电路中:

(1)电路中共有哪些反馈(包括级间反馈和局部反馈),分别说明它们的极性和组态。

(2)如果要求 R_{f1} 只引入交流反馈,R_{f2} 只引入直流反馈,应该如何改变?请画在图上。

(3)在第(2)小题情况下,上述两路反馈各对电路产生什么影响?

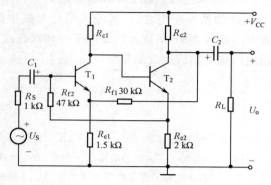

题图 7-4

7-5 在题图 7-5 电路中要求达到以下效果,应该引入什么反馈?

(1) 提高从 b_1 端看进去的输入电阻:应接 R_f 从_____到_____;

(2) 减小输出电阻:应接 R_f 从_____到_____;

(3)希望 R_{c3} 改变时,其上的 I_o(在给定 U_i 情况下的输出交流电流有效值)基本不变:应接 R_f 从_____到_____;

(4) 希望各级静态工作点基本稳定:应接 R_f 从_____到_____;

(5) 希望在输出端接上负载电阻 R_L 后,U_o(在给定 U_i 情况下的输出交流电压有效值)基本不变,应接 R_f 从_____到_____。

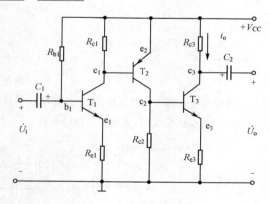

题图 7-5

7-6 写出题图 7-6 所示各电路的运算关系式。

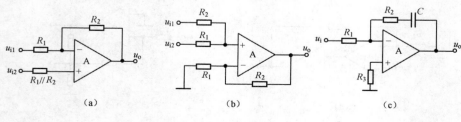

题图 7-6

7-7 试设计一个比例放大器,实现以下运算关系:
$$A_{uf} = \frac{u_o}{u_i} = 0.5$$

7-8 试用集成运放组成一个运算电路,要求实现以下运算关系:
$$u_o = 2u_{i1} - 5u_{i2} + 0.1u_{i3}$$

7-9 试证明题图 7-9 中,$u_o = 1 + \frac{R_1}{R_2}(u_{i2} - u_{i1})$。

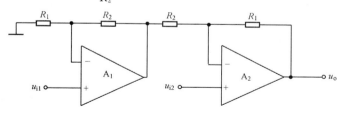

题图 7-9

7-10 写出题图 7-10 所示各电路的输入输出关系。

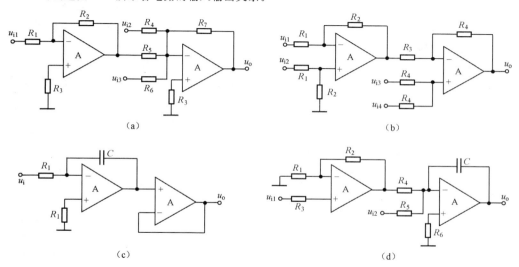

题图 7-10

7-11 已知单限比较器、滞回比较器和双限比较器的电压传输特性如题图 7-11(a)所示,它们的输入均为图(b)所示三角波,试画出 u_{o1}、u_{o2}、u_{o3} 的波形。

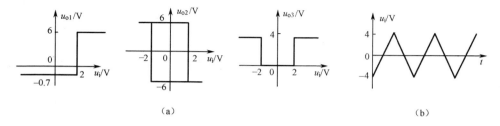

题图 7-11

7-12 题图 7-12 所示电路为串联型稳压电源。$R_1 = R_3 = 300\ \Omega$。要求:(1)标出集成运放的同相输入端"+"和反相输入端"−";(2)若要输出电压的调节范围为 7.5～15 V,则稳压管的稳定电压 U_z 等于多少? 电位器的阻值 R_2 等于多少?

7-13 电路如题图 7-13 所示,已知 W7805 公共端的电流 $I_W = 8$ mA,输入端和输出端之间电压的最小值 3 V;输出电压最大值 $U_{o\,max} = 25$ V。要求:(1)若 $R_2 = 200$ Ω,求 R_1 应为多少?(2)U_i 至少应取多少?

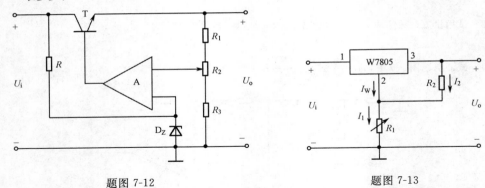

题图 7-12   题图 7-13

7-14 试用电源变压器、桥式整流电路、滤波电容、三端稳压器组成一个输出电压为 5 V 的稳压电源,要求画出图来。

7-15 用 W7812 和 W7912 组成输出正、负电压的稳压电路,画出整流、滤波和稳压电路图。

7-16 在题图 7-13 所示电路中,已知 W7805 的输出电压为 5 V,$I_W = 5$ mA;$R_1 = 1$ kΩ,$R_2 = 200$ Ω。试求输出电压 U_o 的调节范围。

7-17 电路如题图 7-17 所示,$R_1 = R_2 = R_3 = 200$ Ω,试求输出电压的调节范围。

7-18 在题图 7-18 所示稳压电路中,已知 W7805 输出电压为 5 V,$I_W = 50$ μA,试求输出电压 U_o。

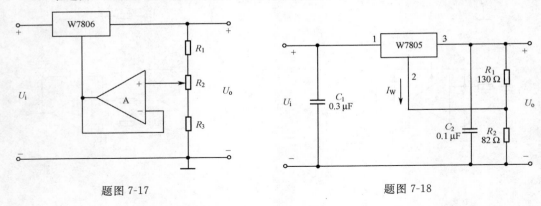

题图 7-17   题图 7-18

第三篇　数字电子技术

第8章 逻辑代数基础

8.1 数字电路中使用的数制简介

数制即计数体制,它是按照一定规则表示数值大小的计数方法。日常生活中最常用的计数体制是十进制,数字电路中常用的是二进制,有时也采用八进制和十六进制。对于任何一个数,可以用不同的进制来表示。

8.1.1 二进制数

在数字电路中,应用最广的是二进制。二进制数中只有 0、1 两个数字符号,所以运算规则是"逢二进一,借一当二",各位的权为 2^i,k^i 为第 i 位的系数,设某二进制数 N_2 有 n 位整数,m 位小数,则可表示为

$$N_2 = \sum_{i=-m}^{n-1} k_i 2^i \tag{8-1}$$

利用式(8-1)可以将任何一个二进制数转换为十进制数。

【例 8-1】 将二进制数 101.11 转换为十进制数。

【解】 $(101.11)_2 = 1 \times 2^2 + 0 \times 2^1 + 1 \times 2^0 + 1 \times 2^{-1} + 1 \times 2^{-2} = (5.75)_{10}$

计算机内采用的是二进制表示,采用二进制具有以下优点:

(1) 二进制只有 0 和 1 两个代码,因此,在数字系统中,可用电子器件的两种不同状态来表示这两个代码,实现起来非常方便。例如,用晶体管的导通和截止来表示 0 和 1,或用低电平和高电平来表示 0 和 1,等等。所以,二进制数的物理实现简单、易行、可靠,并且存储和传送也方便。

(2) 二进制运算规则简单,有利于简化计算机的内部结构,提高运算速度。

二进制数的缺点是书写位数太多,不便于记忆。为此数字系统通常用八进制和十六进制。

8.1.2 二进制数与其他进制数的转换

1. 二进制数转换成十进制数

将二进制数转换成十进制数时,只要将该数写成按权展开式,然后将各项相加求出最终结果即可,如例 8-1。

2. 二进制数转换成八进制数

由于 1 位八进制数有 0~7 八个数码,3 位二进制数正好有 000~111 八种组合,它们之间有以下简单的对应关系:

八进制数	0	1	2	3	4	5	6	7
二进制数	000	001	010	011	100	101	110	111

利用这种对应关系,可以很方便地在八进制数与二进制数之间进行转换。

将二进制数转换为八进制数的方法是:以小数点为界,将二进制数的整数部分从低位开

始,小数部分从高位开始,每 3 位分成一组,头尾不足 3 位的补 0,然后将每组 3 位二进制数转换为 1 位八进制数。

【例 8-2】 将 $(10111010011.01011)_2$ 转换成八进制数。

【解】

$$\frac{010}{2} \quad \frac{111}{7} \quad \frac{010}{2} \quad \frac{011}{3} \quad . \quad \frac{010}{2} \quad \frac{110}{4}$$

所以,$(10101010011.01011)_2 = (2723.24)_8$。

将八进制转换为二进制,只要将每 1 位八进制用 3 位二进制数表示即可。

3. 二进制数转换成十六进制数

由于 1 位十六进制数有 16 个代码,它们是 0,1,2,3,4,5,6,7,8,9,A(对应于十进制数中的 10),B(11),C(12),D(13),E(14),F(15)。而 4 位二进制数正好有 0000~11111 十六种组合,它们之间也存在简单的对应关系。利用这种对应关系,可以很方便地在十六进制数与二进制数之间进行转换。转换方法与二、八进制数的转换类似,只是将二进制数中 3 位一组改为 4 位一组。

【例 8-3】 将二进制数 $(11010111010.011101)_2$ 转换成十六进制数。

【解】

$$\frac{0100}{6} \quad \frac{1011}{B} \quad \frac{1010}{A} \quad . \quad \frac{0111}{7} \quad \frac{0100}{4}$$

所以,$(11010111010.011101)_2 = (6BA.74)_{16}$。

【例 8-4】 将十六进制数 $(94E.B0C)_{16}$ 转换成二进制数。

【解】

$$\frac{9}{1001} \quad \frac{4}{0100} \quad \frac{E}{1110} \quad . \quad \frac{B}{1011} \quad \frac{0}{0000} \quad \frac{C}{1100}$$

所以,$(94E.B0C)_{16} = (100101001110.101100001100)_2$。

8.1.3 二进制正、负数的表示法

在十进制数中,可以在数字前面加上"＋"、"－"号来表示正、负数,显然数字电路不能直接识别"＋"、"－"号。因此,在数字电路中把一个数的最高位作为符号位,并用 0 表示"＋"号,用 1 表示"－"号,像这样符号也数码化的二进制数称为机器数。原来带有"＋"、"－"号的数称为真值。例如:

十进制数	＋67	－67
二进制数(真值)	＋1000011	－1000011
计算机内(机器数)	01000011	11000011

通常,二进制正、负(机器数)有 3 种表示方法:原码、反码和补码。

1. 原码

用首位表示数的符号,0 表示正,1 表示负,其他位则为数的真值的绝对值,这样表示的数就是数的原码。

【例 8-5】 求 $(+105)_{10}$ 和 $(-105)_{10}$ 的原码。

【解】

$$[(+105)_{10}]_原 = [(+1101001)_2]_原 = (01101001)_2$$

$$[(-105)_{10}]_原 = [(-1101001)_2]_原 = (11101001)_2$$

0 的原码有两种,即

$$[+0]_原 = (00000000)_2$$

$$[-0]_原 = (10000000)_2$$

原码简单易懂,与真值转换起来很方便。但若是两个异号的数相加或两个同号的数相减就要做减法,做减法就必须判别这两个数哪一个绝对值大,用绝对值大的数减去绝对值小的数,运算结果的符号就是绝对值大的那个数的符号,这样操作比较麻烦,运算的逻辑电路也较难实现。于是,为了将加法和减法运算统一成只做加法运算,就引入了反码和补码表示。

2. 反码

反码用得较少,它只是求补码的一种过渡。

正数的反码与其原码相同,负数的反码是这样求的:先求出该负数的原码,然后原码的符号位不变,其余各位按位取反,即 0 变 1,1 变 0。

【例 8-6】 求 $(+65)_{10}$ 和 $(-65)_{10}$ 的反码。

【解】 $[(+65)_{10}]_原 = (01000001)_2$ $\qquad$ $[(-65)_{10}]_原 = (11000001)_2$

则 $\qquad$ $[(+65)_{10}]_反 = (01000001)_2$ $\qquad$ $[(-65)_{10}]_反 = (10111110)_2$

很容易验证:一个数反码的反码就是这个数本身。

3. 补码

正数的补码与其原码相同,负数的补码是它的反码加 1。

【例 8-7】 求 $(+63)_{10}$ 和 $(-63)_{10}$ 的补码。

【解】 $[(+63)_{10}]_原 = (00111111)_2$ $\qquad$ $[(+63)_{10}]_反 = (00111111)_2$

则 $\qquad$ $[(+63)_{10}]_补 = (00111111)_2$

$\qquad$ $[(-63)_{10}]_原 = (10111111)_2$ $\qquad$ $[(-63)_{10}]_反 = (11000000)_2$

则 $\qquad$ $[(-63)_{10}]_补 = (11000001)_2$

同样可以验证:一个数的补码的补码就是其原码。

引入了补码以后,两个数的加减法运算就可以统一用加法运算来实现,此时两数的符号位也当成数值直接参加运算,并且有这样一个结论:两数和的补码等于两数补码的和。所以在数字系统中一般用补码来表示带符号的数。

【例 8-8】 用机器数的表示方式,求 $13-17$ 的差。

【解】 第一步:求补码

$\qquad$ $[(+13)_{10}]_原 = (00001101)_2$ $\qquad$ $[(+13)_{10}]_补 = (00001101)_2$

$\qquad$ $[(-17)_{10}]_原 = (10010001)_2$ $\qquad$ $[(-17)_{10}]_补 = (11101111)_2$

第二步:求补码之和

$$[(+13)_{10}]_补 + [(-17)_{10}]_补 = (11111100)_2$$

第三步:求和的补码

$$[(11111100)_2]_补 = (10000100)_2,即 -4。$$

8.2 码制和常用代码

在数字设备中,任何数据和信息都要用二进制代码表示。二进制中只有两个符号:0 和 1。如有 n 位二进制数,它有 2^n 种不同的组合,即可以代表 2^n 种不同的信息。指定用某一二进制代码组合去代表某一信息的过程叫编码。由于这种指定是任意的,所以存在多种多样的编码方案。本节介绍几种常用的编码。

8.2.1 二-十进制编码(BCD 码)

二-十进制编码是一种用 4 位二进制代码表示 1 位十进制数的编码,简称 BCD(Binary Coded Decimal)码。1 位十进制数有 0～9 十个数码,而 4 位二进制数有 16 种组态,指定其中的任意 10 种组态来表示十进制的 10 个数,因此 BCD 编码方案有很多,常用的有 8421 码、余 3 码、2421 码、5421 码等,如表 8-1 所列。

表 8-1 所列各种 BCD 码中,8421 码、2421 码和 5421 码都属于有权码,而余 3 码属于无权码。

表 8-1　几种常见的 BCD 代码

编码种类 十进制数	8421 码				余 3 码				2421 码				5421 码			
0	0	0	0	0	0	0	1	1	0	0	0	0	0	0	0	0
1	0	0	0	1	0	1	0	0	0	0	0	1	0	0	0	1
2	0	0	1	0	0	1	0	1	0	0	1	0	0	0	1	0
3	0	0	1	1	0	1	1	0	0	0	1	1	0	0	1	1
4	0	1	0	0	0	1	1	1	0	1	0	0	0	1	0	0
5	0	1	0	1	1	0	0	0	1	0	1	1	1	0	0	0
6	0	1	1	0	1	0	0	1	1	1	0	0	1	0	0	1
7	0	1	1	1	1	0	1	0	1	1	0	1	1	0	1	0
8	1	0	0	0	1	0	1	1	1	1	1	0	1	0	1	1
9	1	0	0	1	1	1	0	0	1	1	1	1	1	1	0	0
权	8421								2421				5421			

1. 8421BCD 码

8421BCD 码是最常用的一种 BCD 码,它和自然二进制码的组成相似,4 位的权值从高到低依次是 8,4,2,1。但不同的是,它只选取了 4 位自然二进制码 16 个组合中的前 10 个组合,即 0000～1001,分别用来表示 0～9 十个十进制数,称为有效码,剩下的 6 个组合 1010～1111 没有采用,称为无效码。8421BCD 码与十进制数之间的转换只要直接按位转换即可。例如,

$$(509.37)_{10} = (0101\quad 0000\quad 1001.0011\quad 0111)_{8421BCD}$$
$$(0111\quad 0100\quad 1000.0001\quad 0110) = (748.16)_{10}$$

2. 余 3 码

余 3 码由 8421 码加 3(0011)得到。或者说是选取了 4 位自然二进制码 16 个组合中的中间 10 个,而舍弃头、尾 3 个组合而形成。

余 3 码也常用于 BCD 码的运算电路中。若将两个余 3 码相加,其和将比所表示的十进制数及所对应的二进制数多 6,当和为 10 时,正好等于二进制数的 16,于是便从高位自动产生进位信号。一个十进制数用余 3 码表示时,只要按位表示成余 3 码即可。例如,

$$(85.93)_{10} = (1011\quad 1000.1100\quad 0110)_{余3BCD}$$

3. 2421BCD 码和 5421BCD 码

2421BCD 码和 5421BCD 码都是有权码,从高位到低位的权值依次为 2,4,2,1 和 5,4,2,1,这两种码的编码方案都不是唯一的,表 1.2 中给出的是其中一种方案。

2421BCD 码在进行运算时,也具有和余 3 码类似的特点。

5421BCD 码较明显的一个特点是:最高位连续 5 个 0 后又连续 5 个 1。若计数器采用该种代码进行编码,在最高位可产生对称方波输出。

8.2.2 可靠性编码

代码在产生和传输过程中,难免发生错误,为减少错误发生,或者在发生错误时能迅速地发现和纠正,在工程应用中普遍采用了可靠性编码。利用该技术编出的代码叫可靠性代码,格雷码和奇偶校验码是其中最常用的两种。

1. 格雷码

格雷码有多种编码形式,但所有格雷码都有两个显著的特点:一是相邻性,二是循环性。相邻性是指任意两个相邻的代码间仅有 1 位的状态不同;循环性是指首尾的两个代码也具有相邻性。因此,格雷码也称循环码。表 8-2 列出了典型的格雷码与十进制码及二进制码的对应关系。

表 8-2 典型格雷码与十进制码及二进制码的对应关系

十进制码	二进制码	格雷码
0	0000	0000
1	0001	0001
2	0010	0011
3	0011	0010
4	0100	0110
5	0101	0111
6	0110	0101
7	0111	0100
8	1000	1100
9	1001	1101
10	1010	1111
11	1011	1110
12	1100	1010
13	1101	1011
14	1110	1001
15	1111	1000

由于格雷码具有以上特点,因此时序电路中采用格雷码编码时,能防止波形出现"毛刺",并可提高工作速度。这是因为,其他编码方法表示的数码,在递增或递减过程中可能发生多位数码的变化。例如,8421BCD 码表示的十进制数,从 7(0111)递增到 8(1000)时,4 位数码均发生了变化。但事实上数字电路(如计数器)的各位输出不可能完全同时变化,这样在变化过程中就可能出现其他代码,造成严重错误。如第 1 位先变为 1,然后再其他位变为 0,就会出现从0111 变到 1111 的错误。而格雷码由于其任何两个代码(包括首尾两个)之间仅有 1 位状态不同,所以用格雷码表示的数在递增或递减过程中不易产生差错。

2. 奇偶校验码

数码在传输、处理过程中,难免发生一些错误,即有的 1 错成 0,有的 0 错成 1。奇偶校验码是一种能够检验出这种差错的可靠性编码。

奇偶校验码由信息位和校验位两部分组成,信息位是要传输的原始信息,校验位是根据规定算法求得并添加在信息位后的冗余位。奇偶校验码分奇校验和偶校验两种。以奇校验为例,校验位产生的规则是:若信息位中有奇数个 1,校验位为 0,若信息位中有偶数个 1,校验位为 1。偶校验正好相反。也就是说,通过调节校验位的 0 或 1 使传输出去的代码中 1 的个数恒为奇数或偶数。

接收方对收到的加有校验位的代码进行校验。信息位和校验位中 1 的个数的奇偶性符合约定的规则,则认为信息没有发生差错,否则可以确定信息已经出错。

这种奇偶校验只能发现错误,但不能确定是哪一位出错,而且只能发现代码的 1 位出错,不能发现 2 位或更多位出错。但由于其实现起来容易,信息传送效率也高,而且由于 2 位或 2 位以上出错的概率相当小,所以奇偶校验码用来检测代码在传送过程中的出错是相当有效的,被广泛应用于数字系统中。

奇偶校验码只能发现 1 位出错,但不能定位错误,因而也就不能纠错。汉明校验码就是一种既能发现又能定位错误的可靠性编码,汉明校验的基础是奇偶校验,可以看成多重的奇偶校验码。

8.2.3 字符码

字符码是对字母、符号等编码的代码。目前使用比较广泛的是 ASCII 码,它是美国信息交换标准码(American Standard Code for Information Interchange)的简称。ASCII 码用 7 位二进制数编码,可以表示 $2^7(2^7=128)$ 个字符,其中 95 个是可打印字符,33 个是不可打印和显示的控制字符,如表 8-3 所列。

表 8-3 标准 ASCII 码表

$B_6B_5B_4$ $B_3B_2B_1B_0$	0 000	1 001	2 010	3 011	4 100	5 101	6 110	7 111
0 0000	NUL	DLE	SP	0	@	P	`	p
1 0001	SOH	DC1	!	1	A	Q	a	q
2 0010	STX	DC2	"	2	B	R	b	r
3 0011	ETX	DC3	#	3	C	S	c	s
4 0100	EOT	DC4	$	4	D	T	d	t
5 0101	ENG	NAK	%	5	E	U	e	u
6 0110	ACK	SYN	&	6	F	V	f	v
7 0111	BEL	ETB	′	7	G	W	g	w
8 1000	BS	CAN	(	8	H	X	h	x
9 1001	HT	EM	)	9	I	Y	i	y
A 1010	LF	SUB	*	:	J	Z	j	z
B 1011	VT	ESC	+	;	K	[	k	{
C 1100	FF	FS	,	<	L	\	l		
D 1101	CR	GS	—	=	M	]	m	}
E 1110	SO	RS	.	>	N	↑	n	~
F 1111	SI	VS	/	?	O	←	o	DEL

由表可以看出,数字和英文字母都是按顺序排列的,只要知道其中一个数字或字母的 ASCII 码,就可以求出其他数字或字母的 ASCII 码。具体特点为:数字 0~9 的 ASCII 码表示成十六进制数为 30H~39H,即任一数字字符的 ASCII 码等于该数字值加上+30H;字母的 ASCII 码中,小写字母 a~z 的 ASCII 码表示成十六进制数为 61H~7AH,而大写字母 A~Z 的 ASCII 码表示成十六进制数为 41H~5AH,同一字母的大小写其 ASCII 码不同,且小写字母的 ASCII 码比大写字母的 ASCII 码大 20H。

为了使用更多的字符,大部分系统采用扩充的 ASCII 码。扩充 ASCII 码用 8 位二进制数编码。共可表示 256($2^8=256$)个符号。其中编码范围在 00000000~01111111 之间的编码所对应的符号与标准 ASCII 码相同,而 10000000～11111111 之间的编码定义了另外 128 个图形符号。

8.3 逻辑代数

8.3.1 逻辑变量与逻辑函数

1849 年,英国数学家乔治·布尔(George Boole)首先提出了描述客观事物逻辑关系的数学方法——布尔代数。因为布尔代数广泛地用于解决开关电路及数字逻辑电路的分析设计,故又把布尔代数称为开关代数或逻辑代数。值得注意的是,逻辑代数与数学中的普通代数是不同的,尽管有些运算在形式上是一样的,但其含义不同,在学习过程中,一定要加以区别。

逻辑代数中,也用字母来表示变量,这种变量叫做逻辑变量。逻辑变量的取值只有 0 和 1 两个,这里的 0 和 1 不再表示数量的大小,只表示两种不同的逻辑状态,如是和非、开和关、高和低等。

在研究事件的因果关系时,决定事件变化的因素称为逻辑自变量,对应事件的结果称为逻辑因变量,也叫逻辑结果,以某种形式表示逻辑自变量与逻辑结果之间的函数关系称为逻辑函数。例如,当逻辑自变量 $A,B,C,D,\cdots$ 的取值确定后,逻辑因变量 F 的取值也就唯一确定了,则称 F 是 $A,B,C,D,\cdots$ 的逻辑函数,记为

$$F = f(A,B,C,D,\cdots)$$

在数字系统中,逻辑自变量通常就是输入信号变量,逻辑因变量(即逻辑结果)就是输出信号变量。数字电路讨论的重点就是输出变量与输入变量之间的逻辑关系。

8.3.2 基本逻辑运算

逻辑代数中有 3 种基本的逻辑关系,即与逻辑关系、或逻辑关系和非逻辑关系。与之相对应,有三种基本的逻辑运算,分别是与、或、非逻辑运算。

1. 与运算

实际生活中与逻辑关系的例子很多。例如,在图 8-1(a)所示电路中,电源 U_s 通过开关 A 和 B 给灯泡 Y 供电,只有当开关 A 和 B 全部闭合时,灯泡 Y 才会亮,若有一个或两个开关断开,灯泡 Y 都不会亮。从这个电路可以总结出这样的逻辑关系:"只有当一件事(灯亮)的几个条件(开关 A 与 B 都接通)全部具备时,这件事才发生",这种关系称为与逻辑。这一关系可以用表 8-4 所示的功能来表示。

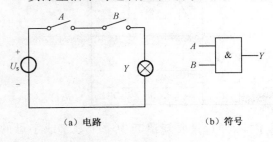

(a) 电路　　　　　(b) 符号

图 8-1　与运算电路及符号

若用二值逻辑 0 和 1 来表示图 8-1(a)所示电路的逻辑关系,把开关和灯分别用字母 A、B 和 Y 表示,并用 0 表示开关断开和灯灭,用 1 表示开关闭合和灯亮,这种用字母表示开关和灯的过程称为设定变量,用二进制代码 0 和 1 表示开关和灯有关状态的过程称为状态赋值。经过状态赋值得到的反映开关状态和电灯亮灭之间逻辑关系的表格称为真值表,如表 8-5 所列。

若用逻辑表达式来描述上面的关系,则可写为

$$Y = A \cdot B \qquad (8-2)$$

式中"·"表示 A 和 B 的与运算,读做"与",也叫做逻辑乘。在不致引起混淆的前提下,"·"可省略。图 8-1(b)所示是与运算的逻辑符号。

表 8-4　图 8-1(a)所示电路的功能表

开关 A	开关 B	灯 Y
断开	断开	灭
断开	闭合	灭
闭合	断开	灭
闭合	闭合	亮

表 8-5　与关系真值表

A	B	Y
0	0	0
0	1	0
1	0	0
1	1	1

2. 或运算

实际生活中或逻辑关系的例子也很多,在图 8-2(a)所示电路中,当开关 A 和 B 中至少有一个闭合时,灯泡 Y 就会亮。由此可总结出另一种逻辑关系:"当一件事情的几个条件中只要有一个条件得到满足,这件事就会发生",这种逻辑关系称为或逻辑。

在同上的状态赋值条件下,或运算的表达式和真值表分别如式(8-3)和表 8-6 所列。

$$Y = A + B \qquad (8-3)$$

式中符号"+"表示 A 和 B 的或运算,读做"或",也叫做逻辑加。图 8-2(b)所示是或运算的逻辑符号。

表 8-6　或关系真值表

A	B	Y
0	0	0
0	1	1
1	0	1
1	1	1

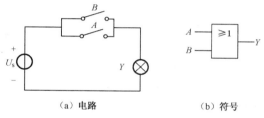

(a) 电路　　　(b) 符号

图 8-2　或运算电路及符号

3. 非运算

在图 8-3(a)所示的开关电路中,当开关 A 闭合时,灯泡 Y 不亮;只有当开关 A 断开时,灯泡 Y 才会亮。由此可总结出第三种逻辑关系,即"一件事情的发生是以其相反的条件为依据的"。这种逻辑关系称为非逻辑。非就是相反,就是否定。非运算的表达式和真值表分别如式(8-4)和表 8-7 所列。

$$Y = \overline{A} \qquad (8-4)$$

式中,字母上方的"—"表示非运算,读做"非"或"反"。图 8-3(b)是非运算逻辑符号。

表 8-7　非关系真值表

A	Y
0	1
1	0

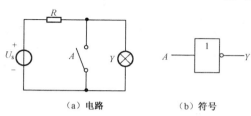

(a) 电路　　　(b) 符号

图 8-3　非运算电路及符号

8.3.3　复合逻辑运算

与、或、非是逻辑代数中的 3 种基本运算,实际的逻辑问题往往比与、或、非复杂得多,不过这些复杂的逻辑运算都可以通过 3 种基本的逻辑运算组合而成。最常见的复合逻辑运算有:与非运算、或非运算、异或运算、同或运算以及与或非运算,其逻辑表达式、逻辑符号、真值表如

表 8-8 所列(与或非逻辑关系的真值表在表中没有给出,读者可自行列写)。

表 8-8　几种常见的复合运算

逻辑关系	与非	或非	异或	同或	与或非
逻辑表达式	$Y = \overline{A \cdot B}$	$Y = \overline{A + B}$	$Y = \overline{A}B + A\overline{B}$ $= A \oplus B$	$Y = \overline{A}\,\overline{B} + AB$ $= A \odot B$	$Y = \overline{AB + CD}$
逻辑符号					

真值表	输入 AB	输出 Y	输出 Y	输出 Y	输出 Y	
	0　0	1	1	0	1	
	0　1	1	0	1	0	
	1　0	1	0	1	0	
	1　1	0	0	0	1	

8.3.4　几个概念

1. 高、低电平的概念

前面已多次提到高、低电平的概念,今后还要经常用到。这里"电平"就是"电位",电位是伏特(V)。在数字电路中,人们习惯于用高、低电平来描述电位的高低。高电平(V_H)、低电平(V_L)是两种不同的状态,它们表示的都是一定的电压范围,而不是一个固定不变的数值。例如,在 TTL 电路中,常规定高电平的额定值为 3 V,低电平的额定值为 0.2 V,而从 0～0.8 V 都算做低电平,从 1.8～5 V 都算做高电平。如果超出规定的范围(V_H 低于下限值和 V_L 高于上限值时),则不仅会破坏电路的逻辑功能,而且还可能造成器件性能下降甚至损坏。

2. 正、负逻辑的概念

数字电路是以输入、输出电平的高、低来表示逻辑值 0 或 1 的。若规定以高电平表示逻辑 1,低电平表示逻辑 0,这种规定称为正逻辑。反之,若规定以高电平表示逻辑 0,低电平表示逻辑 1,这种规定称为负逻辑。前面讨论各种逻辑门电路的逻辑功能时,都采用的是正逻辑。

值得注意的是,同一门电路,可以采用正逻辑,也可以采用负逻辑。正逻辑与负逻辑的规定不涉及逻辑电路本身的结构与性能好坏,但不同的规定可使同一电路具有不同的逻辑功能。

例如,假定某逻辑门电路的输入、输出电平关系如表 8-9 所列。

按正逻辑规定可得到表 8-10 所列真值表,由真值表可知,该电路是一个与门。

按负逻辑规定可得到表 8-11 所列真值表,由真值表可知,该电路是一个或门。

表 8-9　输入、输出电平关系

输入		输出
A	B	F
L	L	L
L	H	L
H	L	L
H	H	H

表 8-10　正逻辑真值表

输入		输出
A	B	F
0	0	0
0	1	0
1	0	0
1	1	1

表 8-11　负逻辑真值表

输入		输出
A	B	F
1	1	1
1	0	1
0	1	1
0	0	0

由此可知,正逻辑与门等价于负逻辑或门。同理,正逻辑的或门等价于副逻辑的与门;正逻辑的与非门等价于负逻辑的或非门;正逻辑的或非门等价于负逻辑的与非门。但是对于非门电路来说,不管是正逻辑还是负逻辑,其逻辑功能不变。

本书所涉及的逻辑电路,如无特别说明,采用的都是正逻辑。

8.4 逻辑函数的表示方法及其相互转换

一个逻辑函数可以采用真值表、逻辑表达式、逻辑图、波形图和卡诺图 5 种表示形式。虽然各种表示形式具有不同的特点,但它们都能表达输出变量与输入变量之间的逻辑关系,并且可以相互转换。下面分别介绍。

8.4.1 真值表

真值表也叫逻辑真值表,它是将输入、输出变量之间各种取值的逻辑关系经过状态赋值后用 0、1 两个数字符号列成的表格。

在图 8-4 所示的电灯控制电路中,若设开关 A、B 接到 S_1 用 1 表示、接到 S_0 用 0 表示,电灯亮用 1 表示、不亮用 0 表示,可以得到反映开关 A、B 和电灯 Y 状态关系的真值表,如表 8-12 所列。

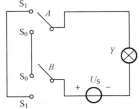

图 8-4 电灯控制电路

表 8-12 真值表

A	B	Y
0	0	1
0	1	0
1	0	0
1	1	1

真值表的优点是:能够直观明了地反映出输入变量与输出变量之间的取值对应关系,而且当把一个实际问题抽象为逻辑问题时,使用真值表最为方便,所以在数字电路的逻辑设计中,首先就是根据要求列出真值表。

真值表的主要缺点是:不能进行运算,而且当变量比较多时,真值表就会变得比较复杂。一个确定的逻辑函数,只有一个真值表,因此真值表具有唯一性。

8.4.2 逻辑表达式

逻辑表达式是用与、或、非 3 种基本运算组合而成的表示逻辑关系的一种数学表示形式。

1. 由真值表求逻辑表达式的方法

（1）标准与或式

由真值表可以方便地写出逻辑表达式,其方法如下:在真值表中,找出那些使函数值为 1 的变量取值组合,在变量取值组合中,变量值为 1 的写成原变量(字母上无非号的变量),为 0 的写成反变量(字母上带非号的变量),这样对应于使函数值为 1 的每一种变量取值组合,都可写出唯一的乘积项(也叫与项)。只要将这些乘积项加(或)起来,即可得到函数的逻辑表达式。显然从表 8-12 不难得到

$$Y = \overline{A}\,\overline{B} + AB = A \odot B$$

将输入变量 A、B 的 4 种取值组合分别代入这个表达式进行计算,然后与真值表进行比较,即可验证该表达式的正确性。

这样得到的表达式即为逻辑函数的标准与或式。之所以叫做标准与或式,是因为表达式中的乘积项具有标准的形式。这种标准的乘积项,我们称之为逻辑函数的最小项。因此,标准与或式又可称做最小项之和表达式。

(2) 最小项

① 最小项的定义

最小项是逻辑代数中一个重要的概念。在图 8-4 所示电灯控制电路的例子中,变量 Y 是变量 A、B 的函数,它是一个两变量函数。对于两变量函数,共有 4 种取值组合:00、01、10、11。相应的乘积项也有 4 个:$\overline{A}\,\overline{B}$、$\overline{A}B$、$A\overline{B}$、$AB$,这些乘积项就是最小项。同样,对于三变量逻辑函数,共有 8 种取值组合:000、001、010、011、100、101、110、111。与之对应的 8 个最小项是:$\overline{A}\,\overline{B}\,\overline{C}$、$\overline{A}\,\overline{B}C$、$\overline{A}B\,\overline{C}$、$\overline{A}BC$、$A\overline{B}\,\overline{C}$、$A\overline{B}C$、$AB\overline{C}$、$ABC$。

以三变量逻辑函数为例,可以看出最小项的组成有以下特点:

• 每个最小项都由三个因子组成。

• 最小项中,每一个变量都以原变量或反变量的形式作为一个因子出现且仅出现一次。

显然,一个 n 变量的逻辑函数,共有 2^n 种取值组合,也就有 2^n 个最小项。

② 最小项的性质

当输入变量取某一种组合时:

• 仅有 1 个最小项的值为 1。

• 全体最小项之和恒为 1。

• 任意两个最小项的乘积为 0。

通常,对于两个最小项,若它们只有 1 个因子不同,则称其为逻辑相邻的最小项,简称逻辑相邻项。如 $\overline{A}B\,\overline{C}$ 和 $AB\,\overline{C}$ 是逻辑相邻项,$\overline{A}BC$ 和 ABC 也是逻辑相邻项。两个逻辑相邻项可以合并成 1 项,并且消去 1 个因子。例如,$\overline{A}B\,\overline{C}+AB\,\overline{C}=B\,\overline{C}$。这一特性正是卡诺图化简逻辑函数的依据。

今后,为了叙述方便,给每个最小项编上号,用 m_i 表示。$\overline{A}\,\overline{B}\,\overline{C}$、$\overline{A}\,\overline{B}C$、$\overline{A}B\,\overline{C}$、$\cdots$、$ABC$ 分别用 m_0、m_1、m_2、$\cdots$、m_7 表示。最小项的序号就是其对应变量取值组合当成二进制数时所对应的十进制数。

【例 8-9】 写出函数 $Y=(A+\overline{B})(\overline{A}+C)$ 的标准与或式(最小项之和形式)。

【解】
$$Y=(A+\overline{B})(\overline{A}+C)=AC+\overline{A}\,\overline{B}+\overline{B}C$$
$$=AC(B+\overline{B})+\overline{A}\,\overline{B}(C+\overline{C})+\overline{B}C(A+\overline{A})$$
$$=ABC+A\overline{B}C+\overline{A}\,\overline{B}C+\overline{A}\,\overline{B}\,\overline{C}+A\overline{B}C+\overline{A}\,\overline{B}C$$
$$=ABC+A\overline{B}C+\overline{A}\,\overline{B}C+\overline{A}\,\overline{B}\,\overline{C}$$
$$=m_7+m_5+m_1+m_0=\sum m(0,1,5,7)$$

2. 逻辑表达式的特点

(1) 优点:书写方便,形式简洁,不会因为变量数目的增多而变得复杂;便于运算和演变,也便于用相应的逻辑符号来实现。

(2) 缺点:在反映输入变量与输出变量的取值对应关系时不够直观。

8.4.3 逻辑图

逻辑图是用逻辑符号表示逻辑关系的图形表示方法。与表达式 $Y=\overline{A}\,\overline{B}+AB$ 对应的逻辑图如图 8-5 所示。

逻辑图的优点比较突出。逻辑图中的逻辑符号和实际使用的电路器件有着明显的对应关系,所以它比较接近于工程实际。在工作中,要了解某个数字系统或者数控装置的逻辑功能时,都要用到逻辑图,因为它可以把许多繁杂的实际电路的逻辑功能层次分明地表示出来。在制作数字设备时,首先要通过逻辑设计画出逻辑图,再把逻辑图变成实际电路。

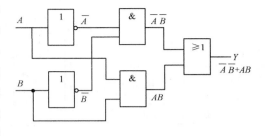

图 8-5　图 8-4 的逻辑图

8.4.4　波形图

波形图也叫时序图,它是由输入变量的所有可能取值组合的高、低电平及其对应的输出变量的高、低电平所构成的图形。它是用变量随时间变化的波形来反映输入、输出间对应关系的一种图形表示法。

画波形图时要特别注意,横坐标是时间轴,纵坐标是变量取值(高、低电平或二进制代码 1 和 0),由于时间轴相同,变量取值又十分简单,所以在波形图中可略去坐标轴。具体画波形时,还要注意务必将输出与输入变量的波形在时间上对应起来,以体现输出决定于输入。

根据表 8-12 和给定的 A、B 波形对应画出 Y 的波形如图 8-6 所示。

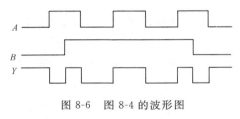

图 8-6　图 8-4 的波形图

此外,可以利用示波器对电路的输入、输出波形进行测试、观察,以判断电路的输入、输出是否满足给定的逻辑关系。因此说,波形图的优点是便于电路的调试和检测,实用性强,在描述输出与输入变量的取值对应关系上也比较直观。在计算机硬件课程中,通常用波形图来分析计算机内部各部件之间的工作关系。

8.4.5　卡诺图

1. 逻辑函数的卡诺图

卡诺图是一种最小项方格图,它是由美国工程师卡诺(Karnaugh)设计的,每一个小方格对应一个最小项,n 变量逻辑函数有 2^n 个最小项,因此 n 变量卡诺图中共有 2^n 个小方格。另外,小方格在排列时,应保证几何位置相邻的小方格,在逻辑上也相邻。所谓几何相邻,是指空间位置上的相邻,包括紧挨着的以及相对的(卡诺图中某一行或某一列的两头)。

画卡诺图时,根据函数中变量数目 n,将图形分成 2^n 个方格,方格的编号和最小项的编号相同,由方格外面行变量和列变量的取值决定。图 8-7(a)、(b)、(c)分别是三变量、四变量和五变量的卡诺图,图中,A 和 B 是行变量,C 和 D 是列变量。约定如下:

(1) 写方格编号时,以行变量为高位组,列变量为低位组(当然也可用相反的约定)。例如图 8-7(b)中,$AB = 10$,$CD = 01$ 的方格对应编号为 m_9($1001 = 9$)的最小项,那么就可以在对应的方格中填上 m_9,或只简单地填上序号 9。

(2) 行、列变量取值顺序一定按循环码排列,例如图 8-7(b)中 AB 和 CD 都是按照 00,01,11,10 的顺序排列的。这样标注可以保证几何相邻的最小项必定也是逻辑相邻的最小项。循环码可由二进制数码推导出来。若设 $B_3 B_2 B_1 B_0$ 是一组 4 位二进制数码,则对应的 4 位循环码 $G_3 G_2 G_1 G_0$ 可用公式 $G_i = B_{i+1} \oplus B_i$ 求出。

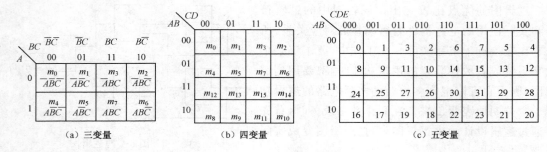

图 8-7 变量卡诺图

（3）用卡诺图表示逻辑函数

根据逻辑函数最小项表达式画卡诺图时,式中有哪些最小项,就在相应的方格中填1,而其余的方格填0(0也可以省略不填)。若不是最小项之和形式,可先化成最小项之和形式。

【例 8-10】 画出逻辑函数 $Y = A\overline{BC} + \overline{A}BC + AB$ 的卡诺图。

【解】 式中 $A\overline{BC}$、$\overline{A}BC$ 已是最小项。含有与项 AB 的最小项有两个:ABC 和 $AB\overline{C}$。故在 m_3、m_5、m_6、m_7 相应的小方格填1,如图8-8所示。

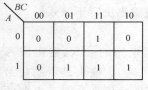

图 8-8 例 8-10 的卡诺图

若逻辑函数不是与或式,应先变换成与或式(不必变换成最小项表达式),然后把含有各个与项的最小项在对应小方格内填1,即得函数的卡诺图。

根据真值表画逻辑函数的卡诺图就更简单了。其实,卡诺图与真值表在表示一个逻辑函数时非常类似,只不过一个是图,一个是表,它们都是将对应于变量的每种取值组合下的函数值一一列出来。这里不再举例。

2.卡诺图的特点

卡诺图表示逻辑函数最突出的优点是:用几何位置相邻表达了构成函数的各个最小项在逻辑上的相邻性,这也是用卡诺图化简逻辑函数的依据。这一点将在8.5.3节中介绍。

8.5 逻辑代数的基本公式、定律和规则

8.5.1 基本公式

1.常量之间的关系

$$0 \cdot 0 = 0 \qquad\qquad 1 + 1 = 1$$
$$0 \cdot 1 = 0 \qquad\qquad 1 + 0 = 1$$
$$1 \cdot 1 = 1 \qquad\qquad 0 + 0 = 0$$
$$\overline{0} = 1 \qquad\qquad \overline{1} = 0$$

2.变量和常量的关系

$$A \cdot 1 = A \qquad\qquad A + 0 = A$$
$$A \cdot 0 = 0 \qquad\qquad A + 1 = 1$$
$$A \cdot \overline{A} = 0 \qquad\qquad A + \overline{A} = 1$$

8.5.2 基本定律

1. 与普通代数相似的定律

(1) 交换律 $\quad A + B = B + A \qquad\qquad A \cdot B = B \cdot A$

(2) 结合律 $\quad (A + B) + C = A + (B + C) \qquad (A \cdot B) \cdot C = A \cdot (B \cdot C)$

(3) 分配律 $\quad A + BC = (A + B)(A + C) \qquad A \cdot (B + C) = A \cdot B + A \cdot C$

2. 逻辑代数的一些特殊定律

(1) 同一律 $\quad A + A = A \qquad\qquad A \cdot A = A$

(2) 反演律(又称摩根定律)

$$\overline{A + B} = \overline{A} \cdot \overline{B} \qquad\qquad \overline{A \cdot B} = \overline{A} + \overline{B}$$

(3) 还原律 $\quad \overline{\overline{A}} = A$

3. 常用公式

(1) $A + AB = A$

证明: $\qquad\qquad A + AB = A(1 + B) = A \cdot 1 = A$

(2) $A + \overline{A}B = A + B$

证明: $\qquad\qquad A + \overline{A}B = (A + \overline{A})(A + B) = A + B$

(3) $AB + A\overline{B} = A$

证明: $\qquad\qquad AB + A\overline{B} = A(B + \overline{B}) = A \cdot 1 = A$

(4) $A(A + B) = A$

证明: $\quad A(A + B) = A \cdot A + A \cdot B = A + AB = A(1 + B) = A \cdot 1 = A$

(5) $AB + \overline{A}C + BC = AB + \overline{A}C$

证明: $\quad AB + \overline{A}C + BC = AB + \overline{A}C + BC(A + \overline{A})$

$\qquad = AB + \overline{A}C + ABC + \overline{A}BC$

$\qquad = AB(1 + C) + \overline{A}C(1 + B) = AB + \overline{A}C$

利用常用公式(5),可消去表达式中的冗余项。公式(5)中,与项 BC 正是与项 AB 和 $\overline{A}C$ 的冗余项。

在进行逻辑代数的分析和运算时要注意,逻辑代数的运算顺序和普通代数一样:先括号,然后乘,最后加;逻辑乘号可以省略不写。先或后与的运算式,或运算时要加括号。

4. 有关异或运算的一些公式

(1) 交换律 $\quad A \oplus B = B \oplus A$

(2) 结合律 $\quad (A \oplus B) \oplus C = A \oplus (B \oplus C)$

(3) 分配律 $\quad A \cdot (B \oplus C) = A \cdot B \oplus A \cdot C$

(4) 常量和变量的异或运算

$$A \oplus 1 = \overline{A} \qquad A \oplus 0 = A \qquad A \oplus A = 0 \qquad A \oplus \overline{A} = 1$$

若要证明上述各等式成立,只需列出等式两边的真值表即可,读者可以自己证明。

8.5.3 基本规则

1. 代入规则

任何一个逻辑等式,若以同一逻辑函数代替等式中的某一变量,则该等式仍成立,称此为代入规则。例如,已知 $\overline{A \cdot B} = \overline{A} + \overline{B}$,若用 $Y = BC$ 代替式中的 B,则 $\overline{A \cdot \overline{BC}} = \overline{A} + \overline{BC} = \overline{A} +$

$\overline{B} + \overline{C}$。以此类推，$\overline{A \cdot B \cdot C \cdots} = \overline{A} + \overline{B} + \overline{C} + \cdots$，此即多个变量的反演律。可见，代入规则可以扩大公式的使用范围。

2. 反演规则

对于任何一个逻辑表达式 Y，若将式中的"•"和"+"互换、"0"和"1"互换、"原变量"和"反变量"互换，这样得到的逻辑函数就是原函数的反函数 $\overline{Y}$，称这一规则为反演规则。运用反演规则可以直接求得一个函数 Y 的反函数 $\overline{Y}$。

注意：运用反演规则求反函数时，不是一个变量上的反号应保持不变，而且要特别注意运算符号的优先顺序——先算括号，再算乘积，最后算加。

【例 8-11】 求逻辑函数 $Y = (A \cdot B + \overline{C}) \cdot \overline{CD}$ 的反函数。

【解】 利用反演规则，Y 的反函数为

$$\overline{Y} = (\overline{A} + \overline{B}) \cdot C + \overline{C} + \overline{D}$$

3. 对偶规则

在一个逻辑表达式 Y 中，若将式中所有的"•"和"+"互换、"0"和"1"互换，则新得到的函数表达式 Y' 称为 Y 的对偶式。这一规则称为对偶规则。

【例 8-12】 已知 $Y = A + B + \overline{\overline{C} + D + \overline{\overline{E}}}$，求它的对偶式。

【解】 利用对偶规则，Y 的对偶式为

$$Y' = A \cdot B \cdot \overline{\overline{C} \cdot D \cdot \overline{\overline{E}}}$$

对偶规则的意义在于：如果两个函数式相等，则它们的对偶式也相等。前面介绍的基本公式和定律中，左右两列等式之间的关系便利用了对偶规则。显然，利用对偶规则，可以使要证明的公式数目减少一半。当证明了某两个函数式相等之后，根据对偶规则，它们的对偶式也必然相等。

运用对偶规则时，同样要注意反演规则中提到的两点注意事项。

8.6 逻辑函数的化简

通过前面的学习可以知道，逻辑函数表达式越简单，实现这个逻辑函数的逻辑电路所需要的门电路数目就越少，这样一来，不但降低了成本，还提高了电路的工作速度和可靠性。因此，在设计逻辑电路时，化简逻辑函数是很必要的。

8.6.1 "最简"的概念及最简表达式的几种形式

1. "最简"的概念

以与或表达式为例，所谓逻辑函数的最简与或表达式，必须同时满足以下两个条件：

（1）与项（乘积项）的个数最少，这样可以保证所需门电路数目最少。

（2）在与项个数最少的前提下，每个与项中包含的因子数最少，这样可以保证每个门电路输入端的个数最少。

2. 最简表达式的几种形式

一个逻辑函数的最简表达式，常按照式中变量之间运算关系的不同，分成最简与或式、最简与非-与非式、最简或与式、最简或非-或非式、最简与或非式。例如，某一逻辑函数 Y，其最简表达式可表示为

(1) 与或表达式：$\qquad Y = A\overline{B} + BC$

(2) 与非-与非式：$\qquad Y = \overline{\overline{A\overline{B}} \cdot \overline{BC}}$

(3) 或与表达式：$\qquad Y = (A+B) \cdot (\overline{B}+C)$

(4) 或非-或非表达式：$\qquad Y = \overline{\overline{A+B} + \overline{\overline{B}+C}}$

(5) 与或非表达式：$\qquad Y = \overline{A\overline{B} + B\overline{C}}$

不同的表达式将用不同的门电路来实现，而且各种表达形式之间可以相互转换。应当指出，最简与或表达式是最基本的表达形式，由最简与或表达式可以转换成其他各种形式。

【例 8-13】 已知 $Y = A\overline{B} + BC$，求其最简与非-与非表达式。

【解】 由与或式转换成与非-与非式，通常采用两次求反的方法。

$$Y = \overline{\overline{Y}} = \overline{\overline{A\overline{B} + BC}} = \overline{\overline{A\overline{B}} \cdot \overline{BC}}$$

【例 8-14】 已知 $Y = AB + \overline{A}C$，求其最简或与表达式。

【解】 求最简或与式时，首先在反函数最简与或表达式的基础上取反，再用反演律去掉反号，便可得到函数的最简与或表达式。

利用反演规则可求得 Y 的反函数为

$$\overline{Y} = (\overline{A}+\overline{B})(A+\overline{C}) = \overline{A} \cdot \overline{C} + A\overline{B} + \overline{B} \cdot \overline{C} = \overline{A} \cdot \overline{C} + A\overline{B}$$

于是可得 $\qquad Y = \overline{\overline{Y}} = \overline{\overline{A} \cdot \overline{C} + A\overline{B}} = \overline{\overline{A} \cdot \overline{C}} \cdot \overline{A\overline{B}} = (A+C) \cdot (\overline{A}+B)$

【例 8-15】 已知 $Y = AB + \overline{A}C$，求其最简或非-或非表达式。

【解】 在最简或与式的基础上，两次取反，再用反演律去掉下面的非号，所得到的便是函数的最简或非-或非表达式。

$$Y = AB + \overline{A}C = AB + \overline{A}C + BC = (A+C) \cdot (\overline{A}+B)$$
$$= \overline{\overline{(A+C)(\overline{A}+B)}} = \overline{\overline{A+C} + \overline{\overline{A}+B}}$$

【例 8-16】 已知 $Y = AB + \overline{A}C$，求其最简与或非表达式。

【解】 在最简或非-或非式的基础上，利用反演律，即可得到最简与或非表达式。

$$Y = AB + \overline{A}C = \overline{\overline{A+C} + \overline{\overline{A}+B}} = \overline{\overline{A} \cdot \overline{C} + A\overline{B}}$$

从以上几个例子不难看出，只要有了函数的最简与或式，再用反演律进行适当变换，就可以得到其他几种形式的最简式。

8.6.2 逻辑函数的公式化简法

逻辑函数的公式化简法实际上就是应用逻辑代数的公式、定律，对逻辑函数进行运算和变换，以求得逻辑函数的最简形式。常用的方法如下。

1. 并项法

根据 $AB + A\overline{B} = A$ 可以把两项合并为一项，保留相同因子，消去互为相反的因子。

【例 8-17】 $\qquad Y = AB + ACD + \overline{A}B + \overline{A}CD$
$$= (A+\overline{A})B + (A+\overline{A})CD = B + CD$$

2. 吸收法

根据 $A + AB = A$ 可将 AB 项消去。A 和 B 可代表任何复杂的逻辑式。

【例 8-18】 $\qquad Y = AB + AB\overline{C} + ABD = AB$

3. 消项法

根据 $AB + \overline{A}C + BC = AB + \overline{A}C$ 可将 BC 项消去。A、B 和 C 可代表任何复杂的逻辑式。

【例 8-19】 $$Y = A\overline{C} + \overline{A}\,\overline{B} + \overline{B}\,\overline{C} = A\overline{C} + \overline{A}\,\overline{B}$$

4. 消因子法

根据 $A + \overline{A}B = A + B$ 可将 $\overline{A}B$ 中的因子 $\overline{A}$ 消去。A 和 B 可代表任何复杂的逻辑式。

【例 8-20】 $$Y = AC + \overline{A}B + B\overline{C} = AC + B\overline{AC} = AC + B$$

5. 配项法

根据 $A + A + \cdots = A$ 可以在逻辑函数式中重复写入某一项,以获得更加简单的化简结果。

【例 8-21】 $$Y = \overline{A}B\overline{C} + \overline{A}BC + ABC = \overline{A}B\overline{C} + \overline{A}BC + (ABC + \overline{A}BC)$$
$$= \overline{A}B(\overline{C} + C) + BC(\overline{A} + A) = \overline{A}B + BC$$

用公式法化简逻辑函数,需要对逻辑代数的基本公式和常用公式比较熟悉,它没有固定的规律,适于化简变量比较多的逻辑函数。

8.6.3 逻辑函数的卡诺图化简法

1. 卡诺图化简逻辑函数的理论依据

由于卡诺图中几何位置相邻的最小项也具有逻辑相邻性,而逻辑函数化简的实质就是合并逻辑相邻的最小项,因此,直接在卡诺图中合并几何相邻的最小项即可,合并的具体方法是:将所有几何相邻的最小项圈在一起进行合并。图 8-9、图 8-10、图 8-11 中分别画出了两个最小项、4 个最小项、8 个最小项合成一项的情况。

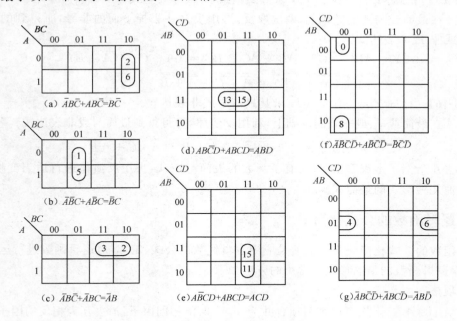

图 8-9　两个最小项的合并

2. 卡诺图化简逻辑函数的一般步骤

(1)画出逻辑函数的卡诺图。画逻辑函数的卡诺图就是在卡诺图中将函数所包含的最小项方格内填 1,其余方格填 0(0 也可不填)。

(2)合并几何相邻的最小项。实际上是将几何相邻的填有 1 的方格(简称"1 格")圈在一起进行合并,保留相同的变量,消去不同的变量。每圈一个圈,就得到一个与项。

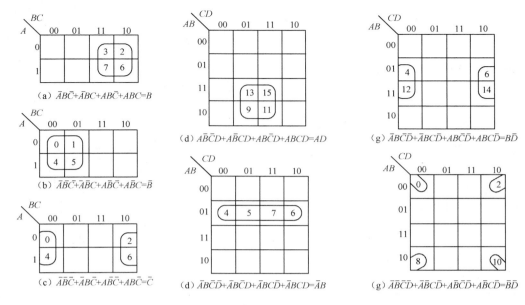

图 8-10　4 个最小项的合并

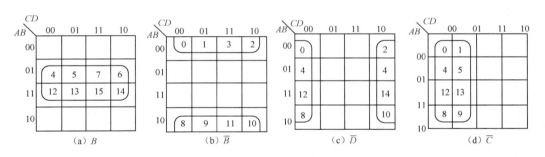

图 8-11　8 个最小项的合并

（3）将所有的与项相加,即可得到函数的最简与或表达式。

以上三步中,第一步是基础,第二步是难点。为了正确化简逻辑函数,圈出几何相邻的"1格"最关键。

3. 圈"1 格"的注意事项

（1）每个圈中只能包含 2^n 个"1格",并且可消掉 n 个变量,被合并的"1格"应该排成正方或矩形。

（2）圈的个数应尽量少,圈越少,与项越少。

（3）圈应尽量大,圈越大,消去的变量越多。

（4）有些"1格"可以多次被圈,但每个圈中应至少有一个"1格"只被圈过一次。

（5）要保证所有"1格"全部圈完,无几何相邻项的"1格",独立构成一个圈。

（6）圈"1格"的方法不止一种,因此化简的结果也就不同,但它们之间可以转换。

最后需注意一点:卡诺图中 4 个角上的最小项也是几何相邻最小项,可以圈在一起合并。

【**例 8-22**】　利用卡诺图化简函数 $Y = \sum_m (1,4,5,6,8,12,13,15)$。

【**解**】　① 画出 Y 的卡诺图,如图 8-12 所示。

175

② 合并"1格"。图中画了 1 个"四格组"的圈,4 个"两格组"的圈,但这种方案是错误的,因为"四格组"圈中所有"1格"都被圈过两次。正确方案是只保留图中 4 个"两格组"的圈。

③ 写出最简与或表达式

$$Y = \overline{A}\,\overline{C}D + \overline{A}B\overline{D} + A\overline{C}\,\overline{D} + ABD$$

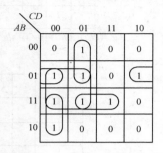

图 8-12　例 8-22 中 Y 的卡诺图

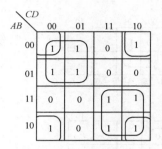

图 8-13　例 8-23 中 Y 的卡诺图

【例 8-23】　利用卡诺图化简函数

$$Y = \overline{A}\,\overline{C} + AC + A\overline{B}\,\overline{C}\,\overline{D} + \overline{A}BC\overline{D}$$

【解】　① 画出 Y 的卡诺图,如图 8-13 所示。

② 合并"1格"。注意 4 个角上的"1格"应圈在一起进行合并。

③ 写出最简与或表达式

$$Y = \overline{A}\,\overline{C} + AC + \overline{B}\,\overline{D}$$

注意:在卡诺图中合并"0格",将得到反函数的最简与或式。

【例 8-24】　函数 $Y = AB + BC + CA$,用卡诺图求出 $\overline{Y}$ 的最简与或表达式。

【解】　① 画出 Y 的卡诺图,如图 8-14 所示。

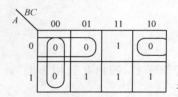

② 合并"0格"。

③ 写出 $\overline{Y}$ 的最简与或表达式

$$\overline{Y} = \overline{A}\,\overline{B} + \overline{B}\,\overline{C} + \overline{A}\,\overline{C}$$

图 8-14　例 8-24 中 Y 的卡诺图

与公式化简法相比,卡诺图化简逻辑函数具有直观、简便、易于掌握化简结果的准确程度等优点,因而广泛应用于数字电路的分析和设计过程中。

8.6.4　具有无关项的逻辑函数的化简

1.约束项、任意项和逻辑函数中的无关项

在分析某些逻辑函数时,经常会遇到输入变量的取值不是任意的。对输入变量的取值所加的限制称为约束,把这一组变量称为具有约束的一组变量。

例如,有三个变量 A、B、C,它们分别表示一台电动机的正转、反转和停止命令,$A = 1$ 表示正转,$B = 1$ 表示反转,$C = 1$ 表示停止。因为电机任何时候只能执行其中的一个命令,所以不允许两个或两个以上的变量同时为 1。A、B、C 的取值可能是 001、010、100 中的某一种,而不能是 000、011、101、110、111 中的任何一种。因此,A、B、C 是一组具有约束的变量。

约束项:逻辑函数中不会出现的变量取值组合所对应的最小项称为约束项。

任意项:有些逻辑函数,当变量取某些组合时,函数的值可以任意,即可以为 0,也可以为 1,这样的变量取值组合所对应的最小项称为任意项。

无关项:把约束项和任意项统称为逻辑函数的无关项。

由最小项的性质知道,只有对应变量取值出现时,最小项的值才会为 1。而约束项对应的是不会出现的变量取值,任意项对应的取值一般也不会出现,所以无关项的值总等于 0。

约束条件:由无关项加起来所构成的值为 0 的逻辑表达式称为约束条件。因为无关项的值恒为 0,而无论多少个 0 加起来还是 0,所以约束条件是一个值恒为 0 的条件等式。上例中的约束条件可表示为

$$\overline{A}\,\overline{B}\,\overline{C} + \overline{A}BC + A\,\overline{B}C + AB\,\overline{C} + ABC = 0$$

2. 无关项在化简逻辑函数中的应用

在真值表和卡诺图中,无关项所对应的函数值往往用符号"×"表示。在逻辑表达式中,通常用字母 d 表示无关项。化简具有无关项的逻辑函数时,如果能合理地利用这些无关项,一般都可以得到更加简单的化简结果。具体做法是:在公式法化简中,可以根据化简的需要加上或去掉约束条件。因为在逻辑表达式中,加上或去掉 0,函数是不会受影响的。在卡诺图化简法中,可以根据化简的需要包含或去掉无关项。因为合并最小项时,如果圈中包含了约束项,则相当于在相应的乘积项上加上了该约束项,而约束项的值恒为 0,显然函数不会受影响。

【例 8-25】　用公式法化简 $Y = \overline{A}\,\overline{B}C + \overline{A}B\,\overline{C} + A\,\overline{B}\,\overline{C}$。约束条件为 $\overline{A}BC + AB\,\overline{C} + A\,\overline{B}C + ABC = 0$。

【解】　(1) 加上约束条件后进行化简

$$Y = \overline{A}\,\overline{B}C + \overline{A}B\,\overline{C} + A\,\overline{B}\,\overline{C} + \overline{A}BC + AB\,\overline{C} + A\,\overline{B}C + ABC$$
$$= (\overline{A} \cdot \overline{B}C + \overline{A}BC) + (\overline{A}B\,\overline{C} + AB\,\overline{C}) + (A\,\overline{B}\,\overline{C} + A\,\overline{B}C) + ABC$$
$$= \overline{A}C + B\,\overline{C} + (A\,\overline{B} + ABC) = \overline{A}C + B\,\overline{C} + A(\overline{B} + BC)$$
$$= \overline{A}C + B\,\overline{C} + A\,\overline{B} + AC = (\overline{A}C + AC) + B\,\overline{C} + A\,\overline{B}$$
$$= C + B\,\overline{C} + A\,\overline{B} + C + B + A$$

(2) 用图形法化简

① 画出函数 Y 的卡诺图,如图 8-15 所示。

② 合并最小项,约束项均当做 1 处理。

③ 写出最简与或表达式

$$Y = A + B + C$$

结果与公式法求出的相同。

【例 8-26】　用卡诺图法将下列具有约束的逻辑函数化简成最简与或式。

(1) $\begin{cases} Y_1 = \overline{A}\,\overline{B}\,\overline{C} + AB\,\overline{C} + A\,\overline{B}\,\overline{C} \\ \overline{A}B\,\overline{C} + ABC + A\,\overline{B}C = 0 \end{cases}$

(2) $Y_2(A,B,C,D) = \sum_m(2,3,4,7,12,13,14) + \sum_d(5,6,8,9,10,11)$

【解】　画出 Y_1 和 Y_2 的卡诺图,如图 8-16 所示。

可得　　　　　　　　　　$Y_1 = \overline{C}$,　　　　　　$Y_2 = B\,\overline{D} + B\,\overline{C} + \overline{A}C$

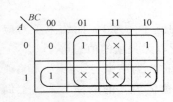

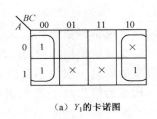

(a) Y_1的卡诺图

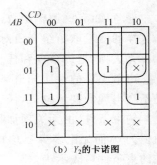

(b) Y_2的卡诺图

图 8-15　例 8-25 中 Y 的卡诺图　　　　　　　　图 8-16　例 8-26 用图

本章小结

1. 数字电路研究的主要问题是输入变量与输出函数间的逻辑关系,它的工作信号在时间和数值上是离散的,用二值量 0、1 表示。

2. 二进制是数字电路的基本计数体制;十六进制有十六个数字符号,四位二进制数可表示 1 位十六进制数。常用的码制为 8421BCD 码。

3. 逻辑代数有 3 种基本的逻辑运算(关系)——与、或、非,由它们可组合或演变成几种复合逻辑运算——与非、或非、异或、同或和与或非等。

4. 逻辑函数有 5 种常用的表示方法——真值表、逻辑表达式、逻辑图、波形图、卡诺图。它们虽然各具特点,但都能表示出输出函数与输入变量之间的取值对应关系。5 种表示方法可以相互转换,其转换方法是分析和设计数字电路的必要工具,在实际中可根据需要选用。

5. 逻辑函数的化简是分析、设计数字电路的重要环节。实现同样的功能,电路越简单,成本就越低,且工作越可靠。化简逻辑函数有两种方法,即公式法和卡诺图法,它们各有所长,又各有不足,应熟练掌握。

6. 在实际逻辑问题中,输入变量之间常存在一定的制约关系,称为约束;把表明约束关系的等式称为约束条件。在逻辑函数的化简中,充分利用约束条件可使逻辑表达式更加简化。

习题八

8-1　完成下列各种进制数的转换。

(1) $(33)_{10} = ($ 　　　　$)_{16} = ($ 　　　　$)_2 = ($ 　　　　$)_{8421BCD}$

(2) $(B2)_{16} = ($ 　　　　$)_{16} = ($ 　　　　$)_2 = ($ 　　　　$)_{8421BCD}$

(3) $(52)_{10} = ($ 　　　　$)_{16} = ($ 　　　　$)_2 = ($ 　　　　$)_{8421BCD}$

(4) $(1100110)_2 = ($ 　　　　$)_{8421BCD} = ($ 　　　　$)_{10}$

8-2　将下列各组数按从大到小的顺序排列起来。

(1) $(B4)_{16}$ 　　　$(178)_{10}$ 　　　$(10110000)_2$

(2) $(360)_{10}$ 　　　$(101101001)_2$ 　　　$(16B)_{16}$ 　　　$(0011,0101,1001)_{8421BCD}$

8-3　列出下列各函数的真值表。

(1) $Y(A、B、C) = AC + A\overline{B}$ 　　　　　　　　(2) $Y(A、B、C) = A \oplus B \oplus C$

8-4　试用真值表证明下列等式成立。

(1) $(A+B)(\overline{A}+C)(B+C) = (A+B)(\overline{A}+C)$ (2) $AB(A \oplus B \oplus C) = ABC$

(3) $\overline{A}\overline{B} + AB = \overline{A\overline{B} + \overline{A}B}$ (4) $\overline{A+B+C} = \overline{A}\,\overline{B}\,\overline{C}$

8-5 求下列各函数的反函数。

(1) $F = ABC + C\overline{D} + \overline{A}D$ (2) $F = \overline{\overline{A}\overline{B} + CD}(A + B\overline{C} + D)$

(3) $F = (\overline{A} + \overline{B}) \cdot (A + \overline{BD}) + \overline{C}$ (4) $F = A + \overline{\overline{B} + \overline{CD}} + \overline{\overline{AD} \cdot \overline{B}}$

8-6 写出题 8-5 各逻辑函数的对偶式。

8-7 电路如题图 8-7 所示。设开关闭合表示为 1,断开表示为 0;灯亮表示为 1,灯灭表示为 0。试分别列出(a)、(b)、(c)各电路中灯泡 Y 与开关 A、B、C 关系的真值表,写出函数表达式,并画出相应的逻辑符号。

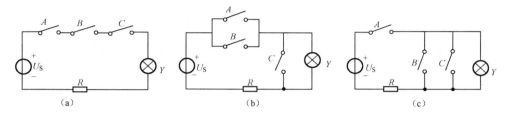

题图 8-7

8-8 根据题图 8-8 中所给的输入变量 A、B、C 的波形,分别画出输出 $Y_1 \sim Y_4$ 的波形。

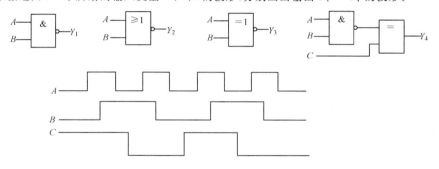

题图 8-8

8-9 试写出题图 8-9 所示各逻辑图输出变量的逻辑表达式。

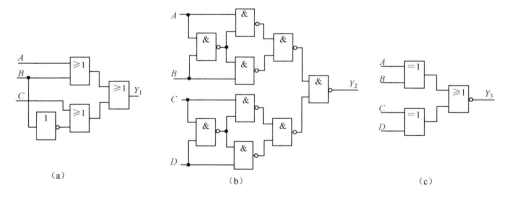

题图 8-9

8-10 将下列各式展开成最小项之和的形式。

(1) $Y_1 = \overline{A}\,\overline{B}\,\overline{C} + A + B + C$ (2) $Y_2 = A \oplus B \oplus C + ABC + \overline{A}B\overline{C}$

(3) $Y_3 = \overline{A}B + A\overline{B} + CD$ (4) $Y_4 = (A + B)(B + \overline{C})(\overline{C} + D)$

8-11 用公式法化简下列逻辑函数为最简与或表达式。

(1) $Y_1 = \overline{A}\,\overline{B}(A+\overline{B})$ 　　　　　(2) $Y_2 = A\overline{B} + A + \overline{A}B$

(3) $Y_3 = A + A\overline{B}\,\overline{C} + \overline{A}CD + \overline{C}E + \overline{D}E$

(4) $Y_4 = AB\overline{C}\,\overline{D} + A\overline{B}\,\overline{D} + BCD + AB\overline{C} + \overline{B}\,\overline{D} + B\overline{C}$

(5) $Y_5 = A\overline{BC} + AB\overline{C}$ 　　　　　(6) $Y_6 = A + B + C + \overline{A}\,\overline{B}\,\overline{C}$

(7) $Y_7 = (B + \overline{B}C)(A + AD + B)$ 　　　　(8) $Y_8 = (A+B+C)(\overline{A}+\overline{B}+\overline{C})$

(9) $Y_9 = A\overline{D} + A\overline{C} + C\overline{D} + AD$ 　　　(10) $Y_{10} = \overline{A}\,\overline{C}B + \overline{A}\,\overline{C} + B + BC$

(11) $Y_{11} = A\overline{B} + B\overline{C} + \overline{A}B + AC$ 　　　(12) $Y_{12} = A\overline{B} + \overline{A} + B + \overline{C} + AC$

(13) $Y_{13} = AB(C+D)(\overline{A}+\overline{B}) \cdot \overline{C} \cdot \overline{D} + \overline{C \oplus D} \cdot \overline{D}$

(14) $Y_{14} = AD + AB + \overline{A}C + A\overline{D} + BD + A\overline{B}EF + \overline{B}EF$

(15) $Y_{15} = \overline{A \oplus C \cdot \overline{B}(A\overline{C} \cdot \overline{D} + \overline{A}C\overline{D})}$

8-12 用卡诺图法将下列逻辑函数化简为最简与或表达式。

(1) $Y_1 = A\overline{B}D + \overline{A}BD + \overline{A}\,\overline{B}\,\overline{C} + \overline{A}CD + \overline{A}\,\overline{B}\,\overline{D}$

(2) $Y_2 = \overline{A}\,\overline{B}\,\overline{C} + \overline{A}\,\overline{C}\,\overline{D} + \overline{A}BC + ABD + \overline{A}C\overline{D} + AC\overline{D}$

(3) $Y_3 = A\overline{B} + B\overline{C} + \overline{A}\,\overline{B} \cdot \overline{C} + \overline{A}BC$

(4) $Y_4 = A\overline{B} + B\overline{C} + C\overline{D} + \overline{A}D + AC + A\overline{C}$

(5) $Y_5 = A\overline{B}CD + \overline{B}\,\overline{C}D + (A+C)B\overline{D}$

(6) $Y_6(A,B,C) = \sum_m (0,1,2,5)$

(7) $Y_7(A,B,C) = \sum_m (0,2,4,6,7)$

(8) $Y_8(A,B,C) = \sum_m (0,1,2,3,4,5,6)$

(9) $Y_9(A,B,C) = \sum_m (0,1,2,3,6,7)$

(10) $Y_{10}(A,B,C,D) = \sum_m (0,1,8,9,10)$

(11) $Y_{11}(A,B,C,D) = \sum_m (0,1,2,3,4,9,10,12,13,14,15)$

(12) $Y_{12}(A,B,C,D) = \sum_m (0,4,6,8,10,12,14)$

(13) $Y_{13}(A,B,C,D) = \sum_m (1,3,8,9,10,11,14,15)$

(14) $Y_{14}(A,B,C,D) = \sum_m (3,5,8,9,11,13,14,15)$

(15) $Y_{15}(A,B,C,D) = \sum_m (0,2,3,4,8,10,11)$

(16) $Y_{16}(A,B,C,D) = \sum_m (0,1,2,3,4,9,10,11,12,13,14,15)$

(17) $Y_{17}(A,B,C,D) = \sum_m (0,1,4,6,8,9,10,12,13,14,15)$

(18) $Y_{18}(A,B,C,D) = \sum_m (2,4,5,6,7,11,12,14,15)$

8-13 化简下列具有约束项的逻辑函数,求出最简与或表达式。

(1) $Y_1(A,B,C,D) = \sum_m (3,4,5,6) + \sum_d (10,11,12,13,14,15)$

(2) $Y_2(A,B,C,D) = \sum_m (1,3,5,7,8,9) + \sum_d (11,12,13,15)$

(3) $Y_3(A,B,C,D) = \sum_m (0,2,6,7,8,10,12) + \sum_d (5,11)$

(4) $Y_4(A,B,C,D) = \sum_m (0,1,8,10) + \sum_d (2,3,4,5,11)$

(5) $Y_6(A,B,C,D) = \sum_m (2,4,6,7,12,15) + \sum_d (0,1,3,8,9,11)$

(6) $Y_7(A,B,C,D) = \sum_m(1,2,4,12,14) + \sum_d(5,6,7,8,9,10)$

(7) $\begin{cases} Y_9 = \overline{A}\,\overline{C}D + \overline{A}BCD + \overline{A}\,\overline{B}D \\ AB + AC = 0 \end{cases}$

(8) $\begin{cases} Y_{10} = AB\,\overline{C} + \overline{A}BC\,\overline{D} + \overline{A}\,\overline{B}CD \\ AB + AC = 0 \end{cases}$

8-14 将题 8-11 中 Y_5、Y_7、Y_9、Y_{11} 最简与或表达式转换成最简与非-与非形式和最简或与形式,并画出它们的逻辑图。

8-15 已知某逻辑函数 $F = A\,\overline{B} + B\,\overline{C} + C\,\overline{A}$。试用真值表、卡诺图和逻辑图表示。

8-16 写出题图 8-16 所示各逻辑图的函数表达式,并化简成最简与或式。

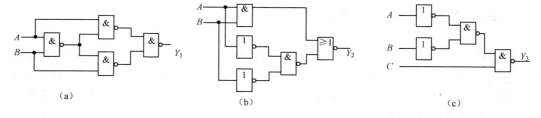

（a）　　　　　　　（b）　　　　　　　（c）

题图 8-16

第 9 章　集成逻辑门电路

逻辑门电路是实现与、或、非等逻辑运算的具体电路,简称门电路。它是构成数字电路的基本单元。本章首先讨论分立元件门电路。在此基础上,重点介绍集成 TTL 门电路和集成 MOS 门电路以及它们之间的接口技术。

9.1　半导体器件的开关特性

在逻辑代数中,变量的取值不是 0 就是 1,是一种二值量。在数字电路中,与之对应的是电子元件的两种状态。能实现这两种状态的电子元件称为电子开关。二极管、三极管和场效应管在数字电路中就是构成这种电子开关的基本开关元件。理想情况下,开关状态的转换是瞬间完成的,但实际中这种理想开关是不存在的。

9.1.1　半导体二极管的开关特性

二极管具有单向导电性。当其正偏电压为高电平,即 $u_i = U_{iH} = 5$ V 时,如图 9-1(a)所示,二极管导通,且有 0.7 V 的压降,其等效电路如图 9-1(b)所示。理想情况下,二极管可看成短路,相当于开关闭合。若 $u_i = U_{iL} = -2$ V,如图 9-1(c)所示,此时二极管反偏截止,$i \approx 0$,其等效电路如图 9-1(d)所示,二极管相当于开关断开。

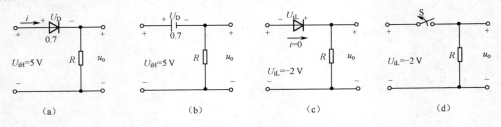

图 9-1　二极管的开关特性

9.1.2　半导体三极管的开关特性

图 9-2(a)所示三极管的开关电路中,当输入电压 $u_i = U_{iL} < 0.5$ V 时,三极管因发射结电压小于其导通电压而截止,工作在特性曲线的截止区。此时,$i_B \approx 0$, $i_C \approx 0$,若忽略三极管的穿透电流,则 $u_o = V_{CC}$,c-e 间呈开路状态,三个电极如同断开的开关。

当输入电压 $u_i > 0.5$ V 且 $u_{BC} < 0$ V 时,三极管因发射结正偏、集电结反偏而处于放大状态,故工作在输出特性的放大区。此时,$i_C = \beta i_B$,i_C 受 i_B 的控制,三极管 c-e 间等效为一个受控电流源,$u_{CE} = V_{CC} - i_C R_c$。

当输入电压 u_i 继续增大时,i_B 随之增大,$i_C = \beta i_B$ 也随之增大,u_{CE} 则随之减小,当 u_{CE} 减小至与 u_{BE}(0.7 V)相同时,管子进入饱和状态。通常认为 $u_{CE} = U_{BE}$ 的状态为临界饱和状态。临界饱和状态下三极管的基极电流、集电极电流和管压降可表示为 I_{BS}、I_{CS} 和 U_{CES},则

$$I_{CS} = \frac{V_{CC} - U_{CES}}{R_c} \tag{9-1}$$

同时,它还满足 $I_{CS} = \beta I_{BS}$ 的关系,故可求出三极管进入饱和状态时的 I_{BS} 值为

$$I_{BS} = \frac{I_{CS}}{\beta} = \frac{V_{CC} - U_{CES}}{\beta R_c} \tag{9-2}$$

若输入电压继续增大,管子的基极电流 i_B 将大于 I_{BS},三极管进入饱和状态,工作在输出特性的饱和区。此时,输出电压小于 u_{BE},通常情况下,三极管工作在饱和状态时,$u_o = U_{CES} \leqslant$ 0.3 V(硅管)。其等效电路如图 9-2(b)所示,三极管 c-e 间相当于一个小于 0.3 V 压降的闭合开关。实际的 i_B 与 I_{BS} 相比越大,则 U_{CES} 越小。

9.1.3　MOS 管的开关特性

MOS 管的开关特性与三极管类似。以 NMOS 管为例,当其栅-源电压小于开启电压 U_{TN},即 $u_{GS} < U_{TN}$ 时,管子截止,此时漏-源间的电阻 r_d 极高,约大于 $10^9\,\Omega$,因此 D-S 间相当于开关断开。当 $u_{GS} \geqslant U_{TN}$ 时,MOS 管导通,漏-源间内阻 r_{on} 很小,此时 D-S 间如同开关闭合。NMOS 管开关电路的等效电路如图 9-3 所示。

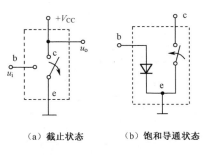

（a）截止状态　　（b）饱和导通状态

图 9-2　三极管开关等效电路

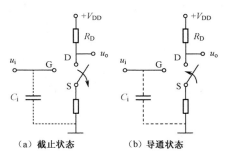

（a）截止状态　　　（b）导通状态

图 9-3　NMOS 管的开关等效电路

9.2　分立元件门电路

9.2.1　二极管与门

与门是实现与逻辑功能的电路,它有多个输入端和一个输出端。由二极管构成的与门电路如图 9-4(a)所示,u_A、u_B 为输入电压信号,u_Y 为输出电压信号;图 9-4(b)为与门的逻辑符号,其中 A、B 为输入变量,Y 为输出变量。

（1）当输入电压 u_A、u_B 均为低电平 0 V 时,二极管 D_1、D_2 均导通。若将二极管视为理想开关,则输出电压 u_Y 为低电平 0 V。

（2）当输入电压 u_A、u_B 中有一个为低电平 0 V 时,设 u_A 为低电平 0 V,u_B 为高电平 5 V,则二极管 D_1 抢先导通,D_2 因此而截止,输出电压 u_Y 为低电平 0 V。

（3）当输入电压 u_A、u_B 均为高电平 5 V 时,二极管 D_1、D_2 均导通,输出电压 u_Y 为高电平 5 V。

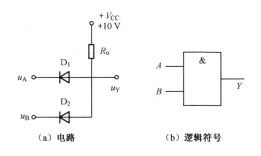

（a）电路　　　（b）逻辑符号

图 9-4　二极管与门

将上述情况下输入、输出电平值列于表 9-1 中,按正逻辑赋值得到该电路逻辑真值表如表 9-2 所列,从中可以看出,电路的输入信号只要有一个为低电平,输出便是低电平,只有输入全为高电平时,输出才是高电平,即实现与逻辑功能,其逻辑表达式为

$$Y = A \cdot B$$

表 9-1 与门电压关系表

u_A/V	u_B/V	D_1	D_2	u_r/V
0	0	导通	导通	0.7
0	5	导通	截止	0.7
5	0	截止	导通	0.7
5	5	导通	导通	5.7

表 9-2 与门真值表

A	B	Y
0	0	0
0	1	0
1	0	0
1	1	1

9.2.2 二极管或门

或门是实现或逻辑功能的电路,它也有多个输入端和一个输出端。由二极管构成的或门电路如图 9-5(a)所示,u_A、u_B 为输入电压信号,u_Y 为输出电压信号,其输入信号的高、低电平仍取 5 V 和 0 V,图 9-5(b)所示为或门的逻辑符号。

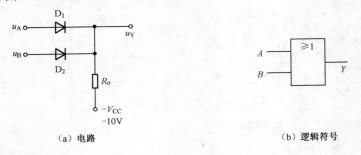

（a）电路   （b）逻辑符号

图 9-5 二极管或门

或门工作原理的分析和与门类似,这里不再赘述,请读者自行分析。

9.2.3 三极管非门(反相器)

实现非逻辑功能的电路是非门电路,也称反相器。利用三极管的开关特性,可以实现非逻辑运算。图 9-6(a)是三极管非门电路,9-6(b)为非门的逻辑符号。

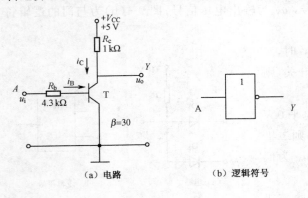

（a）电路   （b）逻辑符号

图 9-6 三极管非门

当 $u_i = U_{iL} = 0$ V 时,三极管截止,$i_B = i_C \approx 0$,所以 $u_o = V_{CC} = 5$ V,为高电平。

当 $u_i = U_{iH} = 5$ V 时,发射结正偏,此时三极管 T 是否工作于饱和导通状态,需要进行如下判断:

基极电流

$$i_B = \frac{U_{iH} - u_{BE}}{R_b} = \frac{5 - 0.7}{4.3} = 1 \text{ mA}$$

基极临界饱和电流

$$I_{BS} \approx \frac{V_{CC}}{\beta R_c} = \frac{5}{30 \times 1} \approx 0.17 \text{ mA}$$

由于 $i_B > I_{BS}$，所以 T 饱和导通,故有 $u_o = U_{CES} \leqslant 0.3$ V 为低电平。

将输入、输出电平值列于表 9-3 中,按正逻辑赋值得到该电路逻辑真值表如表 9-4 所列。可以看出,输出与输入逻辑正好相反,实现了非逻辑功能,其逻辑表达式为

$$Y = \overline{A}$$

表 9-3 非门电压关系表

u_i/V	u_o/V
0	5
5	0.3

表 9-4 非门真值表

A	Y
0	1
1	0

9.3 集成 TTL 门电路

现代数字电路广泛采用了集成电路。根据半导体器件的类型,数字集成门电路分为 MOS 集成门电路和双极型(晶体三极管)集成门电路。MOS 集成门电路中,使用最多的是 CMOS 集成门电路。双极型集成门电路中,使用最多的是 TTL 集成门电路。TTL 门电路的输入、输出都由晶体三极管组成,所以人们称它为晶体管-晶体管逻辑门电路(Transistor Transistor Logic),简称 TTL 门。

9.3.1 集成 TTL 与非门

1. 电路组成

TTL 门电路的基本形式是与非门,图 9-7(a)、(b)分别为 TTL 与非门的基本电路及逻辑符号。

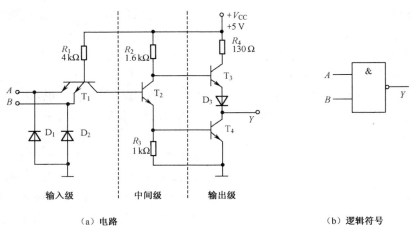

(a) 电路   (b) 逻辑符号

图 9-7 TTL 与非门

电路内部分为如下三级。

输入级:由多发射极三极管 T_1 和电阻 R_1 组成,多发射极三极管 T_1 有多个发射极,作为门电路的输入端。D_1、D_2 是输入端保护二极管,是为抑制输入电压负向过低而设置的。

中间放大级:由 T_2、R_2、R_3 组成,T_2 集电极输出驱动 T_3,发射极输出驱动 T_4。

输出级:由 T_3、T_4、D_3 和 R_4 组成。

2. 工作原理

在图 9-7(a)中,若输入端中至少有一个是低电平 0 V,则 T_1 管基极电位 $u_{B1} = 0.7$ V,这个 0.7 V 电压不能使 T_1 集电结、T_2 发射结、T_4 发射结三个 PN 结导通,所以 T_2、T_4 截止。此时,V_{CC} 通过 R_2 使 T_3 导通,$u_o = V_{CC} - I_{B3}R_2 - u_{BE3} - u_{D3} \approx V_{CC} - u_{BE3} - u_{D3} \approx 5 - 0.7 - 0.7 = 3.6$ V,输出为高电平 U_{oH}。

当输入信号 A、B 均为高电平 3 V 时,T_1 基极电位升高,足以使 T_1 集电结、T_2 发射结、T_4 发射结三个 PN 结导通,三个 PN 结一旦导通,T_1 基极电位即被钳位于 2.1 V。T_1 的发射结反偏,集电结正偏,处于倒置工作状态,T_1 失去电流放大作用。三极管 T_2、T_4 导通后,进入饱和区,$u_o = U_{CES4} = 0.3$ V,输出为低电平 U_{oL}。

由此可见,只要输入端有一个为低电平,则输出高电平;只有输入端全为高电平时,才输出低电平。所以图 9-7(a)实现的是与非逻辑关系。

图 9-8 所示是两种 TTL 集成与非门 74LS00 和 74LS20 的引脚排列图。74LS00 内部集成了四个完全相同的 2 输入与非门,故简称为四-2 输入与非门;74LS20 为二-4 输入与非门。

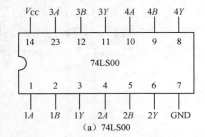 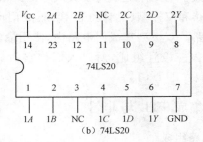

图 9-8　TTL 与非门 74LS00 和 74LS20 的引脚排列图

3. 主要技术参数

为便于今后应用,结合上述 TTL 与非门,介绍几个反映门电路性能的主要特性参数。

（1）输入、输出的高低电平

集成 TTL 与非门输入和输出高、低电平的数值为:输出高电平 $U_{oH} \approx 3.6$ V,输出低电平 $U_{oL} = U_{CES} = 0.2$ V,输入低电平 $U_{iL} = 0.4$ V,输入高电平 $U_{iH} = 1.2$ V。

以上电平值是一种较理想的情况。对于 TTL 门电路(如 74 系列)来说,高、低电平的标准电压值为:$U_{oL} = 0.4$ V,$U_{oH} = 2.4$ V,$U_{iL} = 0.8$ V,$U_{iH} = 2$ V。

（2）电压传输特性

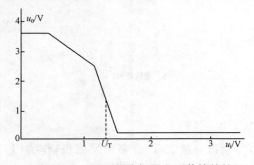

图 9-9　TTL 与非门的电压传输特性

反映输入电压 U_i 和输出电压 U_o 之间关系的曲线,称为电压传输特性,如图 9-9 所示。输出由高电平转为低电平时所对应的输入电压称为阈值电压或门槛电压 U_T,图 9-9 中 U_T 约为 1.4 V。

（3）噪声容限

当输入电压受到的干扰超过一定值时,会引起输出电平转换,产生逻辑错误。电路的抗干扰能力是指保持输出电平在规定范围内,允许输入干扰电压的最大范围,用噪声容限来表示。由于输入低电平和高电平时,其抗干扰能力不同,故有低电平噪声容限和高电平噪声容限。一般低电平噪声容限为 0.3 V 左右,高电平噪声容限为 1 V 左右。

噪声容限电压值越大,说明抗干扰能力越强。

(4) 传输延迟时间

传输延迟时间是表征门电路开关速度的参数。由于门电路中二极管、三极管在状态转换过程中都需要一定的时间,因此,门电路从接收信号到输出响应会有一定的延迟。传输延迟时间是决定开关速度的重要参数。通常根据传输延迟时间的大小将门电路划分为低速门、中速门、高速门几种。普通 TTL 与非门 t_{pd} 为 6～15 ns。

(5) 扇出系数

扇出系数是指一个与非门能带同类门的最大数目,它表示带负载能力。对 TTL 门而言,扇出系数 $N_o \geqslant 8$。

9.3.2 集成 TTL 非门、或非门、集电极开路门和三态门

1. TTL 非门(反相器)

图 9-10(a)是 TTL 非门的基本电路,除了输入级 T_1 由多发射极三极管改为单发射极三极管外,其余部分和图 9-7(a)所示的与非门完全一样。图 9-10(b)所示为集成反相器 74LS04 的引脚排列图,74LS04 中包含 6 个相互独立的反相器。

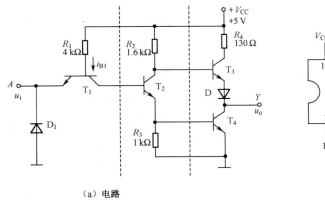
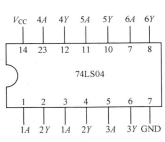

(a) 电路　　　　　　　　(b) 74LS04的引脚排列图

图 9-10　TTL 非门

2. TTL 或非门

图 9-11(a)所示是 TTL 或非门的电路图,图(b)所示为集成 TTL 或非门 74LS02 的引脚排列图,74LS02 中包含 4 个相互独立的或非门。

此外,还有 TTL 与门、TTL 或门、TTL 与或非门等,它们的电路结构都是在 TTL 与非门的基础上稍加变化得到的,此处不再介绍。图 9-12 给出了几种 TTL 集成门电路的引脚排列图,图 9-12(a)所示是 TTL 与或非门 74LS51 的引脚排列图,74LS51 中集成了两个相互独立的与或非门,其中 $1Y = \overline{1A \cdot 1B + 1C \cdot 1D}$,$2Y = \overline{2A \cdot 2B \cdot 2C + 2D \cdot 2E \cdot 2F}$;图 9-12(b)所示是 TTL 异或门 74LS86 的引脚排列图,74LS86 包含 4 个相互独立的异或门。

3. 集电极开路门(OC 门)

(1) 线与

在工程实践中,往往需要将两个或多个逻辑门的输出端并联,以实现与逻辑的功能,称为线与。

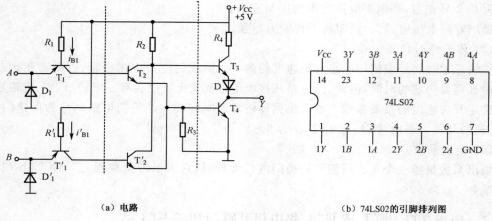

（a）电路

（b）74LS02的引脚排列图

图 9-11 TTL 或非门

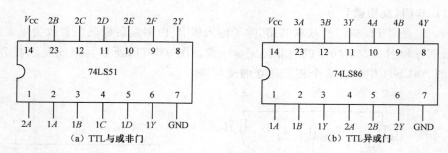

（a）TTL 与或非门

（b）TTL 异或门

图 9-12 TTL 门电路的引脚排列图

然而，前面介绍的 TTL 门电路，其输出端不允许并联使用，也就无法实现线与功能。这是因为，对于一般的 TTL 门电路（以 TTL 与非门为例），若将两个（或多个）与非门的输出端直接相连，将产生较大的电流，该电流值远远超出器件的额定值，很容易将器件损坏。

为了解决这一问题，可以采用集电极开路门（OC 门）。OC 门的输出端可以直接相连，实现线与。

（2）OC 门的电路组成及工作原理

图 9-13(a)是集电极开路与非门的电路结构，图(b)是其逻辑符号。与普通的与非门电路相比，输出管 T_3 的集电极开路，去掉了 R_4、T_3 和 D_3。需要特别强调的是，只有输出端外接电源电压 V_{CC} 和上拉电阻 R_L，OC 门才能正常工作，如图 9-13(a)中虚线部分所示。

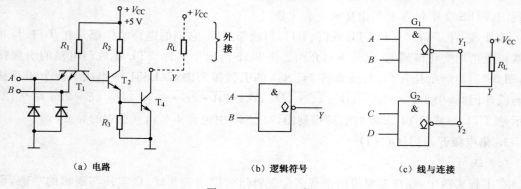

（a）电路

（b）逻辑符号

（c）线与连接

图 9-13 TTL OC 门

当 $u_A = u_B = U_{iH}$ 时，T_4 饱和，$u_o = U_{CES} = U_{oL}$；当 u_A、u_B 至少有一个为低电平 U_{iL} 时，T_4 截止，输出电压通过外接电源和上拉电阻获得，此时，输出电压 $u_o = U_{oH}$。

图 9-13(c) 给出的是两个 OC 与非门线与连接起来的逻辑图。其输出为

$$Y = Y_1 \cdot Y_2 = \overline{A \cdot B} \cdot \overline{C \cdot D} = \overline{AB + CD}$$

在图 9-13(c) 所示电路中，只要 R_L 选得合适，就不会因电流过大而烧坏芯片。因此，实际应用中，必须要合理选取上拉电阻的阻值。

4. 三态门(TSL 门)

(1) 电路结构及逻辑符号

基本的 TTL 门电路，其输出有两种状态：高电平和低电平。无论哪种输出，门电路的直流输出电阻都很小，都是低阻输出。

TTL 三态门又称 TSL 门(Three State Logic)，它有三种输出状态，分别是高电平、低电平和高阻态(禁止态)。其中，在高阻状态下，输出端相当于开路。三态门是在普通门的基础上，加上使能控制信号和控制电路构成的。图 9-14(a) 所示是使能端 EN(有时也用 E、S 或 ST 表示)低电平有效的三态与非门的电路图及逻辑符号，"EN 低电平有效"是指当使能控制端信号 EN 为低电平时，电路才实现与非逻辑功能，输出高电平及低电平，而当 EN 为高电平时，输出为高阻无效状态。图 9-14(b) 是使能端 EN 高电平有效的三态与非门的电路图及逻辑符号，其 EN 的有效电平与图 9-14(a) 正好相反。

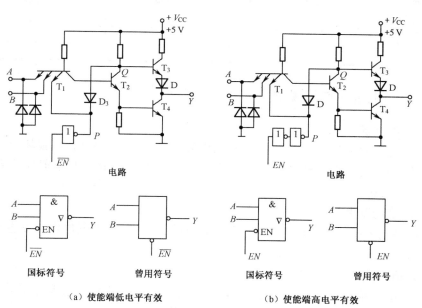

(a) 使能端低电平有效　　　　　　(b) 使能端高电平有效

图 9-14　三态输出与非门

9.3.3　改进型 TTL 门电路——抗饱和 TTL 门电路

晶体三极管的开关时间限制了 TTL 门的开关速度。为了提高 TTL 门电路的开关速度，人们在三极管的基极和集电极间跨接肖特基二极管，如图 9-15(b) 所示，以缩短三极管的开关时间。肖特基二极管也称快速恢复二极管，它的导通电压较低，约为 $0.4 \sim 0.5$ V，因此开关速度极短，可实现 1 ns 以下的高速度，其电路符号如图 9-15(a) 所示。加接了肖特基二极管的三

极管称为肖特基三极管,其电路符号如图 9-15(c)所示。由肖特基三极管组成的门电路称做肖特基 TTL 门,即 STTL 门,它的 t_{pd} 在 10 ns 以内。除典型的肖特基型(即 STTL 型)外,还有低功耗肖特基型(LSTTL)、先进的肖特基型(ASTTL)、先进的低功耗型(ALSTTL)等,它们的技术参数各有特点,是在 TTL 工艺的发展过程中逐步形成的。

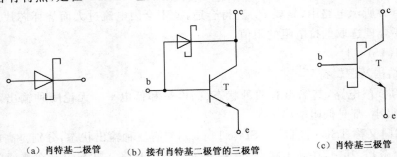

(a) 肖特基二极管　　(b) 接有肖特基二极管的三极管　　(c) 肖特基三极管

图 9-15　肖特基二极管及三极管

下面将基本 TTL 门和肖特基 TTL 门电路的性能进行比较,列于表 9-5 中。

表 9-5　TTL 门电路各种系列的性能比较

参数 ＼ 类型	通用 TTL (74 系列)	高速 TTL (74H 系列)	肖特基 TTL (74 系列)	低功耗肖特基 TTL (74LS 系列)
t_{pd}/ns	10	6	3	9
P_D/mW	10	22	20	2
DP/pJ	100	80	60	18

9.3.4　TTL 门电路的使用规则

1. 对电源的要求

TTL 集成电路对电源的要求比较严格,当电源电压超过 5.5 V 时,将损坏器件;若电源电压低于 4.5 V,器件的逻辑功能将不正常。因此在以 TTL 门电路为基本器件的系统中,电源电压应满足 5 V±0.5 V。

2. 对输入端的要求

(1) 电路各输入端不能直接与高于 +5.5 V 和低于 −0.5 V 的低内阻电源连接,以免因过流而烧坏电路。

(2) 多余输入端必须要妥善处理。

① 对于一般小规模电路的输入端,实验时允许悬空处理,此时该输入端相当于逻辑 1(高电平)状态。但输入悬空容易受干扰,破坏电路的功能,造成逻辑错误。

② 对于接有长导线的输入端、中规模以上的集成电路及使用集成电路较多的复杂电路,尤其不允许输入端悬空,而应按其逻辑功能的特点接至相应的逻辑电平上。例如,与门、与非门的多余输入端可直接或通过一个大于或等于 1 kΩ 的电阻接至电源上,而或门、或非门的多余输入端应接地。

3. 对输出端的要求

(1) TTL 集成电路的输出端不允许接地或 +5 V 电源,否则将导致器件损坏。

(2) TTL 集成电路的输出端不允许并联使用(集电极开路门和三态门除外),否则将损坏器件。

9.4　集成 MOS 门电路

集成 MOS 门电路是数字集成电路的一个重要系列,它具有低功耗、抗干扰性强、制造工艺简单、易于大规模集成等优点,因此得到广泛应用。MOS 集成电路有 N 沟道 MOS 管构成的 NMOS 集成电路,P 沟道 MOS 管构成的 PMOS 集成电路,以及 N 沟道 MOS 管和 P 沟道 MOS 管共同组成的 CMOS 集成电路。CMOS 集成电路功耗小、工作速度快,应用尤为广泛。

9.4.1　CMOS 门电路

1. CMOS 反相器

CMOS 反相器电路如图 9-16 所示,G_1 为 NMOS 管,G_2 为 PMOS 管,且 $V_{DD} > |U_{TP}| + U_T$,U_{TP} 为 PMOS 管的阈值电压,U_{TN} 为 NMOS 管的阈值电压,G_1、G_2 栅极连在一起作为输入端,漏极连在一起作为输出端。

当输入电压 $u_A = V_{DD} = 10$ V 高电平时,G_1 导通,G_2 截止,输出低电平;当输入 $u_A = 0$ V 低电平时,G_1 截止,G_2 导通,输出为高电平。因此电路实现了非逻辑运算,是非门——反相器。

2. CMOS 与非门

CMOS 与非门电路如图 9-17 所示,T_{N1}、T_{N2} 是串联的驱动管,T_{P1}、T_{P2} 是并联的负载管。当输入端 A、B 同时为高电平时,T_{N1}、T_{N2} 导通,T_{P1}、T_{P2} 截止,输出端 Y 为低电平;当输入端 A、B 中有一个为低电平时,T_{N1}、T_{N2} 中必有一个截止,T_{P1}、T_{P2} 中必有一个导通,输出端 Y 为高电平。因此该电路实现了与非逻辑功能。

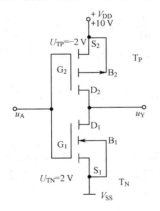

图 9-16　CMOS 反相器电路

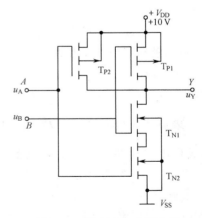

图 9-17　CMOS 与非门电路

3. CMOS 或非门

CMOS 或非门电路如图 9-18 所示,T_{N1}、T_{N2} 是并联的驱动管,T_{P1}、T_{P2} 是串联的负载管。当输入端 A、B 中有一个为高电平时,T_{N1}、T_{N2} 中必有一个导通,相应的 T_{P1}、T_{P2} 中必有一个截止,输出端 Y 为低电平;当输入端 A、B 全为低电平时,T_{N1}、T_{N2} 截止,T_{P1}、T_{P2} 导通,输出端 Y 为高电平。电路实现了或非逻辑功能。

4. CMOS 传输门

图 9-19(a)所示是 CMOS 传输门电路,图(b)是它的逻辑符号。图中 T_1、T_2 分别是 NMOS 管和 PMOS 管,它们的结构和参数均对称。两管的栅极引出端分别接高、低电平不同的控制

信号 C 和 $\overline{C}$，源极相连作为输入端，漏极相连作为输出端。

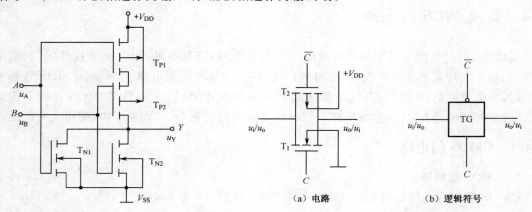

图 9-18　CMOS 或非门电路　　　　图 9-19　CMOS 传输门电路

设控制信号的高、低电平分别为 V_{DD} 和 0 V，$U_{TN} = |U_{TP}|$ 且 $V_{DD} > 2U_{TN}$。

当控制信号 $U_C = 0$、$U_{\overline{C}} = V_{DD}$（即 $C = 0$、$\overline{C} = 1$）时，在输入信号 u_i 为 0 V～V_{DD} 的范围内，$U_{GSN} < U_{TN}$、$U_{GSP} > U_{TP}$，两管均截止，输入和输出之间是断开的。

当控制信号 $U_C = V_{DD}$、$U_{\overline{C}} = 0$（即 $C = 1$、$\overline{C} = 0$）时，在输入信号 u_i 为 0 V～V_{DD} 的范围内，至少有一只管子导通。即当 u_i 在 0 V～$(V_{DD} - U_{TN})$ 之间变化时，NMOS 管导通，当 u_i 在 $|U_{TP}|$～V_{DD} 之间变化时，PMOS 管导通。因此，当 $C = 1$、$\overline{C} = 0$ 时，输入电压在 0 V～V_{DD} 范围内变化，都将传输到输出端，即

$$u_o = u_i \mid_{C=1}$$

综上所述，通过控制 C、$\overline{C}$ 端的电平值，即可控制传输门的通/断。另外，由于 MOS 管具有对称结构，源极和漏极可以互换，所以 CMOS 传输门的输入端、输出端可以互换，因此传输门是一个双向开关。

顺便指出，图 9-19(a) 中 u_i 和 u_o 可以是模拟信号，这时 CMOS 传输门作为模拟开关。

9.4.2　集成 CMOS 门电路及其使用规则

集成 CMOS 电路与集成 TTL 电路相比，CMOS 电路比 TTL 电路功耗低，抗干扰能力强，电源电压适用范围宽，扇出能力强；TTL 电路比 CMOS 电路延迟时间短、工作频率高。在使用时，可根据电路的要求及门电路的特点进行选用。

CMOS 集成门电路在使用时常遵循以下使用规则。

1. 对电源的要求

(1) CMOS 电路可以在很宽的电源电压范围内提供正常的逻辑功能，如 C000 系列为 7～15 V，CC4000 系列为 3～18 V。

(2) V_{DD} 与 V_{SS}（接地端）绝对不允许接反。否则无论是保护电路或内部电路都可能因过大电流而损坏。

2. 对输入端的要求

(1) 为保护输入级 MOS 管的氧化层不被击穿，一般 CMOS 电路输入端都有二极管保护网络，这就给电路的应用带来一些限制：

① 输入信号必须在 V_{DD}～V_{SS} 之间取值，以防二极管因正偏电流过大而烧坏。一般 $V_{SS} \leqslant$

$U_{iL} \leqslant 0.3\ V_{DD}, 0.7V_{DD} \leqslant U_{iH} \leqslant V_{DD}$。$u_i$ 的极限值为$(V_{SS} - 0.5\ V) \sim (V_{DD} + 0.5\ V)$。

② 每个输入端的典型输入电流为 10 pA。输入电流以不超过 1 mA 为佳。

（2）多余输入端一般不允许悬空。与门及与非门的多余输入端应接至 V_{DD} 或高电平,或门和或非门的多余输入端应接至 V_{SS} 或低电平。

3. 对输出端的要求

（1）集成 CMOS 电路的输出端不允许直接接 V_{DD} 或 V_{SS},否则将导致器件损坏。

（2）一般情况下不允许输出端并联。因为不同的器件参数不一致,有可能导致 NMOS 和 PMOS 同时导通,形成大电流。但为了增加驱动能力,可以将同一芯片上相同门电路的输入端、输出端分别并联使用。

9.4.3 TTL 与 MOS 门电路之间的接口技术

在数字系统中,常遇到不同类型集成电路混合使用的情况。由于输入/输出电平、带负载能力等参数的不同,不同类型的集成电路相互连接时,需要合适的接口电路。下面介绍 TTL 与 MOS 门电路之间的接口技术。

1. TTL 门电路驱动 MOS 门电路

（1）当 $V_{CC} = V_{DD} = +5\ V$ 时

TTL 电路一般可以直接驱动 CMOS 电路。由于 CMOS 输入高电平时要求 $U_{iH} > 3.5\ V$,而 TTL 输出高电平下限 $U_{oH(min)} = 2\ V$,通常在 TTL 输出端加上一个上拉电阻 R,如图 9-20(a) 所示。

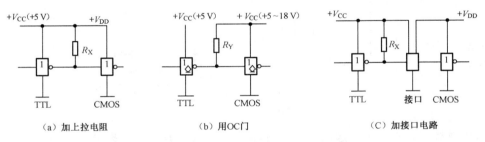

（a）加上拉电阻　　　　（b）用 OC 门　　　　（C）加接口电路

图 9-20　TTL 电路驱动 CMOS 电路

（2）当 $V_{DD} = +3 \sim 18\ V$ 时

可采用将 TTL 电路改用 OC 门,如图 9-20(b) 所示,或采用具有电平移动功能的 CMOS 电路作为接口电路的方法,如图 9-20(c) 所示。

2. CMOS 门电路驱动 TTL 门电路

（1）当 $V_{DD} = V_{CC} = +5\ V$ 时

CMOS 电路一般可以直接驱动一个 TTL 门,当被驱动的门数量较多时,由于 CMOS 输出低电平吸收负载电流的能力较小,而 TTL 输入低电平时 $|I_{iL}|$ 较大,可以采用以下方法,如图 9-21 所示。图 9-21(a) 所示是在同一芯片上将 CMOS 门并接使用,以提高驱动电路的带负载能力;图 9-21(b) 增加了一级 CMOS 驱动电路。另外,还有采用增加漏极开路门驱动的方法。

（2）当 $V_{DD} = +3 \sim 18\ V$ 时

宜采用 CMOS 缓冲器驱动器作为接口电路,如图 9-21(c) 所示。

应该指出,TTL 与 CMOS 门电路之间的接口电路形式多种多样,实用中应根据情况进行选择。

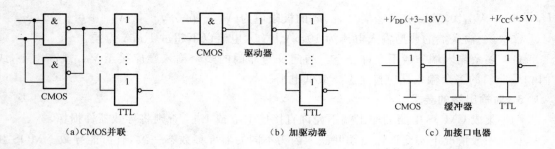

(a) CMOS并联　　　　　　　　(b) 加驱动器　　　　　　　(c) 加接口电器

图 9-21　CMOS 门电路驱动 TTL 门电路

9.5　应用——三态门用于总线电路

三态门最重要的一个用途是用在数据总线中,实现多路数据的分时传送,即用一根传输线分时传送不同的数据。根据数据的传送方向,总线有单向总线和双向总线两种。数据只能朝一个方向传送的总线是单向总线,数据可以朝两个方向传送的总线是双向总线。典型的单向总线是地址总线,典型的双向总线是数据总线,而控制总线的某些位是单向的,另一些位则是双向的。

单向总线仅有一个固定的发送门,接收门可以有多个,如图 9-22 所示,图中发送门有 3 个信号源。由于发送门未附三态电路,总线状态始终受发送门钳制,为避免信号冲突,只允许有一个发送门,总线上的信号传输方向固定,故称单向总线。

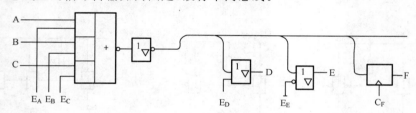

图 9-22　单向总线

双向总线可以有多个发送门和接收门,但每个发送门均附有三态电路,以便各个发送门分时共享总线。由于输入端具有较高的输入电阻,少量的接收门不会影响总线状态,用与不用三态门取决于门后电路。图 9-23 中的 A 为收发门,B、F 为发送门,C、D 和 E 为接收门。由于总线上有多个发送门和接收门,总线上的信号传输方向不固定,故称双向总线。

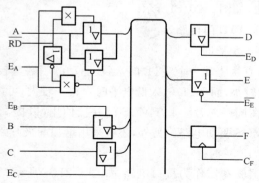

图 9-23　双向总线

本章小结

1. 半导体二极管、三极管和 MOS 管在数字电路中通常工作在开关状态。它们是组成基本门电路的核心元件。

2. 分立元件门电路是组成逻辑门的基本形式,虽然目前已被集成电路所取代,但它有助于理解门电路的一些基本工作原理和分析方法。

3. 集成门电路分为 TTL 和 CMOS 两大类,是目前广泛被采用的两种集成电路。TTL 门电路具有工作速度高、带负载能力强等优点,也一直是数字系统普遍采用的器件;CMOS 门电路具有功耗低、集成度高、工作电源范围宽、抗干扰能力强等优点。

4. TTL、CMOS 门电路在使用时,要遵循一定的规则。TTL 门与 CMOS 门连接时,需要适当的接口电路。

习题九

9-1 指出下列情况下,TTL 与非门输入端的逻辑状态。
   (1) 输入端接地。
   (2) 输入端接电压低于$+0.8$ V 的电源。
   (3) 输入端接前级门的输出低电平$+0.3$ V。
   (4) 输入端接电源电压 $V_{CC}=+5$ V。
   (5) 输入端悬空。
   (6) 输入端接前级门的输出高电平 $2.7\sim3.6$ V。
   (7) 输入端接高于$+1.8$ V 的电压。

9-2 二极管门电路如题图 9-2 所示,试写出 Y_1 和 Y_2 的表达式。

9-3 分立元件非门如题图 9-3 所示。
   (1) 试求使三极管截止的最大输入电压值。
   (2) 试求使三极管饱和导通的最小输入电压值。
   (3) 试判断在输入电压分别为 0 V、3 V、5 V 时,三极管的工作状态,并求解输出电压的值。
   (4) 为使输入高电平时三极管深度饱和,可采用哪些措施?

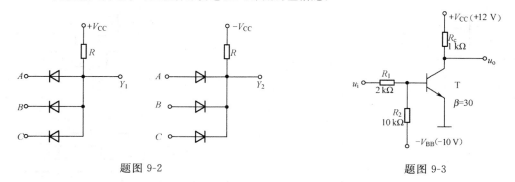

题图 9-2   题图 9-3

9-4 说明题图 9-4 所示各个集成 TTL 门电路输出端的逻辑状态,写出相应输出信号的逻辑表达式。

9-5 TTL 电路如题图 9-5 所示。试根据逻辑表达式所示功能检查电路有无错误,若有则改正。

9-6 集成门电路如题图 9-6 所示,写出 $Y_1\sim Y_5$ 的逻辑表达式,并根据所给输入信号 A、B、C 的波形画出输出信号 $Y_1\sim Y_5$ 的波形。

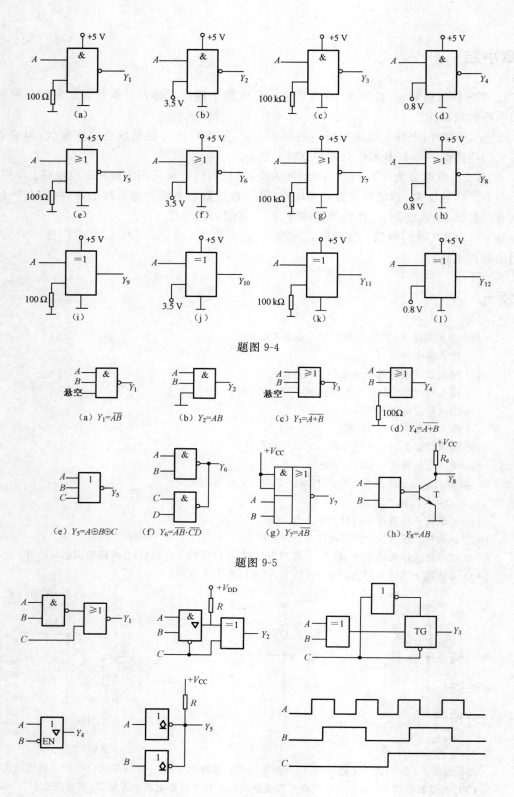

题图 9-4

(a) $Y_1=\overline{AB}$ (b) $Y_2=AB$ (c) $Y_3=\overline{A+B}$ (d) $Y_4=\overline{A+B}$

(e) $Y_5=A\oplus B\oplus C$ (f) $Y_6=\overline{AB}\cdot\overline{CD}$ (g) $Y_7=\overline{AB}$ (h) $Y_8=AB$

题图 9-5

题图 9-6

9-7　现有一片四-2输入与非门(74LS00),欲实现 $Y = \overline{AB + CD}$,电路应如何连接? 画出逻辑图及芯片引脚连线图。

9-8　题图 9-8 示出了一个由 TTL 与非门组合而成的与或非电路,若只用了 A、B 及 C、D 四个输入端,那么 E、F 端应如何处理? 可以悬空吗? 若只用了 A、B 及 C、D 和 E 端,那么 F 端应如何处理?

9-9　与非门电路如题图 9-9 所示。A 为控制端,B 为信号输入端,输入信号为一串矩形脉冲,当 6 个脉冲过后,与非门就关闭,问控制端 A 的信号应如何连接? 并画出用与门、或门、或非门代替与非门作为门控电路时的波形图。

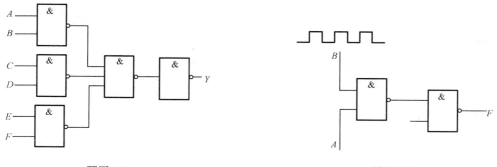

题图 9-8　　　　　　　　　　　　　　　　　　题图 9-9

9-10　已知题图 9-10 所示各电路的逻辑表达式分别为:$Y_1 = \overline{A + B}$,$Y_2 = \overline{AB}$,$Y_3 = AB$,$Y_4 = A$,试将多余输入端 C 进行适当处理。

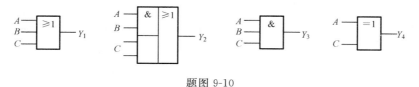

题图 9-10

第10章 组合逻辑电路与设计

数字电路按照逻辑功能的不同分为两大类:一类是组合逻辑电路,简称组合电路;一类是时序逻辑电路,简称时序电路。本章讨论组合电路,首先介绍组合电路的结构和功能特点、一般分析方法和设计方法,然后以编码器、译码器、加法器、数值比较器、数据选择器和数据分配器为例重点讲述常用中规模集成组合电路的功能、使用方法及典型应用。

10.1 组合逻辑电路概述

10.1.1 组合电路的特点

1. 功能特点

组合电路在任意时刻的输出仅仅取决于该时刻输入信号的状态,而与该时刻之前电路的状态无关。简而言之,组合电路"无记忆性"。

图 10-1 组合电路框图

在图 10-1 所示的一个有多输入端和多输出端的组合电路框图中,A_1,A_2,$\cdots$,A_m 为输入逻辑变量,Y_1,Y_2,$\cdots$,Y_n 为输出逻辑变量,输出与输入之间的关系表示为

$$\begin{cases} Y_1 = f_1(A_1,A_2,\cdots,A_m) \\ Y_2 = f_2(A_1,A_2,\cdots,A_m) \\ \quad\cdots \qquad\qquad \cdots \\ Y_n = f_n(A_1,A_2,\cdots,A_m) \end{cases}$$

2. 结构特点

组合电路之所以具有以上功能特点,归根到底是由于结构上满足以下特点:

(1) 不包含记忆(存储)元件。

(2) 不存在输出到输入的反馈回路。

需要指出的是,我们在第 7 章介绍的各种门电路均属组合电路,它们是构成复杂组合电路的单元电路。

10.1.2 组合电路的一般分析方法

分析组合电路,就是根据已知的逻辑图,找出输出变量与输入变量之间的逻辑关系,从而确定电路的逻辑功能。分析组合电路,通常遵循以下步骤:

(1) 根据给定逻辑图写出输出变量的逻辑表达式。

(2) 用公式法或卡诺图法化简逻辑表达式。

(3) 根据化简后的表达式列出真值表。

(4) 根据真值表所反映的输出与输入变量的取值对应关系,说明电路的逻辑功能。

【例 10-1】 试分析图 10-2 所示电路的逻辑功能。

【解】 (1) 这里可以采用逐级写出逻辑表达式的方法。

由于
$$Y_1' = \overline{A}, \qquad Y_2' = \overline{B}, \qquad Y_3' = Y_1' \cdot Y_2' = \overline{A} \cdot \overline{B}, \qquad Y_4' = A \cdot B$$
所以
$$Y = Y_3' + Y_4' = \overline{A}\,\overline{B} + AB$$

（2）列真值表，如表 10-1 所列。

（3）分析逻辑功能。由真值表可以看出，当 A、B 相同时，输出为 1，否则输出为 0。因此这是一个同或功能电路。

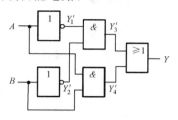

图 10-2　例 10-1 电路

表 10-1　例 10-1 真值表

A	B	Y
0	0	1
0	1	0
1	0	0
1	1	1

【例 10-2】　分析如图 10-3 所示电路的逻辑功能。

【解】　（1）写逻辑表达式。
$$L = \overline{A \cdot \overline{ABC}}, \quad M = \overline{B \cdot \overline{ABC}}, \quad N = \overline{C \cdot \overline{ABC}}, \quad Y = \overline{LMN} = \overline{L} + \overline{M} + \overline{N}$$

（2）化简
$$Y = \overline{LMN} = \overline{L} + \overline{M} + \overline{N} = A(\overline{A} + \overline{B} + \overline{C}) + B(\overline{A} + \overline{B} + \overline{C}) + C(\overline{A} + \overline{B} + \overline{C})$$
$$= A\overline{B} + A\overline{C} + B\overline{A} + B\overline{C} + \overline{A}C + \overline{B}C$$
$$= \overline{A}B + \overline{B}C + \overline{C}A\,(\text{或} = A\overline{B} + B\overline{C} + C\overline{A})$$

（3）由化简后的表达式列出真值表如表 10-2 所列。

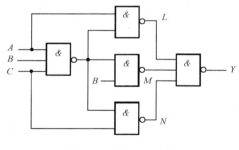

图 10-3　例 10-2 电路

表 10-2　例 10-2 真值表

A	B	C	Y
0	0	0	0
0	0	1	1
0	1	0	1
0	1	1	1
1	0	0	1
1	0	1	1
1	1	0	1
1	1	1	0

（4）分析逻辑功能。由真值表可知，只要 A、B、C 的取值不一样，输出 Y 就为 1；否则，当 A、B、C 取值一样时，Y 为 0。所以，这是一个三变量的非一致电路。

10.1.3　组合电路的一般设计方法

组合电路的设计与分析过程相反，它根据已知的逻辑问题，首先列出真值表，然后求出逻辑函数的最简表达式，继而画出逻辑图。组合电路的设计通常以电路简单、所用器件最少为目标。前面介绍的用公式法和卡诺图法化简逻辑函数，就是为了获得最简表达式，以便使用最少的门电路组合成逻辑电路。但是由于在设计中普遍采用中、小规模集成电路，一片集成电路包括几个至几十个同一类型的门电路，因此应根据具体情况，尽可能减少所用器件的数目和种类，这样可以使组装好的电路结构紧凑，达到工作可靠的目的。

组合电路的设计可遵循以下步骤：

（1）设定输入、输出变量并进行逻辑赋值。

（2）根据功能要求列出真值表。

（3）根据真值表写出逻辑表达式并化成最简。

（4）根据最简表达式画出逻辑图。

【例 10-3】 设计一个三人表决电路，要求实现：大多数人同意时，结果才能通过。

【解】 （1）设定变量

用 A、B、C 表示三个人，即输入变量；用 Y 代表结果，即输出变量。且采用正逻辑赋值，A、B、C 为 1 表示同意，为 0 表示不同意；Y 为 1 表示结果通过，为 0 表示不通过。

（2）根据题目要求列真值表，如表 10-3 所列。

（3）由真值表写出逻辑表达式并化简

$$Y = \overline{A}BC + A\overline{B}C + AB\overline{C} + ABC = AB + BC + AC$$

（4）画逻辑图

若用与非门实现，则先求最简与非-与非表达式

$$Y = \overline{AB + BC + AC} = \overline{\overline{AB} \cdot \overline{BC} \cdot \overline{AC}}$$

逻辑图如图 10-4 所示。

表 10-3　例 10-3 真值表

A	B	C	Y
0	0	0	0
0	0	1	0
0	1	0	0
0	1	1	1
1	0	0	0
1	0	1	1
1	1	0	1
1	1	1	1

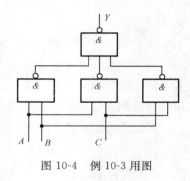

图 10-4　例 10-3 用图

10.2　常用中规模集成组合逻辑电路

10.2.1　编码器

1. 什么是编码

一般来说，用文字、符号或数字表示特定对象的过程都可以叫做编码。数字电路中的编码是指用二进制代码表示某种特定含义的信息。能够实现编码功能的电路称做编码器。

n 位二进制代码可以组成 2^n 种不同的状态，也就可以表示 2^n 个不同的信息。若要对 N 个输入信息进行编码，则满足 $N \leqslant 2^n$。n 为二进制代码的位数，也即输入变量的个数。当 $N = 2^n$ 时，是利用了 n 个输入变量的全部组合进行的编码，称为全编码，实现全编码的电路叫做全编码器（或称二进制编码器）；当 $N < 2^n$ 时，是利用了 n 个输入变量的部分状态进行的编码，称为部分编码。

2. 二进制编码器

二进制编码器也叫全编码器，其框图如图 10-5 所示。图中输入信号 $I_1, I_2, \cdots, I_{2^n}$ 为 2^n 个

有待于编码的信息,输出信号 $Y_n, Y_{n-1}, \cdots, Y_1$ 为 n 位二进制代码,其中 Y_n 为代码的最高位,Y_1 为最低位。例如,当 $n=3$ 时,称为 3 位二进制编码器;当 $n=4$ 时,称为 4 位二进制编码器。

对于编码器而言,在编码过程中,一次只能有一个输入信号被编码,被编码的信号必须是有效电平,有效电平可能是高电平,也有可能是低电平,这与电路设计有关,不同编码器,其有效电平可能不同。例如,某个编码器的输入有效电平是高电平,表明只有当输入信号为高电平时才能被编码,而输入信号为低电平时不能被编码。对于输出的二进制代码来说,可能是原码,也有可能是反码,这也取决于电路的构成。例如,十进制数"9"的 4 位原码是 1001,而反码是 0110。

二进制编码器又分为普通编码器和优先编码器。

（1）普通编码器

以 3 位二进制普通编码器为例。表 10-4 是该编码器的真值表,由表可以看出:

① 输入信号为低电平有效,因此输入信号"I"上面带有反号。

② 输入信号之间互相排斥,即不允许有两个或两个以上输入信号同时为有效电平,因此,这种普通编码器又称为互斥编码器。

③ 输出信号为原码,所以"Y"上面没有反号,这种二进制编码器又可称为 8 线-3 线(8/3 线)编码器。

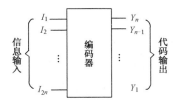

图 10-5　二进制编码器框图

表 10-4　3 位二进制编码器真值表

$\overline{I_7}$	$\overline{I_6}$	$\overline{I_5}$	$\overline{I_4}$	$\overline{I_3}$	$\overline{I_2}$	$\overline{I_1}$	$\overline{I_0}$	Y_2	Y_1	Y_0
0	1	1	1	1	1	1	1	1	1	1
1	0	1	1	1	1	1	1	1	1	0
1	1	0	1	1	1	1	1	1	0	1
1	1	1	0	1	1	1	1	1	0	0
1	1	1	1	0	1	1	1	0	1	1
1	1	1	1	1	0	1	1	0	1	0
1	1	1	1	1	1	0	1	0	0	1
1	1	1	1	1	1	1	0	0	0	0

根据真值表可以写出输出变量 Y_2、Y_1、Y_0 的表达式为

$$Y_2 = \overline{\overline{I_7} \cdot \overline{I_6} \cdot \overline{I_5} \cdot \overline{I_4}}, \qquad Y_1 = \overline{\overline{I_7} \cdot \overline{I_6} \cdot \overline{I_3} \cdot \overline{I_2}}, \qquad Y_0 = \overline{\overline{I_7} \cdot \overline{I_5} \cdot \overline{I_3} \cdot \overline{I_1}}$$

由表达式画出逻辑电路图如图 10-6(a)所示。图 10-6(b)是该 8/3 线互斥编码器的逻辑符号。

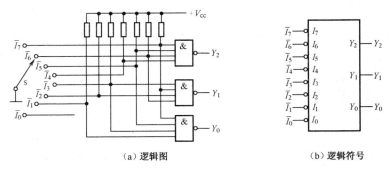

（a）逻辑图　　　　　　　　　　　　　（b）逻辑符号

图 10-6　8 线-3 线普通编码器

201

（2）优先编码器

与普通编码器不同，优先编码器允许同时有几个输入信号为有效电平，但电路只能对其中优先级别最高的信号进行编码。

同样以 8/3 线优先编码器为例，设输入信号 $I_7 \sim I_0$ 为高电平有效（"I"上不带反号），输出为原码（Y_2、Y_1、Y_0 上也没有反号）。若输入信号的优先级别依次为 $I_7, I_6, \cdots, I_1, I_0$，则可以得到表 10-5 所列的真值表（表中"×"表示取 0 取 1 均可）。显然，表中输入信号允许同时有多个为有效电平 1。

表 10-5　8 线-3 线优先编码器真值表

I_7	I_6	I_5	I_4	I_3	I_2	I_1	I_0	Y_2	Y_1	Y_0
1	×	×	×	×	×	×	×	1	1	1
0	1	×	×	×	×	×	×	1	1	0
0	0	1	×	×	×	×	×	1	0	1
0	0	0	1	×	×	×	×	1	0	0
0	0	0	0	1	×	×	×	0	1	1
0	0	0	0	0	1	×	×	0	1	0
0	0	0	0	0	0	1	×	0	0	1
0	0	0	0	0	0	0	1	0	0	0

由表 10-5 可分别写出 Y_2、Y_1、Y_0 的表达式：

$$Y_2 = I_7 + \overline{I_7}I_6 + \overline{I_7}\,\overline{I_6}I_5 + \overline{I_7}\,\overline{I_6}\,\overline{I_5}I_4 = I_7 + I_6 + I_5 + I_4$$

$$Y_1 = I_7 + \overline{I_7}I_6 + \overline{I_7}\,\overline{I_6}\,\overline{I_5}\,\overline{I_4}I_3 + \overline{I_7}\,\overline{I_6}\,\overline{I_5}\,\overline{I_4}\,\overline{I_3}I_2 = I_7 + I_6 + \overline{I_5}\,\overline{I_4}I_3 + \overline{I_5}\,\overline{I_4}I_2$$

$$Y_0 = I_7 + \overline{I_7}\,\overline{I_6}I_5 + \overline{I_7}\,\overline{I_6}\,\overline{I_5}\,\overline{I_4}I_3 + \overline{I_7}\,\overline{I_6}\,\overline{I_5}\,\overline{I_4}\,\overline{I_3}\,\overline{I_2}I_1 = I_7 + \overline{I_6}I_5 + \overline{I_6}\,\overline{I_4}I_3 + \overline{I_6}\,\overline{I_4}\,\overline{I_2}I_1$$

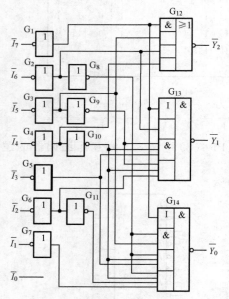

图 10-7　8 线-3 线优先编码器逻辑图

若用与或非门实现且反码输出，即输出为 $\overline{Y_2}$、$\overline{Y_1}$、$\overline{Y_0}$，则上面的式子可写成

$$\overline{Y_2} = \overline{I_7 + I_6 + I_5 + I_4}$$

$$\overline{Y_1} = \overline{I_7 + I_6 + \overline{I_5}\,\overline{I_4}I_3 + \overline{I_5}\,\overline{I_4}I_2}$$

$$\overline{Y_0} = \overline{I_7 + \overline{I_6}I_5 + \overline{I_6}\,\overline{I_4}I_3 + \overline{I_6}\,\overline{I_4}\,\overline{I_2}I_1}$$

如果输入为低电平有效，即 $\overline{I_7} \sim \overline{I_0}$ 以反变量输入，则根据 $\overline{Y_2}$、$\overline{Y_1}$、$\overline{Y_0}$ 的表达式可画出 8/3 线优先编码器的逻辑图，如图 10-7 所示。特别地，当输入低电平有效时，常将反相器的"o"画在输入端，如图中 $G_1 \sim G_7$。另外注意，图中 $\overline{I_0}$ 为隐含码，即当输入信号 $\overline{I_7} \sim \overline{I_1}$ 均无输入时（即 $\overline{I_7} \sim \overline{I_1}$ 均为 1），$\overline{Y_2}$、$\overline{Y_1}$、$\overline{Y_0}$ 均为 1，此即 $\overline{I_0}$ 的编码。

（3）集成 8/3 线优先编码器

图 10-8（a）是集成 TTL 8/3 线优先编码器 74LS148 的引脚排列图，图（b）是其逻辑符号，在理论分析中，采用的都是集成电路的逻辑符号。而集成电路的外部引脚排列图多用于实际连线中。表 10-6 是它的真值表。74LS148 除了具备表 10-5 所示的 8/3 线优先编码器的功能外，还增加了一些功能端 $\overline{ST}$、Y_S 和 $\overline{Y_{EX}}$。

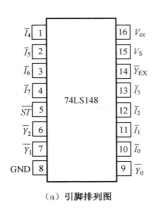
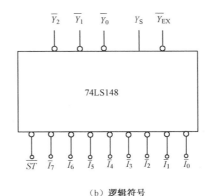

（a）引脚排列图	（b）逻辑符号

图 10-8　8 线-3 线优先编码器 74LS148

$\overline{ST}$为使能端,低电平有效,即当$\overline{ST}=0$时,电路才处于工作状态,对输入信号进行编码。否则,当$\overline{ST}=1$时,编码被禁止,输出为无效的高阻态,用 1 表示。

Y_S和$\overline{Y}_{EX}$分别称为选通输出端和扩展输出端,它们均用于编码器的级联扩展。级联应用时将高位片的Y_S端与低位片的$\overline{ST}$端连接起来,可以扩展编码器的功能,并且要使$Y_S=0$,$\overline{I}_7\sim$$\overline{I}_0$必须均为无效电平 1。$\overline{Y}_{EX}$在级联应用时可做输出位的扩展端。

表 10-6　74LS148 的真值表

输				入					输			出	
$\overline{ST}$	$\overline{I}_7$	$\overline{I}_6$	$\overline{I}_5$	$\overline{I}_4$	$\overline{I}_3$	$\overline{I}_2$	$\overline{I}_1$	$\overline{I}_0$	$\overline{Y}_2$	$\overline{Y}_1$	$\overline{Y}_0$	$\overline{Y}_{EX}$	Y_S
1	×	×	×	×	×	×	×	×	1*	1*	1*	1	1
0	1	1	1	1	1	1	1	1	1*	1*	1*	1	0
0	0	×	×	×	×	×	×	×	0	0	0	0	1
0	1	0	×	×	×	×	×	×	0	0	1	0	1
0	1	1	0	×	×	×	×	×	0	1	0	0	1
0	1	1	1	0	×	×	×	×	0	1	1	0	1
0	1	1	1	1	0	×	×	×	1	0	0	0	1
0	1	1	1	1	1	0	×	×	1	0	1	0	1
0	1	1	1	1	1	1	0	×	1	1	0	0	1

注:表中"1*"表示输出为高阻态。

【例 10-4】　试用两片 8/3 线优先编码器 74LS148 级联,构成 16/4 线编码器。

【解】　连线图如图 10-9 所示。

$\overline{A}_{15}\sim\overline{A}_0$是编码输入信号,低电平有效,$\overline{A}_{15}$优先级别最高,$\overline{A}_0$优先级别最低;$\overline{Z}_3\sim\overline{Z}_0$组成 4 位二进制反码作为输出信号。

当高位片无输入而低位片有输入时(即$\overline{A}_{15}\sim\overline{A}_8$全为 1,$\overline{A}_7\sim\overline{A}_0$中至少有一个为 0 时),高位片的$Y_S=0$,低位片工作,$\overline{Z}_3=1$,输出为$\overline{A}_7\sim\overline{A}_0$的编码 1000～1111(反码)。

当高位片有输入时(即$\overline{A}_{15}\sim\overline{A}_8$中至少有一个为低电平时),高位片的$Y_S=0$,低位片停止工作,$\overline{Z}_3=0$,输出为$\overline{A}_{15}\sim\overline{A}_8$的编码 0000～0111(反码)。

3. 十进制编码器

将 10 个输入信号 $I_9\sim I_0$ 分别编成对应的 8421BCD 码的电路称为十进制编码器。

十进制编码器有 10 个输入信号,输出是 4 位二进制代码。4 位二进制代码可以组成 16

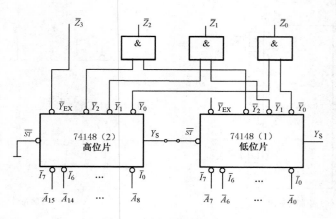

图 10-9　例 10-4 的连线图

种状态,而十进制编码器只需其中的 10 个,因而它属于部分编码,可称为 10/4 线编码器。又因为其输出多为 8421BCD 码,故也称为二-十进制编码器或 8421BCD 码编码器。

计算机的键盘输入逻辑电路就是由编码器组成的。图 10-10 所示是用 10 个按键和门电路组成的 8421BCD 码编码器,其中 $\bar{I}_0 \sim \bar{I}_9$ 代表 10 个按键,即对应十进制数 0~9 的输入键,低电平有效;A、B、C、D 为输出代码,组成 4 位 8421BCD 码,且为原码,A 为代码的最高位,D 为最低位。GS 为控制使能标志,高电平有效,GS 为高电平时,表明有信号输入,编码器工作,否则,GS 为低电平时,无信号输入,编码器不工作。

集成十进制编码器中,常见的是 10 线-4 线优先编码器 74LS147,图 10-11 所示为 74LS147 的引脚排列图。74LS147 的输入端为 $\bar{I}_0 \sim \bar{I}_9$,低电平有效,优先权从 $\bar{I}_9$ 到 $\bar{I}_0$ 依次降低;输出端为 $\bar{Y}_3$、$\bar{Y}_2$、$\bar{Y}_1$、$\bar{Y}_0$,组成 4 位 8421BCD 码,$\bar{Y}_3$ 为最高位,$\bar{Y}_0$ 为最低位,且输出为反码。

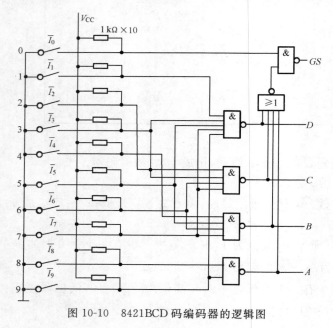

图 10-10　8421BCD 码编码器的逻辑图

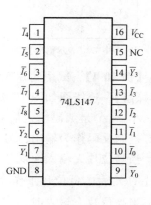

图 10-11　74LS147 的引脚排列图

10.2.2 译码器

1. 什么是译码

将具有特定含义的二进制代码翻译成原始信息的过程叫译码。能够实现译码功能的电路叫做译码器。译码是编码的逆过程。

编码器是将 N 个输入信号用 n 变量的不同二进制组合表示出来,而译码器则是将 n 变量的不同二进制组合所表示的状态一一反映出来。若译码器有 n 个输入信号,N 个输出信号,则应有 $N \leqslant 2^n$。当 $N = 2^n$ 时,称为全译码器,也叫二进制译码器;当 $N < 2^n$ 时,称为部分译码器。

常用的译码器有二进制译码器、十进制译码器和显示译码器。

2. 二进制译码器

图 10-12 是二进制译码器的框图。图中 $A_1 \sim A_n$ 是 n 个输入信号,组成 n 位二进制代码,A_n 是代码的最高位,A_1 是代码的最低位,代码可能是原码,也可能是反码,若为反码,则"A"字母上面要带反号;$Y_1 \sim Y_{2^n}$ 是输出信号,可能是高电平有效,也可能是低电平有效,若为低电平有效,则"Y"字母上要带反号。

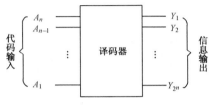

图 10-12 二进制译码器框图

图 10-13 是集成 3/8 线译码器 74LS138 的逻辑图和引脚排列图,其中 ST_A、$\overline{ST_B}$、$\overline{ST_C}$ 是使能端,只有当 $ST_A = 1$ 且 $\overline{ST_B} = \overline{ST_C} = 0$ 时,译码器才工作;否则,译码器处于非工作状态。

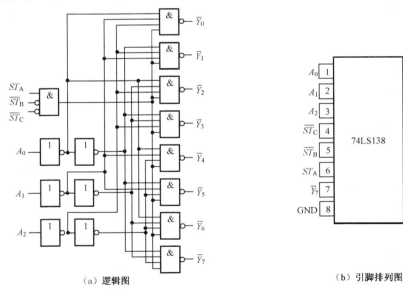

(a) 逻辑图   (b) 引脚排列图

图 10-13 3 线-8 线译码器 74LS138

表 10-7 示出了 74LS138 的真值表。真值表能够全面清楚地反映电路的工作原理。由 74LS138 的真值表可以看出,其输入信号为原码,A_2 是最高位;输出为低电平有效,译码过程中,根据 $A_2 A_1 A_0$ 的取值组合,$\overline{Y_0} \sim \overline{Y_7}$ 中的某一个输出为低电平,且 $\overline{Y_i} = \overline{m_i}(i = 0, 1, 2, \cdots, 7)$,$m_i$ 为最小项。这一特点是全译码器所共有的。据此,可以用集成译码器实现组合逻辑函数。

表 10-7　74LS138 真值表

输　入						输　出							
ST_A	$\overline{ST_B}$	$\overline{ST_C}$	A_2	A_1	A_0	$\overline{Y}_0$	$\overline{Y}_1$	$\overline{Y}_2$	$\overline{Y}_3$	$\overline{Y}_4$	$\overline{Y}_5$	$\overline{Y}_6$	$\overline{Y}_7$
0	×	×	×	×	×	1	1	1	1	1	1	1	1
1	1	×	×	×	×	1	1	1	1	1	1	1	1
1	×	1	×	×	×	1	1	1	1	1	1	1	1
1	0	0	0	0	0	0	1	1	1	1	1	1	1
1	0	0	0	0	1	1	0	1	1	1	1	1	1
1	0	0	0	1	0	1	1	0	1	1	1	1	1
1	0	0	0	1	1	1	1	1	0	1	1	1	1
1	0	0	1	0	0	1	1	1	1	0	1	1	1
1	0	0	1	0	1	1	1	1	1	1	0	1	1
1	0	0	1	1	0	1	1	1	1	1	1	0	1
1	0	0	1	1	1	1	1	1	1	1	1	1	0

【例 10-5】　用集成译码器并辅以适当门电路实现下列组合逻辑函数：

$$Y = \overline{A}\,\overline{B} + AB + \overline{B}C$$

【解】　要实现的是一个 3 变量的逻辑函数，因此应选用 3/8 线译码器，用 74LS138。将所给表达式化成最小项表达式，进而转换成与非-与非式：

$$Y = \overline{A}\,\overline{B} + AB + \overline{B}C = \overline{A}\,\overline{B}\,\overline{C} + \overline{A}\,\overline{B}C + A\overline{B}C + AB\overline{C} + ABC =$$
$$m_0 + m_1 + m_5 + m_6 + m_7 = \overline{\overline{m_0}\,\overline{m_1}\,\overline{m_5}\,\overline{m_6}\,\overline{m_7}} = \overline{\overline{Y}_0\,\overline{Y}_1\,\overline{Y}_5\,\overline{Y}_6\,\overline{Y}_7}$$

由表达式可知，需外接与非门实现，画出逻辑图如图 10-14 所示。

用多片集成译码器同样可以实现功能扩展。

【例 10-6】　试用两片 3/8 线译码器 74LS138 构成 4/16 线译码器。

【解】　级联图如图 10-15 所示。其中 $D_3D_2D_1D_0$ 为 4 位代码输入端，D_3 是最高位，当 $D_3=0$ 时，译码器（I）工作，$D_3=1$ 时，译码器（II）工作。因此，可用 D_3 作为选通信号，分别控制两个译码器轮流工作。

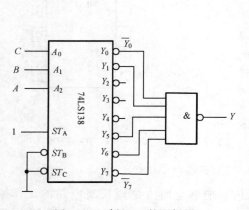

图 10-14　例 10-5 的逻辑图

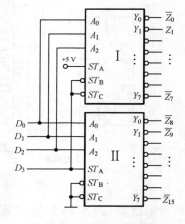

图 10-15　例 10-6 级联图

3. 十进制译码器

将 8421BCD 码翻译成 10 个对应的十进制数码的电路称为十进制译码器，也叫二-十进制译码器，它属于 4/10 线译码器。

图 10-16 示出了集成 4/10 线译码器 74LS42 的引脚排列图。它的输入为 4 位二进制代码 $A_3A_2A_1A_0$，A_3 为最高位，A_0 为最低位，并且是原码输入；输出信号是 $\overline{Y}_0 \sim \overline{Y}_9$，共 10 个信号输出端，低电平有效。

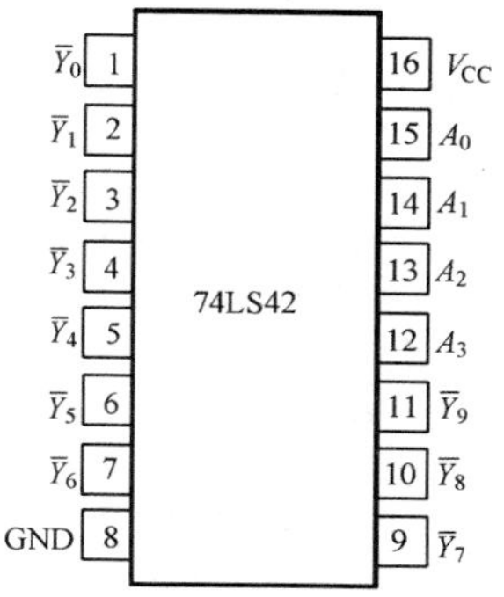

4. 显示译码器

在实际中，被译出的信号经常需要直观地显示出来，这就需要显示译码器。显示译码器通常由译码电路、驱动电路和显示器等组成。常用的显示译码器将译码电路与驱动电路合于一身。

（1）显示器

在数字系统中，广泛使用七段字符显示器，或称七段数码管显示器。常用的七段显示器有半导体数码管显示器（LED）和液晶显示器（LCD），这里仅介绍半导体七段显示器。

图 10-17(a) 是七段显示器的示意图，它由 a～g 七个光段组成，每个光段都是一个发光二极管（Light Emitting Diode，LED），如图 10-17(b) 所示。根据需要，可让其中的某些段发光，即可显示出数字 0～15，如图 10-18 所示。

图 10-16　十进制译码器 74LS42

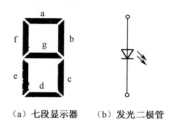

（a）七段显示器　　（b）发光二极管

图 10-17　七段显示器

图 10-18　字符显示

七段显示器分共阴极接法和共阳极接法，分别如图 10-19(a) 和 (b) 所示。当共阴极接法时，若需某段发光，则需使该段(a,b,…,g)为高电平；当共阳极接法时，若需某段发光，则需使该段(a,b,…,g)为低电平。

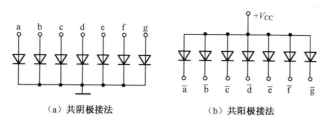

（a）共阴极接法　　　　　　　（b）共阳极接法

图 10-19　发光二极管的接法

（2）集成 4 线-7 段译码器

4 线-7 段集成译码器 74LS247 的输入是 8421BCD 码 $A_3A_2A_1A_0$，并且是原码；输出是 $\overline{Y}_a$、$\overline{Y}_b$、$\overline{Y}_c$、$\overline{Y}_d$、$\overline{Y}_e$、$\overline{Y}_f$、$\overline{Y}_g$，低电平有效，它要与共阳极接法的显示器配合使用。表 10-8 和图 10-20 分别是 74LS247 的功能表（真值表）和引脚排列图。下面对其中的几个功能端做一下介绍。

$\overline{LT}$ 为灯测试输入端，低电平有效。当 $\overline{LT}=0$ 时，无论 $A_3 \sim A_0$ 为何种输入组合，$\overline{Y}_a \sim \overline{Y}_g$ 的状态均为 0，七段数码管全部发光，用以检查七段显示器各字段是否能正常发光。

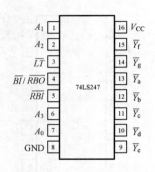

图 10-20　74LS247 外部引线排列

$\overline{RBI}$ 为灭零输入端,当 $\overline{RBI}=0$ 时,若 $A_3A_2A_1A_0=0000$,则所有光段均灭,用以熄灭不必要的零,以提高视读的清晰度。例如 03.20,前后的两个零是多余的,可以通过在对应位加灭零信号($\overline{RBI}=0$)的方法去掉多余的零。

$\overline{BI}/\overline{RBO}$ 为消隐输入/灭零输出端(一般共用一个输出端)。$\overline{BI}$ 为消隐输入端,它是为了降低显示系统的功耗而设置的,当 $\overline{BI}=0$ 时,无论 $\overline{LT}$、$\overline{RBI}$ 及数码输入 $A_3\sim A_0$ 状态如何,输出 $\overline{Y}_a\sim \overline{Y}_g$ 状态均为 1,七段数码管全灭,不显示数字;当 $\overline{BI}=1$ 时,显示译码器正常工作。正常显示情况下,$\overline{BI}$ 必须接高电平或开路,$\overline{BI}$ 是级别最高的控制信号。

$\overline{RBO}$ 为灭零输出端,它主要用作灭零指示,当该片输入 $A_3A_2A_1A_0=0000$ 并熄灭时,$\overline{RBO}=0$,将其引向低位片的灭零输入 $\overline{RBI}$ 端,允许低一位灭零。反之,$\overline{RBO}=1$,说明本位处于显示状态,就不允许低一位灭零。

表 10-8　74LS247

输　　入							输　　出							字形
$\overline{LT}$	$\overline{RBI}$	A_3	A_2	A_1	A_0	$\overline{BI}/\overline{RBO}$	$\overline{Y}_a$	$\overline{Y}_b$	$\overline{Y}_c$	$\overline{Y}_d$	$\overline{Y}_e$	$\overline{Y}_f$	$\overline{Y}_g$	
1	1	0	0	0	0	1	0	0	0	0	0	0	1	0
1	×	0	0	0	1	1	1	0	0	1	1	1	1	1
1	×	0	0	1	0	1	0	0	1	0	0	1	0	2
1	×	0	0	1	1	1	0	0	0	0	1	1	0	3
1	×	0	1	0	0	1	1	0	0	1	1	0	0	4
1	×	0	1	0	1	1	0	1	0	0	1	0	0	5
1	×	0	1	1	0	1	1	1	0	0	0	0	0	6
1	×	0	1	1	1	1	0	0	0	1	1	1	1	7
1	×	1	0	0	0	1	0	0	0	0	0	0	0	8
1	×	1	0	0	1	1	0	0	0	1	1	0	0	9
1	×	1	0	1	0	1	1	1	1	0	0	1	0	⊏
1	×	1	0	1	1	1	1	1	0	0	1	1	0	⊐
1	×	1	1	0	0	1	1	0	1	1	0	0	0	⊔
1	×	1	1	0	1	1	0	1	1	0	1	0	0	⊑
1	×	1	1	1	0	1	1	1	1	0	0	0	0	⊢
1	×	1	1	1	1	1	1	1	1	1	1	1	1	全灭
×	×	×	×	×	×	0	1	1	1	1	1	1	1	全灭
1	0	0	0	0	0	0	1	1	1	1	1	1	1	全灭
0	×	×	×	×	×	1	0	0	0	0	0	0	0	全点燃

将灭零输入端 $\overline{RBI}$ 和灭零输出端 $\overline{RBO}$ 配合使用,即可实现多位十进制数码显示系统的整数前和小数后的灭零控制。图 10-21 示出了灭零控制的连接方法,其整数部分是将高位的 $\overline{RBO}$ 与后一位的 $\overline{RBI}$ 相连,而小数部分是将低位的 $\overline{RBO}$ 与前一位的 $\overline{RBI}$ 相连。在此电路的整数显示部分,最高位译码器的 $\overline{RBI}$ 接地,$\overline{RBI}$ 端始终处于有效电平,一旦此位的输入为 0,就将进行灭零操作,并通过 $\overline{RBO}$ 端将灭零输出的低电平向后一位传递,开启后一位的灭零功能。同样,在小数显示部分,最低位译码器的灭零输入端 $\overline{RBI}$ 端始终处于有效电平,一旦此位的输入为 0,就将进行灭零操作,并通过 $\overline{RBO}$ 将灭零输出的低电平向前传递,开启前一位的灭零功能。依此方

法,就可把整数前和小数后的多余的零灭掉。例如,若七位数为 0042.300,则显示 42.3;若为 9113.101 则显示 9113.101;若为 0513.072 则显示 513.072;若为 6103.140 则显示 6103.14。

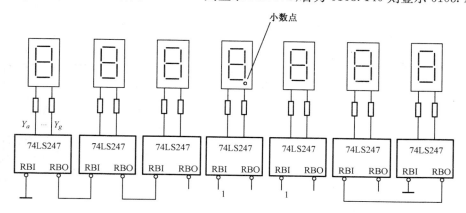

图 10-21　有灭零功能的数码显示系统

10.2.3　加法器

加法器是计算机中重要的运算部件。

1. 半加器和全加器

加法器分半加器和全加器。所谓半加,是指两个 1 位二进制数相加,没有低位来的进位的加法运算,实现半加运算的电路称半加器。全加是指两个同位的加数和来自低位的进位 3 个数相加的运算,实现全加的电路叫全加器。

半加器和全加器的逻辑符号分别如图 10-22(a)、(b) 所示。

如果用 A_i、B_i 表示 A、B 两个数的第 i 位,用 C_{i-1} 表示来自低位(第 $i-1$ 位)的进位,用 S_i 表示全加和,用 C_i 表示送给高位(第 $i+1$ 位)的进位,那么根据全加运算的规则便可以列出全加器的真值表,如表 10-9 所列。

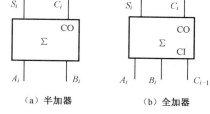

(a) 半加器　　　　(b) 全加器

图 10-22　加法器的逻辑符号

根据真值表可得

$$S_i = \overline{A}_i\,\overline{B}_i C_{i-1} + \overline{A}_i B_i \overline{C}_{i-1} + A_i \overline{B}_i \overline{C}_{i-1} + A_i B_i C_{i-1}$$

$$C_i = \overline{A}_i B_i C_{i-1} + A_i \overline{B}_i C_i + A_i B_i \overline{C}_{i-1} + A_i B_i C_{i-1} = A_i B_i + A_i C_{i-1} + B_i C_{i-1}$$

若用与门、或门实现,则可根据上述 S_i 和 C_i 的表达式直接画出如图 10-23 所示的逻辑电路图。

表 10-9　全加器真值表

A_i	B_i	C_{i-1}	S_i	C_i	A_i	B_i	C_{i-1}	S_i	C_i
0	0	0	0	0	1	0	0	1	0
0	0	1	1	0	1	0	1	0	1
0	1	0	1	0	1	1	0	0	1
0	1	1	0	1	1	1	1	1	1

2. 集成全加器及其应用

74H183、74LS183 是集成双全加器,它是在 1 个芯片中封装了两个功能相同且相互独立的全加器,功能表同表 10-9,引脚排列图如图 10-24 所示,图中"NC"表示没有用的"空引脚"。

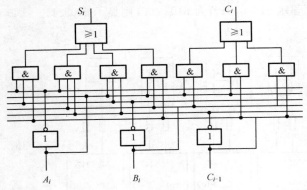

图 10-23　用与门、或门构成的全加器

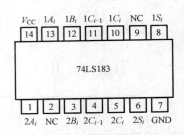

图 10-24　全加器 74LS183 的引脚排列图

把 4 个全加器(如两片 74LS183)依次级联起来,便可构成 4 位串行进位加法器,如图 10-25所示。

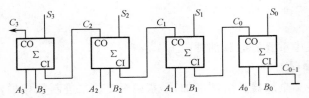

图 10-25　4 位串行进位加法器

串行进位加法器电路结构简单,工作过程的分析一目了然,但工作速度较低。为了提高工作速度,出现了超前进位加法器。超前进位加法器除含有求和电路之外,在内部还增加了超前进位电路,使之在做加法运算的同时,快速求出向高位的进位,因此,该电路运算速度较快。

10.2.4　数值比较器

比较两个二进制数 A 和 B 大小关系的电路称为数值比较器。比较的结果有 3 种情况:$A>B$、$A=B$、$A<B$,分别通过 3 个输出端给予指示。

1. 1 位数值比较器

1 位数值比较器是比较两个 1 位二进制数大小关系的电路。它有两个输入端 A 和 B,3 个输出端 $Y_0(A>B)$、$Y_1(A=B)$ 和 $Y_2(A<B)$。根据 1 位数值比较器的定义,可列出真值表如表 10-10 所列。根据表 10-10 可得输出信号的表达式为

$$Y_0 = A\overline{B},\qquad Y_1 = \overline{A}\,\overline{B}+AB,\qquad Y_2 = \overline{A}B$$

根据表达式画出逻辑图,如图 10-26 所示。

表 10-10　1 位数值比较器真值表

A	B	$Y_0(A>B)$	$Y_1(A=B)$	$Y_2(A<B)$
0	0	0	1	0
0	1	0	0	1
1	0	1	0	0
1	1	0	1	0

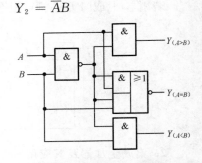

图 10-26　1 位数值比较器逻辑图

2. 4 位数值比较器

4 位数值比较器是比较两个 4 位二进制数大小关系的电路,一般由 4 个 1 位数值比较器组合而成。输入是两个相比较的 4 位二进制数 $A = A_3 A_2 A_1 A_0$、$B = B_3 B_2 B_1 B_0$,输出同 1 位数值比较器,也是 3 个输出端。其真值表如表 10-11 所列。

表 10-11　4 位集成数值比较器的真值表

比　较　输　入				级　联　输　入			输　　出		
A_3　B_3	A_2　B_2	A_1　B_1	A_0　B_0	$I_{(A<B)}$	$I_{(A=B)}$	$I_{(A>B)}$	$Y_{2(A<B)}$	$Y_{1(A=B)}$	$Y_0 (A>B)$
$A_3 > B_3$	×	×	×	×	×	×	0	0	1
$A_3 = B_3$	$A_2 > B_2$	×	×	×	×	×	0	0	1
$A_3 = B_3$	$A_2 > B_2$	$A_1 > B_1$	×	×	×	×	0	0	1
$A_3 = B_3$	$A_2 = B_2$	$A_1 = B_1$	$A_0 > B_0$	×	×	×	0	0	1
$A_3 = B_3$	$A_2 = B_2$	$A_1 = B_1$	$A_0 = B_0$	0	0	1	0	0	1
$A_3 = B_3$	$A_2 = B_2$	$A_1 = B_1$	$A_0 = B_0$	0	1	0	0	1	0
$A_3 = B_3$	$A_2 = B_2$	$A_1 = B_1$	$A_0 = B_0$	1	0	0	1	0	0
$A_3 < B_3$	×	×	×	×	×	×	1	0	0
$A_3 = B_3$	$A_2 < B_2$	×	×	×	×	×	1	0	0
$A_3 = B_3$	$A_2 = B_2$	$A_1 < B_1$	×	×	×	×	1	0	0
$A_3 = B_3$	$A_2 = B_2$	$A_1 = B_1$	$A_0 < B_0$	×	×	×	1	0	0

分析表 10-11 可以看出:

(1) 4 位数值比较器实现比较运算是依照"高位数大则该数大,高位数小则该数小,高位相等看低位"的原则,从高位到低位依次进行比较而得到的。

(2) $I_{(A>B)}$、$I_{(A=B)}$、$I_{(A<B)}$ 是级联输入端,应用级联输入端可以扩展比较器的位数,方法是将低位片的输出 $Y_0(A>B)$、$Y_1(A=B)$ 和 $Y_2(A<B)$ 分别与高位片的级联输入端 $I(A>B)$、$I(A=B)$、$I(A<B)$ 相连。不难理解,只有当高位数相等,低 4 位比较的结果才对输出起决定性的作用。

3. 集成数值比较器及其应用

74LS85 是集成 4 位数值比较器,图 10-27 是它的引脚排列图。

【例 10-7】　试用两片 4 位数值比较器 74LS85 组成 8 位数值比较器。

【解】　根据以上分析,两片数值比较器级联,只要将低位片的输出 $Y_0(A>B)$、$Y_1(A=B)$ 和 $Y_2(A<B)$ 分别与高位片的级联输入端 $I(A>B)$、$I(A=B)$、$I(A<B)$ 相连,再将低位片的 $I(A>B)$、$I(A<B)$ 接地,$I(A=B)$ 接高电平即可,如图 10-28 所示。

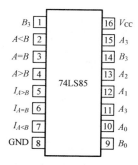

图 10-27　74LS85 的引脚排列图

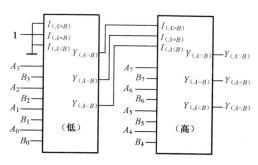

图 10-28　例 10-7 的连线图

例 10-7 实际是采用串联方式扩展数值比较器的位数,当位数较多且要满足一定的速度要求时,可以采取并联方式。图 10-29 所示为 16 位数值比较器的原理图。比较方法是:采用两级比较方式,将 16 位数按高低位次序分成 4 组,每组 4 位,各组的比较是并行进行的。将每组的比较结果再经 4 位比较器进行比较后得出结果。显然,从数据输入到稳定输出只需两倍的4 位比较器的延迟时间,若用串联方式,则 16 位的数值比较器从输入到稳定输出需要 4 倍的 4位比较器的延迟时间。

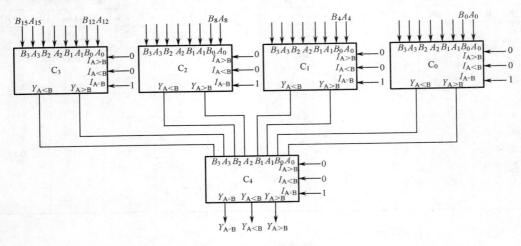

图 10-29　16 位数值比较器的原理图

10.2.5　数据选择器

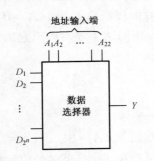

图 10-30　数据选择器结构框图

根据输入地址码的不同,从多路输入数据中选择一路进行输出的电路称为数据选择器,又称多路开关。在数字系统中,经常利用数据选择器将多条传输线上的不同数字信号按要求选择其中之一送到公共数据线上。

图 10-30 是数据选择器的结构框图。设地址输入端有 n个,这 n 个地址输入端组成 n 位二进制代码,则输入端最多可有2^n 个输入信号,但输出端却只有一个。

根据输入信号的个数,数据选择器可分为 4 选 1、8 选 1、16选 1 数据选择器等。

1.4 选 1 数据选择器

图 10-31(a)是 4 选 1 数据选择器的逻辑图,图(b)是其方框图。图中 $D_0 \sim D_3$ 为 4 个数据输入端,Y 为输出端,$A_1 A_0$ 为地址输入端,S 为选通(使能)输入端,低电平有效。

分析图 10-31(a)所示电路,可写出输出信号 Y 的表达式为

$$Y = (\overline{A}_1 \, \overline{A}_0 D_0 + \overline{A}_1 A_0 D_1 + A_1 \overline{A}_0 D_2 + A_1 A_0 D_3) \, \overline{\overline{S}}$$

当 $\overline{S}=1$ 时,$Y=0$,数据选择器不工作;当 $\overline{S}=0$ 时,$Y=\overline{A}_1\overline{A}_0 D_0 + \overline{A}_1 A_0 D_1 + A_1\overline{A}_0 D_2 + A_1 A_0 D_3$,此时,根据地址码 $A_1 A_0$ 的不同,将从 $D_0 \sim D_3$ 中选出 1 个数据输出。如果地址码 $A_1 A_0$ 依次改变,由 00→01→10→11,则输出端将依次输出 D_0、D_1、D_2、D_3,这样就可以将并行输入的代码变为串行输出的代码。

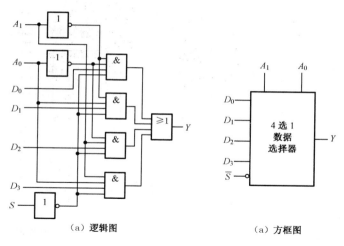

(a) 逻辑图　　　　　　　　　　（a) 方框图

图 10-31　4 选 1 数据选择器

4 选 1 数据选择器的典型电路是 74LS153。74LS153 实际上是双 4 选 1 数据选择器,其内部有两片功能完全相同的 4 选 1 数据选择器,表 10-12 是它的真值表。$\overline{ST}$ 是选通输入端,低电平有效。

表 10-12　74LS153 真值表

$\overline{ST}$	A_1	A_0	D_0	D_1	D_2	D_3	Y
1	×	×	×	×	×	×	0
0	0	0	D_0	×	×	×	D_0
0	0	1	×	D_1	×	×	D_1
0	1	0	×	×	D_2	×	D_2
0	1	1	×	×	×	D_3	D_3

74LS153 的引脚排列图和逻辑符号分别如图 10-32(a)、(b)所示。

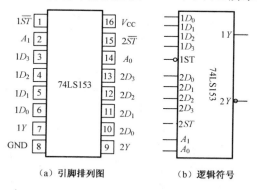

(a) 引脚排列图　　　　　　（b) 逻辑符号

图 10-32　集成数据选择器 74LS153

2. 8 选 1 数据选择器

集成 8 选 1 数据选择器 74LS151 真值表如表 10-13 所列。可以看出,74LS151 有一个使能端 $\overline{ST}$,低电平有效;两个互补输出端 Y 和 $\overline{W}$,其输出信号相反。由真值表可写出 Y 的表达式

$$Y = (\overline{A_2}\,\overline{A_1}\,\overline{A_0}D_0 + \overline{A_2}\,\overline{A_1}A_0D_1 + \overline{A_2}A_1\,\overline{A_0}D_2 + \overline{A_2}A_1A_0D_3 +$$

$$A_2\,\overline{A_1}\,\overline{A_0}D_4 + A_2\,\overline{A_1}A_0D_5 + A_2A_1\,\overline{A_0}D_6 + A_2A_1A_0D_7)\,\overline{ST}$$

当 $\overline{ST}=1$ 时，$Y=0$，数据选择器不工作；当 $\overline{ST}=0$ 时，根据地址码 $A_2A_1A_0$ 的不同，将从 $D_0\sim$ D_7 中选出一个数据输出。图 10-33 所示为 74LS151 的引脚排列图和逻辑符号。

表 10-13　74LS151 真值表

$\overline{ST}$	A_2	A_1	A_0	Y	$\overline{W}$
1	×	×	×	0	1
0	0	0	0	D_0	$\overline{D_0}$
0	0	0	1	D_1	$\overline{D_1}$
0	0	1	0	D_2	$\overline{D_2}$
0	0	1	1	D_3	$\overline{D_3}$
0	1	0	0	D_4	$\overline{D_4}$
0	1	0	1	D_5	$\overline{D_5}$
0	1	1	0	D_6	$\overline{D_6}$
0	1	1	1	D_7	$\overline{D_7}$

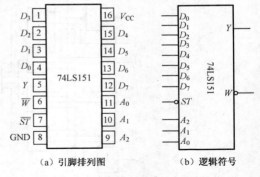

（a）引脚排列图　　（b）逻辑符号

图 10-33　集成数据选择器 74LS151

3. 数据选择器的典型应用

（1）数据选择器的功能扩展——扩展通道

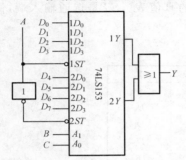

图 10-34　8 选 1 数据选择器的连线图

利用选通端及外加辅助门电路可以实现数据选择器的功能扩展，以达到扩展通道的目的。例如，用两个 4 选 1 数据选择器（可选 1 片 74LS153）通过级联，构成 8 选 1 数据选择器，其连线图如图 10-34 所示。当 $A=0$ 时，选中第一块 4 选 1 数据选择器，根据地址码 BC 的组合，从 $D_0\sim D_3$ 中选一路数据输出；当 $A=1$ 时，选中第二块，根据 BC 的组合，从 $D_4\sim D_7$ 中选一路数据输出。

再如，用两片 8 选 1 数据选择器（74LS151）通过级联，可以扩展成 16 选 1 数据选择器，连线图如图 10-35 所示。

用 4 片 74LS151 和 1 片 74LS139 可以构成 32 选 1 数据选择器，连线图如图 10-36 所示。74LS139 是 2/4 线译码器，$\overline{S}$ 是使能端，低电平有效。

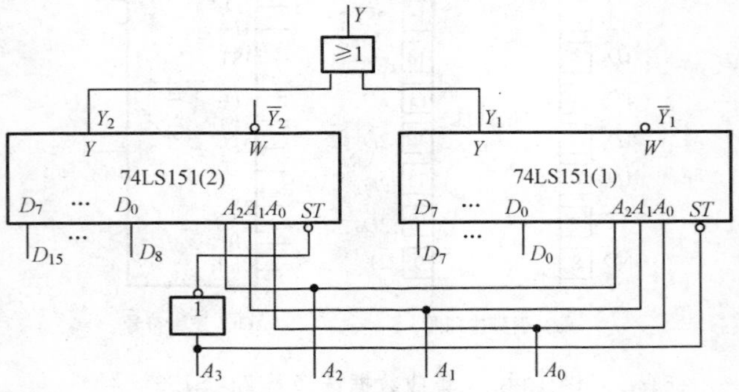

图 10-35　16 选 1 数据选择器连线图

（2）实现逻辑函数

用数据选择器也可以实现逻辑函数，这是因为数据选择器输出信号逻辑表达式具有以下特点：① 具有标准与或表达式的形式；② 提供了地址变量的全部最小项；③ 一般情况下，输入信号 D_i 可以当成一个变量处理。而且我们知道，任何组合逻辑函数都可以写成唯一的最小项

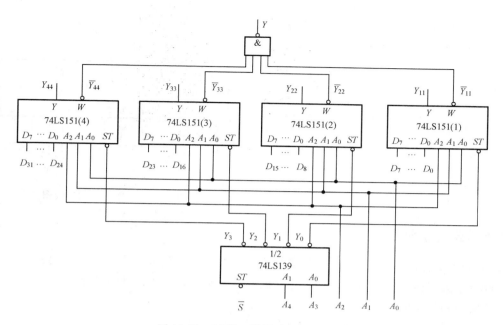

图 10-36 32 选 1 数据选择器连线图

表达式的形式,因此,从原理上讲,应用对照比较的方法,用数据选择器可以不受限制地实现任何组合逻辑函数。如果函数的变量数为 k,那么应选用地址变量数为 $n=k$ 或 $n=k-1$ 的数据选择器。

【例 10-8】 用数据选择器实现如下函数:
$$F = \overline{A}\,\overline{B}\,\overline{C}\,\overline{D} + \overline{A}\,\overline{B}CD + \overline{A}B\,\overline{C}\,\overline{D} + \overline{A}B\,\overline{C}D + A\,\overline{B}\,\overline{C}D + A\,\overline{B}C\,\overline{D} + AB\,\overline{C}\,\overline{D} + AB\,\overline{C}D$$

【解】 函数变量个数为 4,则可选用地址变量为 3 的 8 选 1 数据选择器实现,这里选用 74LS151。将函数 F 的前三个变量 A、B、C 作为 8 选 1 数据选择器的地址码 $A_2 A_1 A_0$,剩下一个变量 D 作为数据选择器的输入数据。已知 8 选 1 数据选择器的逻辑表达式为
$$Y = \overline{A}_2\,\overline{A}_1\,\overline{A}_0 D_0 + \overline{A}_2\,\overline{A}_1 A_0 D_1 + \overline{A}_2 A_1\,\overline{A}_0 D_2 + \overline{A}_2 A_1 A_0 D_3 +$$
$$A_2\,\overline{A}_1\,\overline{A}_0 D_4 + A_2\,\overline{A}_1 A_0 D_5 + A_2 A_1\,\overline{A}_0 D_6 + A_2 A_1 A_0 D_7$$

比较 Y 与 F 的表达式可知
$$D_0 = \overline{D} \quad D_1 = D \quad D_2 = 1 \quad D_3 = 0 \quad D_4 = D \quad D_5 = \overline{D} \quad D_6 = 1 \quad D_7 = 0$$
根据以上结果画出连线图,如图 10-37 所示。

用 74LS151 也可实现 3 变量逻辑函数。

【例 10-9】 试用数据选择器实现逻辑函数 $F = AB + BC + AC$。

【解】 将函数表达式 Y 整理成最小项之和形式:
$$F = AB + BC + AC = AB(C + \overline{C}) + BC(A + \overline{A}) + AC(B + \overline{B})$$
$$= \overline{A}BC + A\,\overline{B}C + AB\,\overline{C} + ABC$$

比较逻辑表达式 F 和 8 选 1 数据选择器的逻辑表达式 Y,最小项的对应关系为 $F = Y$,则 $A = A_2$,$B = A_1$,$C = A_0$,Y 中包含 F 的最小项时,函数 $D_n = 1$,未包含最小项时,$D_n = 0$。于是可得
$$D_0 = D_1 = D_2 = D_4 = 0 \qquad\qquad D_3 = D_5 = D_6 = D_7 = 1$$
根据上面分析的结果,画出连线图,如图 10-38 所示。

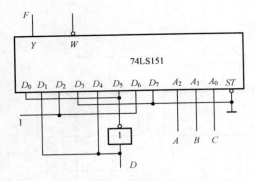

图 10-37 例 10-8 的连线图

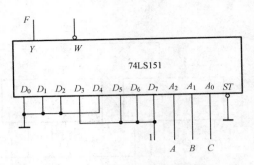

图 10-38 例 10-9 的连线图

10.2.6 数据分配器

根据输入地址码的不同,将一个数据源输入的数据传送到多个不同输出通道的电路称为数据分配器,又叫多路分配器。如一台计算机的数据要分时传送到打印机、绘图仪和监控终端中去,就要用到数据分配器。

根据输出端的个数,数据分配器可分为 1 路-4 路、1 路-8 路、1 路-16 路数据分配器等。下面以 1 路-4 路数据分配器为例介绍。

图 10-39 所示为 1 路-4 路数据分配器的结构框图。其中,1 个输入数据用 D 表示;两个地址输入端用 $A_1 A_0$ 表示;4 个数据输出端用 Y_0、Y_1、Y_2、Y_3 表示。

令 $A_1 A_0 = 00$ 时,选中输出端 Y_0,即 $Y_0 = D$;$A_1 A_0 = 01$ 时,选中输出端 Y_1,即 $Y_1 = D$;$A_1 A_0 = 10$ 时,选中输出端 Y_2,即 $Y_2 = D$;$A_1 A_0 = 11$ 时,选中输出端 Y_3,即 $Y_3 = D$。根据此约定,可列出真值表如表 10-14 所列。

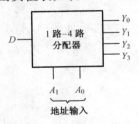

图 10-39 1 路-4 路数据分配
器结构框图

表 10-14 1 路-4 路分配器的真值表

输	入	输	出		
A_1	A_0	Y_0	Y_1	Y_2	Y_3
0	0	D	0	0	0
0	1	0	D	0	0
1	0	0	0	D	0
1	1	0	0	0	D

(表左侧竖写 D)

由表 10-14 所列真值表,可直接得到

$$Y_0 = D \overline{A_1}\, \overline{A_0} \qquad Y_1 = D \overline{A_1} A_0 \qquad Y_2 = D A_1 \overline{A_0} \qquad Y_3 = D A_1 A_0$$

根据上式可画出如图 10-40 所示的逻辑电路图。

数据分配器可以用唯一地址译码器实现。例如,用 3/8 线译码器 74LS138 作为数据分配器,可以根据输入端 $A_2 A_1 A_0$ 的不同状态,把数据分配到 8 个不同的通道上去,即实现 1 路-8 路数据分配器的作用。用 74LS138 作为数据分配器的逻辑原理图如图 10-41 所示。

图中,将 ST_C 接低电平,ST_A 作为使能端,高电平有效,A_2、A_1 和 A_0 作为选择通道地址输入,$\overline{ST_B}$ 作为数据输入端。例如,当 $ST_A = 1$,$A_2 A_1 A_0 = 010$ 时,由 74LS138 的功能表可得

$$Y_2 = \overline{(ST_A \cdot \overline{ST_B} \cdot \overline{ST_C}) \cdot \overline{A_2} \cdot A_1 \cdot \overline{A_0}} = ST_B$$

而其他输出端均为无效电平 1。因此,当地址 $A_2 A_1 A_0 = 010$ 时,只有输出端 Y_2 得到与输入端

相同的数据波形。

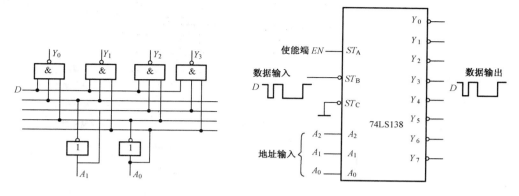

图 10-40　1 路-4 路分配器逻辑电路图　　图 10-41　用 74LS138 作为数据分配器的原理图

此外,将数据选择器和数据分配器结合起来,可以实现多路数据的分时传送,以减少传输线的条数。用 8 选 1 数据选择器 74LS151 和 3/8 线译码器 74LS138 组合构成的分时传送电路如图 10-42 所示。从图中可以看出,数据从输入到输出只用了 5 根传输线,它们是:3 根地址线、1 根地线和 1 根数据传输线。然而按常规,若将 8 路数据从发送端同时传送到接收端,需要 9 根线(包括 1 根地线)。当输入数据增多时,这种连接所带来的节省更为明显。

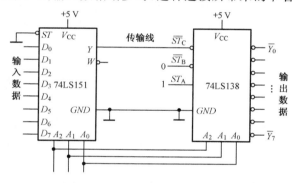

图 10-42　多路数据分时传送电路

10.3　应用——微处理器地址译码电路

3/8 线译码器 74LS138 是计算机微处理器电路中最常用的地址译码器。典型的 8 位微处理器 Intel 8085A 或 Motorola 6809 有 16 根地址线($A_0 \sim A_{15}$),微处理器通过地址线 $A_0 \sim A_{15}$ 确定存储器的存储单元或外部设备,以达到交换数据的目的。图 10-43 所示为微处理器 8085A 通过地址译码器选择 8 个独立的存储器组的译码电路。

由图可以看出,8085A 地址线的高 4 位 $A_{15} \sim A_{12}$ 用来确定被寻找的存储器组,其他 12 位地址线 $A_{11} \sim A_0$ 用来确定被寻找的存储器组中的某个存储单元。只有当 $IO/\overline{M}$(输入输出/存储器选择)为低电平 0、$A_{15} = 0$、$\overline{RD}$(读操作)或 $\overline{WR}$(写操作)也为低电平 0 时,才能进行存储器组的选择。当 74LS138 的 8 个输出中有一个为低电平时,表示该输出对应的存储器组被选中,然后再由地址线 $A_{11} \sim A_0$ 确定该存储器组的某个存储单元被选中。

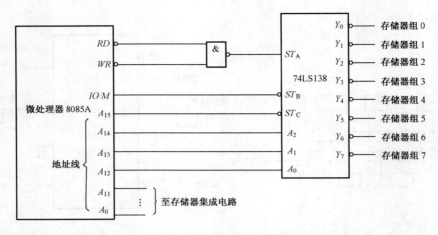

图 10-43　微处理器地址译码电路

本章小结

1.组合电路是数字电路的两大分支之一,本章涉及的内容是本课程的重点。组合电路的输出仅仅取决于该时刻输入信号的状态,而与该时刻之前电路的状态无关。因此电路中不包含具有记忆功能的电路,它是以门电路作为基本单元组成的电路。

2.组合电路的分析是根据已知的逻辑图,找出输出变量与输入变量的逻辑关系,从而确定输出电路的逻辑功能。

3.组合电路的设计是分析的逆过程,它是根据已知逻辑功能设计出能够实现该逻辑功能的逻辑图。

4.组合逻辑电路的种类很多,常见的有编码器、译码器、加法器、数值比较器、数据选择数据和数据分配器等。本章对以上各类组合电路的功能、特点、用途进行了讨论,并介绍了一些常见的集成电路芯片,学习时要注意掌握各控制端的作用、逻辑功能及用途。

5.组合电路存在竞争冒险现象,要掌握其产生的原因及消除方法。

习题十

10-1　电路如题图 10-1 所示,试写出输出变量 Y 的表达式,列出真值表,并说明各电路的逻辑功能。

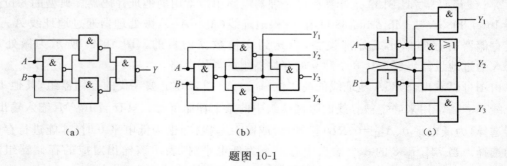

題图 10-1

10-2　化简下列逻辑函数,并用最少的与非门实现它们。

(1) $Y_1 = A\overline{B} + A\overline{C}D + \overline{A}C$ (2) $Y_2 = A\overline{B} + \overline{A}C + B\overline{C}\,\overline{D} + ABD$

(3) $Y_3 = \sum m(0,2,3,4,6)$ (4) $Y_4 = \sum m(0,2,8,10,12,14,15)$

10-3 试分别设计一个用全与非门和全或门实现异或逻辑的逻辑电路。

10-4 试用门电路设计如下功能的组合逻辑电路。

(1) 三变量的判奇电路,要求三个输入变量中有奇数个为 1 时输出为 1,否则为 0。

(2) 四变量多数表决电路,要求四个输入变量中有多数个为 1 时输出为 1,否则为 0。

(3) 2 位二进制数的乘法运算电路,其输入为 A_1、A_0,B_1、B_0,输出为四位二进制数 $D_3 D_2 D_1 D_0$。

10-5 设计一路路灯控制电路,要求实现的功能是:当总电源开关闭合时,安装在三个不同地方的三个开关都能独立地将灯打开或熄灭;当总电源开关断开时,路灯不亮。

10-6 试设计一个举重裁判判决电路。

10-7 设计一个组合电路,其输入是 4 位二进制数 $D = D_3 D_2 D_1 D_0$,要求能判断下列三种情况:(1) D 中没有一个 1;(2) D 中有两个 1;(3) D 中有奇数个 1。

10-8 试用门电路实现一个优先编码器,对四种电话进行控制。优先顺序由高到低为:火警电话(11),急救电话(10),工作电话(01),生活电话(00)。编码如括号内所示,输入低电平有效。

10-9 用 A、B 两个抽水泵对矿井进行抽水,如题图 10-9 所示。当水位在 H 以上时,A、B 两泵同时开启;当水位在 H 以下 M 以上时,开启 A 泵;当水位在 M 以下 L 以上时,开启 B 泵;而水位在 L 以下时,A、B 两泵均不开启。试列写控制 A、B 两泵动作的真值表。

10-10 用二-十进制编码器、译码器、七段数码管显示器组成一个 1 位数码显示电路。当 0～9 十个输入端中有一个接地时,显示相应数码。选择合适的器件,画出连线图。

题图 10-9

10-11 用集成译码器 74LS138 和与非门实现下列逻辑函数:

(1) $Y = A\overline{B}C + \overline{A}B$ (2) $Y = \overline{(A+B)(\overline{A}+\overline{C})}$

(3) $Y = \sum m(3,4,5,6)$ (4) $Y = \sum m(0,2,3,4,7)$

10-12 试用用集成译码器 74LS138 和与非门实现全加器。

10-13 试用用集成译码器 74LS138 和与非门实现全减器。全减器的真值表如题表 10-13 所列。

10-14 试用两片 2/4 线译码器(如题图 10-14 所示)构成一个 3/8 线译码器。

题表 10-13 全减器真值表

A_i	B_i	C_{i-1}	D_i	C_i
0	0	0	0	0
0	0	1	1	1
0	1	0	1	1
0	1	1	0	1
1	0	0	1	0
1	0	1	0	0
1	1	0	0	0
1	1	1	1	1

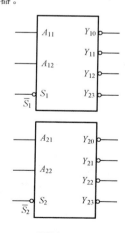

题图 10-14

10-15 试用两个半加器和一个或门构成一个全加器。

(1) 写出 S_i 和 C_i 的逻辑表达式。

(2) 画出逻辑图。

10-16 试用 1 片双 4 选 1 数据选择器(74LS153)和尽可能少的门电路实现两个判断功能,要求输入信号 A、B、C 中有奇数个为 1 时输出 Y_1 为 1,否则 Y_1 为 0;输入信号 A、B、C 中有多数个为 1 时输出

Y_2 为 1,否则 Y_2 为 0。

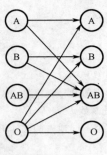

题图 10-18

10-17 用数据选择器 74LS151 实现下列逻辑函数:

(1) $Y = \sum\nolimits_{m}(0,2,3,5,6,8,10,12)$

(2) $Y = \sum\nolimits_{m}(0,2,4,5,6,7,8,9,14,15)$

(3) $Y = A\overline{B} + BC + \overline{A} \cdot \overline{C}$

10-18 人的血型有 A、B、AB 和 O 四种,试用数据选择器设计一个逻辑电路,要求判断供血者和受血者关系是否符合题图 10-18 的关系。(提示:可用两个变量的四种组合表示供血者的血型,用另外两个变量的四种组合表示受血者的血型,用 Y 表示判断的结果。)

第 11 章　时序逻辑电路

本章首先学习双稳态触发器的工作原理和逻辑功能,其次介绍由双稳态触发器构成的寄存器和计数器的有关知识,最后将学习 555 定时器组成的单稳态触发器和无稳态触发器。

11.1　双稳态触发器

数字系统中另一类电路为时序逻辑电路。在时序逻辑电路中,任何时刻的输出信号不仅取决于当时的输入信号,还与此信号作用前的电路状态有关。数字系统中最常用的时序逻辑器件有锁存器、寄存器、计数器、序列脉冲发生器等,而组成这些逻辑器件的基本单元是具有记忆功能的双稳态触发器。

双稳态触发器具有以下基本性能:

(1) 有两个稳定状态——0 状态和 1 状态,能存储 1 位二进制信息。

(2) 如果外加输入信号为有效电平,触发器将发生状态转换,即可以从一种稳态翻转到另一种新的稳态。

为便于描述,今后把触发器原来所处的稳态用 Q^n 表示,称为现态;而将新的稳态用 Q^{n+1} 表示,称为次态。我们分析触发器的逻辑功能,主要就是分析当输入信号为某一种取值组合时,输出信号的次态 Q^{n+1} 的值。

(3) 当输入信号有效电平消失后,触发器能保持新的稳态。因此说触发器具有记忆功能,是存储信息的基本单元。

双稳态触发器的种类较多,根据逻辑功能可划分为 RS 触发器、D 触发器、JK 触发器、T 触发器和 T′ 触发器;根据触发方式的不同可划分为电平触发型和边沿触发型触发器;从结构上可划分为基本触发器、同步触发器、主从触发器和边沿触发器,其中,同步触发器、主从触发器、边沿触发器又统称为时钟触发器。

本节重点之一是分析不同双稳态触发器的逻辑功能,在分析逻辑功能时,常用的分析方法有真值表、特性方程、状态转换图、工作波形图(时序图)。

11.1.1　基本 RS 触发器

将两个与非门首尾交叉相连,就组成一个基本 RS 触发器,如图 11-1(a)所示。其中 $\overline{R}$、$\overline{S}$ 是两个输入信号(也叫触发信号),低电平有效。Q、$\overline{Q}$ 是两个互补输出端,其输出信号相反,通常规定 Q 端的输出状态为触发器的状态,例如,当 $Q=0$,$\overline{Q}=1$ 时,称触发器输出 0 态;当 $Q=1$,$\overline{Q}=0$ 时,称触发器输出 1 态。图(b)是基本 RS 触发器的逻辑符号。

下面分析基本 RS 触发器的逻辑功能:

(1) $\overline{R}=1$,$\overline{S}=1$ 时,输入信号均为无效电平,由逻辑图不难分析出,此时触发器将保持原来的状态不变,即 $Q^{n+1}=Q^n$。

(2) $\overline{R}=0$,$\overline{S}=1$ 时,此时 G_2 门的输出 $\overline{Q}=1$,因而 G_1 门的输入全为 1,则 $Q=0$,触发器为 0 态,即 $Q^{n+1}=0$,且与原来状态无关,这种功能称为触发器置 0,又称复位。

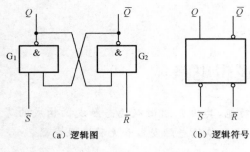

（a）逻辑图　　　　（b）逻辑符号

图 11-1　由与非门构成的基本 RS 触发器

由于置 0 是触发信号 $\overline{R}$ 为有效电平 0 的结果，因此 $\overline{R}$ 端叫做置 0 端，又叫复位端。

（3）$\overline{R}=1$，$\overline{S}=0$ 时，此时 G_1 门的输出 $Q=1$，因而 G_2 门的两个输入均为 1，则 $\overline{Q}=0$，触发器为 1 态，即 $Q^{n+1}=1$，同样与原状态无关，这种功能称为触发器置 1，又称置位。

由于置 1 是触发信号 $\overline{S}$ 为有效电平 0 的结果，因此 $\overline{S}$ 端叫做置 1 端，又叫置位端。

（4）$\overline{R}=0$，$\overline{S}=0$ 时，输入信号均为有效电平，这种情况是不允许的。因为，其一，$\overline{R}=0$，$\overline{S}=0$ 破坏了 Q 与 $\overline{Q}$ 互补的约定；其二，当 $\overline{R}$、$\overline{S}$ 的低电平有效触发信号同时消失后，Q 与 $\overline{Q}$ 的状态将是不确定的。顺便指出，如果 $\overline{R}$、$\overline{S}$ 不同时由 0 变 1，则触发器状态由后变的信号决定。例如，若 $\overline{S}=0$ 后变，则当 $\overline{R}$ 由 0 变 1 时，$\overline{S}$ 仍为 0，这时触发器被置 1。

通过前面的分析可以看出，触发器的次态 Q^{n+1} 不仅与触发信号 $\overline{R}$、$\overline{S}$ 有关，还与现态 Q^n 有关，这正体现了触发器的记忆功能。表 11-1 是基本 RS 触发器的真值表。

基本 RS 触发器是构成其他触发器的最基本的单元。

表 11-1　基本 RS 触发器真值表

$\overline{R}$	$\overline{S}$	Q^n	Q^{n+1}	说明
0	0	0	×	不允许
0	0	1	×	
0	1	0	0	置0
0	1	1	0	
1	0	0	1	置1
1	0	1	1	
1	1	0	1	保持
1	1	1	1	

表 11-1(b)　简化真值表

$\overline{R}$	$\overline{S}$	Q^{n+1}	说明
0	0	×	不允许
0	1	0	置0
1	0	1	置1
1	1	Q^n	保持

11.1.2　同步 RS 触发器

基本 RS 触发器的状态无法从时间上加以控制，只要输入端有触发信号，触发器就立即做相应的状态变化。而实际的数字系统往往由多个触发器组成，这时常常需要各个触发器按一定的节拍同步动作，因此必须给电路加上一个统一的控制信号，用以协调各触发器的同步翻转，这个统一的控制信号叫做时钟脉冲 CP（Clock Pulse）信号。

本节主要介绍用 CP 作为控制信号的触发器，称为钟控触发器，或者称为同步触发器。

将基本 RS 触发器的输入端加上两个导引门，就组成同步 RS 触发器，如图 11-2（a）所示。图中 $\overline{R}_D$、$\overline{S}_D$ 是直接置 0（复位）端和直接置 1（置位）端，低电平有效，只要两者当中有一个为有效电平，触发器就被直接置 0 或置 1，不管此时 CP 和输入信号 R、S 为何值。也就是说，它们的作用优先于 CP，所以也称之为异步复位端和异步置位端。图 11-2（b）是同步 RS 触发器的逻辑符号。

当 $CP=0$ 时，控制门 G_3、G_4 被封锁，无论 R、S 如何变化，G_3、G_4 均输出高电平 1，根据基本 RS 触发器的逻辑功能，此时同步 RS 触发器应保持原来状态不变，即 $Q^{n+1}=Q^n$。

当 $CP=1$ 时,控制门 G_3、G_4 被打开,此时,若 $R=0$,$S=0$,触发器保持原来状态,$Q^{n+1}=Q^n$;若 $R=0$,$S=1$,G_3 门输出 0,从而使 $Q=1$,即触发器被置 1;若 $R=1$,$S=0$,G_4 门输出 0,从而使 $\overline{Q}=1$,触发器被置 0;若 $R=1$,$S=1$,触发器状态不定,因此这种取值要避免。表 11-2 是同步 RS 触发器的真值表。

同步 RS 触发器的特性方程为($CP=1$ 时)

$$\begin{cases} Q^{n+1} = S + \overline{R}Q^n \\ RS = 0 \end{cases}$$

其中 $RS=0$ 是同步 RS 触发器输入信号 R、S 之间的约束条件。

设同步 RS 触发器的初始状态为 0 态,即 $Q=0$,$\overline{Q}=1$,输入信号 R、S 的波形已知,则根据同步 RS 触发器的真值表,可画出输出信号 Q 及 $\overline{Q}$ 的波形,如图 11-3 所示。

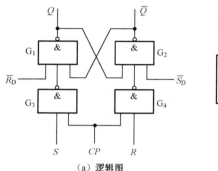

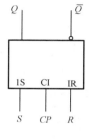

（a）逻辑图　　　　　　　　（b）逻辑符号

图 11-2　同步 RS 触发器

表 11-2　同步 RS 触发器真值表

$\overline{R}$	$\overline{S}$	Q^{n+1}	说明
0	0	Q^n	保持
0	1	1	置 1
1	0	1	置 0
1	1	$\times$	不定

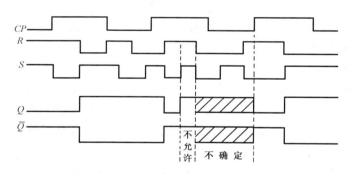

图 11-3　同步 RS 触发器的波形图

11.1.3　主从触发器

1. 主从 RS 触发器

将两个同步 RS 触发器串联起来就可组成主从 RS 触发器,如图 11-4(a)所示。虚线右边由 $G_1 \sim G_4$ 组成的同步 RS 触发器称为从触发器,从触发器的状态是整个触发器的状态。虚线左边由 $G_5 \sim G_8$ 组成的同步 RS 触发器称为主触发器,主触发器能够接收并存储输入信号,是触发导引电路。门 G_9 是反相器,由它产生的 $\overline{CP}$ 作为从触发器的脉冲信号,从而使主从触发器的工作分别进行。

在主从 RS 触发器中,接收信号和输出信号是分成两步进行的,其工作原理如下。

(1) $CP=1$ 时。$CP=1$ 时,主触发器的状态仅取决于 R、S 输入信号。Q' 和 R、S 之间的

逻辑关系就是同步 RS 触发器的逻辑关系。此时，$\overline{CP}=0$，G_3、G_4 被封锁，从而使从触发器维持原态不变。也就是说，$CP=1$ 时，G_7、G_8 门打开，G_3、G_4 门被封锁，R、S 输入信号仅存放在主触发器中，不影响从触发器状态。

（2）CP 由 1 变 0 时。CP 由 1 变为 0 后，G_7、G_8 门被封锁，主触发器维持已置成的状态不变，不再受 R、S 输入信号影响。此时，$\overline{CP}=1$，G_3、G_4 门打开，从触发器接收主触发器的状态信号 Q' 和 $\overline{Q'}$，从而使从触发器的输出状态 $Q=Q'$，$\overline{Q}=\overline{Q'}$。也就是说，$CP$ 由 1 变为 0 后，主触发器的状态维持不变，从触发器接收主触发器存储的信息。为表示 CP 由 1 变为 0 后（即下降沿到来时）接收信号立即翻转，在图 11-4(b) 所示的逻辑符号中，时钟输入端 C1 旁加上了动态符号"ˊˋ"。

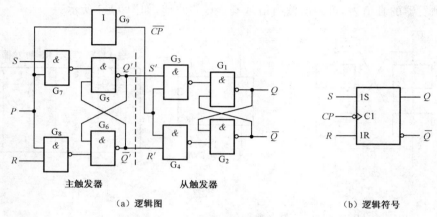

图 11-4　主从 RS 触发器

对于主从 RS 触发器，当 $R=S=1$ 时，触发器的状态不定，为了避免这种情况，把主从 RS 触发器做进一步改进，就得到了主从 JK 触发器。

2. 主从 JK 触发器

在主从 RS 触发器的基础上，将 Q 和 $\overline{Q}$ 分别反馈到 G_8、G_7 门的输入端，并将原输入信号 R、S 重新命名为 J 和 K，就构成主从 JK 触发器。如图 11-5(a) 所示，图 (b) 所示为它的逻辑符号。将主从 JK 与主从 RS 触发器的逻辑图进行比较可以看出，其触发信号的关系为 $S=J\,\overline{Q^n}$，$R=KQ^n$。下面分析图 11-5(a) 所示主从 JK 触发器的逻辑功能。

（1）$J=0$，$K=0$ 时。此时门 G_7、G_8 被封锁，CP 脉冲到来后，触发器的状态并不翻转，保持原来的状态，即 $Q^{n+1}=Q^n$。

（2）$J=1$，$K=1$ 时。此时，若 $Q^n=1$，则对比主从 RS 触发器，相当于 $S=J\,\overline{Q^n}=0$，$R=KQ^n=1$，故触发器被置 0；若 $Q^n=0$，则 $S=J\,\overline{Q^n}=1$，$R=KQ^n=0$，触发器被置 1。可见，$J=1$，$K=1$ 时，触发器总要发生状态翻转，即 $Q^{n+1}=\overline{Q^n}$。

（3）$J=1$，$K=0$ 时。若触发器原态为 0，即 $Q^n=0$，$\overline{Q^n}=1$，那么在 $CP=1$ 时，主触发器的 $Q'^{n+1}=1$。当 CP 由 1 变 0，即下降沿到来后，主触发器状态转存到从触发器中，电路状态由 0 翻转到 1，$Q^{n+1}=1$。若触发器原态为 1，即 $Q^n=1$，$\overline{Q^n}=0$，门 G_7、G_8 被封锁，CP 脉冲到来后，触发器的状态不变，保持 1 态，$Q^{n+1}=1$。综上所述，只要 $J=1$，$K=0$，不论触发器原来为何状态，CP 脉冲到来后，就有 $Q^{n+1}=1$，即触发器被置 1。

（4）$J=0$，$K=1$ 时。同前分析，此时，触发器被置 0，即 $Q^{n+1}=0$。

根据以上分析，可以得到主从 JK 触发器的真值表如表 11-3 所列。主从 JK 触发器的特

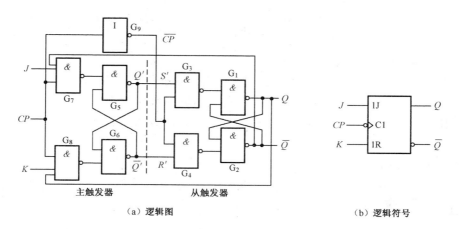

（a）逻辑图　　　　　　　　　　　　　（b）逻辑符号

图 11-5　主从 JK 触发器

性方程可根据同步 RS 触发器推导得到，即

$$Q^{n+1} = S + \overline{R}Q^n = J\overline{Q^n} + \overline{K}Q^n \quad （CP\,下降沿到来后有效）$$

主从 JK 触发器的波形图如图 11-6 所示。

表 11-3　主从 JK 触发器真值表

J	K	Q^{n+1}	说明
0	0	Q^n	保持
0	1	0	置 0
1	0	1	置 1
1	1	$\overline{Q^n}$	翻转

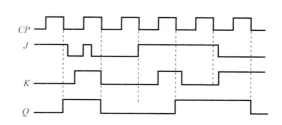

图 11-6　主从 JK 触发器的波形图

11.1.4　不同类型时钟触发器间的转换

在双稳态触发器中，除了 RS 触发器和 JK 触发器外，根据电路结构和工作原理的不同，还有众多具有不同逻辑功能的触发器。根据实际需要，可将某种功能的触发器经过改变或附加一些门电路后，转换为另一种逻辑功能的触发器。

1. JK 触发器→D 触发器

D 触发器的逻辑功能为：在 CP 控制下，输出信号 Q 与输入信号 D 的状态完全相同，即 $Q^{n+1}=D$，这就是 D 触发器的特性方程。为了将 JK 转换为 D 触发器，需要将 D 触发器的特性方程做一变换，即

$$Q^{n+1} = D = D(\overline{Q^n} + Q^n) = D\overline{Q^n} + DQ^n$$

与 JK 触发器的特性方程对比后可知，若令 $J=D$，$K=\overline{D}$，便能得到 D 触发器。转换逻辑图如图 11-7 所示。

2. JK 触发器→RS 触发器

将 RS 触发器的特性方程做以下变换：

$$Q^{n+1} = S + \overline{R}Q^n = S(\overline{Q^n} + Q^n) + \overline{R}Q^n = S\overline{Q^n} + SQ^n + \overline{R}Q^n$$

$$= S\overline{Q^n} + \overline{R}Q^n + SQ^n(\overline{R} + R) = S\overline{Q^n} + \overline{R}Q^n + \overline{R}SQ^n + RSQ^n$$

$\overline{R}SQ^n$ 可被 RQ^n 吸收，RSQ^n 是约束项应去掉，从而得到

$$Q^{n+1} = S\overline{Q^n} + \overline{R}Q^n$$

将上式与 JK 触发器的特性方程进行对比可知,若令 $J=S,K=R$,便能得到 RS 触发器。转换逻辑图如图 11-8 所示。

3. JK 触发器 → T 触发器

对于 JK 触发器,令 $J=K=T$,即得到 T 触发器。因此得到 T 触发器的特性方程为

$$Q^{n+1} = T\overline{Q^n} + \overline{T}Q^n = T \oplus Q^n \quad (CP 有效沿到来后有效)$$

可以看出,T 触发器只具有保持和翻转两项功能。JK 触发器转换为 T 触发器的逻辑图如图 11-9 所示。

若令 T 触发器的输入信号 $T=1$,就得到 T′ 触发器。因此 T′ 只具有翻转功能。

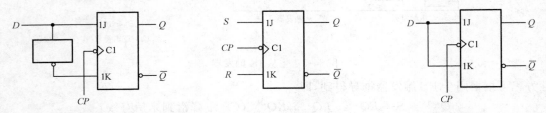

图 11-7　JK 触发器转换成 D 触发器　　图 11-8　JK 触发器转换成 RS 触发器　　图 11-9　JK 触发器转换成 T 触发器

11.2　寄存器

寄存器是一种重要的数字逻辑部件,在数字系统中常常需要将二进制代码表示的信息暂时存放起来,等待处理,能够完成暂时存放数据的逻辑部件称为寄存器。一个触发器就是一个能存放 1 位二进制数码的寄存器。存放 n 位二进制数码就需要 n 个触发器,从而构成 n 位寄存器。

寄存器是由触发器和门电路组成的,具有接收数据、存放数据和输出数据的功能,只有在接到指令(即时钟脉冲)时,寄存器才能接收要寄存的数据。

寄存器按逻辑功能分为数码寄存器(也称基本寄存器)和移位寄存器,还可以按照位数以及输入、输出方式等分成若干类。

11.2.1　数码寄存器

数码寄存器可以接收、暂存、传递数码。它是在时钟脉冲 CP 作用下,将数据存入对应的触发器。由于 D 触发器的特性方程是 $Q^{n+1}=D$,因此以 D 作为数据输入端组成寄存器最为方便。图 11-10 是由 4 个边沿 D 触发器组成的 4 位数码寄存器 74LS175 的逻辑图。$D_3 \sim D_0$ 是并行数码输入端,$\overline{CR}$ 是清零端,CP 是时钟脉冲输入端,$Q_3 \sim Q_0$ 是并行数码输出端。

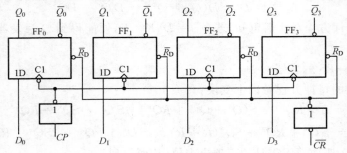

图 11-10　四位数码寄存器 74LS175 的逻辑图

当 $\overline{CR}=0$ 时,异步清零。即通过异步输入端 $\overline{R}_D$ 将 4 个边沿 D 触发器复位到 0 状态。当 $\overline{CR}=1$ 时,CP 上升沿送数。只要送数控制时钟脉冲 CP 上升沿到来,加在并行数码输入端的数码 $d_3 \sim d_0$ 就立即被送进寄存器中,使并行输出端 $Q_3Q_2Q_1Q_0=d_3d_2d_1d_0$,从而完成接收并寄存数码的功能。而在 $\overline{CR}=1$、CP 上升沿以外的时间,寄存器保持内容不变。由于寄存器能同时输入 4 位数码,同时输出 4 位数码,故称为并行输入、并行输出寄存器。

11.2.2 移位寄存器

移位寄存器既可存放数码,又可使数码在寄存器中逐位左移或右移。按照在移位脉冲 CP 操作下移位情况的不同,移位寄存器又可分为单向移位寄存器和双向移位寄存器。

1. 单向移位寄存器

图 11-11 所示是用边沿 D 触发器构成的单向移位寄存器,(a)为右移移位寄存器,(b)为左移移位寄存器。从电路结构看,它们都有两个基本特点:一是由相同触发器组成,触发器的个数就是移位寄存器的位数;二是各个触发器共用一个时钟信号——移位脉冲 CP,电路工作是同步的,属于同步时序电路。

以右移寄存器为例,假设从输入端 D_i 连续输入 4 个 1,D_i 经 FF$_0$ 在 CP 上升沿操作下,依次被移入寄存器中,即经过 4 个 CP 脉冲,寄存器输出状态为 $Q_3Q_2Q_1Q_0=1111$,变成全 1 状态,即 4 个 1 右移输入完毕。假设再连续输入 0,再经过 4 个 CP 脉冲之后,寄存器变成全 0 状态。图 11-11(b)所示左移移位寄存器,其工作原理与右移移位寄存器并无本质区别,只是因为连接反了,所以移位方向也由此变成从右向左。

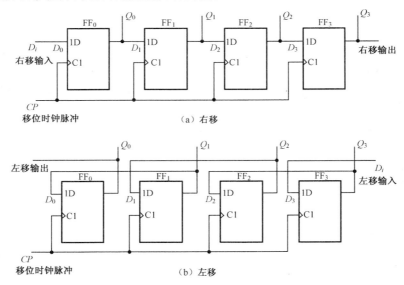

图 11-11 单向移位寄存器

2. 双向移位寄存器

在数字电路中,常需要寄存器按不同的控制信号,能够向左或向右移位。这种既能右移又能左移的寄存器称为双向移位寄存器。把左移和右移移位寄存器组合起来,加上移位方向控制,便可方便地构成双向移位寄存器。图 11-12 所示是基本的 4 位双向移位寄存器,M 是移位方向控制端,D_{SR} 是右移串行输入端,D_{SL} 是左移串行输入端,$Q_0 \sim Q_3$ 是并行输出端,CP 是移位时钟脉冲。图 11-12 中,4 个与或门构成了 4 个 2 选 1 数据选择器。

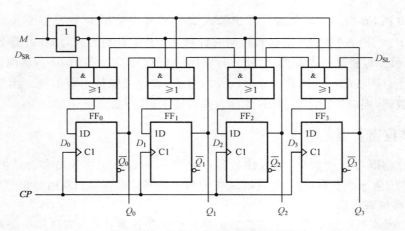

图 11-12　基本四位双向移位寄存器

3. 集成移位寄存器

集成双向移位寄存器 74LS194 的引脚排列图如图 11-13 所示。图中 M_1、M_0 为工作方式控制端，它们的不同取值，决定寄存器的不同功能：保持、右移、左移及并行输入。D_{SR} 为右移串行输入端，D_{SL} 为左移串行输入端，$\overline{CR}$ 是清零端，$\overline{CR}=0$ 时寄存器被清零。寄存器工作时，$\overline{CR}$ 应为高电平。这时寄存器工作方式由 M_1、M_0 的状态决定，如表 11-4 所列。

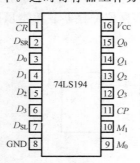

图 11-13　74LS194 的引脚排列图

表 11-4　74LS194 的功能表

$\overline{CR}$	M_1	M_0	CP	功能
0	$\times$	$\times$	$\times$	清零
1	0	0	↑	保持
1	0	1	↑	右移
1	1	0	↑	左移
1	1	1	↑	并行输入

4. 寄存器的应用

如果把移位寄存器的输出，以一定的方式馈送到串行输入端，则可得到一些电路连接十分简单、编码别具特色、用途极为广泛的移位寄存器型计数器。

（1）环形计数器

如果将移位寄存器的最后一级输出 Q^n 直接反馈到第一级 D 触发器的输入端，就得到一个自循环的移位寄存器，也是一种最简单的移位寄存器型计数器，通常称为环形计数器，如图 11-14所示。环形计数器的特点是取 $D_0 = Q_{n-1}^n$，可以在 CP 作用下循环移位一个 1，也可以循环移位一个 0。只要先用启动脉冲将计数器置入有效状态（1000 或 1110），然后再加 CP 就可以得到 n 个状态循环的计数器，计数长度为 $N=n$，n 为触发器个数。

（2）扭环形计数器

将环形计数器最后一级 D 触发器的 $\overline{Q^n}$ 反馈到第一级 D 触发器的输入端，可以构成扭环形计数器。扭环形计数器的结构特点是取 $D_0 = \overline{Q_{n-1}^n}$，它的状态利用率比环形计数器提高一倍，即 $N=2n$。图 11-15 是不能自启动的 4 位扭环形计数器。

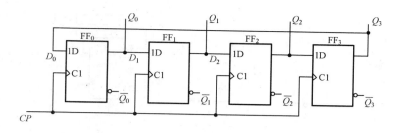

图 11-14　四位环形计数器

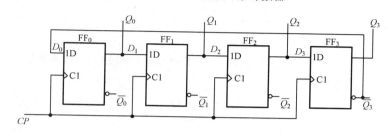

图 11-15　四位扭环形计数器

11.3　计数器

数字电路中使用最多的时序电路就是计数器。计数器的应用十分广泛,从小型数字仪表到大型电子数字计算机,几乎无所不在,是任何现代数字系统中不可缺少的组成部分。计数器不仅能用于记录时钟脉冲的个数,还可用于分频、定时、产生节拍脉冲和脉冲序列等,并且利用计数器可以实现其他一些时序电路。对计数器通常按照以下三个标准进行分类。

（1）按计数进制分,可分为二进制计数器（模为 2^n 的计数器,n 为正整数）、十进制计数器和其他任意进制计数器。

（2）按递增趋势分,在计数周期中状态编码顺序是递增的,称为加计数器;是递减的,称为减计数器;既有递增也有递减的,称为可逆计数器;若编码顺序不为自然态顺序,则为特别计数器。

（3）按时钟控制方式分,可分为同步计数器和异步计数器。

11.3.1　同步计数器

1. 同步计数器的分析

同步计数器的特点是,构成计数器的所有触发器的时钟都与同一个时钟脉冲源连在一起,每个触发器的状态变化都与时钟脉冲同步。

同步计数器的一般分析步骤如下:

（1）根据已知计数器的逻辑电路图,写出各触发器的激励方程。

（2）由激励方程和触发器特性方程,写出各触发器的状态方程（即次态 Q^{n+1} 表达式）。

（3）作出触发器的状态转移表（简称状态表）和状态图。

（4）总结电路的逻辑功能。

【例 11-1】　分析图 11-16 所示时序电路的逻辑功能。要求:列出状态表,画出状态图和时序图,说明其逻辑功能。

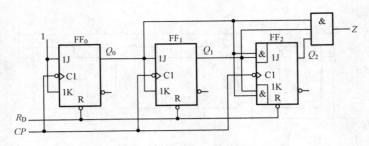

图 11-16   例 11-1 逻辑图

【解】 （1）写方程

时钟方程 $\quad CP_0 = CP_1 = CP_2 = CP$

显然,图 11-16 所示是一个同步时序电路。对于同步时序电路,各个触发器的时钟脉冲都相同,因此时钟方程可以省去不写。

输出方程 $\qquad\qquad Z = Q_2^n \cdot Q_1^n \cdot Q_0^n$

驱动方程 $\qquad\qquad \begin{cases} J_0 = K_0 = 1 \\ J_1 = K_1 = Q_0^n \\ J_2 = K_2 = Q_1^n \cdot Q_0^n \end{cases}$

（2）求状态方程

将各触发器的驱动方程分别代入 JK 触发器的特性方程 $Q^{n+1} = J \overline{Q^n} + \overline{K} Q^n$ 中,即可得到每个触发器的状态方程:

表 11-5   例 11-1 的状态表

Q_2^n	Q_1^n	Q_0^n	Q_2^{n+1}	Q_1^{n+1}	Q_0^{n+1}	Z
0	0	0	0	0	1	0
0	0	1	0	1	0	0
0	1	0	0	1	1	0
0	1	1	1	0	0	0
1	0	0	1	0	1	0
1	0	1	1	1	0	0
1	1	0	1	1	1	0
1	1	1	0	0	0	1

$$\begin{cases} Q_0^{n+1} = J_0 \overline{Q_0^n} + \overline{K_0} Q_0^n = \overline{Q_0^n} \\ Q_1^{n+1} = J_1 \overline{Q_1^n} + \overline{K_1} Q_1^n = Q_0^n \overline{Q_1^n} + \overline{Q_0^n} Q_1^n \\ Q_2^{n+1} = J_2 \overline{Q_2^n} + \overline{K_2} Q_2^n = Q_0^n Q_1^n \overline{Q_2^n} + \overline{Q_0^n Q_1^n} Q_2^n \end{cases}$$

（3）列状态表

从 $Q_2^n Q_1^n Q_0^n = 000$ 开始,依次代入状态方程和输出方程进行计算,结果如表 11-5 所列。

（4）画状态图

根据表 11-5 中现态到次态的转换关系和输出 Z 的值即可画出状态图和时序图,分别如图 11-17 和图 11-18 所示。

值得注意的是,每当电路由现态转换到次态后,该次态又变成了新的现态,然后应在表中左边栏内找出这个新的现态,再根据规定去确定新的次态,照此不断地做下去,直到一切可能出现的状态都毫无遗漏地画出来之后,得到的才是反映电路全面工作情况的状态图。

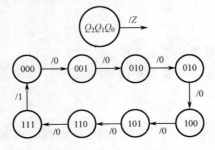

图 11-17   例 11-1 的状态图

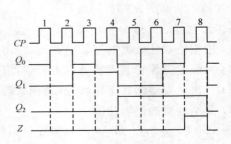

图 11-18   例 11-1 的时序图

（5）确定逻辑功能

由状态图和时序图可以看出,该时序电路有 8 个有效状态,构成了有效循环,没有无效状态,因此,图 11-16 所示时序电路是一个 3 位二进制(模八)同步加法计数器。由时序图还可看出,若输入计数脉冲的频率为 f_{CP},则触发器输出端 Q_0、Q_1、Q_2 的脉冲频率依次为 $\frac{1}{2}f_{CP}$、$\frac{1}{4}f_{CP}$ 和 $\frac{1}{8}f_{CP}$,即计数器具有分频功能,也把它叫做分频器。

通过以上分析可以看出,计数器计数的实质是利用各个触发器状态的翻转进行的。

例 11-1 是加法计数器,如果将加法计数器中接 Q_0、Q_1、Q_2…的线,改接到 $\overline{Q_0}$、$\overline{Q_1}$、$\overline{Q_2}$…上,就构成了减法计数器,请看下面的例题。

【例 11-2】 分析如图 11-19 所示时序电路的逻辑功能。要求:列出状态表,画出状态图,说明其逻辑功能。

【解】 （1）写方程

时钟方程 $$CP_0 = CP_1 = CP_2 = CP_3 = CP$$

输出方程 $$C = \overline{Q_3^n} \cdot \overline{Q_2^n} \cdot \overline{Q_1^n} \cdot \overline{Q_0^n}$$

驱动方程

$$\begin{cases} J_0 = K_0 = 1 \\ J_1 = K_1 = \overline{Q_0^n} \\ J_2 = K_2 = \overline{Q_0^n}\,\overline{Q_1^n} \\ J_3 = K_3 = \overline{Q_2^n}\,\overline{Q_1^n}\,\overline{Q_0^n} \end{cases}$$

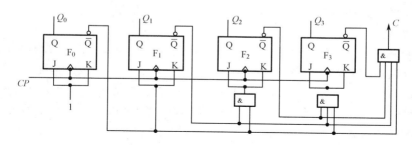

图 11-19 例 11-2 逻辑图

（2）求状态方程

将各触发器的驱动方程分别代入 JK 触发器的特性方程 $Q^{n+1} = J\,\overline{Q^n} + \overline{K}Q^n$ 中,即可得到每个触发器的状态方程:

$$\begin{cases} Q_0^{n+1} = J_0\,\overline{Q_0^n} + \overline{K_0}Q_0^n = \overline{Q_0^n} \\ Q_1^{n+1} = J_1\,\overline{Q_1^n} + \overline{K_1}Q_1^n = \overline{Q_1^n}\,\overline{Q_0^n} + Q_1^n Q_0^n = \overline{Q_1^n \cdot Q_0^n} \\ Q_2^{n+1} = J_2\,\overline{Q_2^n} + \overline{K_2}Q_2^n = \overline{Q_2^n}\,\overline{Q_1^n}\,\overline{Q_0^n} + Q_2^n \cdot \overline{\overline{Q_1^n} \cdot \overline{Q_0^n}} \\ Q_3^{n+1} = J_3\,\overline{Q_3^n} + \overline{K_3}Q_3^n = \overline{Q_3^n} \cdot \overline{Q_2^n} \cdot \overline{Q_1^n} \cdot \overline{Q_0^n} + Q_3^n \cdot \overline{\overline{Q_2^n} \cdot \overline{Q_1^n} \cdot \overline{Q_0^n}} \end{cases}$$

（3）列状态表

从 $Q_3^n Q_2^n Q_1^n Q_0^n = 0000$ 开始,依次代入状态方程和输出方程进行计算,结果如表 11-6 所列。

表 11-6　例 11-2 的状态表

Q_3^n	Q_2^n	Q_1^n	Q_0^n	Q_3^{n+1}	Q_2^{n+1}	Q_1^{n+1}	Q_0^{n+1}	C	Q_3^m	Q_2^m	Q_1^m	Q_0^m	Q_3^{m+1}	Q_2^{m+1}	Q_1^{m+1}	Q_0^{m+1}	C
0	0	0	0	1	1	1	1	0	1	0	0	0	0	1	1	1	0
1	1	1	1	1	1	1	0	0	0	1	1	1	0	1	1	0	0
1	1	1	0	1	1	0	1	0	0	1	1	0	0	1	0	1	0
1	1	0	1	1	1	0	0	0	0	1	0	1	0	1	0	0	0
1	1	0	0	1	0	1	1	0	0	1	0	0	0	0	1	1	0
1	0	1	1	1	0	1	0	0	0	0	1	1	0	0	1	0	0
1	0	1	0	1	0	0	1	0	0	0	1	0	0	0	0	1	0
1	0	0	1	1	0	0	0	0	0	0	0	1	0	0	0	0	1

（4）画状态图

根据表 11-6 中现态到次态的转换关系和输出 C 的值即可画出状态图，如图 11-20 所示。

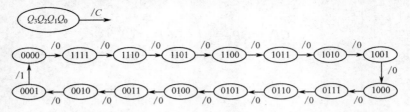

图 11-20　例 11-2 的状态图

（5）确定逻辑功能

由状态图可以看出，该时序电路有 16 个有效状态，构成了有效循环，没有无效循环，在计数过程中按照递减规律进行计数。因此，图 11-19 所示时序电路是一个 4 位二进制（模十六）同步减法计数器。

需要说明一点，计数器在计数过程中使用的代码状态叫做有效状态，没有使用的状态叫做无效状态。计数器在输入计数脉冲的作用下，总是循环工作的，在正常情况下，周而复始地在有效状态中进行循环计数，这种循环叫做有效循环。但是，电路有时会因为某种原因而落入无效状态，此时如果在 CP 脉冲操作下可以返回到有效状态，则称为能自启动；反之，在 CP 脉冲操作下不能返回到有效状态，称为不能自启动。例如，图 11-21 所示是一个 4 位十进制（模十）同步加法计数器的时序图，由时序图可以看出，该计数器存在 1010～1111 六个无效状态，且在 CP 脉冲操作下可以返回到有效状态，因此该计数器能自启动。又如，图 11-22 是 3 位六进制（模六）同步计数器的时序图，它由 6 个有效状态构成有效循环，两个无效状态构成无效循环，很显然，电路落入无效状态后，无论有无 CP 脉冲操作，电路都无法返回到有效状态，因此该计数器不能自启动。

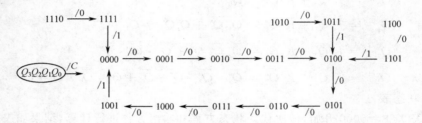

图 11-21　时序图

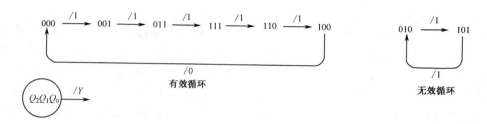

图 11-22 时序图

今后在描述计数器的逻辑功能时,除二进制计数器外,都要说明其能否自启动。

2. 集成同步计数器

(1) 4 位十进制同步加法计数器 74LS160

74LS160 的引脚排列如图 11-23(a)所示,图(b)是它的逻辑符号。电路具有异步清零、同步置数、十进制计数以及保持原态 4 项功能。计数时,在计数脉冲的上升沿作用下有效。

表 11-7 列出了它的主要功能。说明如下:

① $\overline{CR}=0$ 时,计数器置 0(清零),使 $Q_3Q_2Q_1Q_0=0000$。由于清零时不需要 CP 脉冲有效沿的作用,因此属于异步清零方式。

② $\overline{CR}=1,\overline{LD}=0$ 时,完成预置数码的功能,数据输入端的数据 $d_3 \sim d_0$,在 CP 脉冲上升沿作用下,并行存入计数器中,使 $Q_3Q_2Q_1Q_0=d_3d_2d_1d_0$,达到预置数据的目的。由于在置数过程中必须要有 CP 脉冲有效沿的作用,因此属于同步置数方式。

③ 当 $\overline{CR}=\overline{LD}=1,CT_P=CT_T=1$ 时,计数器进行加法计数。计数满 10,从 CO 端送出正跳变进位脉冲。

④ 当 $\overline{CR}=\overline{LD}=1$,且 $CT_P \cdot CT_T=0$ 时,不论其余各输入端的状态如何,计数器将保持原状态不变。

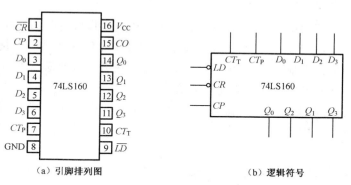

(a) 引脚排列图　　　　　　　　(b) 逻辑符号

图 11-23　集成计数器 74LS160

表 11-7　74LS160 的功能表

输　入									输　出				注释
$\overline{CR}$	$\overline{LD}$	CT_P	CT_T	CP	D_3	D_2	D_1	D_0	Q_3^{n+1}	Q_2^{n+1}	Q_1^{n+1}	Q_0^{n+1}	
0	×	×	×	×	×	×	×	×	0	0	0	0	异步清零
1	0	×	×	↑	d_3	d_2	d_1	d_0	d_3	d_2	d_1	d_0	同步置数
1	1	1	1	↑	×	×	×	×	加　　法　　计　　数				
1	1	0	×	×	×	×	×	×	保　　　　持				
1	1	×	0	×	×	×	×	×	保　　　　持				

（2）4 位二进制同步加法计数器 74LS161

74LS161 与 74LS160 的功能端基本相同，也是异步清零、同步置数，$\overline{CR}$、$\overline{LD}$也是低电平有效，而且 $CT_P \cdot CT_T = 1$ 时进行计数，CP 为上升沿触发。不同之处在于，74LS161 是 4 位二进制计数器，计数长度是 16，共有 0000～1111 十六个有效状态，没有无效状态，而 74LS160 是 4 位十进制计数器，计数长度是 10，有 0000～1001 十个有效状态和 1010～1111 六个无效状态。

此外，常用的还有 4 位二进制同步加法计数器 74LS163，它与 74LS161 的唯一区别就在于 74LS163 是同步清零。

11.3.2 异步计数器

异步计数器中各级触发器的时钟脉冲并不都来源于计数脉冲 CP，各级触发器的状态转换不是同步的，因此，在分析异步计数器时，要注意各级触发器的时钟信号，以确定其状态转换时刻。图 11-24 所示是一个 3 位异步五进制（模五）加法计数器，读者可根据同步计数器的分析方法自行分析其逻辑功能。

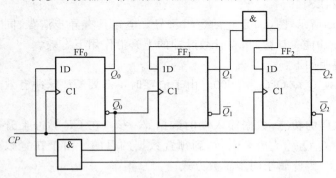

图 11-24 异步计数器

异步计数器的结构简单，但由于各触发器异步翻转，所以工作速度低；同步计数器电路结构复杂，但工作速度快。

11.3.3 集成计数器构成 N 进制计数器的方法

目前，尽管各种不同逻辑功能的计数器已经做成中规模集成电路，并逐步取代了触发器组成的计数器，但不可能做到任一进制的计数器都有其对应的集成产品。中规模集成计数器常用的定型产品有 4 位二进制计数器、十进制计数器等。在需要其他任意进制计数器时，可用已有的计数器产品外加适当的反馈电路连接而成。

用现有的 N 进制集成计数器构成 M 进制计数器时，如果 $N > M$，则只需一片 N 进制计数器；如果 $N < M$，则要多片 N 进制计数器。

1. $M < N$

在 N 进制计数器的顺序计数过程中，设法使之跳过 $(N-M)$ 个状态，只在 M 个状态中循环就可以了。实现 M 进制计数器的基本方法有两种：反馈复位法和反馈置数法。

（1）反馈复位法

反馈复位法适用于有"清零"输入端的集成计数器。这种方法的基本思想是：计数器从全"0"状态 S_0 开始计数，计满 M 个状态后产生清零信号反馈给清零端，使计数器恢复到初态 S_0。可见，反馈复位法是利用计数器的清零端实现 M 进制计数的，因此这种方法又称为反馈清零法。

对异步清零的计数器，计数器在 $S_0 \sim S_{M-1}$ 共 M 个状态中工作，当计数器进入 S_M 状态时，利用 S_M 状态进行译码产生清零信号，并反馈到异步清零端，使计数器立即返回到 S_0 状态，这样就可以跳过 $(N-M)$ 个状态而得到 M 进制计数器。其示意图如图 11-25（a）中虚线所示。由于是异步清零，只要 S_M 状态一出现便立即被置成 S_0 状态，因此 S_M 状态只在极短的瞬间出现,通常称它为过渡态。在计数器的稳定状态循环中不包括 S_M 状态。

对同步清零的计数器(即清零信号和时钟信号同时有效才清零),则利用 S_{M-1} 状态译码产生清零信号,并反馈到同步清零端,到下一个 CP 脉冲到来时完成清零,使计数器返回到初态 S_0。可见,同步清零没有过渡状态,其示意图如图 11-25(a)中实线所示。

（2）反馈置数法

反馈置数法适用于有预置数功能的集成计数器。置数法和清零法不同,对于置数法,计数器不一定从全"0"状态 S_0 开始计数,可以通过预置数功能使计数器从某个预置状态 S_i 开始计数,计满 M 个状态后产生置数信号并反馈给置数端,使计数器又进入预状态 S_i,然后重复上述过程,其示意图如图 11-25(b)所示。

对异步预置数功能的计数器,计数信号应从 S_{i+M} 状态一出现,置数信号有效,立即就将输入端的预置数置入计数器,它不受 CP 脉冲的控制,所以 S_{i+M} 状态只在极短的时间出现,稳定状态循环中不包含 S_{i+M} 状态,即 S_{i+M} 状态也是过渡态,其示意图如图 11-25(b)中虚线所示。对同步预置数功能的计数器,置数信号应从 S_{i+M-1} 状态中译出,等下一个 CP 脉冲到来时,才将输入端的预置数置入计数器,其示意图如图 11-25(b)中实线所示。

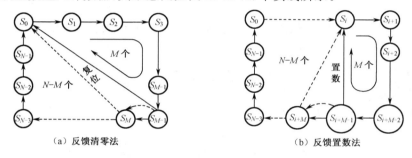

（a）反馈清零法　　　　　　　　（b）反馈置数法

图 11-25　实现任意进制计数器的两种方法

【例 11-3】　试用同步四位二进制计数器 74LS161 实现十三进制加法计数器(提示:74LS161 为异步清零、同步置数)。

【解】　（1）用反馈复位法实现

首先画出 74LS161 的状态转换图,如图 11-26 所示。由于 74LS161 是异步清零,因此为实现十三进制计数器,应在 74LS161 从 0000 计数到 1101 时,跳过 1101、1110、1111 三个状态,如图中虚线所示。而 1101 为过渡态,最终应将 1101 态通过反馈电路变成一个低电平信号送给清零端(因 74LS161 的清零端低电平有效)。电路连线如图 11-27 所示。由于本题是用清零端 $\overline{CR}$ 实现的,因此并行数据输入端 D_3、D_2、D_1、D_0 没有用上,将其悬空即可。

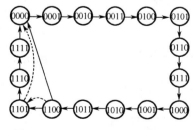

图 11-26　74LS161 的状态转换图

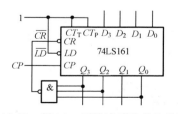

图 11-27　例 11-3 反馈清零法的连线图

（2）用反馈置数法实现

用反馈置数法实现时，计数初态可以是 0000～1111 中的任一个状态。下面分别选取计数器计数初态为 0000 和 1111，如图 11-28（a）、（b）所示。这时要注意计数器并行数据输入端 $D_3 D_2 D_1 D_0$ 及反馈电路的不同连接方法。

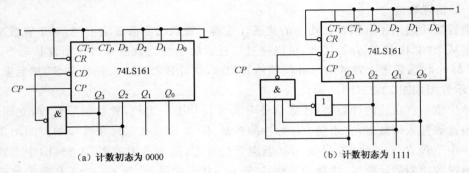

（a）计数初态为 0000 （b）计数初态为 1111

图 11-28　例 11-3 反馈置数法的连线图

2. M > N

当 $M > N$ 时，必须将多片计数器级联，才能实现 M 进制计数器。常用的方法有两种。

（1）先将 n 片计数器级联组成 $N^n (N^n > M)$ 进制计数器，然后采用整体清零或整体置数的方法实现 M 进制计数器。值得注意的是，多片计数器级联时，其总的计数容量为各级计数容量（进制）的乘积。

（2）将 M 分解为 $M = M_1 \times M_2 \times \cdots \times M_n$，其中，$M_1$、$M_2$、$\cdots$、$M_n$ 均不大于 N，用 n 片计数器分别组成 M_1、M_2、$\cdots$、M_n 进制的计数器，然后再将它们级联构成 M 进制计数器。

芯片之间的级联有串行进位方式和并行进位方式。在串行进位方式中，以低位片的进位输出信号作为高位片的时钟输入信号。在并行进位方式中，以低位片的进位输出信号作为高位片的工作状态控制信号。

【例 11-4】　试用 74LS160 构成百进制计数器。

【解】　74LS160 是十进制加法计数器，具有异步清零、同步置数功能。用两片 74LS160 即可构成百进制计数器，如图 11-29 所示。

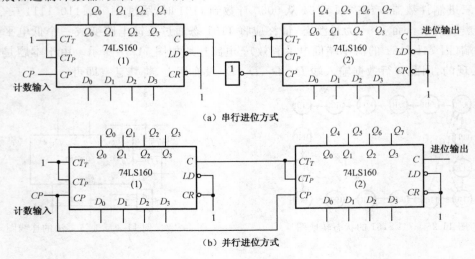

（a）串行进位方式

（b）并行进位方式

图 11-29　例 11-4 的连接图

【例 11-5】 试用两片 74LS160 接成五十四进制计数器。

【解】 (1) 整体置数法

图 11-30(a)是整体置数法实现的五十四进制计数器连接电路图。首先将两片 74LS160 级联成百进制计数器,在此基础上再用置数法连成五十四进制计数器。

(2) 分解法

将 M 分解为 $54 = 6 \times 9$,用两片 74LS160 分别组成六进制和九进制计数器,然后级联组成 $M = 54$ 进制计数器,其逻辑图如图 11-30(b)所示。

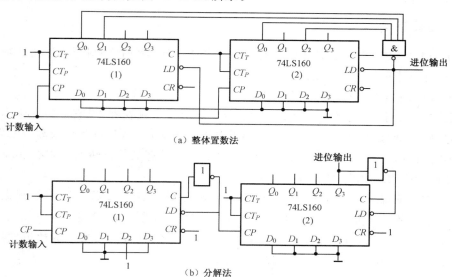

(a) 整体置数法

(b) 分解法

图 11-30　例 11-5 的连接图

11.4　时序逻辑电路的设计

随着电子技术的发展,尤其是在系统可编程逻辑器件中的广泛应用,使得利用门电路和触发器设计时序逻辑电路的方法显得越来越重要,本节以计数器为例简单介绍同步时序电路的设计方法。

11.4.1　设计方法及步骤

时序电路的设计,就是根据给定的逻辑功能要求,选择适当的逻辑器件,设计出符合要求的时序逻辑电路。一般设计步骤如下:

(1) 将所设计的实际问题进行逻辑抽象,定义所设计电路的输入信号、输出信号和有效状态的物理意义。

(2) 定义所设计电路的有效状态的编码,根据设计目标确定其状态转换真值表或有效状态的状态转换图。

(3) 确定所用门电路和触发器的类型,如采用与非门、或非门等,采用 D 触发器、JK 触发器等;并根据有效状态的个数确定所用触发器的个数。设有效状态的个数为 N,触发器的个数为 M,为了使电路最简,一般情况下应满足

$$2^{M-1} < N \leqslant 2^M \tag{11-1}$$

当然,在特殊要求下,也有可能不满足上述条件。

(4) 根据有效状态的状态转换真值表或状态转换图,以输入信号、时序电路的原状态为输入变量,求解各触发器的状态方程、驱动方程和输出方程。

(5) 画逻辑图。

(6) 检验。即分析所设计的时序电路是否满足设计目标和要求。

需要指出的是,上述方法和步骤只是为读者提供一个思路,实际设计时可根据题目难易程度简化设计过程。

11.4.2 设计举例

【例 11-6】 试用 JK 触发器和尽可能少的门电路设计一个七进制同步加法计数器,并说明所设计的计数器是否能自启动。

【解】 (1) 确定有效状态的状态转换图

根据式(11-1)可知,组成七进制加法计数器应选用 3 个触发器,设它们为 FF_2、FF_1、FF_0。显然,七进制加法计数器有 7 个有效状态,不需要输入控制信号,且可利用最高位触发器的状态作为输出进位信号,而不需要另加输出端,因此其有效状态的状态转换图如图 10.33 所示。

(2) 画出各触发器次态的卡诺图

以各触发器的现态 Q_2^n、Q_1^n、Q_0^n 为输入变量,以次态 Q_2^{n+1}、Q_1^{n+1}、Q_0^{n+1} 为函数,根据图 11-31 所示现态与次态的转换关系,可将 Q_2^{n+1}、Q_1^{n+1}、Q_0^{n+1} 画成卡诺图。在 $Q_2^n Q_1^n Q_0^n = 000$ 的小方格内填入其次态 001,在 $Q_2^n Q_1^n Q_0^n = 001$ 的小方格内填入其次态 010,依照这个方法填完所有小方格,无效状态 111 可视为无关项,如图 11-32 所示。

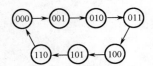

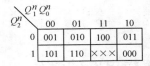

图 11-31 七进制加法计 | 图 11-32 Q_2^{n+1}、Q_1^{n+1}、Q_0^{n+1} 的卡诺图

(3) 求解各触发器的驱动方程

由图 11-32 所示卡诺图可求出触发器的状态方程,为了便于求出驱动方程,应将状态方程的形式写成与特性方程 $Q^{n+1} = J\overline{Q^n} + \overline{K}Q^n$ 可类比的形式。例如,在第 i 个触发器的状态方程中,每一项均应含有 $\overline{Q_i^n}$ 或 Q_i^n,其中含有 $\overline{Q_i^n}$ 的项决定 J_i,含有 Q_i^n 的决定 K_i。根据上述原则,FF_2、FF_1、FF_0 的状态方程为

$$\begin{cases} Q_0^{n+1} = \overline{Q_2^n} \cdot \overline{Q_0^n} + \overline{Q_1^n} \cdot \overline{Q_0^n} = \overline{Q_2^n Q_1^n} \cdot \overline{Q_0^n} \\ Q_1^{n+1} = Q_0^n \cdot \overline{Q_1^n} + \overline{Q_2^n} \cdot \overline{Q_0^n} \cdot Q_1^n \\ Q_2^{n+1} = Q_1^n \cdot Q_0^n \cdot \overline{Q_2^n} + \overline{Q_1^n} \cdot Q_2^n \end{cases}$$

与特性方程比较,求出各触发器的驱动方程为

$$\begin{cases} J_0 = \overline{Q_2 Q_1}, & K_0 = 1 \\ J_1 = Q_0, & K_1 = \overline{\overline{Q_2} \cdot \overline{Q_0}} \\ J_2 = Q_1 Q_0, & K_2 = Q_1 \end{cases}$$

(4) 画出逻辑图,如图 11-33 所示。

(5) 利用时序电路的分析方法,画出图 11-33 所示计数器的状态转换图,检验所设计的电

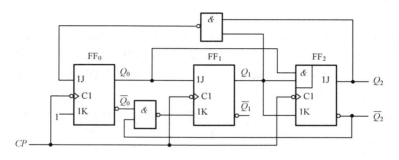

图 11-33　七进制加法计数器

路是否满足要求。

图 11-33 所示计数器的状态转换图如图 11-34 所示,说明所设计的电路是七进制的加法计数器,且能够自启动。

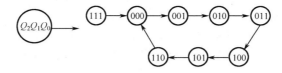

图 11-34　七进制加法计数器状态转换图

从以上例题可知,在设计时序电路时,应特别注意:

(1) 正确理解题意,定义有效状态并画出其状态转换图,这一步是整个设计的基础。

(2) 画卡诺图,应根据状态转换图,在每个小方格内填入其对应的次态,无效状态可作无关项处理。

(3) 根据卡诺图求解状态方程时,应使状态方程的形式与所用触发器的特性方程有对应关系,以便求解驱动方程。

(4) 与任何设计相同,时序电路设计完毕,一定要检验。

11.5　集成 555 定时器的原理及应用

555 定时器是一种中规模集成电路,以它为核心,在其外部配上少量阻容元件,就可方便构成多谐振荡器、施密特触发器、单稳态触发器等,这些触发器往往是数字系统中不可缺少的器件。由于使用灵活、方便,因此 555 定时器在波形的产生与变换、测量与控制、家用电器、电子玩具等许多领域中都得到应用。

数字系统中会经常遇到脉冲的产生、整形、延时等问题,实现这些作用的单元电路就是单稳态触发器、多谐振荡器等。本节首先介绍 555 集成芯片的内部结构和原理,再介绍由 555 定时器组成的单稳态触发器和多谐振荡器。

11.5.1　集成 555 定时器

1. 电路结构

图 11-35(a) 所示为 555 集成定时器的电路结构图,图 11-35(b) 是引脚排列图。其中 TH 为电压比较器 C_1 的阈值输入端,$\overline{TR}$ 是电压比较器 C_2 的触发输入端。555 集成定时器由五个部分组成:

(1) 分压器

三个阻值均为 5 kΩ 的电阻串联起来构成分压器(555 因此得名),其作用是为后面的电压比较器 C_1 和 C_2 提供参考电压。若在电压控制端 CO 另加控制电压,则可改变 C_1、C_2 的参考电压。工作中不使用 CO 端时,一般都通过一个 $0.01\ \mu F$ 的电容接地,以旁路高频干扰。

(2) 电压比较器

C_1、C_2 是由运放构成的两个电压比较器。两个输入端基本上不向外电路索取电流,即输入电阻趋于无穷大。

(3) 基本 RS 触发器

在电压比较器之后,是由两个与非门组成的基本 RS 触发器,$\overline{R}$ 是专门设置的可从外部进行置 0 的复位端,当 $\overline{R}=0$ 时,使 $Q=0$,$\overline{Q}=1$。

(4) 晶体管开关和输出缓冲器

晶体管 T_D 构成开关,其状态受 $\overline{Q}$ 端控制。输出缓冲器就是接在输出端的反相器 G_3,其作用是提高定时器的带负载能力和隔离负载对定时器的影响。

综上所述,555 定时器不仅提供了一个复位电平为 $2V_{CC}/3$、置位电平为 $V_{CC}/3$、可通过 $\overline{R}$ 端直接从外部进行置 0 的基本 RS 触发器,而且还给出了一个状态受该触发器 $\overline{Q}$ 端控制的晶体管开关,因此使用起来非常灵活。

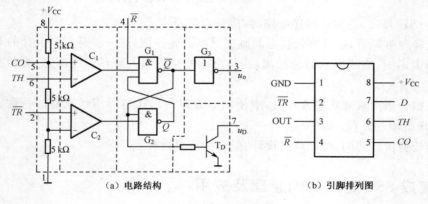

图 11-35　555 集成定时器

2. 工作原理

表 11-8 所列是 555 定时器的功能表,它全面反映了 555 定时器的基本功能。该表是后面分析 555 定时器各种应用电路的重要理论依据。

表 11-8　555 定时器的功能表

U_{TH}	$U_{\overline{TR}}$	$\overline{R}$	u_o	T_D 状态
×	×	0	U_{OL}	导通
$>2V_{CC}/3$	$>V_{CC}/3$	0	U_{OL}	导通
$<2V_{CC}/3$	$>V_{CC}/3$	1	不变	不变
$<2V_{CC}/3$	$<V_{CC}/3$	1	U_{OH}	截止

由 555 定时器的电路图和功能表可以看出:

$\overline{R}=0$ 时,$\overline{Q}=1$,输出电压 $u_o=U_{OL}$ 为低电平,T_D 饱和导通。

$\overline{R}=1$、$U_{TH}>2V_{CC}/3$、$U_{TR}>V_{CC}/3$ 时,C_1 输出低电平,C_2 输出高电平,$\overline{Q}=1$,$Q=0$,$u_o=$

U_{OL}，T_D 饱和导通。

$\overline{R}=1$、$U_{TH}<2V_{CC}/3$、$U_{\overline{TR}}>V_{CC}/3$ 时，C_1、C_2 输出均为高电平，基本 RS 触发器保持原来状态不变，因此 $u_。$、T_D 也保持原来状态不变。

$\overline{R}=1$、$U_{TH}<2V_{CC}/3$、$U_{\overline{TR}}<V_{CC}/3$ 时，C_1 输出高电平，C_2 输出低电平，$\overline{Q}=0$，$Q=1$，$u_。=U_{OH}$，T_D 截止。

11.5.2 由 555 定时器构成的单稳态触发器

单稳态触发器是一种常用的脉冲整形电路。与一般双稳态触发器不同的是，它只有一个稳态，另外还有一个暂稳态。暂稳态是一种不能长久保持的状态，这时电路的电压和电流会随着电容器的充电与放电发生变化，而稳态时电压和电流是不变的。

在单稳态触发器中，当没有外加触发信号时，电路始终处于稳态；只有当外加触发信号时，电路才从稳态翻转到暂稳态，经过一段时间后，又能自动返回到稳态。暂稳态持续时间的长短取决于电路自身参数，与外触发信号无关。

将 555 定时器高电平触发端 TH 与 D 端相连后接定时元件 R、C，从低电平触发端 $\overline{TR}$ 加入触发信号 u_i，则构成单稳态触发器，如图 11-36(a)所示。

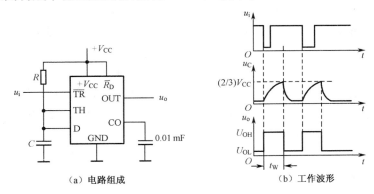

（a）电路组成   （b）工作波形

图 11-36 由 555 定时器组成的单稳态触发器

设输入信号 u_i 为高电平，且大于 $V_{CC}/3$，根据表 11-8，输出电压 $u_。$ 为低电平，D 端接通，因而电容两端即使原来电压不为零也会放电至零，即 $u_C=0$，电路处于稳态。

当 u_i 由高电平变为低电平且低于 $V_{CC}/3$ 时，$u_。$ 由低电平跃变为高电平，D 端关断，电路进入暂态。此后，电源通过 R 对电容 C 充电，当充电至电容上电压 u_C 也就是高电平触发端的电压 U_{TH} 略大于 $2V_{CC}/3$ 时，$u_。$ 由高电平跃变为低电平，D 端接通，电容通过 D 端很快放电，电路自动返回稳态，等待下一个触发脉冲的到来。u_i、u_C、$u_。$ 的波形如图 11-36(b)所示。

从以上分析可知，单稳态触发器触发脉冲的高电平应大于 $2V_{CC}/3$，低电平应小于 $V_{CC}/3$，且脉冲宽度应小于暂态时间。输出脉冲的宽度 t_W 为暂态时间，它等于电容 C 上电压从 0 开始充电到 $2V_{CC}/3$ 所需的时间，即

$$t_W \approx RC\ln3 \approx 1.1RC$$

调节 R 和 C 的值可以改变脉冲宽度 t_W，t_W 的值可调范围从几秒到几分钟。

11.5.3 由 555 定时器构成的多谐振荡器

多谐振荡器是一种无稳态电路，在接通电源后，不需要外加触发信号，电路在两个暂稳态

之间交替变化,产生矩形波输出。由于矩形波中除基波外,包含了许多高次谐波,因此这类振荡器被称做多谐振荡器。多谐振荡器常用来作为时钟脉冲源。

将 555 定时器的 TH 端和 $\overline{\text{TR}}$ 端连在一起再外接电阻 R_1、R_2 和电容 C,便构成了多谐振荡器,如图 11-37(a)所示。该电路不需要外加触发信号,加电后就能产生周期性的矩形脉冲或方波。

接通电源,设电容电压 $u_C=0$,而两个电压比较器的阈值电压分别为 $2V_{CC}/3$ 和 $V_{CC}/3$,所以 $U_{TH}=U_{TR}=0<V_{CC}/3$,$u_o=U_{OH}$,且 D 关断。电源对电容 C 充电,充电回路为

$$+V_{CC} \rightarrow R_1 \rightarrow R_2 \rightarrow C \rightarrow \text{地}$$

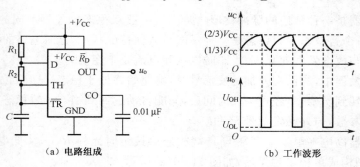

(a) 电路组成　　　　　　　(b) 工作波形

图 11-37　由 555 定时器组成的多谐振荡器

随着充电过程的进行,电容电压 u_C 上升,当上升到 $2V_{CC}/3$ 时,u_o 从 U_{OH} 跃变为 U_{OL},且 D 导通。此后电容 C 放电,放电回路为

$$C \rightarrow R_2 \rightarrow \text{放电管 D} \rightarrow \text{地}$$

随着放电过程的进行,u_C 下降;当 u_C 下降到 $V_{CC}/3$ 时,u_o 从 U_{OL} 跃变为 U_{OH},且 D 再次关断,电容 C 又充电,充电到 $2V_{CC}/3$ 又放电,如此周而复始,电路形成自激振荡。输出电压为矩形波,波形如图 11-37(b)所示。

矩形波的周期取决于电容的充、放电时间常数 τ,其充电的时间常数为 $(R_1+R_2)C$,放电时间常数约为 R_2C,因而输出脉冲的周期约为

$$T \approx 0.7(R_1 + 2R_2)C$$

占空比(即脉宽占整个周期的比例)为

$$q = \frac{R_1 + R_2}{R_1 + 2R_2}$$

若 $R_2 \gg R_1$,$q \approx 1/2$,输出的矩形脉冲近似为对称方波。

11.5.4　由 555 定时器构成的施密特触发器

施密特触发器是又一种脉冲信号的整形电路,它能够将变化非常缓慢的输入脉冲波形,整形成为适合于数字电路需要的矩形脉冲,而且由于具有滞回特性,所以抗干扰能力也很强。施密特触发器在脉冲的产生和整形电路中应用很广。

将 555 定时器的 TH 端和 $\overline{\text{TR}}$ 端连在一起作为信号的输入端,便构成施密特触发器,如图 11-38 所示。

当 $u_i < V_{CC}/3$,即 $\overline{\text{TR}}$ 端电压 $U_{TR} < V_{CC}/3$ 时,输出端 OUT 的电压 u_o 为高电平 U_{OH},电路处于第一稳态。只有当 u_i 升高到略大于 $2V_{CC}/3$,使 $U_{TH}>2V_{CC}/3$ 且 $U_{TR}>V_{CC}/3$ 时,输出端 OUT 的电压 u_o 才跃变为低电平 U_{OL},电路进入第二稳态。此后,u_i 再升高,u_o 状态不变;只有当 u_i 下降到略小于 $V_{CC}/3$,即 $\overline{\text{TR}}$ 端电压小于 $V_{CC}/3$ 时,输出电压才又变为高电平,触发器回到

第一稳态。可见,阈值电压和回差电压分别为

$$\begin{cases} U_{T-} = V_{CC}/3 \\ U_{T+} = 2V_{CC}/3 \\ \triangle U_T = U_{T+} - U_{T-} = V_{CC}/3 \end{cases}$$

若 u_i 为三角波,则 u_i 与 u_o 的波形如图 11-39(a)所示,说明施密特触发器可将非脉冲信号整形成标准幅值的脉冲信号;若 u_i 为幅值不等、宽度也不等的尖顶波,则 u_i 与 u_o 的波形如图 11-39(b)所示,说明施密特触发器可以作为鉴幅器,将幅值大于 $2V_{CC}/3$ 的尖顶波转换为标准幅值的矩形波。整形和鉴幅是施密特触发器的基本功能。

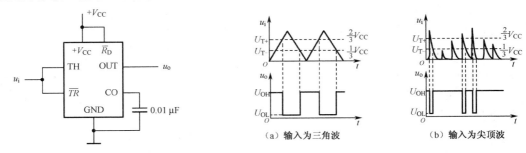

图 11-38　由 555 定时器组成的施密特触发器　　图 11-39　施密特触发器输入、输出电压波形分析

11.6　应用——数据存储器

图 11-40 所示是一个用八 D 锁存器集成电路 74LS273 来控制一个七段数码管显示器的逻辑电路图。图中,D 为数据输入端,Q 为数据输出端,与共阳极接法的七段数码管的 a～g 端相接。

根据需要显示各段数字对应的 $1Q\sim 7Q$ 端,在 $1D\sim 7D$ 输入端准备好对应的二进制代码,通过 CP 的上升沿将其输入至对应的锁存器内,数码管就显示需要的数字。

这里的八 D 锁存器就作为数据存储器来使用。这个应用实例,在需要数字显示的场合是经常用到的。

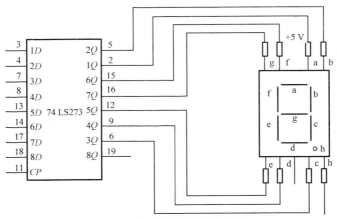

图 11-40　寄存器用作数据存储器

本章小结

1. 触发器是数字电路中的一种基本逻辑单元,双稳态触发器有 0 和 1 两个稳态。触发器

从一种稳态转换成另一种稳态不仅取决于输入信号,还与触发器原来的状态有关。触发器输入信号去掉以后,这个信号对触发器造成的影响却保留下来,所以称触发器是具有记忆功能的单元电路。

2. 双稳态触发器的种类很多,通常按照 3 个标准进行分类。一是从触发器逻辑功能上分类,有 RS 触发器、D 触发器、JK 触发器、T 触发器、T′触发器;从结构上分,有基本触发器、同步触发器、主从触发器、边沿触发器,从触发方式上分,有电平触发型和边沿触发型触发器。

3. 寄存器具有存储数码和信息的功能。它分为数码寄存器和移位寄存器两大类。一般寄存器都具有清零、接收、存储和输出的功能。用移位寄存器可构成环形和扭环形计数器。

4. 计数器能对输入脉冲做计数统计。目前集成计数器品种多,功能全,应用灵活,价格低廉,得到广泛应用。

实用电路中除二进制计数器和十进制计数器外,还常用其他进制的计数器。以集成计数器作为基本器件,采用反馈法可以实现任意进制计数器。

5. 555 定时器是一种多用途的单片集成电路,本章首先介绍了定时器的电路组成及功能,然后重点介绍了由 555 定时器构成的单稳态触发器、多谐振荡器和施密特触发器。

6. 单稳态触发器有一个稳态和一个暂稳态。在外来触发信号的作用下,电路由稳态进入暂稳态,经过一段时间 t_W 后,自动翻转为稳定状态。t_W 的长短取决于电路中的定时元件 R、C 的参数。单稳态触发器主要用于脉冲定时和延迟控制。

7. 多谐振荡器是一种无稳态的电路。在接通电源后,它能够自动地在两个暂稳态之间不停地翻转,输出矩形脉冲电压。矩形脉冲的周期 T 以及高、低电平的持续时间的长短取决于电路的定时元件 R、C 的参数。在脉冲数字电路中,多谐振荡器常用作产生标准时间信号和频率信号的脉冲发生器。

8. 施密特触发器是一种具有回差特性的双稳态电路。它的主要特点是能够对输入信号进行整形,将变化缓慢的输入信号整形成边沿陡峭的矩形脉冲。

习题十一

11-1 选择题图 11-1 所示 FF$_1$～FF$_{10}$中的一个或多个触发器填入下面的横线上。

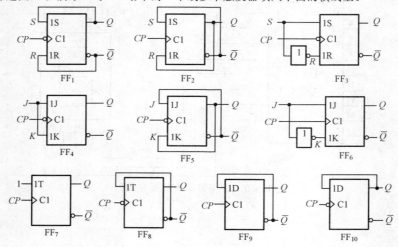

题图 11-1

(1) 满足 $Q^{n+1}=1$ 的触发器_____。

(2) 满足 $Q^{n+1}=Q^n$ 的触发器_____。

(3) 满足 $Q^{n+1}=\overline{Q^n}$ 的触发器_____。

(4) 满足 D 触发器功能的是_____。

(5) 满足 T 触发器功能的是_____。

11-2 已知 CP 脉冲下降沿触发的 TTL 主从 JK 触发器输入端 J、K 及时钟脉冲 CP 的波形如题图 11-2 所示,试画出输出端 Q 的波形。

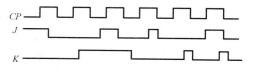

题图 11-2

11-3 电路如题图 11-3(a)所示,其中 $\overline{R_D}$ 为异步置 0 端;输入信号 A、B、C 和触发脉冲 CP 的波形如图(b) 所示,试画出 Q_1 和 Q_2 的波形。

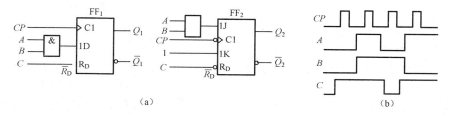

题图 11-3

11-4 如题图 11-4(a)所示各触发器,已知 CP 为如图(b)所示的连续脉冲,试画出 $Q_1 \sim Q_4$ 的波形。设各 触发器初态为 0。

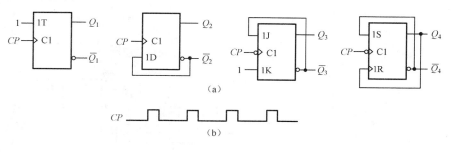

题图 11-4

11-5 触发器电路及相关波形如题图 11-5 所示。

(1) 根据图(a)所示电路写出该触发器的次态方程。

(2) 对应图(b)给出的波形画出输出端 Q 的波形(设起始状态 $Q=0$)。

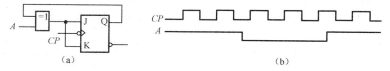

题图 11-5

11-6 在题图 11-6(a)中,F_1 是 D 触发器,F_2 是 JK 触发器,CP 和 A 的波形如题图 11-6(b)所示,试画出 Q_1、Q_2 的波形。

11-7 分析题图 11-7 所示时序电路的逻辑功能。要求列出状态表,画出状态图。

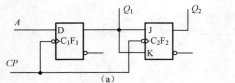
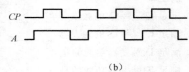

题图 11-6

11-8 画出题图 11-8 所示时序电路的状态图和时序图,并说明其逻辑功能。

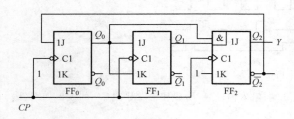
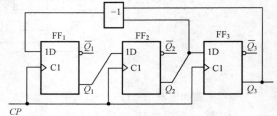

题图 11-7　　　　　　　　　　　　　　　题图 11-8

11-9 如题图 11-9 所示两个计数器。

(1) 分别画出它们的状态图。

(2) 说明它们各为几进制计数器,加法计数器还是减法计数器。

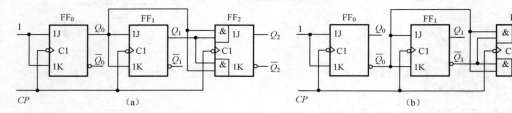

题图 11-9

11-10 试将题图 11-10 所示电路分别接成环形计数器和扭环形计数器。

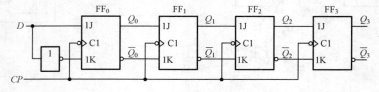

题图 11-10

11-11 试用集成 4 位二进制加法计数器 74LS161 构成十一进制计数器。

(1) 用反馈复位法实现。

(2) 用反馈置数法实现。

11-12 试采用反馈置数法实现九进制计数器,计数初态设为 1000。分别用集成计数器 74LS160 和 74LS161 实现。

11-13 分析题图 11-13 所示各电路,画出状态图和时序图,指出各是几进制计数器。

11-14 分析题图 11-14 所示电路,指出是几进制计数器。

11-15 在某个计数器输出端观察到的波形如题图 11-15 所示,试确定计数器的模。

11-16 试用 1 片 4 位二进制加法计数器 74LS161 和尽可能少的门电路设计一个时序电路。要求当控制信号 $C=0$ 时做二进制加法计数,$C=1$ 时做单向移位操作。

11-17 试用 555 定时器设计一个单稳态触发器,要求输出脉冲宽度在 1～10 秒的范围内连续可调。

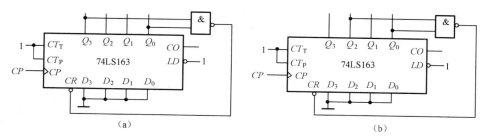

（a）　　　　　　　　　　　（b）

题图 11-13

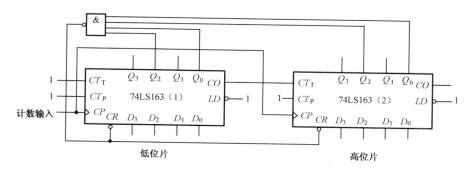

低位片　　　　　　　　　高位片

题图 11-14

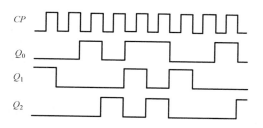

题图 11-15

11-18　试用 555 定时器设计一个多谐振荡器，要求输出脉冲的振荡频率为 20 kHz，占空比等于 25%。

11-19　在图 11-38 用 555 定时器接成的施密特触发器电路中，试问：

（1）当 $V_{CC} = 12$ V 而且没有外接控制电压时，U_{T1}、U_{T2}、ΔU_T 各等于多少？

（2）当 $V_{CC} = 9$ V，控制电压 $U_{CO} = 5$ V 时，U_{T+}、U_{T-}、ΔU_T 各等于多少？

第 12 章　存储器和可编程逻辑器件

存储器是计算机中专门用来存储程序和数据的设备,一般将存储器硬件设备和管理存储器的软件一起合称为存储系统。存储器是计算机中存储信息的核心部件。本章首先介绍存储器的性能指标、分类及应用,最后介绍目前应用较广泛的可编程逻辑器件(PLD)。

12.1　概述

12.1.1　存储器

通常评价存储器性能的主要指标有以下几种。

1. 存储容量

衡量存储容量的单位有位(b)和字节(B),其关系是 1 B＝8 b。其中字节(B)更为常用,此外还有千字节(KB)、兆字节(MB)和吉字节(GB),它们之间的关系是

1 KB＝1024 B＝2^{10} B

1 MB＝1024 KB＝1 048 576 B＝2^{20} B

1 GB＝1024 MB＝1 048 576 KB＝1 073 741 824 B＝2^{30} B

存储器的最大容量可以由存储器地址码的位数确定,若地址码位数为 n,即可以产生 2^n 个不同的地址码,那么存储器的最大容量为 2^n B。一般来说,存储器容量越大,允许存放的程序和数据就越多,就越利于提高计算机的处理能力。

目前,一般用于办公的个人计算机的内存通常在几百兆字节左右,外存中的硬盘容量通常在几十吉字节左右。

2. 存取时间

信息存入存储器的操作称为写操作,信息从存储器取出的操作称为读操作。存取时间是描述存储器读/写速度的重要参数,通常用 T_A 来表示。为了提高内存的工作速度,使之与 CPU 的速度匹配,总是希望存取时间越短越好。

读/写周期是指存储器完成一次存取操作所需的时间,即存储器进行两次连续独立的操作(读/写)所需的时间(读写操作时间)。通常也称为存储周期,用 T_M 表示;通常 T_M 比 T_A 稍大,原因是存储器进行读、写操作之后需要短暂的稳定时间,另外有些存储器电路刷新需要时间。

存取速度是指每秒从存储器读、写信息的数量,用 B_M 表示。设 W 为存储器传送的数据宽度(位或字节),则有 $B_M = W/T_A$,单位为 b/s 或 B/s。

在存储器中,一般用存取时间、读/写周期和存取速度等指标来衡量存储器的性能。

3. 可靠性

存储器的可靠性是指在规定的时间内存储器无故障工作的情况,一般用平均无故障时间衡量。平均无故障时间(MTBF)越长,表示存储器的可靠性越好。

4. 性能/价格比

性能/价格比,简称性/价比,是衡量存储器的综合性指标。通常要根据对存储器提出的不同用途、不同环境要求进行对比选择。

12.1.2 可编程逻辑器件

一个逻辑系统可以由标准逻辑电路组成,利用各种功能的集成芯片组合出需要的逻辑电路。用这种方法组成的逻辑系统,需要大量的逻辑芯片,设计烦琐且设计周期长,难以最优化设计。可编程逻辑器件的出现,使设计观念发生了改变,设计工作变得非常容易,因而得到迅速发展和应用。专用的逻辑集成电路可分为:可编程逻辑器件(PLD)、门阵列逻辑电路(GAL)、现场可编程门阵列逻辑电路(FPGA)、标准单元逻辑电路(SCL)等。

12.2 存储器及其应用

存储器的种类很多,从存取功能上可分为随机存取存储器(RAM,Random Access Memory)和只读存储器(ROM,Read Only Memory)两大类。

12.2.1 随机存取存储器 RAM

随机存取存储器(RAM)又称读/写存储器,在计算机中是不可缺少的部分。RAM 在电路正常工作时可以随时读出数据,也可以随时改写数据,但停电后数据丢失。因此 RAM 的特点是使用灵活方便,但数据易丢失。它适用于需要对数据随时更新的场合,如用于存放计算机中各种现场的输入输出数据、中间结果以及与外存交换信息等。

根据工作原理的不同,RAM 又分为静态随机存储器(SRAM,Static RAM)和动态随机存储器(DRAM,Dynamic RAM)两大类。它们的基本电路结构相同,差别仅在存储电路的构成。

SRAM 的存储电路以双稳态触发器为基础,状态稳定,只要不掉电,信息就不会丢失,其优点是不需刷新(即每隔一定时间重写一次原信息),缺点是集成度低;DRAM 的存储电路以电容为基础,电路简单,集成度高,但也存在问题,电容中电荷由于漏电会逐渐丢失,因此 DRAM 需定时刷新。下面以 SRAM 为例介绍 RAM 的基本结构和工作原理。

1. RAM 的基本结构及工作原理

随机存取存储器 RAM 的结构框图如图 12-1 所示,主要由存储矩阵、地址译码器和读/写控制电路三部分组成。

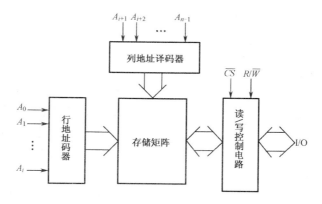

图 12-1　RAM 的结构框图

存储矩阵是整个电路的核心,它由许多存储单元排列而成。地址译码器根据输入地址码选择要访问的存储单元,通过读/写控制电路对其进行读/写操作。

地址译码器一般都分成行译码器和列译码器两部分。行地址译码器将输入地址代码的若干位译成某一条字线的输出高、低电平信号,从存储矩阵中选中一行存储单元;列地址译码器将输入地址代码的其余几位译成某一根输出线上的高、低电平信号,从字线选中的一行存储单元中再选一位(或几位),使这些被选中的单元与读/写控制电路、输入/输出端接通,以便对这些单元进行读/写操作。

读/写控制电路用于控制电路的工作状态。当读/写控制信号 $R/\overline{W} = 1$ 时,执行读操作,将存储单元里的数据送到输入/输出端上;当读/写控制信号 $R/\overline{W} = 0$ 时,执行写操作,加到输入/输出端上的数据被写入存储单元中。

在读/写控制电路上均有片选输入 $\overline{CS}$:当 $\overline{CS} = 0$ 时,RAM 处于工作状态;当 $\overline{CS} = 1$ 时,所有的输入/输出端都为高阻状态,因而不能对 RAM 进行读/写操作。

2. 存储单元

静态存储单元是以静态触发器为核心,利用触发器的自保持功能存储数据。如图 12-2 所示是六只 N 沟道增强型 MOS 管组成的静态存储单元,其中:$T_1 \sim T_4$ 组成基本的触发器;T_5 和 T_6 是配合基本触发器的门控管,起模拟开关的作用,受控于行地址译码器的输出;T_7 和 T_8 决定是否与输入/输出电路相连,受控于列地址译码器的输出。从图中可以看出,只有当相应的行、列地址被选中为 1 时,$T_5 \sim T_8$ 同时导通,存储单元才与输入/输出电路连通,此时的读/写操作才对该存储单元有效。

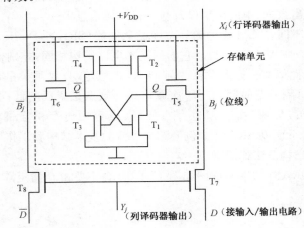

图 12-2 MOS 管组成的静态存储单元

3. RAM 的扩展

从前面的分析可知,若一片 RAM 的地址线个数为 n,数据线个数为 m,则在这片 RAM 中可以确定的字数(存储单元的个数)为 2^n,该片的存储容量为 $2^n \times m$(位)。单片 RAM 的容量是有限的,对于一个大容量的存储系统,则可将若干片 RAM 组合在一起扩展而成。扩展的方法分为位扩展和字扩展两种。

(1)位扩展

位扩展是指增加存储字长,或者说增加数据位数。例如,以 2114 静态 RAM 为例,1 片 2114 的存储容量为 1K×4 位,则 2 片 2114 即可组成 1K×8 位的存储器,如图 12-3 所示。图中 2 片 2114 的地址线 $A_9 \sim A_0$、$\overline{CS}$、$R/\overline{W}$ 都分别连在一起,其中一片的数据线作为高 4 位 $D_7 \sim D_4$,另一片的数据线作为低 4 位 $D_3 \sim D_0$。这样便构成了一个 1K×8 位的存储器。

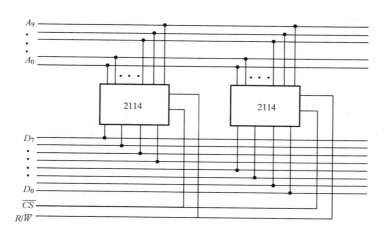

图 12-3 由两片 1K×4 位的芯片组成 1K×8 的存储器

（2）字扩展

字扩展是指增加存储器字的数量，或者增加 RAM 内存储单元的个数。例如，用 2 片 1K×8 位的存储芯片，可组成一个 2K×8 位的存储器，即存储器字数增加了一倍，如图 12-4 所示。图中，将 A_{10} 用作为片选信号。由于存储芯片的片选输入端要求低电平有效，故当 A_{10} 为低电平 0 时，$\overline{CS}_0$ 有效，选中左边的 1K×8 位芯片；当 A_{10} 为高电平 1 时，经反相器反相后 $\overline{CS}_1$ 有效，选中右边的 1K×8 位芯片。

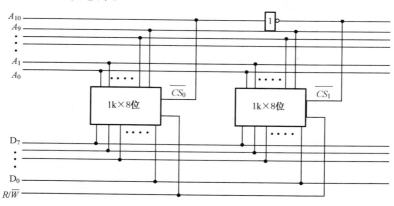

图 12-4 由两片 1K×8 位的芯片组成 2K×8 的存储器

（3）字、位扩展

字、位扩展是指既增加存储字的数量，又增加存储字长。图 12-5 所示为用 8 片 1K×4 位的 RAM 芯片组成 4K×8 位的存储器。

由图 12-5 可见，每两片构成 1K×8 位的存储器，4 组两片便构成 4K×8 位的存储器。地址线 A_{11}、A_{10} 经片选译码器得 4 个片选信号 $\overline{CS}_0$、$\overline{CS}_1$、$\overline{CS}_2$、$\overline{CS}_3$ 分别选择其中 1K×8 位的存储芯片。$R/\overline{W}$ 为读/写控制信号。

4. RAM 与微型计算机系统的连接

RAM 大都作为计算机系统的存储部件使用。从 RAM 外部看，其引脚可分为三组：地址线、数据线和读/写控制线。而微型计算机系统通常也可将其系统总线分为地址总线、数据总线和控制总线三组。所以，RAM 在与微机系统相连接时，将 RAM 的地址线与微机系统的地

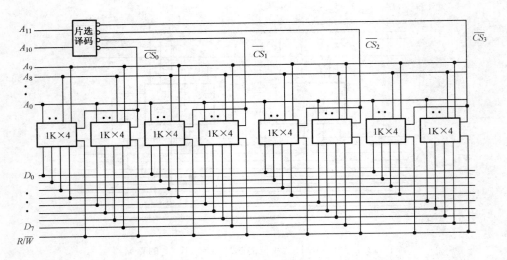

图 12-5　由 8 片 1K×4 位的芯片组成 4K×8 的存储器

址总线相连,RAM 的数据线与系统数据总线相连,RAM 的读/写控制线与系统控制总线中有关读/写的控制线相连,如图 12-6 所示。

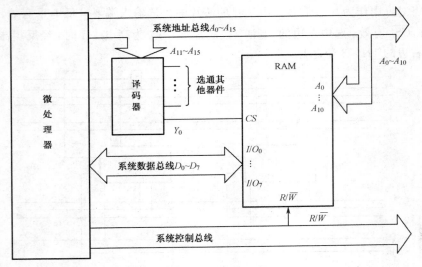

图 12-6　RAM 与微机系统连接示意图

12.2.2　只读存储器(ROM)

通常把使用时只读出不写入的存储器称为只读存储器(ROM)。ROM 中的信息一旦写入就不能进行修改,其信息在断电后仍然保留。一般用于存放微程序、固定子程序、字母符号阵列等系统及信息。

ROM 也需要地址译码器、数据读出电路等组成部分,但其电路比较简单。制作 ROM 的半导体材料有二极管、MOS 管和三极管等。因制造工艺和功能不同,ROM 可分为掩膜ROM、可编程 ROM(PROM)、可擦写可编程 ROM(EPROM)和电可擦可编程 ROM(E²PROM)。

1. ROM 的结构及工作原理

一般的 ROM 是掩膜 ROM。这类 ROM 由生产厂家做成,用户不能修改。ROM 由存储阵列、地址译码器、读出电路三部分构成,其结构框图如图 12-7 所示。

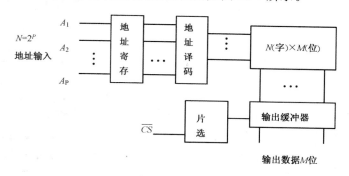

图 12-7　ROM 的结构框图

2. 可编程 ROM(PROM, Programmable ROM)

在实际使用过程中,用户希望根据自己的需要填写 ROM 的内容,因此产生了可编程 ROM(以下简称 PROM)。PROM 与一般 ROM 的主要区别是,PROM 在出厂时其内容均为 0 或 1,用户在使用时,按照自己的需要,将程序和数据利用工具(用光或电的方法)写入 PROM 中,一次写入后不可修改。PROM 相当于由用户完成 ROM 生产中的最后一道工序——向 ROM 中写入编码,但在工作状态下,仍然只能对其进行读操作。

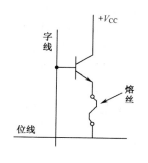

图 12-8　PROM 存储单元

图 12-8 所示是用双极型三极管和熔丝组成的一位存储单元。出厂时所有的熔丝都是连通的,所存内容全为 1。在写入用户需要的内容时,只需将要改写为 0 的单元通以足够大的电流,使熔丝烧断即可。可见,PROM 的内容一旦写入就无法再更改。由于在写入时与正常工作时的电流值不一样,因此在对它编程时需要专用的编程器。

3. 可改写 ROM

为了适应程序调试的要求,针对一般 PROM 的不可修改特性,设计出可以多次擦写的可编程 ROM(EPROM, Erasable Programmable ROM)),其特点是可以根据用户的要求用工具擦去 ROM 中存储的原有内容,重新写入新的编码。擦除和写入可以多次进行。同其他 ROM 一样,其中保存的信息不会因断电而丢失。

早期的 EPROM 利用紫外线擦除,即 UVEPROM(Ultra Violer EPROM),其存储元件常用浮置栅型 MOS 管组成。出厂时全部置 0 或 1,由用户通过高压脉冲写入信息。擦除时通过其外部的一个石英玻璃窗口,利用紫外线的照射,使浮栅上的电荷获得高能而泄漏,恢复原有的全 0 或全 1 状态,允许用户重新写入信息。这种 EPROM 芯片,平时必须用不透明胶纸遮挡住石英窗口,以防因光线进入而造成信息流失。

目前,最常用的 EPROM 是通过电气方法擦除其中的已有内容,通常称为电可擦除可编程 ROM(E^2PROM, Electrically EPROM),擦除时间短且工作可靠是其最突出的特点,已逐渐替代了 EPROM。

目前,常用的 EPROM 有 2716(2K×8 位)、2732(4K×8 位)、2764(8K×8 位)、27128

（16K×8 位）、27256（32K×8 位）等。图 12-9 所示是 27256 的引脚排列图。

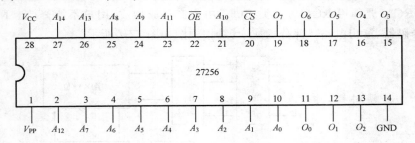

图 12-9　EPROM 芯片 27256 的引脚排列图

正常使用时，$V_{CC}=+5$ V，V_{PP} 接 +5 V。在进行编程时，V_{PP} 接编程电平 +25 V。$\overline{OE}$ 为输出使能端，用来决定是否将 ROM 的输出送到总线上去，低电平有效，当 $\overline{OE}=0$ 时，输出可以使能；当 $\overline{OE}=1$ 时，输出被禁止，ROM 输出端为高阻态。$\overline{CS}$ 为片选端，用来决定 ROM 是否工作，低电平有效。可见，ROM 输出能否被使能，同时取决于 $\overline{OE}$ 和 $\overline{CS}$ 的状态，只有当 $\overline{OE}$ 和 $\overline{CS}$ 均为低电平 0 时，ROM 输出使能，否则将被禁止，输出端为高阻态。

由于 EPROM 和 E^2 PROM 除编程和擦除方法不同外，在使用时并无本质区别。因此，下面仅以 PROM 为例讨论其在组合逻辑电路中的应用。

【例 12-1】　试用 PROM 实现 4 位二进制码到 Gray 码的转换。

【解】　4 位二进制码到 Gray 码的码组转换真值表如表 12-1 所列。若将 4 位二进制码转换为 Gray 码，则 $A_3 \sim A_0$ 为 4 个输入变量，$D_3 \sim D_0$ 为 4 个输出函数。很显然 PROM 的容量至少应为 16×4 位，由真值表可得 PROM 的阵列图如图 12-10 所示。

表 12-1　4 位二进制码到 Gray 码转换真值表

A_3	A_2	A_1	A_0	D_3	D_2	D_1	D_0
0	0	0	0	0	0	0	0
0	0	0	1	0	0	0	1
0	0	1	0	0	0	1	1
0	0	1	1	0	0	1	0
0	1	0	0	0	1	1	0
0	1	0	1	0	1	1	1
0	1	1	0	0	1	0	1
0	1	1	1	0	1	0	0
1	0	0	0	1	1	0	0
1	0	0	1	1	1	0	1
1	0	1	0	1	1	1	1
1	0	1	1	1	1	1	0
1	1	0	0	1	0	1	0
1	1	0	1	1	0	1	1
1	1	1	0	1	0	0	1
1	1	1	1	1	0	0	0

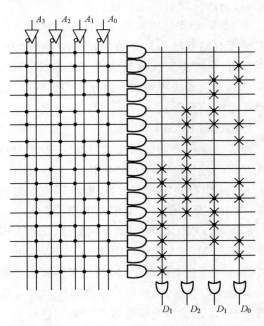

图 12-10　4 位二进制码转换为 Gray 码的 PROM 阵列图

12.3 可编程逻辑器件(PLD)

随着集成电路和计算机技术的发展,数字系统经历了分立元件、小规模集成(SSI,Small-Scale Integration)、中规模集成(MSI,Medium-Scale Integration)、大规模集成(LSI,Large-Scale Integration)及超大规模集成(VLSI,Very-Large-Scale Integration)的过程。继中小规模集成的通用器件之后发展起来的新器件,专用集成电路(ASIC,Application Specific Integrated Circuit)是采用 LSI 和 VLSI 工艺制造的数字逻辑器件,它是专门为某一领域或为专门用户而设计、制造的集成电路。作为 ASIC 的一个分支,可编程逻辑器件(PLD,Programmable Logic Device)于 20 世纪 70 年代出现,80 年代后得到了迅速发展,它是一种用户可以配置的器件。设计人员可以根据自己的设计需要,利用 EDA 软件进行设计,最后把设计结果下载到 PLD 芯片上,完成一个数字电路或数字系统集成的设计,而不必请芯片制造厂商设计、制作专用集成电路芯片。

12.3.1 PLD 的基本结构

图 12-11 所示是 PLD 的基本结构示意图。其主体是由与门和或门构成的与阵列和或阵列。为了适应各种输入情况,与阵列的输入端(包括内部反馈信号的输入端)都设置有输入缓冲电路,从而使输入信号有足够的驱动能力,并产生互补的原变量和反变量。PLD 可以由或门阵列直接输出(组合方式),也可以通过寄存器输出(时序方式)。输出可以是高电平有效,也可以是低电平有效。输出端一般都采用三态电路,而且设置有内部通路,可把输出信号反馈到与阵列的输入端。

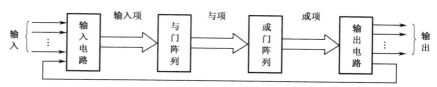

图 12-11 PLD 的基本结构示意图

在绘制中、大规模集成电路时,为方便起见,常用图 12-12 中所示的简化画法。图 12-12(a) 所示是输入缓冲器的画法。图 12-12(b)所示是一个多输入端与门,竖线为一组输入信号,用与横线相交叉的点的状态表示相应输入信号是否接到了该门的输入端上。交叉点上画小圆点"·"者表示连上了并且为硬连接,不能通过编程改变;交叉点上画叉"×"者表示编程连接,可以通过编程将其断开;既无小圆点也无叉者表示断开。图 12-12(c)是多输入端或门,交叉点状态的约定与多输入端与门相同。

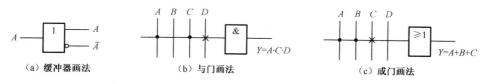

图 12-12 门电路的简化画法

因为任何组合逻辑函数都可变为与或表达式,可用由与门和或门构成的二级电路实现,任何时序逻辑电路都是由组合电路和触发器构成的,所以,利用 PLD 可以构成任何组合电路和时序电路。

12.3.2 PLD 的分类

PLD 内部通常只有一部分或某些部分是可编程的,根据可编程情况可分为四类:可编程只读存储器(PROM)、可编程逻辑阵列(PLA,Programmable Logic Array)、可编程阵列逻辑(PAL,Programmable Array Logic)和通用阵列逻辑(GAL,Generic Array Logic),如表 12-2 所列。按可编程和改写方法分为:第一代 PLD,采用一次性掩膜编程方式;第二代 PLD,采用紫外线照射擦除方式;第三代 PLD,采用一种电擦除的可编程器件;第四代 PLD,是一种在系统可编程器件。

表 12-2   PLD 分类表

分类	与阵列	或阵列	输出电路
PROM	固定	可编程	固定
PLA	可编程	可编程	固定
PAL	可编程	固定	固定
GAL	可编程	固定	可组态

PROM 的电路组成和工作原理已介绍过。PROM 的或阵列是可编程的,而与阵列是固定的,其阵列结构如图 12-13 所示。用 PROM 只能实现函数的标准与或式,不管所要实现的函数真正需要多少最小项,其与阵列必须产生全部 n 个变量的 2^n 个最小项,故利用率很低。所以,PROM 除了用来制作函数表电路和显示译码电路外,一般只作为存储器用,ASIC 很少使用。

PLA 的与阵列和或阵列都是可编程的,其阵列结构如图 12-14 所示。PLA 可以实现函数的最简与或式,利用率比 PROM 高得多。但由于缺少高质量的支持软件和编程工具,价格较贵,门的利用率也不够高,使用仍不广泛。

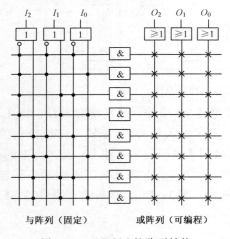

图 12-13   PROM 的阵列结构

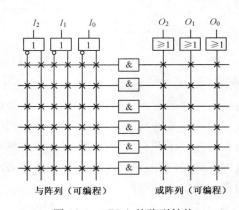

图 12-14   PLA 的阵列结构

PAL 的或阵列固定,与阵列可编程。PAL 速度高、价格低,其输出电路结构有好几种形式,可以借助编程器进行现场编程,很受用户欢迎。但其输出方式固定而不能重新组态,编程是一次性的,因此它的使用仍有较大的局限性。

GAL 的阵列结构与 PAL 的相同,但其输出电路采用了逻辑宏单元结构,用户可根据需要对输出方式自行组态,因此功能更强,使用更灵活,应用更广泛。

在四类 PLD 中,PROM 和 PLA 属于组合逻辑电路,PAL 既有组合电路又有时序电路,GAL 则为时序电路,当然也可用 GAL 实现组合函数。

12.3.3 PLD 的应用

PLD 主要是用来实现时序逻辑函数。

1. PLA 的应用

用 PROM 实现逻辑函数是基于公式 $Y = \sum m_i$。因为任何一个逻辑函数都可以化简为最简与或表达式 $Y = \sum p_i$，所以在用与阵列和或阵列实现逻辑函数时，与阵列并不需要产生全部最小项，与阵列可进行简化，从而或阵列也可简化，这就是 PLA 的基本设计思想。

用 PLA 实现逻辑函数时，首先需将逻辑函数化为最简与或式，然后画出 PLA 的阵列图。例如，用 PLA 实现下列函数：

$$\begin{cases} Y_1 = A \oplus B \oplus C = \overline{A} \cdot \overline{B} \cdot C + \overline{A}B\overline{C} + A \cdot \overline{B} \cdot \overline{C} + ABC \\ Y_2 = AB + AC + BC \\ Y_3 = AB\overline{D} + BCD + \overline{B} \cdot \overline{C} \cdot D \\ Y_4 = \overline{A} \cdot \overline{C} + B\overline{C} + \overline{B}D + A\overline{B}C \end{cases}$$

因为各个函数都是最简与或式，由此可画出 PLA 的阵列图，如图 12-15 所示。

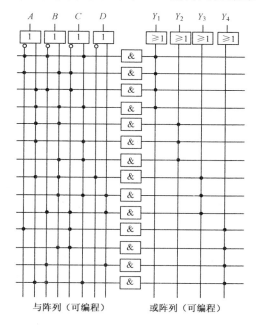

图 12-15　用 PLA 实现组合逻辑函数的例子

【例 12-2】　用 PLA 实现例 12-1 要求的 4 位二进制码到 Gray 码的转换。

【解】　根据表 12-1 所给出的码组转换真值表，将多输出函数化简后得到最简式：

$$\begin{cases} D_3 = A_3 \\ D_2 = A_3\overline{A_2} + \overline{A_3}A_2 \\ D_1 = A_2\overline{A_1} + \overline{A_2}A_1 \\ D_0 = A_1\overline{A_0} + \overline{A_1}A_0 \end{cases}$$

化简后的多输出函数共有 7 个不同的乘积项和 4 个输出，因此编程后的 PLA 阵列图如图 12-16 所示。

从例 12-1 和例 12-2 不难看出，PROM 的容量是 16×4 位，而 PLA 需要的容量只有 7×4 位。

PLA 中的与阵列和或阵列只能构成组合逻辑电路，若在 PLA 中加入触发器便可构成时序型 PLA，其结构如图 12-17 所示。此时与阵列的输入包括两部分：外输入 $X_1, \cdots, X_n$ 和由触发器反馈回来的内部状态 $Q_1, \cdots, Q_k$。或阵列则产生两组输出：外输出 $Z_1, \cdots, Z_m$ 和触发器的激励 $W_1, \cdots, W_j$。它是完整的同步时序系统。

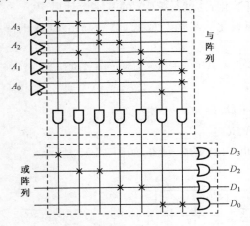

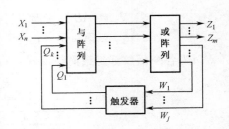

图 12-16　4 位二进制码转换为 Gray 码的 PLA 阵列图　　　图 12-17　时序型 PLA 基本结构图

【例 12-3】 试用 PLA 和 JK 触发器实现 2 位二进制可逆计数器。当 $X = 0$ 时，进行加法计数；当 $X = 1$ 时，进行减法计数。

【解】 由题意可画出 2 位二进制可逆计数器的状态图如图 12-18(a) 所示。

根据状态图可求得激励方程和输出方程为

$$\begin{cases} J_1 = K_1 = 1 \\ J_1 = K_2 = X\overline{Q_1} + \overline{X}Q_1 \\ Y = X\overline{Q_2}\,\overline{Q_1} + \overline{X}Q_2Q_1 \end{cases} \tag{12-1}$$

由式(12-1)可画出时序 PLA 的阵列图如图 12-18(b) 所示。

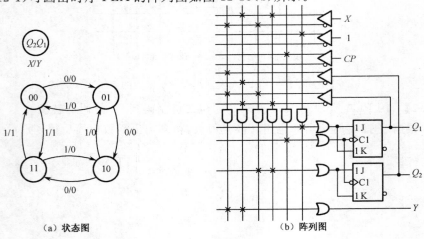

（a）状态图　　　　　　　　　　　（b）阵列图

图 12-18　2 位二进制可逆计数器的状态图和阵列图

由于 PLA 的两个阵列可编程,所以使设计工作变得比较容易。尤其是当输出函数很相似,可充分利用共享的乘积项时,采用 PLA 特别有利。但 PLA 有两个缺点:一是制造工艺和编程比较复杂,二是缺乏好的开发软件。因而它没有像 PAL 和 GAL 那样得到广泛应用。

2. PAL 的应用

通过一个例子说明 PAL 在实现组合逻辑函数中的应用。

【例 12-4】 试用 PAL 实现逻辑函数

$$\begin{cases} Y_1(A,B,C) = \sum_m(2,3,4,6) \\ Y_2(A,B,C) = \sum_m(1,2,3,4,5,6) \end{cases} \tag{12-2}$$

【解】 首先对式(12-2)进行化简得到其最简与或式:

$$\begin{cases} Y_1 = \overline{A}B + A\overline{C} \\ Y_2 = A\overline{B} + B\overline{C} + C\overline{A} \end{cases} \tag{12-3}$$

根据输入变量的个数,以及每个逻辑函数所包含的乘积项的个数来选择合适的 PAL 器件。实现式(12-3)的 PAL 阵列图如图 12-19 所示。

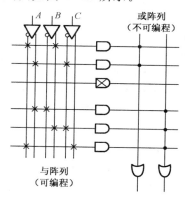

图 12-19 例 12-4 的 PAL 阵列图

本章小结

1. 存储器是组成计算机的五大部件之一,是计算机的记忆设备。现代计算机将程序和数据都存放在存储器中,运算中根据需要对这些程序和数据进行处理。以前计算机多用磁芯作为存储元件,随着集成电路技术的发展,半导体存储器得到了广泛的使用,在计算机系统中,半导体存储器已完全取代了磁芯存储器。

2. 按照不同的工作方式,可以将存储器分为随机存取存储器(RAM)和只读存储器(ROM)等。

3. 可编程逻辑器件是近年来迅速发展起来的一种新型逻辑器件,用户可以通过相应的编程器和软件,对这种芯片灵活地编写所需的逻辑程序。有的芯片具有可重复擦写、可重复编程以及可加密的功能,而且体积小、可靠性高、功耗低、可测试,它的灵活性和通用性使其成为研制和设计数字系统的最理想器件。

习题十二

12-1 随机存取存储器(RAM)由哪些主要部分构成？它的读/写控制端和片选控制端各起什么作用？

12-2 以 2114 静态 RAM 为例说明如何扩展其位线和字线。

12-3 只读存储器由哪几个主要部分构成？

12-4 ROM 的存储矩阵如何构成？

12-5 比较 ROM、PROM、EPROM、E^2PROM 在结构和功能上有什么联系和区别。

12-6 RAM 和 ROM 在电路结构和工作原理上有何不同？

12-7 试比较可编程逻辑器件 PROM、PLA、PAL 和 GAL 的主要特点。

12-8 说明下列电路中哪些含有存储单元电路？它们中哪些可独立实现组合逻辑函数？哪些可独立实现时序逻辑电路？

(1)只读存储器 PROM(包括 EPROM 和 E^2PROM)。

(2)PLA(可编程逻辑阵列)。

(3)PAL(可编程阵列逻辑)。

(4)GAL(通用阵列逻辑)。

(5)EPLD(可擦除/可编程逻辑器件)。

(6)FPGA(现场可编程门阵列)。

(7)ISP 器件(在系统可编程逻辑器件)。

12-9 试用 ROM 实现一组组合逻辑函数，要求画出图来，并列表表明 ROM 中应存入的数据：

$$\begin{cases} Y_1 = A + B + C \\ Y_1 = A \oplus B \oplus C \\ Y_3 = \overline{AB} + ABC \\ Y_4 = \overline{A + B} \end{cases}$$

12-10 试用 ROM 实现下列组合逻辑函数，要求列表说明 ROM 中应存入的数据：

$$(1)\begin{cases} Y_1(A,B) = \sum_m (0,1,2) \\ Y_2(A,B) = \sum_m (0,1) \\ Y_3(A,B) = \sum_m (1,2) \\ Y_4(A,B) = \sum_m (0,3) \end{cases} \qquad (2)\begin{cases} Y_1 = AB \\ Y_2 = \overline{A + B} \\ Y_3 = A \oplus B \\ Y_4 = A\overline{B} \end{cases}$$

$$(3)\begin{cases} Y_1 = A\overline{BC} + AB\overline{C} + \overline{A}BC + ABC \\ Y_2 = A\overline{B} \cdot \overline{C} + A\overline{B}C + AB\overline{C} + ABC \\ Y_3 = \overline{A} \cdot \overline{B} \cdot \overline{C} + \overline{A} \cdot \overline{B}C + \overline{A}B\overline{C} + \overline{A}BC \\ Y_4 = ABC \end{cases}$$

12-11 试用 ROM 实现代码转换电路，将 8421 码转换成余 3 码。8421 码和余 3 码的对应关系表如题表所示。

12-12 试采用 1K×8 位的 2114 静态 RAM 扩展成 4K×8 位的 RAM，画出其连线图。

12-13 用 32K×8 位的 EPROM 芯片扩展成 128K×16 位的只读存储器，试问共需多少个 PEROM 芯片？

12-14 用 1K×8 的 RAM 扩展为 4K×8 的 RAM，请画出连接图。

12-15 用 1K×8 的 RAM 扩展为 2K×16 的 RAM，请画出连接图。

12-16 现有 4×4 位 RAM 若干片，如要把它们扩展为 8×8 位 RAM，试问需要几个 4×4 位 RAM 出扩展电路图(可用少量与非门)？

12-17 可编程逻辑器件有

A. 只读存储器 PROM(包括 EPROM 和 E²PROM)

B. PLA(可编程逻辑阵列)

C. PAL(可编程阵列逻辑)

D. GAL(通用阵列逻辑)

E. EPLD(可擦除/可编程逻辑器件)

F. FPGA(现场可编程门阵列)

G. ISP 器件(在系统可编程逻辑器件)

选择具有下列特点的器件填入空内:

(1)必须用编程器编程的器件是_____,可以在线编程的器件是_____。

(2)可以时序组合逻辑函数的器件是_____,可以实现时序逻辑函数的器件是_____。

(3)可以以远程方式改变其逻辑功能的器件是_____。

(4)所存信息是固定函数、程序等的器件是_____。

(5)断电后所存编程信息将丢失的器件是_____。

(6)能够构成较复杂大数字系统的器件是_____。

第13章 数/模、模/数转换电路

本章将介绍模拟量与数字量的转换原理、转换电路及性能指标,此外还简单介绍常用的集成模/数和数/模转换电路。

数字系统,特别是计算机的应用范围越来越广,它们处理的都是不连续的0、1数字信号,处理后的结果也是数字信号。然而实际所遇到的许多物理量,如语音、温度、压力、流量、亮度、速度等都是在数值和时间上连续变化的模拟量,这些物理量经传感器转换后的电压或电流也是连续变化的模拟信号,这些模拟信号不能直接送入数字系统处理,需要把它们先转换成相应的数字信号,然后才能输入数字系统进行处理。处理后的数字信息也必须先转换成电模拟量,送到执行元件中才能对控制对象实行实时控制,进行必要的调整。这一过程如图13-1所示。

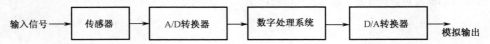

图13-1 典型的数字控制系统框图

图中,A/D转换器简称ADC(Analog to Digital Converter),就是把输入的模拟量转换成数字量的接口电路,而D/A转换器简称DAC(Digital to Analog Converter),就是把输入的数字量转换成模拟量(电压或电流)输出的接口电路。它们都是数字系统中必不可少的组成部分。由于DAC有时也是ADC的一个重要组成部分,所以先讨论D/A转换,然后再讨论A/D转换。

13.1 D/A转换器

13.1.1 D/A转换原理

DAC先把输入二进制码的每一位转换成与其成正比的电压或电流模拟量,然后将这些模拟量相加,即得与输入的数字信息成正比的模拟量。

输入到DAC的数字信息可以是原码,也可以是反码或补码。图13-2是原码输入的3位二进制DAC的转换特性,它具体而形象地反映了对DAC的基本要求。

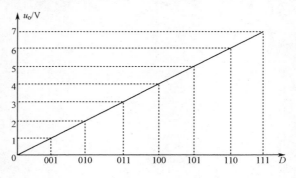

图13-2 3位二进制输入时DAC的转换特性

13.1.2　倒 T 型电阻网络 D/A 转换器

D/A 转换的方法很多,其中倒 T 型电阻网络 D/A 转换器是常用的 D/A 转换器之一。

1. 电路组成

图 13-3 所示是一个 3 位二进制倒 T 型电阻网络 D/A 转换器的原理电路图。$d_2 d_1 d_0$ 是输入的 3 位二进制数,它们控制着由 N 沟道增强型 MOS 管组成的 3 个电子开关 S_2、S_1、S_0,R、$2R$ 组成倒 T 型电阻转换网络,运放完成求和运算,u_o 是输出模拟电压,U_{REF} 是参考电压也叫做基准电压。

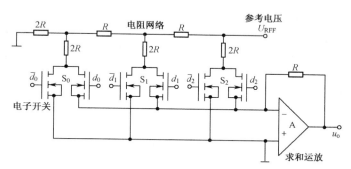

图 13-3　倒 T 型电阻网络 D/A 转换器的原理电路图

S_2、S_1、S_0 与 d_2、d_1、d_0 的对应关系是:当 $d_2 = 1$,即为高电平时,$\overline{d_2} = 0$ 为低电平,S_2 右边的 MOS 管导通,左边的 MOS 管截止,将相应的 $2R$ 电阻接到运放的反相输入端;反之若 $d_2 = 0$,$\overline{d_2} = 1$,S_2 右边的 MOS 管截止,左边的 MOS 管导通,$2R$ 电阻接地。d_1、d_0 对 S_1、S_0 的控制作用与 d_2 对 S_2 的控制作用相同。一般来说,输入 n 位二进制数中第 i 位 $d_i = 1$ 时,S_i 就把网络中相应的 $2R$ 电阻接到求和运放的反相输入端,反之 $d_i = 0$ 时,S_i 则将 $2R$ 电阻接地。

2. 工作原理

下面通过具体例子进行说明。

(1)当 $d_2 d_1 d_0 = 100$ 时

图 13-4 所示是 $d_2 d_1 d_0 = 100$ 时的等效电路。由于引入了深度电压负反馈,集成运放工作在线性区,而其同相输入端接地,故其反相输入端为"虚地"。倒 T 型电阻网络中,无论是从 AA 端、BB 端还是 CC 端向左看进去,其等效电阻均为 R,因此,由参考电压提供的电流 $I = U_{REF}/R$。当 $d_2 d_1 d_0 = 100$ 时,不难发现,流入求和电路的电流为 $I/2$,输出电压为

$$u_o = -\frac{I}{2} \cdot R = -\frac{1}{2} \cdot \frac{U_{REF}}{R} \cdot R = -\frac{U_{REF}}{2} = -\frac{U_{REF}}{2^3}(1 \times 2^2 + 0 \times 2^1 + 0 \times 2^0)$$

(2)当 $d_2 d_1 d_0 = 0$ 时

图 13-5 所示是 $d_2 d_1 d_0 = 110$ 时的等效电路,显然,流入求和电路的电流是 $I/2 + I/4$,输出电压为

$$u_o = -\left(\frac{I}{2} + \frac{I}{4}\right) \cdot R = -\left(\frac{1}{2} \cdot \frac{U_{REF}}{R} + \frac{1}{4} \cdot \frac{U_{REF}}{R}\right) \cdot R = -\frac{U_{REF}}{2^3}(1 \times 2^2 + 1 \times 2^1 + 0 \times 2^0)$$

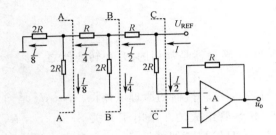

图 13-4 $d_2 d_1 d_0 = 100$ 时的等效电路

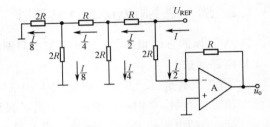

图 13-5 $d_2 d_1 d_0 = 110$ 时的等效电路

（3）当 $d_2 d_1 d_0 = 111$ 时

利用类似方法可求得输出电压为

$$u_o = -\left(\frac{I}{2} + \frac{I}{4} + \frac{I}{8}\right) \cdot R = -\left(\frac{1}{2} \cdot \frac{U_{REF}}{R} + \frac{1}{4} \cdot \frac{U_{REF}}{R} + \frac{1}{8} \cdot \frac{U_{REF}}{R}\right) \cdot R$$

$$= -\frac{U_{REF}}{2^3}(1 \times 2^2 + 1 \times 2^1 + 1 \times 2^0)$$

（4）表达式的一般形式

根据 $d_2 d_1 d_0$ 为 100、110、111 时的分析结果，可推论得到 u_o 的一般表达形式为

$$u_o = -\frac{U_{REF}}{2^3}(d_2 \times 2^2 + d_1 \times 2^1 + d_0 \times 2^0) \tag{13-1}$$

式(13-1)告诉我们，图 13-3 所示电路可以将输入的 3 位二进制数 $d_2 d_1 d_0$ 转换成相应的模拟输出电压 u_o。若令 $U_{REF} = -8$ V，那么便可得到图 13-2 所示的转换特性。

当输入 $D = d_{n-1} d_{n-2} \cdots d_1 d_0$，即为 n 位二进制数时，由式(13-1)不难推论出

$$u_o = -\frac{U_{REF}}{2^n}(d_{n-1} \times 2^{n-1} + d_{n-2} \times 2^{n-2} + \cdots + d_1 \times 2^1 + d_0 \times 2^0)$$

$$= -\frac{U_{REF}}{2^n} \cdot D = K_u \cdot D \tag{13-2}$$

式(13-2)中 K_u 是将二进制数 D 转换成模拟电压 u_o 的转换比例系数，也可以看成是 D/A 转换器中的单位电压：

$$K_u = -\frac{U_{REF}}{2^n} \tag{13-3}$$

单位电压 K_u 乘上二进制数 D 的数值，所得到的便是输出模拟电压 u_o。

13.1.3　D/A 转换器的主要技术指标

衡量 D/A 转换器性能一般看下面几个技术参数。

1. 分辨率

分辨率用于描述 D/A 转换器对输入量微小变化的敏感程度。它是输入数字量在只有最低有效位(LSB)为 1(即为 00…01)时的输出电压 U_{LSB} 与输入数字量全为 1(即为 11…11)时的输出电压 U_M 之比。将 00…01 和 11…11 代入式(13-2)，可得 U_{LSB} 和 U_M，因此对于 n 位的 DAC，其分辨率为

$$分辨率 = U_{LSB}/U_M = 1/(2^n - 1) \tag{13-4}$$

例如，10 位 D/A 转换器的分辨率为 $1/(2^{10} - 1)$。如果输出模拟电压满量程为 10 V，那么 10 位 DAC 能够分辨的最小电压为 $10/1023 \approx 0.009\ 775$ V；而 8 位 D/A 转换器能够分辨的最

小电压为 $10/255 \approx 0.039\ 215$ V。可见位数越高,DAC 分辨输出电压的能力越强。

分辨率表示 D/A 转换器在理论上可以达到的精度。

2. 转换精度

通常,转换精度用转换误差和相对精度来描述。转换误差是在对应给定的满刻度数字量情况下,D/A 转换器实际输出与理论值之间的误差。该误差是由 D/A 转换器的增益误差、零点误差、线性误差和噪声等共同引起的。

相对精度指在满刻度已校准的情况下,整个刻度范围内,任一数码的模拟量输出与其理论值之差。对于线性的 D/A 转换器,相对精度就是非线性度。相对精度有两种方法表示,一种是用数字量最低有效位的位数 LSB 表示,另一种是用该偏差的相对满刻度值的百分比表示。

某 DAC 精度为 $\pm 0.1\%$,满量程 $U_{FS} = 10$ V,则该 DAC 的最大线性误差电压

$$U_E = \pm 0.1\% \times 10\ \text{V} = \pm 10\ \text{mV}$$

对于 n 位 DAC,精度为 $\pm \frac{1}{2}$LSB,其最大可能的线性误差电压

$$U_E = \pm \frac{1}{2} \times \frac{1}{2^n} U_{FS} = \pm \frac{1}{2^{n+1}} U_{FS}$$

转换精度和分辨率是两个不同的概念,即使 D/A 转换器的分辨率很高,但由于电路的稳定性不好等原因,也可能使电路的转换精度不高。

3. 转换速度

转换速度由转换时间决定,转换时间是指数据变化量是满度值(输入由全 0 变为全 1 或全 1 变为全 0)时,达到终值 ± 2LSB 时所需的时间。

13.1.4 集成 DAC

集成 DAC0832 是用 CMOS 工艺制成的 8 位 DAC 转换芯片。数字输入端具有双重缓冲功能,可根据需要接成不同的工作方式,特别适用于要求几个模拟量同时输出的场合。它与微处理器接口很方便。

(1)DAC0832 的主要技术指标

分辨率:8 位

转换时间:$\leqslant 1\ \mu s$

单电源:5~15 V

线性误差:$\leqslant \pm 0.2\%$LSB

温度灵敏度:20 ppm/°C

功耗:20 mW

(2)DAC0832 的引脚功能

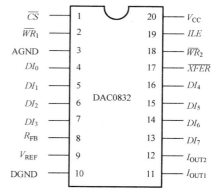

图 13-6　DAC0832 的引脚排列图

DAC0832 的引脚排列图如图 13-6 所示。各引脚的功能如下:

ILE:输入锁存允许信号,输入高电平有效。

$\overline{CS}$:片选信号,输入低电平有效。它与 ILE 结合起来可以控制 $\overline{WR_1}$ 是否起作用。

$\overline{WR_1}$:写信号 1,输入低电平有效。在 $\overline{CS}$ 和 ILE 为有效电平时,用它将数据输入并锁存于输入寄存器中。

$\overline{WR_2}$:写信号 2,输入低电平有效。在 $\overline{XFER}$ 为有效电平时,用它将输入寄存器中的数据传

送到 8 位 DAC 寄存器中。

$\overline{XFER}$:传输控制信号,输入低电平有效。用它来控制 $\overline{WR_2}$ 是否起作用。在控制多个 DAC0832 同时输出时特别有用。

$DI_7 \sim DI_0$:8 位数字量输入端。

V_{REF}:基准(参考)电压输入端。一般此端外接一个精确、稳定的电压基准源。V_{REF} 可在 $-10 \sim +10$ V 范围内选择。

R_{FB}:反馈电阻。反馈电阻被制作在芯片内,用做外接运算放大器的反馈电阻,它与内部的 $R \sim 2R$ 电阻相匹配。

I_{OUT1}:模拟电流输出 1,接运算放大器反相输入端。其大小与输入的数字量 $DI_7 \sim DI_0$ 成正比。

I_{OUT2}:模拟电流输出 2,接地。其大小与输入的数字取反后的数字量 $DI_7 \sim DI_0$ 成正比,$I_{OUT1} + I_{OUT2} =$ 常数。

V_{CC}:电源输入端(一般为 $+5 \sim +15$ V)。

DGND:数字地。

AGND:模拟地。

(3)DAC0832 的工作方式

DAC0832 内部有两个寄存器,所以它可以有双缓冲型、单缓冲型和直通型等几种工作方式。如果工作在直通方式,则没有锁存功能;如果工作在缓冲方式,则有一级或二级锁存能力。

双缓冲方式:DAC0832 内部有两个 8 位寄存器,可以进行双缓冲操作,即在对某数据转换的同时,又可以进行下一数据的采集,故转换速度较高。

单缓冲方式:在不要求多片 D/A 同时输出时,可以采用单缓冲方式,使两个寄存器之一始终处于直通状态,这时只需一次操作,因而可以提高 D/A 的数据吞吐量,

直通方式:如果两级寄存器都处于常通状态,这时 D/A 转换器的输出将跟随数字输入随时变化,这就是直通方式。这种情况是将 DAC0832 直接应用于连续反馈控制系统中,作为数字增量控制器使用。

DAC0832 在输入数字量为单极性数字时,输出电路可接成单极性工作方式;在输入数字量为双极性数字时,输出电路可接成双极性工作方式。所谓单极性输出是指微处理机输出到 D/A 转换器的代码为 00H～FFH,经 D/A 转换器输出的模拟电压要么全为负值,要么全为正值。输出极性总与基准电压的极性相反。所谓双极性输出是指微处理机输出到 DAC 的数字量有正负之分,经 D/A 转换器输出的模拟电压也有正负极性之分。如控制系统中对电动机的控制,正转和反转对应正电压和负电压。

13.2 A/D 转换器

A/D 转换器的功能是将输入的模拟电压量 u_i 转换成相应的数字量 D 输出,D 为 n 位二进制代码 $d_{n-1} d_{n-2} \cdots d_1 d_0$。

A/D 转换器的种类很多,按工作原理可分为直接型和间接型两大类。前者直接将模拟电压转换成输出的数字代码,而后者是将模拟电压量转换成一个中间量(如时间或频率),然后将中间量转换成数字量。下面首先说明 A/D 转换的一般原理和步骤,再分别介绍直接型中的逐次渐近比较型 A/D 转换器和间接型中的双积分型 A/D 转换器。

13.2.1　A/D 转换的一般步骤

ADC 的输入电压信号 u_i 在时间上是连续量,而输出的数字量 D 是离散的,所以进行转换时必须按一定的频率对输入的信号 u_i 进行取样,得到取样信号 u_S,并在两次取样之间使 u_S 保持不变,从而保证将取样值转化成稳定的数字量。因此,A/D 转换过程是通过取样、保持、量化、编码 4 个步骤完成的。通常取样和保持用同一个电路实现,量化和编码也是在转换过程同时实现的。

1. 取样与保持

取样是将在时间上连续变化的模拟量转换成时间上离散的模拟量,如图 13-7 所示。可以看到,为了用取样信号 u_S 准确地表示输入信号 u_i,必须有足够高的取样频率 f_S,取样频率 f_S 越高就越能准确地反映 u_i 的变化。那么如何来确定取样频率呢?

对任何模拟信号进行谐波分析时,均可以表示为若干正弦信号之和,若谐波中最高频率为 $f_{i\,max}$,则根据取样定理,取样频率应满足

$$f_S \geqslant 2f_{i\,max} \tag{13-5}$$

此时,取样信号 u_S 就能准确地反映输入信号 u_i。

由于取样时间极短,取样输出 u_S 为一串断续的窄脉冲。而要把一个取样信号数字化需要一定时间,因此在两次取样之间应将取样的模拟信号存储起来以便进行数字化,这一过程称为保持。取样保持电路见 13.2.2 节。

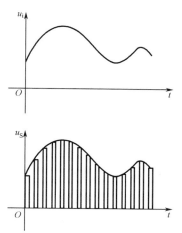

图 13-7　对输入模拟信号的取样

2. 量化与编码

数字信号不仅在时间上是离散的,而且在数值上的变化也是不连续的。也就是说,任何一个数字量的大小都是以某个最小数量单位的整数倍来表示的。因此,在用数字量表示取样电压时,也必须把它化成这个最小数量单位的整数倍,所规定的最小数量单位称为量化单位,用 Δ 表示。将量化的结果用二进制代码表示称为编码。这个二进制代码就是 A/D 转换的输出信号。

输入模拟电压通过取样保持后转换成阶梯波,其阶梯幅值仍然是连续可变的,所以它就不一定能被量化单位 Δ 整除,因而不可避免地会引起量化误差。对于一定的输入电压范围,输出的数字量的位数越高,Δ 就越小,因此量化误差也越小。而对于一定的输入电压范围、一定位数的数字量输出,不同的量化方法,量化误差的大小也不同。量化的方法有两种,下面将分别说明。

设输入电压 u_i 的输入电压范围为 $0 \sim U_M$,输出为 n 位的二进制代码。现取 $U_M = 1$ V,$n = 3$。

第一种量化方法:取 $\Delta = U_M/2^n = (1/2^3)V = (1/8)V$,规定 0Δ 表示 $0\,V < u_i < (1/8)V$,对应的输出二进制代码为 000;1Δ 表示 $(1/8)V < u_i < (2/8)V$,对应的输出二进制代码为 001……7Δ 表示 $(7/8)V < u_i < 1$ V,对应的输出二进制代码为 111,如图 13-8(a)所示。显然,这种量化方法的最大量化误差为 Δ。

第二种量化方法:取 $\Delta = 2U_M/(2^{n+1}-1) = (2/15)V$,并规定 0Δ 表示 $0\,V < u_i < (1/15)V$,

对应的输出二进制代码为 000；1Δ 表示(1/15)V< u_i <(3/15)V，对应的输出二进制代码为 001
……7Δ 表示(13/15)V< u_i <1 V，对应的输出二进制代码为 111，如图 13-8(b)所示。显然，
这种量化方法的最大量化误差为 Δ/2。实际电路中多采用这种量化方法。

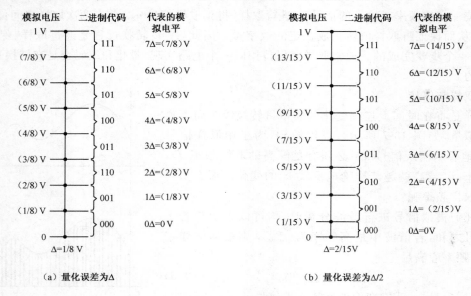

（a）量化误差为Δ   （b）量化误差为Δ/2

图 13-8　两种量化方法

13.2.2　取样保持电路

取样保持电路实现 A/D 转换的取样和保持两个步骤。其基本形式如图 13-9 所示。它由
作为取样开关的 N 沟道 MOS 管 T、存储电容 C 和运放等组成。

当取样控制信号 u_L 为高电平时，T 导通，输入信号 u_i 经电阻 R_1 向电容 C 充电。取 $R_1 =$
R_f 且忽略运放的净输入电流，则充电结束后 $u_o = u_C = - u_i$。

取样控制信号 u_L 跃变为低电平后，MOS 管 T 截止，由于电容 C 上的电压 u_C 保持基本不
变，即取样的结果被保持下来直到下一个取样控制信号的到来。可以看出，只有电容 C 的漏
电越小，运放的输入阻抗越大，u_o 保持的时间才越长。

显然，取样过程是一个充电过程，且 R_1 越小，充电时间越短，取样频率越高；在充电过程
中，电路的输入电阻为 R_1，为使电路从信号源索取的电流小些，则要求输入电阻大；因此取样
速度与输入阻抗产生了矛盾。下面介绍在图 13-9 所示电路基础上改进而得的电路，如图13-10
所示。A_1 和 A_2 是两个运放，取样控制信号 u_L 通过驱动电路 L 控制开关 S。$u_L = 1$ 时，开关 S
闭合。A_1 和 A_2 工作在单位增益的电压跟随状态，则 $u_i = u'_o = u_C = u_o$；$u_L = 0$ 时，开关 S 断
开。由于电容 C 没有放电回路，u_C 保持 u_i 不变，所以输出 u_o 也保持 u_i 不变。

开关 S 断开，电路处于保持阶段，如果 u_i 变化，u'_o 可能变化非常大，甚至会超过开关电路
能够承受的电压，因此用二极管 D_1、D_2 构成保护电路。当 u'_o 比保持电压 u_o 高（或低）一个二极
管的压降 U_D 时，D_1（或 D_2）导通，从而使 $u'_o = u_o + U_D$（或 $u'_o = u_o - U_D$）。在开关 S 闭合时
$u'_o = u_o$，所以 D_1 和 D_2 不导通，保护电路不起作用。

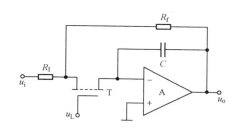

图 13-9　取样保持电路的基本形式

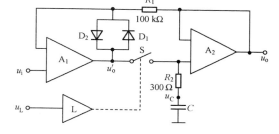

图 13-10　改进的取样保持电路

由于电路在取样开关与输入信号之间加一级运放 A_1，提高了输入阻抗。同时由于运放 A_1 输出阻抗小，使电容充、放电过程加快，从而提高了取样速度。

13.2.3　逐次渐近型 A/D 转换器

逐次渐近型 A/D 转换器是直接型 A/D 转换器，也是目前集成 A/D 转换器产品中用得最多的一种电路。其转换过程类似于天平称物的过程，天平的一端放物 M，一端放砝码。用天平将各种质量的砝码按一定规律与 M 进行比较、取舍，直到天平基本平衡，这时天平托盘中砝码的质量之和就表示 M 的质量。

图 13-11 所示是逐次渐近型 A/D 转换器的原理框图。它由比较器、n 位 D/A 转换器、n 位寄存器、控制电路、输出电路、时钟信号 CP 以及参考电压源等组成。输入为 u_i，输出为 n 位二进制代码。

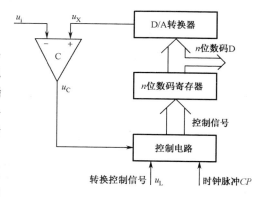

图 13-11　逐次渐近型 A/D 转换器的原理框图

转换开始之前将寄存器清零（$d_{n-1}d_{n-2}\cdots d_1d_0 = 00\cdots00$）。开始转换时，控制电路先将寄存器的最高位置 1（$d_{n-1} = 1$），其余位全为 0，使寄存器输出为（$d_{n-1}d_{n-2}\cdots d_1d_0 = 1\cdots00$），这组数码被 D/A 转换器转换成相应的模拟电压 u_X 后通过电压比较器与 u_i 进行比较。若 $u_1 > u_X$，说明寄存器中的数字不够大，则将这一位的 1 保留；若 $u_i < u_X$，说明寄存器中的数字太大，则将这一位的 1 清除，从而决定了 d_{n-1} 的值。然后将次高位置 1（$d_{n-2} = 1$），再通过 D/A 转换器将此时寄存器的输出（$d_{n-1}d_{n-2}\cdots d_1d_0 = 1\cdots00$）转换成相应的模拟电压 u_X，通过 u_X 与 u_i 比较决定 d_{n-2} 的取值。以此类推，逐位比较，一直到最低位为止。下面以 3 位逐次渐近型 A/D 转换器的电路为例，如图 13-12 所示，具体说明转换过程和转换时间。

图中 FF_2、FF_1 和 FF_0 组成 3 位数码寄存器；触发器 $FF_a \sim FF_e$ 和门 $G_1 \sim G_5$ 构成控制电路，其中 $FF_a \sim FF_e$ 接成环形计数器，门 $G_6 \sim G_8$ 为输出电路。

在转换开始前使 $Q_aQ_bQ_cQ_dQ_e = 10000$，且 $Q_2 = Q_1 = Q_0 = 0$。

第一个 CP 信号到达后，环形计数器右移一位，使 $Q_b = 1$、$Q_a = Q_c = Q_d = Q_e = 0$，并且将数码寄存器的最高位 FF_2 置 1，FF_1 和 FF_0 置 0。这时 D/A 转换器的输入代码为 $d_2d_1d_0 = 100$，由此可在 D/A 转换器的输出端得到相应的模拟电压 u_X。通过比较器 C 对 u_i 与 u_X 进行比较，若 $u_i < u_X$，比较器输出 u_C 为高电平；若 $u_i \geqslant u_X$，则 u_C 为低电平。

第二个 CP 信号到达时，环形计数器右移一位，使 $Q_c = 1$、$Q_a = Q_b = Q_d = Q_e = 0$。若 u_C 为高电平（$u_i < u_X$），说明寄存器中的数字太大，则将这一位的 1 清除，即将 FF_2 置 0；若 $u_C = $

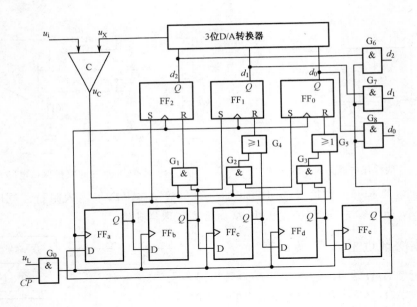

图 13-12　三位逐次渐近型 A/D 电路原理图

$0(u_i \geqslant u_X)$，说明寄存器中的数字不够大，则将这一位的 1 保留，即 FF_2 保持 1，从而确定了数码寄存器中" Q_2 "的值。与此同时，Q_c 的高电平将次高位 FF_1 置 1。这时 D/A 转换器的输入代码为 $d_2 d_1 d_0 = Q_2 10$，输出为这个代码相应的模拟电压 u_X。通过对 u_i 与 u_X 进行比较决定比较器 C 的输出 u_C。

第三个 CP 信号到达时，环形计数器再右移一位，使 $Q_d = 1$、$Q_a = Q_b = Q_c = Q_e = 0$。根据比较器的输出 u_C 确定 FF_1 的值，也就是确定了数码寄存器中" Q_1 "的值，同时将寄存器 FF_0 置 1。这时 D/A 转换器的输入代码为 $d_2 d_1 d_0 = Q_2 Q_1 1$，输出为这个代码相应的模拟电压 u_X。通过对 u_i 与 u_X 进行比较决定比较器 C 的输出 u_C。

第四个 CP 信号到达时，环形计数器再右移一位，使 $Q_e = 1$、$Q_a = Q_b = Q_c = Q_d = 0$。根据比较器的输出 u_C 确定 FF_0 的值，也就是确定了数码寄存器中" Q_0 "的值。$Q_e = 1$ 将门 $G_6 \sim G_8$ 打开，寄存器 FF_2、FF_1 和 FF_0 的状态" $Q_2 Q_1 Q_0$ "作为转换结果输出。

第五个 CP 信号到达时，$Q_a = 1$、$Q_b = Q_c = Q_d = Q_e = 0$ 且 $Q_2 = Q_1 = Q_0 = 0$，电路回到初态准备下一次转换。

可见，3 位逐次渐近型 A/D 转换器完成 1 次转换需要 5 个时钟 CP 周期。以此类推，n 位 A/D 转换器需要 $(n+2)$ 个 CP 周期。

13.2.4　双积分型 A/D 转换器

双积分型 A/D 转换器是间接型 A/D 转换器中最常用的一种。它与直接型 A/D 转换器相比具有精度高、抗干扰能力强等特点。双积分型 A/D 转换器首先将输入的模拟电压 u_i 转换成与之成正比的时间量 T，再在时间间隔 T 内对固定频率的时钟脉冲计数，则计数的结果就是一个正比于 u_i 的数字量。

图 13-13 所示为双积分型 A/D 转换器的原理图，它由积分器、比较器、n 位计数器、控制电路、固定频率时钟源 CP、开关 $S_2 \sim S_0$ 以及基准电压等组成。输入为模拟电压 u_i，输出为 n 位二进制代码。下面结合工作波形说明它的转换过程。

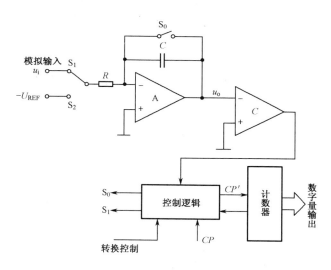

图 13-13　双积分型 A/D 转换器的原理图

电路的工作分为两个积分阶段。

转换开始前开关 S_0 闭合使电容 C 完全放电,计数器清零。

第一阶段为定时积分,积分时间为 T_1。控制电路将开关 S_1 闭合,开关 S_2 和 S_0 断开。积分器对输入模拟电压 u_i 积分,其输出

$$u_o = -\frac{1}{RC}\int_0^{T_1} u_i \, \mathrm{d}t = -\frac{u_i T_1}{RC} \tag{13-5}$$

式中,T_1、R 和 C 均为常数,因此 u_o 与 u_i 成正比。若 $u_{i1} > u_{i2}$,则定时积分的终值 $|u_{o1}| > |u_{o2}|$,如图 13-14 所示。

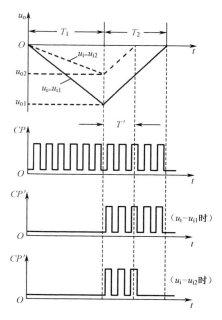

图 13-14　双积分型 A/D 转换器的波形图

第二阶段为反向积分,并在积分的同时进行计数。控制电路将开关 S_2 闭合,开关 S_1 断开,

开关 S_0 保持断开状态。积分器对基准电压（$-U_{REF}$）进行积分，与此同时计数器开始对固定频率的时钟脉冲计数。由于基准电压（$-U_{REF}$）与 u_i 极性相反，因此积分器的积分方向与定时积分时相反，$|u_o|$ 逐渐减小。当 $u_o=0$ 时，比较器的输出 u_C 产生跃变，且通过控制电路停止积分和计数。该过程所需时间为 T_2，因此

$$u_o = -\frac{u_i T_1}{RC} - (-\frac{1}{RC}\int_0^{T_2} U_{REF}\,dt)$$

$$= -\frac{u_i T_1}{RC} + \frac{U_{REF}}{RC} = 0 \tag{13-6}$$

$$T_2 = \frac{T_1}{U_{REF}} \cdot u_i$$

可见，第二阶段的积分时间 T_2 是一个与输入电压 u_i 成正比的量。若时钟脉冲的固定频率为 f_{CP}，则第二阶段结束时计数器的输出为

$$D = T_2/f_{CP} = T_2/T_{CP} \tag{13-7}$$

T_{CP} 为 CP 的周期。将式(13-6)代入式(13-7)，可得

$$D = \frac{T_1 u_i}{T_{CP} U_{REF}} \tag{13-8}$$

可见，数字量 D 与输入模拟电压 u_i 成正比，如图 13-14 所示波形。

13.2.5 A/D 转换器的主要技术指标

1. 分辨率

分辨率用于描述 A/D 转换器对输入量微小变化的敏感程度。A/D 转换器的输出是 n 位二进制代码，因此在输入电压范围一定时，位数越多，量化误差也就越小，转换精度也越高，分辨能力也越强。但分辨率仅仅表示 A/D 转换器在理论上可以达到的精度。

2. 转换精度

转换精度常用转换误差来描述。它表示 A/D 转换器实际输出的数字量与理想输出数字量的差别，通常用最低位的位数表示。转换误差是综合性误差，它是量化误差、电源波动以及转换电路中各种元件所造成的误差的总和。

实际的转换精度和分辨率是两个不同的概念。分辨率很高，但由于电路的稳定性不好等原因，可能使电路的转换精度并不高。

3. 转换速度

转换速度用完成 1 次转换的时间来表示。它是从接到转换控制信号起，到输出端得到稳定的数字输出为止所需的时间。转换时间越短，说明转换速度越快。

总体来说，直接型 A/D 转换器的转换速度较间接型 A/D 转换器的转换速度快，但转换精度和抗干扰能力都不及间接型 A/D 转换器。

13.2.6 集成 ADC

在单片集成 A/D 转换器中，逐次比较型使用较多，下面以 ADC0804 为例介绍。

集成 ADC0804 是用 CMOS 工艺制成的 8 位八通道逐次渐近型 A/D 转换器。该器件具有与微处理器兼容的控制逻辑，可以直接与 80X86 系列、51 系列等微处理器接口相连。

(1) ADC0804 的主要技术指标

分辨率:8 位

精度:8 位

转换时间:≤100 μs

输入模拟电压: ±5 V

温度灵敏度:20 ppm/°C

功耗:15 mW

(2) ADC0804 的引脚功能

ADC0804 的引脚排列图如图 13-15 所示,各引脚功能如下:

V_{IN+}、V_{IN-}:ADC0804 的两模拟信号输入端,用以接收单极性、双极性和差模输入信号。

$D_7 \sim D_0$:A/D 转换器数据输出端,该输出端具有三态特性,能与微机总线相连接。

AGND:模拟信号地。

DGND:数字信号地。

CLKIN:外电路提供时钟脉冲输入端。

CLKR:内部时钟发生器外接电阻端,与 CLKIN 端配合,可由芯片自身产生时钟脉冲,其频率为 $1/1.1 RC$。

CS:片选信号输入端,低电平有效,一旦 CS 有效,表明 A/D 转换器被选中,可启动工作。

WR:写信号输入,接收微机系统或其他数字系统控制芯片的启动输入端,低电平有效,当 CS、WR 同时为低电平时,启动转换。

RD:读信号输入,低电平有效,当 CS、RD 同时为低电平时,可读取转换输出数据。

INTR:转换结束输出信号,低电平有效。输出低电平表示本次转换已经完成。该信号常作为向微机系统发出的中断请求信号。

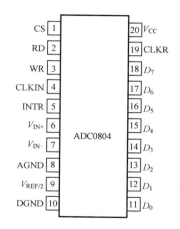

图 13-15　ADC0804 引脚排列图

13.3　应用——单通道微机化数据采集系统

在现代过程控制及各种智能仪器和仪表中,为采集被控(被测)对象数据以达到由计算机进行实时检测、控制的目的,常用微处理器和 A/D 转换器组成数据采集系统。单通道微机化数据采集系统的示意图如图 13-16 所示。

系统由微处理器、存储器和 A/D 转换器组成,它们之间通过数据总线(DBUS)和控制总线(CBUS)连接,系统信号采用总线传送方式。

现以程序查询方式为例,说明 ADC0804 在数据采集系统中的应用。采集数据时,首先微处理器执行一条传送指令,在指令执行过程中,微处理器在控制总线的同时产生 CS$_1$、WR$_1$ 低电平信号,启动 A/D 转换器工作,ADC0804 经 100 μs 后将输入模拟信号转换为数字信号存于输出锁存器,并在 INTR 端产生低电平表示转换结束,并通知微处理器可来取数。当微处理器通过总线查询到 INTR 为低电平时,立即执行输入指令,以产生 CS、RD$_2$ 低电平信号到 ADC0804 相应引脚,将数据取出并存入存储器中。整个数据采集过程中,由微处理器有序地执行若干指令完成。

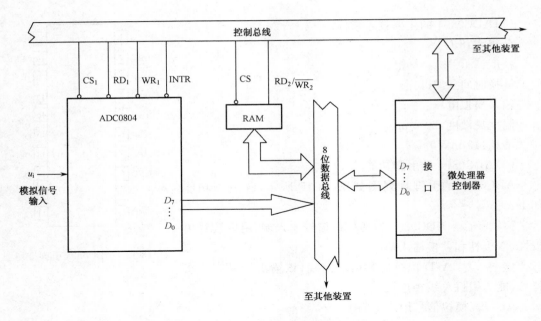

图 13-16 单通道微机化数据采集系统示意图

本章小结

1. 数/模(D/A)转换和模/数(A/D)转换是沟通数字量和模拟量的桥梁。

2. 评价数/模(D/A)转换器和模/数(A/D)转换器的主要技术指标是转换精度和转换速度,也是挑选转换器电路的主要依据,在选择方案时,要综合考虑性价比,不可一味追求不必要的高精度和高速度。

3. 数/模转换器是用权电流(权电阻或权电容)使输出电压与输入数字量成正比。

4. 将模拟量转换为数字量的基础是取样定理,只要取样频率大于模拟信号最高频率的两倍($f_\text{s} \geqslant 2f_{i\,\text{max}}$),即可不失真地重现原来的输入信号。

5. 模/数转换包括取样、保持、量化、编码。量化、编码的方案很多,本章介绍了逐次渐近型和双积分型两种。

习题十三

13-1 选择填空

(1)数/模转换_____,模/数转换_____。

A. 把模拟信号转换成数字信号

B. 把数字信号转换成模拟信号

C. 把幅值、宽度均不规则的脉冲信号转换成模拟信号

D. 把幅值、宽度均不规则的脉冲信号转换成数字信号

(2)工业中多数参数(如温度、压力、流量等)通过传感器转换成的电信号均为_____,因而在利用计算机构成控制系统时应首先将它们转换成_____,经计算机处理后,再转换成_____,以驱动执行机构。

A. 数字量   B. 模拟量

C. 矩形波电压信号   D. 正弦波电压信号

(3) 在倒 T 型电阻网络 D/A 转换器中,当电子开关状态变化时,电阻网络各支路的电流_____,
因而_____。

A. 变化很大   B. 基本不变

C. 电流建立时间近似为零   D. 电流建立时间很长

13-2 按图 13-3 组成的 4 位倒 T 型电阻网络 D/A 转换器中 $U_{REF} = 10$ V,$R = 10$ kΩ。试问当输入数字信号 $d_3d_2d_1d_0 = 1111$ 时各电子开关中的电流分别为多少?输出电压 u_o 为多少?若测得 $d_3d_2d_1d_0 = 0101$ 时输出电压 $u_o = 0.625$ V,则 U_{REF} 为多少?

13-3 在 10 位倒 T 型电阻网络 D/A 转换器中,电阻取值如图 13-3 所示,$U_{REF} = 10$ V。求解输入数字信号为 0000000001、0011001100 和 1111111111 时的输出电压 u_o。

13-4 今有一 4 位倒 T 型电阻网络 D/A 转换器,电路结构参照图 13-3,已知 $U_{REF} = 8$ V。

(1) 求解 $d_3d_2d_1d_0 = 0000$、0011、1111 时的输出电压 u_o。

(2) 将 d_3、d_2、d_1、d_0 分别接 4 位二进制加法计数器的状态输出 Q_3、Q_2、Q_1、Q_0(其中 Q_3 为最高位状态,Q_0 为最低位状态),试画出计数器在连续计数脉冲 CP 作用下 CP 和 u_o 的波形。

13-5 已知时钟脉冲 CP 的周期为 2 μs。

(1) 试问图 13-12 所示电路完成 1 次转换需多长时间?

(2) 若按图 13-12 所示电路组成 10 位 A/D 转换器,则完成 1 次转换需多长时间?

13-6 按图 13-12 所示电路的原理组成 10 位逐次渐近型 A/D 转换器完成 1 次循环所需时间为 12 μs,试问时钟脉冲 CP 的周期为多少?

13-7 在图 13-13 所示双积分型 D/A 转换器中,已知输入取样电压最大值为 8 V,其定时积分的终值为 −8 V,输出数字量为 4 位二进制数,时钟脉冲 CP 的周期为 2 μs。试问:

(1) 反向积分时间为多少?

(2) 定时积分时间为多少?

(3) 当输入模拟信号为最大值时,转换时间为多少?

第 14 章　EDA 技术与 VHDL

EDA 指电子设计自动化(Electronics Design Automatic)，是计算机在工程技术上的一项重要应用。EDA 是在电子电路 CAD(Computer Aided Design，计算机辅助设计)的基础上发展起来的计算机软件系统。

EDA 技术就是依赖功能强大的计算机，在 EDA 工具软件平台上，对以硬件描述语言 HDL(Hardware Description Language)为系统逻辑描述手段完成的设计文件，自动地完成逻辑编译、逻辑化简、逻辑分割、逻辑综合、结构综合(布局布线)，以及逻辑优化和仿真测试，直至实现既定的电子线路系统功能。EDA 技术使得设计者的工作仅限于利用软件的方式，即利用硬件描述语言和 EDA 软件来完成对系统硬件功能的实现，这是电子设计技术的一个巨大进步。

本章主要介绍 EDA 技术中的重要组成部分——硬件描述语言 HDL。

传统的数字系统设计步骤是：从真值表、状态图的简化，写出最简逻辑表达式，直到绘出电路原理图。若电路系统庞大，就不容易在电路原理图上了解电路的原理，而且绘图也是非常烦琐的工作。因此众多软件公司研制开发了具有自己特色的电路硬件描述语言 HDL，这些硬件描述语言必然有很大的差异。因此需要开发一种强大的、标准化的硬件描述语言，作为可相互交流的设计环境。美国国防部在 1981 年提出了一种新的 HDL，称为 VHSIC Hardware Description Language，简称为 VHDL。

VHDL 是超高速集成电路硬件描述语言(Very-High-Speed Integrated Circuit Hardware Description Language)的缩写。VHDL 符合美国电气和电子工程师协会标准(IEEE 1076 标准)，它可以用一种形式化的方法来描述数字电路和设计数字逻辑系统。利用 VHDL 进行自顶向下的电路设计，并结合一些先进的 EDA 工具软件(例如 MAXPLUS II、EWB 和 Protel 等)，可以极大地缩短产品的设计周期，加快产品进入市场的步伐，在当前高速发展的信息时代，可以更好地把握商机。

14.1　VHDL 编程思想

VHDL 必须适应实际电路系统的工作方式，以并行和顺序的多种语句方式来描述在同一时刻中所有可能发生的事件。可以认为，VHDL 具有描述由相关和不相关的多维时空组合的复合体系统的功能。因此，要求系统设计人员摆脱一维的思维模式，以多维并发的思路来完成 VHDL 的程序设计。

一个成功的 VHDL 工程设计，对其评判的标准包括：是否能完成功能要求、满足速度要求，并考虑其可靠性以及资源的占用情况。在具体的工程设计中，必须清楚软件程序和硬件构成之间的联系，在考虑语句能够实现的功能的同时，要考虑实现这些功能可能付出的硬件代价。在编程过程中，某个不恰当的语句、算法或可省去的操作都可能带来硬件资源的浪费。因此，在保证完成功能的情况下，应该尽量合理且有效地利用 VHDL 语言所提供的各种有利的语法条件，尽量地优化算法，从而节约硬件资源。

14.2 VHDL 语言程序的基本结构

从数字电子技术课程中我们知道,任何一个数字部件都有输入和输出引脚,这些引脚负责与外部电路交换数据,称为端口(Port)。输出与输入的关系可以用真值表、逻辑表达式和逻辑图等手段描述。目前几种硬件描述语言 HDL 都是先描述端口,后描述端口之间的关系(即功能)。VHDL 也不例外,下面先来看一个半加器 VHDL 描述的例子。

图 14-1 所示是半加器的逻辑符号。A 和 B 是加数和被加数,S 是本位和输出,CO 是进位输出。其逻辑功能可以表示为

$$S = A \oplus B, CO = AB$$

采用 VHDL 描述半加器如下:

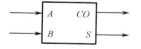

图 14-1 半加器的逻辑符号

【例 14-1】 描述图 14-1 的半加器。

```
entity HADDER is
    port(A,B:in bit;
    S,CO:out bit);          实体说明
end entity HADDER;
architecture BEHAV of HADDER is begin
    S< = A xor B;
    CO< = A and B;          结构体说明
end architecture BEHAV;
```

从上述文件的描述层次上可以看出,一个完整的 VHDL 语言通常包括实体(entity)说明和和结构体(architecture)说明两部分。其中实体说明部分描述部件的端口,结构体说明部分描述部件的功能。这是任何一段 VHDL 程序都必须有的两个部分。下面具体介绍这两个部分的语法。

14.2.1 实体说明

实体说明部分包含在 entity 和 end entity 之间,描述的是部件的端口信号,即输入/输出引脚。在 VHDL 中,实体的关键字是 entity,用户不能对关键字进行定义。HADDER 是实体名,由用户自行定义。实体名应尽可能与部件的功能相符合。需要说明的是,本书中,关键字采用了小写英文字母,而用户定义的标识符采用了大写的英文字母。这样做的目的是便于读者区分这两类标识符,有利于书写和阅读。需要指出的是,VHDL 对大小字母不敏感。

实体部分最核心的内容是由关键字 port 引导的端口说明。A 和 B 是输入引脚,使用了关键字 in 来描述。bit 的意思是指 A 和 B 的数据类型是位类型。位类型数据只可取 0 和 1 这两个数值。S 和 CO 是输出信号,用 out 来描述,数据类型也是 bit 型。

实体说明的是部件的名称和端口信号类型,它可以描述小至一个门,大到一个复杂的 CPU 芯片、一块印制电路板甚至整个系统。实体的电路意义相当于器件,在电路原理图上相当于元件符号,它是一个完整的、独立的语言模块,并给出了设计模块和外部接口。

具体语法如下:

```
entity 实体名 is               ——实体名自选,通常用反映模块功能特征的名称
    port(端口名称 1:端口方式 1  端口类型 1;
         端口名称 2:端口方式 2  端口类型 2;…);
end 实体名;                    ——这里的实体名要和开始的实体名一致
```

其中端口方式可以有 5 种,分别是:

in:输入端口,信号从该端口进入实体。

out:输出端口,信号从实体内部经该端口输出。

inout:输入输出(双向)端口,信号既可从该端口输入也可从该端口输出。

buffer:缓冲端口,工作于缓冲模式。

linkage:无指定方向,可与任何方向的信号连接。

【例 14-2】 描述模 13 计数器的实体。

```
entity CNT13 is                    ——实体名称
  port(CLK:in bit;                 ——定义时钟信号 CLK 为位型输入
       Q3,Q2,Q1,Q0:buffer bit);    ——定义输出 Q3Q2Q1Q0 为位型缓冲器模式
end entity CNT13;                  ——实体结束
```

14.2.2 结构体说明

结构体(architecture)是整个 VHDL 语言中至关重要的组成部分,这个部分会给出模块的具体实现,指定输入与输出之间的行为。结构体的语句格式如下:

```
architecture 结构体名 of 实体名 is
     结构体说明部分;
begin
     结构体语句部分;
end 结构体名称;
```

上述语句格式中,结构体名为本结构体的命名;实体名即上文介绍的实体的命名,也就是所存储的文件的命名。

结构体说明部分必须在第一个 begin 之前定义,它可以由类型、子程序、元件和信号说明组成,用以对结构体内部所使用的信号、常数、数据类型和函数进行定义。

结构体语句部分具体地确定各个输入、输出之间的关系,描述了结构体的行为,是一组并行处理语句,也就是说,结构体中语句的执行是不以书写语句顺序为准的。

14.3 VHDL 语言中的数据

VHDL 是一种计算机编程语言,其语言要素包括标识符、数据对象、数据类型和运算操作符。

14.3.1 标识符

标识符规则是 VHDL 语言中符号书写的一般规则。VHDL 语言有两个标准版:VHDL 87 版和 VHDL 93 版。VHDL 87 版的标识符语法规则经过扩展后,形成了 VHDL 93 版的标识符语法规则。为了对两者加以区分,前者称为短标识符,后者称为扩展标识符。

1. 短标识符

VHDL 语言的短标识符是遵守以下规则的字符序列:

(1) 有效字符为大小写英文字母(A~Z,a~z)、数字(0~9)和下画线(_)。

(2) 必须以英文字母打头。

（3）下画线前后必须都有英文字母或数字。

（4）短标识符不区分大小写。

在 VHDL 语言中，程序设计的字母大小写没有区别。在所有语句中，字母大写、小写以及大小写混合都可以。为使程序易于阅读，应该使 VHDL 语言的保留字大写，其他小写。

2. 扩展标识符

扩展标识符具有以下特性：

（1）扩展标识符用反斜杠来定界。

（2）允许包含图形符号、空格符。

（3）反斜杠之间的字符可以用保留字。

（4）两个反斜杠之间可以用数字打头。

（5）扩展标识符允许多个下画线相连。

（6）扩展标识符区分大小写。

（7）扩展标识符与段标识符不同。

以下是一些有效的基本标识符：

```
DRIVE_BUS,addr_bus,decoder_38,RAM18
```

14.3.2 数据对象

数据对象共有 3 种形式：常量（Constant）、变量（Variable）和信号（Signal）。

1. 常量

常量是一个固定值。所谓常量说明就是对某一常量名赋予一个固定值，一旦赋值就不会发生变化。通常赋值在程序开始前进行，该值的数据类型则在说明语句中指明。

常量定义的一般格式如下：

```
constant 常量名:数据类型:=表达式;
```

例如，

```
constant width:integer:=8;          ——定义 width 整型常量 8
constant delay:time:=100ns;         ——定义 delay 是时间型常量,用于表示延时
```

2. 变量

变量是可以改变的量，只能在进程语句、函数语句和过程语句结构中使用，它是一个局部量。仿真过程中，变量不像信号那样，到了规定的仿真时间才进行赋值。它的赋值是立即生效的，且在赋值时不能产生附加延时。变量定义语句的一般格式为

```
variable 变量名:数据类型:=初始值;
```

例如，

```
variable x,y,z:integer:               ——定义 x,y,z 是整型变量
variable x,y,z:integer:=2;            ——定义 x,y,z 是整型变量,且赋初始值 2
variable A:bit;                        ——定义 A 是位型变量
variable B:boolean:=false             ——定义 B 是布尔变量,且赋初值"false"
```

变量赋值语句的格式为

```
变量名:=表达式
```

变量的赋值符号为"：＝"，使用变量赋值语句时，要注意保证赋值符号两边的数据类型一致，下面举例说明几种不同变量的赋值方式。

【例 14-3】 变量赋值语句举例。

```
variable A,B:bit;                ——定义变量 A,B 是位型
variable C,D:bit_vector(0 to 3); ——定义变量 C,D 是 4 位矢量信号
A:='0';                          ——位赋值
C:="1001";                       ——位矢量赋值
D(0 to 1):=C(2 to 3);            ——段赋值，将矢量 C 的后两位赋值给矢量 D 的前两位
D(2):='0';                       ——位赋值
```

3. 信号

VHDL 的信号是电子线路内部硬件连接的抽象。它是描述硬件系统的基本数据对象，其性质类似于连接线。信号可以作为设计实体中并行语句模块间的信息交流通道。

信号作为一种数值容器，不但可以容纳当前值，也可以保持历史值（这决定于语句的表达方式）。这一属性与触发器的记忆功能有很好的对应关系，只是不必注明信号上数据流动的方向。信号定义的语句格式与变量相似，信号定义也可以设置初始值，信号说明语句的一般格式为

signal 信号名:数据类型:=初始值;

信号初始值的设置不是必需的，而且初始值仅在 VHDL 的行为仿真中有效。与变量相比，信号的硬件特征更为明显，它具有全局性特征。例如，在实体中定义的信号，在其对应的结构体中都是可见的，即在整个结构体中的任何位置，任何语句结构中都能获得同一信号的赋值。

例如，

```
signal A:bit;                    ——定义 bit 型信号 A
signal X,Y:integer range 0 to 7; ——定义整型信号 X 和 Y，信号值变化范围是 0～7
```

信号赋值语句的格式为

信号名＜＝表达式;

信号的赋值符号是"＜＝"，需要注意的是，信号的初始值符号是"：＝"。下面是几个信号赋值语句的例子。

```
X<=A and B;
Z<='1'after 5 ns;                ——after 是延时关键字，信号 Z 的赋值时间在 5 ns 之后
```

【例 14-4】 信号说明与赋值语句举例。

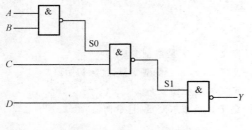

图 14-2 例 14-4 电路图

```
architectureDATAFLOW of EX is
    signal S0,S1:std_logic;
begin
    S0 <= A and B;
    S1 <=S0 n and C;
    Y<=S1 n and D;
end architecture DATAFLOW;
```

例 14-4 描述的电路图如图 14-2 所示。

14.3.3 数据类型

在 VHDL 语言中信号、变量及常量都要指定数据类型。VHDL 语言标准定义了 10 种标准的数据类型。为使用户设计方便，还可以由用户自定义数据类型。这样，使语言的描述能力及自由度进一步提高，从而为系统高层次的仿真提供了必要手段。VHDL 语言的数据类型的定义相当严格，不同类型之间的数据不能直接代入：数据类型相同而位长不同时，也不能直接代入。

1. VHDL 语言标准所定义的标准数据类型

10 种标准数据类型如表 14-1 所列。

2. 用户自定义的数据类型

VHDL 语言允许用户自定义数据类型。其书写格式为

type 数据类型名 is 数据类型定义;

例如，

type digit is integer range 0 to 9;　　　　——定义 digit 的数据类型是 0～9 的整数

可由用户定义的数据类型有：

(1) 枚举(Enumerated)类型。

(2) 整数(Integer)类型。

(3) 实数(Real)、浮点数(Floating)类型。

(4) 数组(Array)类型。

(5) 存取(Access)类型。

(6) 文件(File)类型。

(7) 记录(Record)类型。

(8) 时间(Time)类型(物理类型)。

表 14-1　标准数据类型

数 据 类 型	含 义	备 注	例 子
整数	整数 32 位	integer	$+136, -457$
实数	实数	real，一定有小数点	$-1,0, +2,5c23$
位	逻辑 0 或 1	bit	bit('1')
位矢量	位矢量	bit_vector 双引号括起来的一组数	"00101"
布尔量	逻辑假或真	boolean 只有真(true)和假(false)	
字符	ASCII 字符	character 用单引号括起来	'a','b','1'
时间	整数和时间单位	time fs,ps,ns,us,ms,sec,min,hr	
错误等级	表征系统状态	severitylevel note,warning,error,failure	
自然数,正整数	整数的子集	natural,positive	
字符串	字符矢量	string 双引号括起来的字符序列	

14.3.4 VHDL 的运算操作符

与传统的程序设计语言一样,VHDL 各种表达式中的基本元素也是由不同类型的运算符相连而成的。这里所说的基本元素称为操作数,运算符称为操作符(Operators)。操作数和操作符相结合就成了描述 VHDL 算术或逻辑运算的表达式。其中操作数是各种运算的对象,而操作符规定运算的方式。

VHDL 语言的操作符有 4 种:逻辑运算符、算术运算符、关系运算符和并置运算符,如表 14-2 所列。表中各运算符的优先级由低到高排列。表 14-2 列出了各种操作符所要求的数据类型。

1. 逻辑运算符

逻辑运算符适用的变量为 std_logic、bit 及 std_logic_vector 类型,这 3 种布尔型数据进行逻辑运算时,逻辑运算符的左边、右边及代入的信号类型必须相同。

在一个 VHDL 语句中存在两个以上逻辑表达式时,左右没有优先级别。一个逻辑式中,先做括号内的运算,再做括号外的运算。

2. 算术运算符

算术运算符包括对整型数的加、减运算符,对整型或实型(含浮点数)的乘、除运算符,对整型数的取模和取余运算符,对单操作数添加符号的符号操作符"＋"和"－",以及指数运算符"∗∗"和取绝对值运算符"ABS"。

3. 并置运算符

在 VHDL 程序设计中,并置运算符号"&"用于位的连接。并置运算符的使用规则如下:

(1) 并置运算符可用于位的连接,形成位矢量。

(2) 并置运算符可用于两位矢量的连接构成更大的位矢量。

4. 关系运算符

关系运算符的作用是比较相同类型的数据,并将结果表示为布尔型数据的 ture 和 false。关系运算符包括等于(＝)、不等于(/＝)、大于(＞)、大于等于(＞＝)、小于(＜)、小于等于(＜＝)。

表 14-2　VHDL 的运算操作符列表

类　　　型	操 作 符	功 能 说 明	操作数数据类型
逻辑运算符	AND	与运算	BIT,BOOLEAN,STD_LOGIC
	OR	或运算	BIT,BOOLEAN,STD_LOGIC
	NAND	与非运算	BIT,BOOLEAN,STD_LOGIC
	NOR	或非运算	BIT,BOOLEAN,STD_LOGIC
	XOR	异或运算	BIT,BOOLEAN,STD_LOGIC
	NOT	非运算	BIT,BOOLEAN,STD_LOGIC
算术运算符	＋	加	整数
	－	减	整数
	∗	乘	整数和实数(包括浮点数)
	/	除	整数和实数(包括浮点数)
	MOD	取模	整数
	REM	取余	整数
	＋	正	整数

类　型	操　作　符	功　能　说　明	操作数数据类型
算术运算符	—	负	整数
	**	指数	整数
	ABS	取绝对值	整数
并置运算符	&	并置	一维数组
关系运算符	=	等于	任何数据类型
	≠	不等于	任何数据类型
	>	大于	枚举与整数类型，及对应的一维数组
	<	小于	枚举与整数类型，及对应的一维数组
	<=	小于等于	枚举与整数类型，及对应的一维数组
	>=	大于等于	枚举与整数类型，及对应的一维数组

14.4　VHDL 语句

语句是构成 VHDL 程序不可缺少的部分。VHDL 的语句包括赋值语句、条件语句、循环语句、结构声明语句和编译预处理语句等类型，每一类语句又包括几种不同的语句。在这些语句中，有些语句属于顺序语句，有些语句属于并行执行语句。

14.4.1　顺序描述语句

顺序语句（sequential）是完全按照程序书写顺序执行的语句，前面语句执行的结果会影响后面的语句。顺序语句只能出现在进程和子程序中，是顺序执行的。VHDL 的顺序语句包括赋值语句、流程控制语句、子程序调用语句和等待语句等类别。这里只介绍流程控制语句中的 if 语句和 case 语句。

1. if 语句

根据指定的条件，if 语句确定语句执行的顺序，其语法如下：

```
if 条件 1 then
    第 1 组顺序语句；
elsif 条件 2 then
    第 2 组顺序语句；
    …
elsif 条件 n then
    第 n 组顺序语句；
else
    第 n + 1 组顺序语句；
end if;
```

若条件成立，就执行 then 后的顺序语句；否则，检测后面的条件，并在条件满足时，执行相应的顺序语句。

if 语句至少有一个条件句，条件句必须是布尔表达式，当条件句的值为 ture 时（即条件成立），执行 then 后的顺序语句。

【例 14-5】　用 if 语句描述 8 线-3 线优先编码器。8 线-3 线优先编码器的真值表如表 14-3 所列。

表 14-3 8 线-3 线优先编码器真值表

输　　入								输　　出		
INPUT (7)	INPUT (6)	INPUT (5)	INPUT (4)	INPUT (3)	INPUT (2)	INPUT (1)	INPUT (0)	Y2	Y1	Y0
×	×	×	×	×	×	×	0	1	1	1
×	×	×	×	×	×	0	1	1	1	0
×	×	×	×	×	0	1	1	1	0	1
×	×	×	×	0	1	1	1	1	0	0
×	×	×	0	1	1	1	1	0	1	0
×	0	1	1	1	1	1	1	0	0	1
0	1	1	1	1	1	1	1	0	0	0

图 14-3 所示为 8 线-3 线优先编码器的引脚。

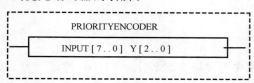

图 14-3 8 线-3 线优先编码器的引脚

```
library ieee;use ieee.std_logic_1164.all;
entity priorityencoder is
  port(input:in std_logic_vector(7 downto 0);
       y:out std_logic_vector(2 downto 0);
end priorityencoder;
architecture rtl of priorityencoder is
begin
  process(input)
  begin
    if input(0)='0'then.
      y<="111";
    elsif input(1)='0'then
      y<="110";
    elsif input(2)='0'then
      y<="101";
    elsif input(3)='0'then
      y<="100";
    elsif input(4)='0'then
      y<="011";
    elsif input(5)='0'then
      y<="010";
    elsif input(6)='0'then
      y<="001";
    else
      y<="000";
```

```
        else if;
    end process;
end rtl;
```

2. case 语句

case 语句根据表达式的取值直接从多组顺序语句中选择一组执行,其语句格式为

```
case 条件表达式 is
    when 条件表达式的值=>一组顺序语句;
        ...
    when 条件表达式的值=>一组顺序语句;
end case;
```

当执行到 case 语句时,首先计算表达式的值,然后根据条件句中与之相同的选择值,执行对应的顺序语句,最后结束 case 语句。表达式可以是一个整数类型或枚举类型的值,也可以是由这些数据类型的值构成的数组。注意,条件语句中的"=>"不是操作符,它只相当于"then"的作用。

if 语句是有序的,先处理最起始、最优先的条件,后处理次优先的条件;case 语句是无序的,所有条件表达式的值都并行处理。

case 语句中的条件表达式的值必须列举穷尽,又不能重复。不能穷尽的条件表达式的值用 others 表示。

【例 14-6】 用 case 语句描述 3 线-8 线译码器。3 线-8 线译码器的真值表如表 14-4 所列。图 14-4 所示为 3 线-8 线译码器的引脚。

表 14-4 3 线-8 线译码器真值表

输		入	输				出			
D2	D1	D0	Q7	Q6	Q5	Q4	Q3	Q2	Q1	Q0
0	0	0	0	0	0	0	0	0	0	1
0	0	1	0	0	0	0	0	0	1	0
0	1	0	0	0	0	0	0	1	0	0
0	1	1	0	0	0	0	1	0	0	0
1	0	0	0	0	0	1	0	0	0	0
1	0	1	0	0	1	0	0	0	0	0
1	1	0	0	1	0	0	0	0	0	0
1	1	1	1	0	0	0	0	0	0	0

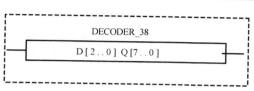

图 14-4 3 线-8 线译码器的引脚

```
library ieee;
use ieee.std_logic_1164.all;
use ieee.std_logic_unsigned.all;
```

```
entity decoder_38is
    port(d:in std_logic_vector(2 downto 0);
   q:out std_logic_vector(7 downto 0);
end decoder_38;
architecture rtl of decoder_38is
begin
    process(d)
    begin
        case d is
            when"000"=>q<="00000001";
            when"001"=>q<="00000010";
            when"010"=>q<="00000100";
            when"011"=>q<="00001000";
            when"100"=>q<="00010000";
            when"101"=>q<="00100000";
            when"110"=>q<="01000000";
            whenothers=>q<="10000000";
        end case;
    end process;
end rtl;
```

14.4.2 并行描述语句

VHDL 语言虽然在形式上与诸如 C 语言等一些高级语言相似,但在本质上却有其独特之处。由于实际的硬件电路系统的许多操作都是并发进行的,所以作为硬件描述语言 VHDL 来说,就具有描述这种并发行为的并发语句,能够进行并发处理的语句有进程语句、块语句、并行过程调用语句、断言语句、并行信号赋值语句、信号代入语句、参数据传递语句、通用模块(元件)调用语句、端口映射语句和生成语句。这里以进程语句和并行信号赋值语句为例进行介绍。

1. 进程语句

进程语句是并行处理语句,即各个进程是同时处理的,在一个结构体中多个 process 语句是同时并发运行的。process 语句在 VHDL 程序中,是描述硬件并行工作行为的最常用、最基本的语句。

process 语句具有如下特点:

(1) 进程结构中的所有语句都是按顺序执行的。

(2) 多进程之间是并行执行的,并可存取结构体或实体中所定义的信号。

(3) 为启动进程,在进程结构中必须包含一个显式的敏感信号量表,或者包含一个 wait 语句。

(4) 进程之间的通信是通过信号量传递来实现的。

process 语句的一般书写结构、组织形式为:

标记:process(敏感信号表)
                变量说明语句;

begin

　　　　　　　　　一组顺序语句；
　end process 标记；

其中,标记为进程标号;敏感信号表是进程要读取的所有敏感信号(包括端口)的列表。建立敏感信号表时需注意：

　　(1) 同步进程(仅在时钟边沿求值的进程)必定对时钟信号敏感。

　　(2) 异步进程(当异步条件为真时,可在时钟边沿求值的进程)必定对时钟信号敏感,同时还对影响异步行为的输入信号敏感。

　　(3) 如果进程中包含 wait 语句,不允许敏感信号表存在。

　　例如,下面是一个 D 触发器的结构体说明：

```
architecture rtl of dff is
begin
    df:process(clk,d)
    begin
        if clk'event and clk='1'then
            q<=d;
        end if;
    end process;
end rtl;
```

2. 并行信号赋值语句

并行信号赋值语句有两种形式:条件型和选择型。

(1) 条件型

条件型信号赋值语句的格式为

目的信号量<=表达式 1 when 条件 1 else
　　　　　表达式 2 when 条件 2 else
　　　　　…
　　　　　表达式 n when 条件 n else;

【例 14-7】 四选一数据选择器(mux4_1. vhd)的程序如下列程序所列,四选一数据选择器的引脚如图 14-5 所示。

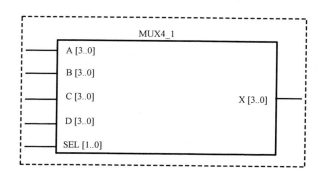

图 14-5　四选一数据选择器引脚图

```
library ieee;
use ieee.std_logic_1164.all;
```

```
entity mux4_1 is
  port(a,b,c,d:in std_logic_vector(3 downto 0);
   sel:in std_logic_vector(1 downto 0);
   x:out std_logic_vector(3 downto 0);
end mux4_1;
architecture rtl of mux4_1 is
begin
  x<=a when(sel="00")else
      b when(sel="01")else
      c when(sel="10")else
      d;
end rtl;
```

（2）选择型

选择型信号赋值语句的格式为

```
with 表达式 select
目的信号量<=表达式 1 when 条件 1 else
          表达式 2 when 条件 2 else
          …
          表达式 n when 条件 n else;
```

【例 14-8】 使用选择信号赋值语句描述 3 线-8 线译码器。

```
entity DEC38 is
  port(A:in bit_vector(2 downto 0);
      Y:out bit_vector(7 downto 0));
end;
architecture ONE of DEC38 is
begin
  with A select
    Y<="11111110"when "000";
       "11111101"when "001";
       "11111011"when "010";
       "11110111"when "011";
       "11101111"when "100";
       "11011111"when "101";
       "10111111"when "110";
       "01111111"when "111";
end;
```

14.5　VHDL 编程举例

本节主要通过实例,学习如何用 VHDL 语言对一个数字逻辑系统的硬件结构进行描述。

14.5.1　用 VHDL 描述基本门电路

【例 14-9】　二输入与非门的 VHDL 描述。

二输入与非门的逻辑表达式为

$$y = \overline{a \cdot b}$$

利用 VHDL 语言描述与非门有多种形式,现举例加以说明。

程序 1:

```
library ieee;
use ieee. std_logic_1164. all;
entity nand2 is
  port(a,b:in std_logic;
         y:out std_logic);
  end nand2;
architecture nand2_1 of nand2 is
    begin
      y<=a nand b;
    end nand2_1;
```

程序 2:

```
library ieee;
use ieee. std_logic_1164. all;
entity nand2 is
  port(a,b:in std_logic;
         y:out std_logic);
  end nand2;
architecture nand2_2 of nand2 is
    begin
     t1:
    process(a,b)
     variable comb:std_logic_vector(1 downto 0);
    begin
       comb:=a & b;
       case comb is
         when "00"=>y<='1';
         when "01"=>y<='1';
         when "10"=>y<='1';
         when "11"=>y<='0';
     when others=>y<='x';
      end case;
```

```
        end process t1;
    end nand2_2;
```

从上面的两个例子可以看出,程序 1 的描述更简洁,更接近于与非门的行为描述,也更易于阅读。

集电极开路的与非门和一般与非门在 VHDL 语言的描述上没有差异,所不同的只是从不同元件库中提取相应的电路。

程序 3:

```
    library std;
    use std. std_logic.all;
    use std. std_ttl.all;
    entity nand2 is
    …
    end nand2;
    library std;
    use std. std_logic.all;
    use std. std_ttloc.all;
    entity nand2 is
    …
    end nand2;
```

14.5.2 用 VHDL 描述组合逻辑电路

1. 编码器

编码器分为普通编码器和优先编码器两类。在普通编码器中,任何时刻只允许一个输入信号有效,否则输出将发生混乱。下面以十六进制编码键盘为例,介绍普通编码器的设计。

【例 14-10】 十六进制键盘编码器的 VHDL 描述。

十六进制编码键盘的结构如图 14-6 所示,它是一个 4×4 矩阵结构,用 x3~x0 和 y3~y0 等 8 条信号线接收 16 个按键的信息,相应的编码器元件符号如图 14-7 所示。

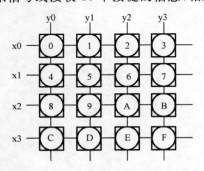

图 14-6 十六进制编码键盘结构示意图

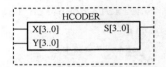

图 14-7 十六进制编码器元件符号

在编码器元件符号中,X[3..0]是行信号输入端,Y[3..0]是列信号输入端,没有键按下时,信号线呈高电平;有键按下时,信号线呈低电平。例如,当"0"号键按下时,x3x2x1=1110,y3y2y1y0=1110,编码器输出 S[3..0]=0;当"1"号键按下时,x3x2x1=1110,y3y2y1y0=1101,编码器输出 S[3..0]=1。以此类推。

根据十六进制键盘编码器的工作原理,用 VHDL 描述程序如下:

```
library ieee;
use ieee. std_logic_1164.all;
entity hcoder is
  port(x,y:in std_logic_vector(3 downto 0);
         S:out std_logic_vector(3 downto 0));
endhcoder;
architecture struc of hcoder is
  begin
  process(x,y)
    variable xy:std_logic_vector(7 downto 0);
       begin
       xy:=(x & y);
            case xy is
               when B"11101110"=>S<=B"0000";
               when B"11101101"=>S<=B"0001";
               when B"11101011"=>S<=B"0010";
               when B"11100111"=>S<=B"0011";
               when B"11011110"=>S<=B"0100";
               when B"11011101"=>S<=B"0101";
               when B"11011011"=>S<=B"0110";
               when B"11010111"=>S<=B"0111";
               when B"10111110"=>S<=B"1000";
               when B"10111101"=>S<=B"1001";
               when B"10111011"=>S<=B"1010";
               when B"01111110"=>S<=B"1100";
               when B"01111101"=>S<=B"1101";
               when B"01111011"=>S<=B"1110";
               when B"01110111"=>S<=B"1111";
               when others=>S<=B"0000";
            end case;
       end process;
  end struc;
```

在源程序中,使用了 case 语句对 x 和 y 的输入组合进行编码,x 和 y 的输入组合有 256 种,而只有 16 种组合是按键组合,剩余的非按键组合用 when others =>S<=B"0000" 语句处理,即当非按键组合值(包含没有按键)出现时,编码器输出均为"0000"。

2. 加法器

加法器是能实现两个二进制数相加的数字电路。它分为半加器和全加器,两者的区别在于是否考虑了低位来的进位。下面介绍用 VHDL 语言描述加法器的例子。

【例 14-11】 用 VHDL 描述加法器中的一位半加器。图 14-8 所示为一位半加器的图形符号,其真值表如表 14-5 所列。a、b 为加数与被加数,sum 为本位和,cout 为进位位。各个信号高电平有效。

按照半加器的逻辑编写的源程序如下：

```
entity halfadd is
  port(a,b:in bit;
             S,c:out bit);
end halfadd;
architecture halfadd_arc of halfadd is
  begin
     process(a,b)
     begin
        S<=a XOR b after 10 ns;
        C<=a AND b after 10 ns;
     end process;
end halfadd_arc;
```

表 14-5　半加器真值表

a	b	cont	sum
0	0	0	0
0	1	0	1
1	0	0	1
1	1	1	0

图 14-8　半加器图形符号

【例 14-12】　用 VHDL 描述一位全加器。图 14-9 所示为一位全加器的图形符号，其真值表如表 14-6 所列。a、b 为加数与被加数，cin 为低位送来的进位位，sum 为本位和，cout 为进位位。各个信号高电平有效。

表 14-6　全加器真值表

a	b	cin	cont	sum
0	0	0	0	0
0	0	1	0	1
0	1	0	0	1
0	1	1	1	0
1	0	0	0	1
1	0	1	1	0
1	1	0	1	0
1	1	1	1	1

图 14-9　半加器图形符号

按照全加器的逻辑编写的源程序如下：

```
library ieee;
use ieee. std_logic_1164.all;
entity fulladder is
  port(a,b,cin:in std_logic;
            sum,cout:outstd_logic);
  end fulladder1;
  architecture behavior of fulladder is
  begin
```

```
        process(a,b,cin)
        variable temp:std_logic_vector(2 downto 0);
        begin
            temp:=a&b&cin;
            case temp is
                when"000"=>sum<='0';
                                cout<='0';
                when"000"|"010"|"100"=>sum<='1';
                                cout<='0';
                when"011"|"101"|"110"=>sum<='0';
                                cout<='1';
                when"111"=>sum<='1';
                                cout<='1';
                when others=>sum<='X';
                                cout<='X';
            end case;
        end process;
    end behavior;
```

14.5.3　用 VHDL 描述时序逻辑电路

时序逻辑电路是数字电路中最重要的电路,下面介绍如何用 VHDL 语言描述触发器、寄存器、计数器和状态图。

1. 触发器

触发器的触发方式有三种:电平触发、边沿触发和主从触发。下面以 JK 触发器为例说明这三种触发器的 VHDL 描述。

【例 14-13】　用 VHDL 描述高电平触发的 JK 触发器。

```
library ieee;
use ieee. std_logic_1164.all;
entity JKFF is
  port(CLK:in std_logic;                    ——时钟信号
     J,K:in std_logic;                       ——激励信号
     Q:buffer std_logic);                    ——状态信号,由于存在反馈,因此是 buffer 端口
end;
architecture ONE of JKFFis
signal JK:std_logic_vector(1 downto 0);      ——定义一个矢量,便于 case 判断
begin
  JK<=J & K;                                 ——将 J 和 K 组合成二维矢量
  process(CLK)                               ——进程敏感信号 CLK
  begin
    if CLK= '1'then                          ——高电平有效
    case JK is                               ——case 语句更像真值表
      when "00"=>Q<=Q;                       ——00 保持
```

```
        when "01"=>Q<= '0';          ——01 置 0
        when "10"=>Q<= '1';          ——10 置 1
        when "11"=>Q<=not Q;         ——11 翻转
    end case;
  end if;
  end process;
  end;
```

如果触发方式变成了边沿有效,那么只需要修改 if 语句即可。具体来讲,如果是上升沿,if 语句对 CLK 信号的上升沿进行判断。可以使用两种方式判断是否是上升沿,一是使用 if CLK'event and CLK= '1'then 语句。CLK'event 表示 CLK 信号发生变化,同时变化后的结果 CLK= '1',显然 CLK 发生的是上跳变化,因此产生上升沿。如果 CLK= '0',则发生的是下跳变化,产生的是下降沿。

如果触发方式是主从,即 CLK 为高电平,主触发器向输入看齐;CLK 下跳时,从触发器向主触发器看齐。

2. 寄存器

寄存器一般由多个触发器连接而成,主要有基本寄存器、移位寄存器两种。下面以移位寄存器 TTL164 为例进行介绍。TTL164 具有清零端 nclr、时钟端 clk、数据输入端 a、b 和数据输出端 q(8 位)。清零信号 nclr 低电平有效,为 0 时,q7~q0 全部为 0;为 1 时,在时钟信号的作用下,数据串行输入、串行输出。

【例 14-14】 用 VHDL 描述移位寄存器 TTL164。

```
entity dev164 is
    port(a,b,nclr,clk:in bit;
                q:buffer bit_vector(0 to 7);
end dev164;
architecture version of dev164 is
begin
    process(a,b,nclr,clk)
    begin
        if nclr='0'then
            q<="00000000";
            else
            if clk'event and clk ='1'
            then
                for i in q'range loop
                    if i=0 then q(i)<=(a and b);
                    else
                        q(i)<=q(i- 1);
                    end if;
                end loop;
            end if;
        end if;
    end process;
```

3. 计数器

【例 14-15】 设计一个带有异步清零、同步置数、使能控制的四位二进制计数器,外部引脚框图如图 14-10 所示。

```
end versionl;

library ieee;
use ieee. std_logic_1164.all;
entity count2 is
  port(A:in integer range 0 to 3;
     clk:in std_logic;
     clr:in std_logic;
     en:in std_logic;
     LD:in std_logic;
     cout:out integer range 0 to 3);
end count2;
architecture count2_arc of count2 is
  signal sig:integer range 0 to 3;
begin
  process(clk,clr)
  begin
    if clr='0'then
       sig<=0;
    elsif(clk'event and clk='1') then
     if LD='1'then
       sig<=A;
     else
     if EN='1'then
       sig<=sig+ 1;
     else
       sig<=sig;
     end if;
    end if;
   end if;
end process;
  cout<=sig;
end count2_arc;
```

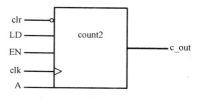

图 14-10　计数器外部引脚框图

本章小结

　　硬件描述语言是 EDA 技术中的重要组成部分,而 VHDL 是当前最流行的并成为 IEEE 标准的硬件描述语言,它们均可实现各种各样的数字系统设计。

　　VHDL 与一般的编程语言类似,有自己的语法规则,包括语言要素和顺序语句。VHDL 与一般编程语言的不同之处,就是它有独特的并行语句。因此 VHDL 具有很强的描述能力。

由于 VHDL 在数字电路设计领域的先进性和优越性,使之成为 IEEE 标准的硬件描述语言,得到多种 EDA 设计平台工具软件的支持。VHDL 的程序设计可以在这些设计平台上进行编辑、编译、综合、仿真、适配、下载和硬件调试等技术操作,最终实现 VHDL 设计的硬件电路系统。

习题十四

14-1　何为 EDA 技术?

14-2　简述 VHDL 语言的特点。

14-3　题图 14-3 所示是一个含有上升沿触发的 D 触发器的时序电路,试写出此电路的 VHDL 设计文件。

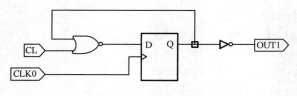

题图 14-3

14-4　题图 14-4 所示是 4 选 1 数据选择器,试分别用 if_then 语句和 case 语句的表达式写出此电路的 VHDL 程序。选择控制的信号 s1 和 s0 的数据类型为 std_logic_vector;当 s1='0',s0='0'; s1='0',s0='1'; s1='1',s0='0'和 s1='1',s0='1'分别执行 y<=a、y<=b、y<=c、y<=d。

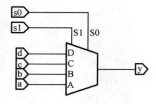

题图 14-4

14-5　试分别用 if 语句和 case 语句设计一个 3 线-8 线译码器。

14-6　画出与下列实体描述对应的原理图符号元件。

```
entity buf3s is                    ——实体 1:三态缓冲器
   port(input:in std_logic;        ——输入端
        enable:in std_logic;       ——使能端
        output:out std_logic);     ——输出端
end buf3x;

entity mux21 is                    ——实体 2:2 选 1 数据选择器
    port(in0,in1,sel:in std_logic;
        output:out std_logic);
```

第四篇　实验实训

第一部分 实 验

实验一 电路基本定律及定理的验证

1. 实验目的

(1) 通过对 KCL、KVL 的验证,加深对定律的理解。

(2) 通过对戴维南定理、叠加定理的验证,加深对定理的理解和灵活应用。

(3) 明确实际测量中存在的误差,学会分析误差。

2. 实验设备和器材

直流可调稳压电源:0～30 V;万用表:MF-500 型;实验电路板。

3. 实验原理与说明

(1) 基尔霍夫定律(KCL、KVL)

电路中的基本定律,适用于集总参数电路。

KCL:任一时刻,任一节点,所有流出该节点的电流代数和恒为零,即 $\sum i = 0$。

KVL:任一时刻,任一回路,沿某绕行方向所有元件电压的代数和恒为零,即 $\sum u = 0$。

(2) 叠加定理

适用于线性电路中的电流、电压。

线性电路中含多个独立源时,任一支路的电流或电压是每个独立源单独作用时在该支路产生的电流或电压的代数和。电源单独作用是指:除该电源外,其他独立源取零,即电压源短路,电流源开路,受控源不变。

(3) 戴维南定理

适用于线性含源二端网络。

任一线性含源二端网络,对外电路而言,均可用一个电压源和一个电阻串联的组合来等效——戴维南等效电路。电压源的电压为含源二端网络的开路电压 U_{oC};等效电阻为对应无源二端网络的等效电阻 R_0。

(4) 误差分析

(1) 测量值与真实值间的差异称为误差。

(2) 误差有两类:绝对误差 = |测量值−真实值|

相对误差 = (绝对误差 /真实值)×100%

(3) 实际测量中,应利用合理测试手段使误差最小。

4. 实验内容及步骤

实验电路图如实验图 1-1 所示。

(1) KCL、KVL 的验证

① 调节两个直流电源,使一个为 8 V 作为 U_1 接入 AB 端,另一个为 4 V 作为 U_2 接入 A'B'端。

② 节点 o 处接通,测量 I_1、I_2、I_3 并填入实验表 1-1 中。

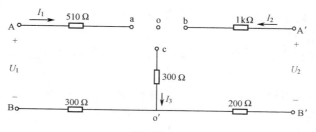

实验图 1-1

③ 用 Aoo′B 回路,分别测电压 U_{Ao}、$U_{oo′}$、$U_{o′B}$、U_{BA} 填入实验表 1-1 中。

④ 验证 $\sum U = U_{Ao} + U_{oo′} + U_{o′B} + U_{BA} = 0$,$\sum I = I_1 + I_2 + I_3 = 0$。

实验表 1-1

	$I_1(A)$	$I_2(A)$	$I_3(A)$	$U_{Ao}(V)$	$U_{oo′}(V)$	$U_{o′B}(V)$	$U_{BA}(V)$	$\sum I$	$\sum U$
测量值									
计算值									
相对误差									

(2)叠加定理的验证

① 令 $U_1 = 8$ V,$U_2 = 4$ V 共同作用,测量 I_1、I_2、I_3,填入实验表 1-2 中。

② 令 $U_1 = 8$ V 单独作用,A′B′处短路,用导线连接(断开电源),测量相应的电流,填入实验表 1-2 中。

③ 令 $U_2 = 4$ V 单独作用,AB 处用导线连接,再测电流 I_1、I_2、I_3,填入实验表 1-2 中。

④ 验证叠加定理。

实验表 1-2

	$I_1(mA)$	$I_2(mA)$	$I_3(mA)$
$U_1 = 8$ V,$U_2 = 4$ V			
$U_1 = 8$ V,$U_2 = 0$ V			
$U_1 = 0$ V,$U_2 = 4$ V			
$\sum I$			

(3)戴维南定理

① 将端口 A′B′开路,其余为一含源二端网络。

② 用万用表测量 A′B′端开路电压 $U_{A′B′}$,即戴维南等效电路的电源电压 U_{oC}。

③ 测戴维南等效电阻 R_0 有三种方法:

  (a)将 $U_1 = 8$ V 去掉,AB 短路,用万用表测出 A′B′两点间电阻,即 R_0。

  (b)不去掉 $U_1 = 8$ V,令 A′B′短路,测短路电流 I_{SC},$R_0 = U_{oC}/I_{SC}$。

  (c)不去掉 $U_1 = 8$ V,端口 A′B′接一个 500 Ω 电阻 $R′$,测其两端电压为 $U′$,则 $R_0 = (\dfrac{U_{oC}}{U′} - 1)R′$。

④ 画出戴维南等效电路。

5. 思考题

(1)实验中,若用指针式万用表直流毫安挡测各支路电流,在什么情况下可能出现指针反偏,如何处理? 在记录数据时应注意什么? 若用数字万用表进行测量时,则会有什么显示呢?

（2）在叠加原理实验中，要令 U_1、U_2 分别单独作用，应如何操作？可否直接将不作用的电源（U_1 或 U_2）短接置零？

（3）在叠加原理实验中，若有一个电阻器改为二极管，试问叠加定理的叠加性与还成立吗？为什么？

（4）在求戴维南或诺顿等效电路时，做短路试验，测 I_{sc} 的条件是什么？在本实验中可否直接做负载短路实验？

实验二　单相正弦交流电路

1. 实验目的

（1）加深 R、L、C 元件在正弦交流电路中基本特征的认识。

（2）验证向量形式的 KCL、KVL 成立。

（3）验证有效值形式的 KVL、KCL 不成立。

（4）测量电容电压和电流的相位关系。

2. 实验设备和器材

函数信号发生器，双踪示波器，万用表，MF-500 型，交流电压表，交流电流表，电阻器，电容器，电感器。

3. 实验原理与说明

正弦稳态电路中用相量法分析，常用定理的相量形式都成立，即

相量形式的 KCL：$\sum \dot{I} = 0$；相量形式的 KVL：$\sum \dot{U} = 0$。

R、L、C 元件电压电流的相量关系式为

$$\dot{U}_R = R\dot{I}_R, \quad \dot{U}_L = j\omega L\dot{I}_L, \quad \dot{U}_C = -j\frac{1}{\omega C}\dot{I}_C$$

4. 实验内容与步骤

（1）验证各电压、电流有效值关系

① 按实验图 2-1 接好电路，元件参考值：$U_S = 4\ V$，$f = 1\ kHz$ 或 $3\ kHz$，$R = 200\ \Omega$，$R_1 = 1\ k\Omega$，$R_2 = 2\ k\Omega$，$C = 0.01\ \mu F$，$L = 180\ mH$。

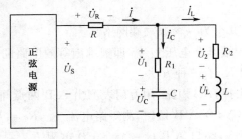

实验图 2-1

② $f = 1\ kHz$，使电源输出电压为 $U_S = 4\ V$，测量电压、电流的有效值，或求电流的有效值 I，将数据填入实验表 2-1 中。

③ $f = 3\ kHz$，调节电源使输出电压为 4 V，重复步骤②。

④ 验证有效值形式的 KVL，KCL 不成立，即 $I \neq I_C + I_L$；$U_S \neq U_R + U_C + U_1$；$U_C + U_1 \neq U_L + U_2$。

实验表 2-1

被测量 频率	$U_R(V)$	$U_1(V)$	$U_2(V)$	$U_L(V)$	$U_C(V)$	$I(mA)$	$I_L(mA)$	$I_C(mA)$
$f = 1\ kHz$								
$f = 3\ kHz$								

（2）用双踪示波器观测相位差

理论上电容电压 u_C 滞后电流 i_C 90°。

测量方法：

① 将电容电压 u_C 输入到示波器的 Y_1 通道，调整 Y_1 通道的挡值，使波形能清晰地显示出来。

② 因电阻电压 u_1 与 i_C 同相，将 u_1 输入到示波器的 Y_2 通道，调整其挡值，使波形恰当地显示出来。

③ 将显示方式打在"断续"挡，调节水平 X 与垂直 Y_1、Y_2 位移，使两个信号图形位于 X 水平成对称的位置。

④ 计算一个周期波形在荧光屏上所占格数 N，算出每格代表的角度。

⑤ 测量两个波形之间相应两个点间的格数 n，则相位差 $\beta = (3\ 600\ /N)n$。

5. 预习思考题

（1）为什么正弦交流电路中，电压、电流的有效值不满足 KVL 和 KCL？

（2）若只用万用表，如何测得各支路电流的有效值？

（3）示波器只能显示输入电压的波形，本实验中是如何用示波器观测 u_C 与 i_C 的相位差的？

实验三 动态电路的过渡过程

1. 实验目的

（1）加深对一阶电路过渡过程的规律、波形特点的认识。

（2）理解电路参数的改变对过渡过程的影响。

2. 实验设备和器材

函数信号发生器，双踪示波器，电阻器，电容器，电感器。

3. 实验原理与说明

RC、RL、RLC 串联电路中，接通和断开电源时，储能元件的储能发生变化，电路从一种状态到另一种状态，这一过程称为过渡过程。以一阶 RC 电路的过渡过程为例，如实验图 3-1 所示，开关 S 由 2→1，电容充电，电路发生零状态响应，满足

$$u_C + Ri = U_s$$

开关由 1→2，电容放电，电路发生零输入响应，满足

$$u_C + Ri = 0$$

解微分方程，得电容充电（零状态响应）的变化规律为

$$u_C(t) = u_C(\infty)(1 - e^{-\frac{t}{\tau}})$$

电容放电（零输入响应）的变化规律为

$$u_C(t) = u_C(0_+)e^{-\frac{t}{\tau}}$$

可见,无论电容充电或者放电,u_C 均按照指数规律变化,变化快慢与 τ 有关,$\tau = RC$ 为电路的时间常数,反映过渡过程的快慢。

4. 实验内容与步骤

(1) 按实验图 3-2 接好电路,电源为方波,频率 $f = 2 \text{ kHz}$,幅度 $U_S = 5 \text{ V}$,电容 $C = 0.001 \ \mu\text{F}$,$R = 10 \text{ k}\Omega$;

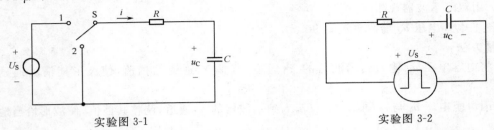

实验图 3-1   实验图 3-2

(2) 将脉冲信号接入电路,用示波器 Y_1 通道观察方波,使屏幕上显示一稳定波形。

(3) 将示波器 Y_2 通道接电容 C 两端,观察电容电压 u_C 的响应波形并记录。

(4) 保持 $\tau = RC$ 不变,观察并记录 u_C 的波形。

(5) 改变 R 或 C 的值,即改变时间常数 τ,观察并记录 u_C 的波形。

(6) 画出一阶电路零输入响应、零状态响应、全响应曲线。

5. 思考题

(1) 对于一阶 RC 电路,如何用实验方法证明全响应是零状态响应分量和零输入响应分量之和?

(2) 在一阶电路实验中,能否根据 u_C 的响应波形估算出时间常数 τ?

实验四 半导体器件的识别与检测

1. 实验目的

(1) 掌握常用电子仪器的使用方法。

(2) 了解模拟电子电路的测量方法。

2. 实验设备和器材

函数信号发生器/计数器,万用表,数显毫伏表,双踪示波器,晶体管特性图示仪,数字万用表,二极管、三极管若干。

3. 实验原理

(1) 利用万用表测试半导体二极管

(a) 鉴别正负极性

万用表及其欧姆挡的内部等效电路如实验图 4-1 所示。图中 E 为表内电源,r 为等效内阻,I 为被测回路中的实际电流。由图可见,黑表笔接表内电源正极端,红表笔接表内电源的负极端。将万用表欧姆挡的量程拨到 $R \times 100$ 或 $R \times 1 \text{ k}$ 挡,并将两表笔分别接到二极管的两端,如实验图 4-2 所示,即红表笔接二极管的负极,而黑表笔接二极管的正极,则二极管处于正向偏置状态,因此呈现出低电阻,此时万用表指示的电阻通常小于几千欧。反之,若将红表笔接二极管的正极,而黑表笔接二极管的负极,则二极管被反向偏置,此时万用表指示的电阻值将达几百千欧。

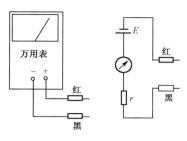

实验图 4-1

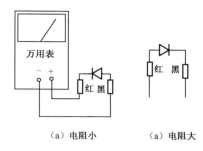

（a）电阻小　　　（a）电阻大

实验图 4-2

（b）测试性能

将万用表的黑表笔接二极管的正极,红表笔接二极管的负极,可测得二极管的正向电阻,此电阻一般在几千欧以下为好,通常要求二极管的正向电阻越小越好。将红表笔接二极管正极,黑表笔接二极管的负极,可测出反向电阻。一般要求二极管的反向电阻应大于 200 kΩ 以上。

若反向电阻太小,则二极管失去单向导电作用。如果正、反向电阻都无穷大,表明管子已断路;反之,二者都为零,表明管子短路。

（2）利用万用表测试小功率晶体三极管

（a）判定基极和管子的类型

由于基极与发射极、基极与集电极之间,分别是一个 PN 结,而 PN 结的反向电阻值很大,正向电阻很少,因此,可用万用表的 $R \times 100$ 挡或 $R \times 1$ k 挡进行测试。先将黑表笔接晶体管的一极,然后将红表笔先后接其余的两个极,若两次测得的电阻都很小,则黑表笔接的是 NPN 型管子的基极,如实验图 4-3 所示;若两次测得的阻值一大一小,则黑表笔所接的电极不是三极管的基极,应另接一个电极重新测量,以便确定管子的基极;将红表笔接晶体三极管的某一极,黑表笔先后接其余的两个极,若两次测得的电阻都很小,则红表笔接的电极为 PNP 型管子的基极。

（b）判断集电极和发射极

已知三极管为 NPN 型管。如 2 脚为 b 极,则先将 1 脚假定为 c 极,3 脚假定为 e 极,把黑表笔接到假定的 c 极,红表笔接到假定的 e 极,在假定的 b、c 极之间接入 100 kΩ 的偏置电阻。读出 c、e 极间的电阻值,如实验图 4-4 所示。然后将 1、3 两脚反接重测(即将 3 脚假定为 c 极,1 脚假定为 e 极),并与前一次读数比较。若第一次阻值小,则原来的假定是对的,即黑表笔接的是 c 极,红表笔接的是 e 极。这是因为集电结较大,正偏导通时电流也较大,所以电阻稍小一点。

也可用手捏住基极与黑表笔(不能使两者相碰),以人体电阻代替 100 kΩ 电阻的作用。或两表笔分别接两极,用舌尖舔基极,若电表指针偏转较大,则黑表笔接的是集电极,红表笔接的是发射极。

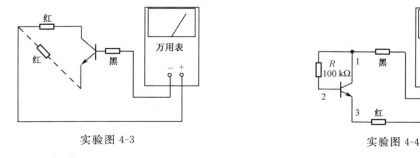

实验图 4-3　　　　　　　　　　　　实验图 4-4

（c）测试性能

以 NPN 型管子为例。用万用表的黑表笔接管子的基极,红表笔接另外两极,测得的电阻都很小;用红表笔接基极,黑表笔接另外两极,测得的电阻都很大,则此三极管是好的,否则就是坏的。

PNP 型管子的判别方法与 NPN 型管子相同,但极性相反。

4. 实验内容与步骤

(1) 用万用表的电阻挡($R \times 100$,$R \times 1$ k 挡)测量二极管正、反向电阻值,并与一个普通电阻进行比较

测量结果记入实验表 4-1 中。

实验表 4-1

电阻挡位	电阻(1 kΩ)	二极管正向电阻值	二极管反向电阻值
$R \times 100$ 挡			
$R \times 1$ k 挡			

(2) 用万用表的电阻挡($R \times 100$,$R \times 1$ k 挡)判断晶体三极管的极性、类型与好坏

测量和判断 NPN 型、PNP 型小功率晶体三极管各 1 只,坏的三极管 1 只。

(3) 用示波器测量信号发生器输出信号的周期

调节信号发生器输出,使电压固定为 3 V,输出频率选择四种,即 100 Hz、1 kHz、10 kHz、100 kHz。将示波器扫描时间微调旋钮旋至校准位置,在此位置上,扫描时间选择开关 T/cm 上刻度值表示屏幕上横向每格的时间值,这样就可以根据示波器屏幕上所显示的一个周期的波形在水平轴上所占的格数,计算出信号的周期。信号在屏幕上一个周期应占有足够的格数,为了保证测量精度,应将扫描时间开关置于合适的位置。将测量结果记入实验表 4-2 中。

实验表 4-2

信号源输出频率/kHz	100 Hz	1 kHz	10 kHz	100 kHz
示波器扫描时间开关所在挡位 b/(ms·cm^{-1}) 或 b/(μs·cm^{-1})				
信号 1 个周期所占格数 x/cm				
所测量信号的周期 $T = b \cdot x$				
频率计显示值				

5. 思考题

(1) 为什么用万用表的不同电阻挡测量二极管的正向电阻时,其阻值相差很大,而指针位置很接近?这是由二极管的什么特性决定的?这个电阻就是二极管的正向导通电阻吗?为什么?

(2) 能否用万用表的交流电压挡取代交流毫伏表测量低频信号发生器的输出电压?为什么?能否用交流毫伏表代替万用表测量市电(220 V)?

实验五 单管放大电路

1. 实验目的

(1) 掌握共射单管放大电路的静态和动态测试方法。

(2) 掌握分压式共射单管放大电路的基本工作原理及设计方法。

(3) 进一步熟悉常用电子仪器的使用方法。

2. 实验原理

对于基本共射放大电路,实验电路如实验图 5-1 所示。电阻 R_1 是为测量输入电阻 R_i 而设

的,电位器 RP 是为调晶体三极管的偏流而设的,基极电阻 R_B 之值为电位器 RP 与保护电阻 R_B' 的电阻值之和。

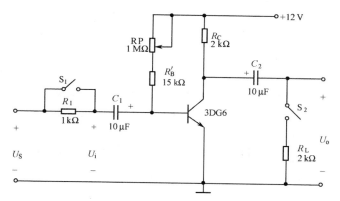

实验图 5-1　单管共射放大电路

(1) 静态工作点

实验中 U_{CEQ}、U_{BEQ}、I_{CQ}、I_{BQ} 实测,I_{CQ}、I_{BQ} 也可以由计算得到。

(2) 动态测量

电路的动态测量,主要是测出不失真输出电压 U_o 及对应的输入交流信号电压 U_i,然后计算电压放大倍数 A_u 之值。

3. 实验内容与步骤

(1) 基本共射放大电路测量

在实验电路板上根据电原理图组成基本共射放大电路。打开电源开关接通 $+V_{CC}$($+$12 V)。

(a) 测静态工作点

用万用表的直流电压挡,表笔跨接在三极管的集电极对地之间,调 RP 使 $U_{CE} \approx 5$ V,作为工作点 U_{CEQ} 之值。

把万用表改接在 U_{BE} 两端,用直流电压挡,测量 U_{BEQ} 的值。暂时断开外接电位器 RP,用万用表测量 $R_B = R_B' + RP$ 之值。测完后再恢复好。将测量结果 R_B、U_{CEQ}、U_{BEQ}、I_{CQ}、I_{BQ}、β 的值记入实验表 5-1 中。

实验表 5-1

项目	R_B	U_{CQ}	U_{BEQ}	I_{CQ}	I_{BQ}	β
计算值						
实测值						

(b) 基本放大电路的动态测量

静态工作点调好后,在放大电路的 U_s 输入端接上低频信号发生器,衰减器由最大衰减开始,即信号发生器的输出电压由零开始调起,频率固定 1 kHz。

在放大电路的 U_o 输出端接上交流毫伏表,选择适当量程,测量 U_o 值,并用示波器观察输出波形。

调低频信号发生器,逐渐加大输入电压 U_i,同时注意输出正弦波形,找到不失真的最大输出电压 U_o。

把交流毫伏表改接在电路的 U_i 输入端,选择适当量程,读出对应于输出 U_o 的输入电压 U_i 值。

将以上测量值及由测量值计算的 A_u 记入实验表 5-2 中,并绘出输出电压波形图记入实验表 5-2 中。

实验表 5-2

β	计算值	实测值	波形图
U_o			
U_i			
A_u			

（c）观察波形失真情况

为了观察电路中三极管的 β 变化及工作点调整不当时产生的波形失真情况，不改变 R_B，换一只比上个实验中所用三极管 β 值大 1 倍以上的管子，取代上述 β 值较低的三极管，观察输出波形失真情况，记录失真波形。

重复上述步骤（a）、步骤（b）；将测量数据记入与实验表 5-1、实验表 5-2 相同的表格中。对两组的实测值与计算值相比较，进行分析，得出结论。

（d）测量基本放大电路的输入电阻 R_i

在输入回路中串入电阻 R_1，用交流毫伏表分别测量输入端的电压 U_S 和 U_i，由下式计算得到 R_i 值。将数值记入实验表 5-3 中。

$$R_i = \frac{U_i}{U_S - U_i} R_1$$

实验表 5-3

项目	U_S	U'_i	R_1	R_i	U_o	U'_o	R_L	R_o

（e）测量基本放大电路的输出电阻 R_o

在输出端加入 R_L 负载电阻，测得的输出电压为 U'_o，输出端断开负载，测得的输出电压为 U_o，由下式计算出输出电阻 R_o，记入实验表 5-3 中：

$$R_o = (\frac{U_o}{U'_o} - 1)R_L$$

（2）工作点稳定共射放大电路的设计与测量

① 设计一个分压式偏置的共射放大电路。要求放大管的基极电位为 3 V，能够不失真地放大交流信号。

② 选择电路器件及其参数值。

③ 连接测试电路，测量其静态工作点及动态参数。

将电源（+12V）接入电路。测静态工作点：用万用表直流电压挡测出 U_{BQ}、U_{BEQ}、U_{CEQ} 的值。由相应公式计算 I_{CQ}、I_{BQ} 的值。

将 U_{BQ}、U_{BEQ}、U_{CEQ} 及 I_{CQ}、I_{BQ} 与计算值相比较，记入实验表 5-4 中。

实验表 5-4

项目	β	U_{BQ}	U_{CEQ}	U_{BEQ}	I_{CQ}	I_{BQ}
实测值 1						
估测值 1						
实测值 2						
估测值 2						

换用大 1 倍以上的三极管，取代上面测量用三极管，再重复上述静态工作点的测量，看有无变化，将第二次测量结果记入表 5-4 中，与第一次测量结果进行比较，得出结论。

动态测量与基本放大电路方法相同,将测量结果记入与实验表 5-2、实验表 5-3 相同的表格中。

4. 思考题

(1) 在基本单管放大电路中 R_B 要由 R'_B 和 RP 两部分组成,能否用一个电位器 RP？为什么？

(2) 在单管放大电路中的静态工作点测试中,换不同的三极管的测量结果说明了什么问题？

实验六　负反馈放大电路

1. 实验目的

(1) 掌握负反馈放大电路的设计、测量和分析方法。

(2) 验证负反馈对放大器性能的影响。

(3) 巩固同相与反相比例运放的应用特点。

2. 实验原理

电压串联负反馈电路(同相比例运算电路)如实验图 6-1 所示。

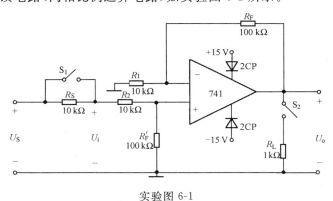

实验图 6-1

当闭合 S_1、断开 S_2 时,即可测量和进行分析计算,则

$$A_{uf} = \frac{U_o}{U_i} \approx 1 + \frac{R_F}{R_1} \qquad U_+ = U_- = U_i (虚短)$$

$$R_{if} = (1 + A_{od} \cdot F)R_{id} \qquad i_+ = i_- = 0 (虚短)$$

其中 $F = \dfrac{R_1}{R_1 + R_F}$,$A_{od}$、$R_{id}$ 可由运放手册查到。

当断开 S_1 后,可由下式测量计算反馈电路之输入电阻 R_{if},即

$$R_{if} = \frac{U_i}{U_S - U_i} = R_S$$

分别断开、接通 S_2,测量输出电压 U_o 和 U'_o,可用下式计算反馈电路的输出电阻 R_{of},即

$$R_{of} = \left(\frac{U_o}{U'_o} - 1\right)R_L$$

3. 实验内容与步骤

(1) 电压串联负反馈电路组成同相比例运算电路

① 测 A_{uf}。闭合 S_1,断开 S_2,在输入端接上低频信号发生器。输入电压 U_i 从零开始逐渐增大,在输出端用示波器观察输出波形,取不产生波形失真前的参数,用交流毫伏表测量输入

信号电压 U_i 和对应的输出电压 U_o 的值，记入实验表 6-1 中。用下式计算 A_{uf}，填入测量值中：

$$A_{uf} = \frac{U_o}{U_i}$$

② 用交流毫伏表对地测量 U_+ 及 U_-，将测量结果填入实验表 6-1 中。

实验表 6-1

参数		U_i	U_o	A_{uf}	U_o'	R_{of}	U_S	U_i'	R_{if}	$\overline{U}_+$	$\overline{U}_-$
估算值											
测量值	100 Hz										
	1 kHz										
	100 kHz										

③ 测 R_{if}。断开 S_1，用交流毫伏表测量 U_S 与 U_i'，记入实验表 6-1 中，由下式计算 R_{if} 的值，即

$$R_{if} = \frac{U_i'}{U_S - U_i'} R_S$$

④ 测 R_{of}。闭合 S_2，接入负载电阻 R_L，测量输出电压 U_o' 与未接 R_L 时的 U_o，用下式计算输出电阻 R_{of} 之值：

$$R_{of} = (\frac{U_o}{U_o'}) - 1R_L$$

（2）电压并联负反馈电路组成反相比例运算电路

① 设计一个电压并联负反馈电路，要求组成反相比例运算电路。

② 选择电路参数。

③ 搭接线路并进行测试。测试内容参照电压串联负反馈电路。

4. 思考题

（1）电压串联负反馈放大电路的反馈措施稳定了什么动态参数？A_{uf} 仅与电路中哪几个元件有关？改善了什么电路参数？改善了多少？

（2）电压串联负反馈放大电路使放大器（运放）的带宽是展宽还是变窄了？改变了多少倍？

（3）电压并联负反馈放大电路的电压放大倍数 A_{uf} 与电路中哪几个元件参数有关？输入与输出波形的相位关系是同相还是反相？

（4）测量得到的 U_+ 与 U_- 的值说明了运放电路的什么特性？

（5）通过测量电流串联负反馈电路的 A_{uf} 与通过基本放大电路测得的 A_u 进行比较，并分析得失。再把通过反馈电路测得的 R_{if} 与通过基本放大电路测得的 R_i 进行比较，说明反馈电路改善了什么电路特性？

实验七　模拟信号运算电路

1. 实验目的

（1）掌握运算放大电路的测量、设计方法。

（2）巩固集成运放几种典型运算电路的用法，掌握电路元件的选择技巧。

2. 实验原理

（1）反相求和电路

实验图 7-1(a)所示为外接信号源电路。实验图 7-1(b)所示为典型的反相求和电路,其输出 U_o 与输入 U_i 有如下关系:

$$u_o = -\left(\frac{R_F}{R_1}u_{i1} + \frac{R_F}{R_2}u_{i2} + \frac{R_F}{R_3}u_{i3}\right)$$

若令 $R_1 = R_2 = R_3 = R_F$,则上式可写成

$$u_o = -\left(u_{i1} + u_{i2} + u_{i3}\right)$$

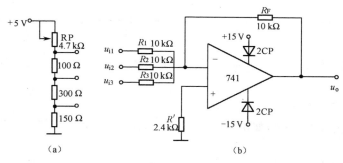

实验图 7-1

（2）积分电路

实验图 7-2 所示为一个基本积分电路（R_F 起抑制自激振荡的作用）,其输出 u_o 与输入 u_i 的关系可用下式表达:

$$u_o = \frac{1}{RC}\int u_i \mathrm{d}t$$

3. 实验内容与步骤

（1）反相求和电路

按实验图 7-1(b)所示安装实验电路,图 7-1(a)是外接信号源电路,根据电原理图连接测试电路,接通电源±15 V。

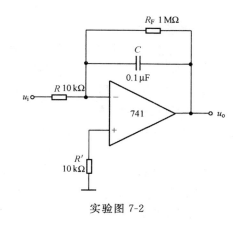

实验图 7-2

只要通过调节外接信号源电路的电位器及改变各电阻的位置,就可在 0～2 V 范围内选择 u_{i1}、u_{i2}、u_{i3} 的给定值,然后测量输出电压 u_o,即可对电路进行实验。

由于输入信号是直流,可用数字万用表的直流电压挡,选择合适的量程,对输入的信号电压及输出电压的值进行测量,将测量结果填入实验表 7-1 中。

实验表 7-1

	u_{i1}	u_{i2}	u_{i3}	u_o		误差/(%)
				测量值	计算值	
1 组						
2 组						
3 组						

（2）积分电路

按实验图 7-2 安装实验电路（电容可在电路板上更换）,接通±15 V 电源。

① C 接 0.1 μF。在 u_i 端输入幅值为±2 V、频率为 250 Hz（$T = 4$ ms）的方波信号,用示

波器观察输出电压 u_o 的波形,画出波形图,标出幅值,将结果记入实验表 7-2 中。

② C 改接为 $0.01\ \mu F$,用上述同样方法测量并记录输出 u_o 的波形。

实验表 7-2

项目	u_i	u_o	
		$C=0.1\ \mu F$	$C=0.01\ \mu F$
幅度			
波形图			

4. 思考题

(1) 如果反相求和电路实验中 u_{i1}、u_{i2}、u_{i3} 用同相正弦交流电压,输出还是三个输入电压之和吗?

(2) 如果多于三个输入信号求和,应如何接?

(3) 积分运算电路实验中,如果把电容进一步加大,输出波形将如何变化?

实验八　集成逻辑门参数测试

1. 实验目的

(1) 熟悉实验环境,掌握常用实验仪器的使用。

(2) 理解集成逻辑门主要参数的含义并掌握测试方法。

(3) 熟悉常用 TTL 集成门电路和 CMOS 集成门电路的引脚排列和引脚功能。

2. 实验设备和器材

数字实验箱,双踪示波器,万用表,TTL 四-2 输入与非门 74LS00,CMOS 四-2 输入与非门 CC4011。

3. 实验原理

门电路的参数是标志其工作性能的数据指标,参数的大小将直接影响整个电路工作的可靠性。使用集成门电路时必须首先对它的逻辑功能、主要参数和特性曲线进行测试,以确定其性能好坏。

(1) 集成门电路基础知识

集成电路也叫芯片,其管脚(也叫引脚)按电路需要有 8、14、16、20、24、28 和 40 脚等。判断引脚排列顺序的方法是:将集成电路的正面对准用户,以左边缺口为标志,引脚号从左下角(有标志"·")开始为第 1 引脚,后面的依次按逆时针方向递增。

集成电路的引脚,分别对应逻辑符号图中的输入端和输出端。TTL 集成电路的电源和地一般在芯片的两端。如对于双列直插式 14 引脚的芯片,7 脚为电源地(GND),14 脚为电源正极 V_{CC}(+5 V),其余引脚为输入端和输出端引线。CMOS 集成电路引脚排列的特点是:V_{DD} 接电源正极(+3~+18 V);V_{SS} 接电源负极(通常接地)。

在使用集成电路前,务必要查阅集成电路手册,找出对应芯片的引脚排列图,明确各个引脚的功能。

(2) TTL 与非门的主要参数

与非门的参数分为静态参数和动态参数。静态参数指电路处于稳定逻辑状态下测得的参数,动态参数指逻辑状态转换过程中测得的与时间有关的参数。有关知识可参阅 9.3.1 节。

4. 实验内容与步骤

（1）TTL 与非门参数的测试（74LS00）

① 低电平输入电流 I_{IL}

又称输入短路电流（I_{IS}），是一个非常重要的参数，它反映了对前一级负载的大小，按实验图 8-1 连线，测得 $I_{IL} = $ _____ mA。

② 输入漏电流 I_{ID}

按实验图 8-2 连线，测得 $I_{ID} = $ _____ μA。

③ 空载导通功耗 P_{ON}

$P_{ON} = I_{CCL} \times V_{CC}$，其中，$I_{CCL}$ 为空载时电源导通电流，V_{CC} 为电源电压（+5 V）。按实验图 8-3 连线，测得 $I_{CCL} = $ _____ mA，算出 P_{ON} 的值。通常对与非门的要求是 $P_{ON} < 50$ mW。

④ 空载截止功耗 P_{OFF}

$P_{OFF} = I_{CCH} \times V_{CC}$，其中，$I_{CCH}$ 为空载截止电流，V_{CC} 为电源电压（+5 V）。按实验图 8-4 连线，测得 $I_{CCH} = $ _____ mA，算出 P_{OFF} 的值。通常对与非门的要求是 $P_{OFF} < 25$ mW。

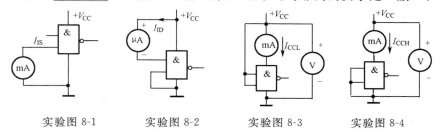

实验图 8-1　　　　实验图 8-2　　　　实验图 8-3　　　　实验图 8-4

⑤ 扇出系数 N_O

N_O 是指输出端可带动的最多同类门数，其意义是最大带负载能力。$N_O = \dfrac{I_{Omax}}{I_{IS}}$。$I_{Omax}$ 为 $U_{OL} \leqslant 0.35$ V 时准许灌入的最大灌入负载电流。按实验图 8-5 连线，调节 R_L（1 kΩ）值，使输出电压 $U_{OL} = 0.35$ V，测出此时的 $I_{Omax} = $ _____ mA，按公式算出 N_O 的值。

⑥ 电压传输特性

按实验图 8-6 连线，调节 RP，使 u_i 从 0 V 至 2.5 V 变化，逐点测出 u_i 和 u_o，并将测试结果记录在实验表 8-1 中，画出特性曲线。

实验表 8-1　TTL 与非门电压传输特性

U_i(V)	0.3	0.8	1.0	1.1	1.2	1.3	1.35	1.4	1.5	2.0	2.5
U_i(V)											

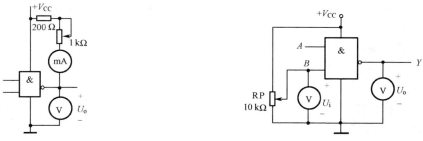

实验图 8-5　　　　　　　　　　　　　　　　实验图 8-6

⑦ 平均传输延迟时间 t_{pd}

TTL 与非门的动态参数主要指传输延迟时间。目前常用环形振荡器法测试 t_{pd}，测试原理图如实验图 8-7 所示。假设每一个与非门的延迟时间都相等，3 个与非门构成的环形振荡器的周期为 $T = 6t_{pd}$，则 $t_{pd} = \dfrac{T}{6}$，其中，周期 T 可用示波器或频率计测量。

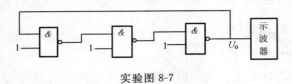

实验图 8-7

(2) CMOS 与非门参数测试(CC4011)

CMOS 器件的特性参数也有静态和动态之分，测试 CMOS 器件静态参数的电路与测量 TTL 器件静态参数的电路基本相同，只是要注意 CMOS 器件和 TTL 器件的使用规则不一样，对各管脚的处理要符合逻辑关系。另外，CMOS 器件的 I_{CCL}、I_{CCH} 的值非常小，仅为几微安，为保证输出开路的条件，输出端使用的测量表的内阻应该足够大，一般使用数字电表。读者可参照对 TTL 器件参数的测试方法测试 CMOS 器件的有关参数。

5. 思考题

(1) 为什么 TTL 与非门输入端悬空就相当于输入逻辑 1 电平？

(2) 测量扇出系数 N_O 的原理是什么？

(3) 与非门的功耗与工作频率和外接负载情况有关吗？为什么？

(4) TTL 和 CMOS 与非门的一个输入端，分别通过 500 Ω 左右的电阻和 10 kΩ 的电阻接地，其余输入端接高电平，试问两种器件在这两种情况下的输出逻辑值各为多少？请用实验加以验证。

实验九　集成逻辑门电路的功能测试及应用

1. 实验目的

(1) 掌握基本门电路逻辑功能测试方法。

(2) 了解基本门电路在脉冲电路中的应用。

(3) 掌握用与非门实现其他门电路的基本方法。

(4) 熟悉集电极开路门(OC 门)和三态(TS 门)的功能及应用。

2. 实验设备和器材

数字实验箱，双踪示波器，万用表，集成电路 74LS00、74LS02、74LS04、74LS03、74LS125、CC4069，电阻。

3. 实验内容与步骤

(1) 集成门电路功能测试

① 或非门

将四-2 输入或非门 74LS02 插到数字实验箱面板上的 14P 插座上，第 7 引脚、第 14 引脚分别接地和 +5 V 电源。任取 74LS02 内的一个门，其输入端接逻辑开关 S_1、S_2，输出接 LED 状态显示，按实验表 9-1 验证 $Y = \overline{A + B}$。

② 与非门

将四-2输入与非门 74LS00 插到数字实验箱面板上的 14P 插座上,第 7 引脚、第 14 引脚分别接地和 +5 V 电源。任取 74LS00 内的一个门,其输入端接逻辑开关 S_1、S_2,输出接 LED 状态显示,按实验表 9-2 验证 $Y = \overline{A \cdot B}$。

<table>
<tr><td colspan="3" align="center">实验表 9-1</td></tr>
<tr><td>A</td><td>B</td><td>Y</td></tr>
<tr><td>0</td><td>0</td><td></td></tr>
<tr><td>0</td><td>1</td><td></td></tr>
<tr><td>1</td><td>0</td><td></td></tr>
<tr><td>1</td><td>1</td><td></td></tr>
</table>

<table>
<tr><td colspan="3" align="center">实验表 9-2</td></tr>
<tr><td>A</td><td>B</td><td>Y</td></tr>
<tr><td>0</td><td>0</td><td></td></tr>
<tr><td>0</td><td>1</td><td></td></tr>
<tr><td>1</td><td>0</td><td></td></tr>
<tr><td>1</td><td>1</td><td></td></tr>
</table>

③ 多余输入端的处理

将与非门的一个输入端 A 分别接地、接电源电压和悬空时,观察另一输入端 B 的输入信号分别为高电平和低电平时相应的输出端的状态,并记录于实验表 9-3 中。

将或非门的一个输入端接地、接电源和悬空,如上测试,将结果记录于实验表 9-3 中。

实验表 9-3

A	B	Y_1	Y_2
接地	0 1		
接电源	0 1		
悬空	0 1		

④ 用 1 片 74LS00 实现或门;用 74LS04 和 74LS00 实现异或门。写出逻辑变换表达式,画出逻辑电路图并进行验证。

(2) 观察与非门对连续脉冲的控制作用

将与非门的一个输入端接 1 kHz 连续脉冲,另一输入端接逻辑开关 S。当逻辑开关 S 分别置 1、置 0 时,用双踪示波器观察输入、输出波形并记录于实验表 9-4 中,并观察在逻辑开关 S 置 1 时输入/输出波形之间的相位关系。

实验表 9-4

逻辑开关 S 的状态	输入连续脉冲波形	输出波形
0		
1		

(3) 集电极开路门(OC 门)实验

用 OC 门作为 TTL 电路驱动 CMOS 电路的接口电路,实现接口逻辑电平的转换。

按实验图 9-1 接线,实现 TTL 电路驱动 CMOS 电路的逻辑电平转换。图中 TTL 门电路用四-2 输入与非门 74LS00,OC 门为 74LS03,CMOS 电路为六反相器 CC4069。接通电源,在 A,B 输入端各置高电平 1,用万用表测量门电路输出端 Y_1、Y_2、Y_3 的电压。再将 B 输入端置低电平 0,用万用表测量 Y_1、Y_2、Y_3 的电压。把两次测得的结果填入实验表 9-5 中。

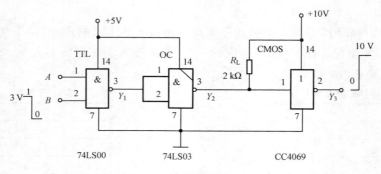

实验图 9-1

实验表 9-5 接口电路逻辑电平实测数据表

输 入		$Y_1(V)$	$Y_2(V)$	$Y_3(V)$
A	B			
1	1			
1	0			

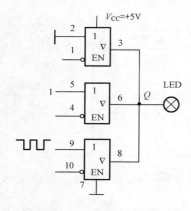

实验图 9-2 三态门实验原理图

（4）三态门的应用——多路信号采集

本实验选用三态四非门 74LS125 集成电路，当 $\overline{EN} = 0$ 时，其逻辑关系为 $Q = A$；当 $\overline{EN} = 1$ 时，输出为高阻态。按实验图 9-2 接线，三态门的三个输入端分别接地、高电平 1 和单次脉冲源，输出端并联在一起接 LED 发光二极管。首先把三个使能控制端分别接逻辑开关并全部置高电平 1，即处于禁止状态，这时方可接通电源。当三个使能端均为 1 时，用万用表测量 Q 端输出总线的逻辑状态。然后轮流使其中一个门的控制端接低电平 0，观察输出总线 Q 端的逻辑状态。注意，接使能端的逻辑开关绝对不允许有一个以上同时为 0，否则会造成与门输出相连。另外，操作中应该先使工作的三态门转换到禁止状态，再让另一个门开始传递数据。自拟表格并记录实验数据。

实验十 组合逻辑电路

1. 实验目的

（1）熟悉组合逻辑电路的特点及一般分析设计方法。

（2）掌握编码器、译码器、数据选择器和数码管的性能及应用。

2. 实验设备和器材

数字实验箱，74LS138 等集成块。

3. 实验内容与步骤

（1）优先编码器逻辑功能测试

将 8 线-3 线优先编码器 74LS148 按实验图 10-1 连线，输入端 $\overline{I}_7 \sim \overline{I}_0$ 接逻辑开关，$\overline{Y}_S$ 和 $\overline{Y}_{EX}$ 及输出端 $\overline{Y}_2 \sim \overline{Y}_0$ 接发光二极

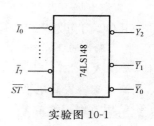

实验图 10-1

管,改变输入端状态,观察输出端状态,并填入实验表 10-1。

实验表 10-1

输　入									输　出				
ST_A	$\bar{I}_7$	$\bar{I}_6$	$\bar{I}_5$	$\bar{I}_4$	$\bar{I}_3$	$\bar{I}_2$	$\bar{I}_1$	$\bar{I}_0$	$\bar{Y}_2$	$\bar{Y}_1$	$\bar{Y}_0$	$\bar{Y}_S$	$\bar{Y}_{EX}$
1	×	×	×	×	×	×	×	×					
0	1	1	1	1	1	1	1	1					
0	0	×	×	×	×	×	×	×					
0	1	0	×	×	×	×	×	×					
0	1	1	0	×	×	×	×	×					
0	1	1	1	0	×	×	×	×					
0	1	1	1	1	0	×	×	×					
0	1	1	1	1	1	0	×	×					
0	1	1	1	1	1	1	0	×					
0	1	1	1	1	1	1	1	0					

（2）译码显示电路功能测试

① 3 线-8 线译码器 74LS138 功能测试

将 3 线-8 线译码器 74LS138 插入 16P 插座上,输入端 A_2、A_1、A_0 分别接逻辑开关 S_3、S_2、S_1,$\bar{Y}_0 \sim \bar{Y}_7$ 分别接 1 号到 8 号 LED 状态显示,ST_A、$\overline{ST}_B$、$\overline{ST}_C$ 分别接逻辑开关的 S_4、S_5、S_6 或适当的拨码开关输出端。按实验表 10-2 分别输入有关信号,观察输出结果并记录实验表 10-2 中。

实验表 10-2

输　入						输　出							
ST_A	$\overline{ST}_B$	$\overline{ST}_C$	A_2	A_1	A_0	$\bar{Y}_0$	$\bar{Y}_1$	$\bar{Y}_2$	$\bar{Y}_3$	$\bar{Y}_4$	$\bar{Y}_5$	$\bar{Y}_6$	$\bar{Y}_7$
0	×	×	×	×	×								
1	0	1	×	×	×								
1	1	×	×	×	×								
1	0	0	0	0	0								
1	0	0	0	0	1								
1	0	0	0	1	0								
1	0	0	0	1	1								
1	0	0	1	0	0								
1	0	0	1	0	1								
1	0	0	1	1	0								
1	0	0	1	1	1								

② 译码显示电路功能测试

将七段字型译码器 74LS248 插入实验箱 IC 插座,找到实验箱上的共阴极 LED 数码管按实验图 10-2 连线,输入端 D、C、B、A 接逻辑开关,改变输入信号状态,观察数码管显示情况,并填实验表 10-3。

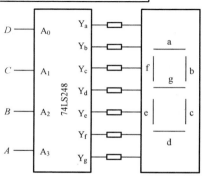

实验图 10-2

実验表 10-3

D	C	B	A	字形	D	C	B	A	字形
0	0	0	0		0	1	0	1	
0	0	0	1		0	1	1	0	
0	0	1	0		0	1	1	1	
0	0	1	1		1	0	0	0	
0	1	0	0		1	0	0	1	

（3）数据选择器功能测试

将八选一数据选择器 74LS151 插入 16P 插座上，地址端 $A_0 \sim A_2$、数据端 $D_0 \sim D_7$、使能端 $\overline{S}$ 接逻辑开关，输出端 Q 接 LED 状态显示。置数据输入端 $D_0 \sim D_7$ 为 10101010 或 11110000，按实验表 10-4 分别输入有关地址信号，观察输出结果并记录在实验表 10-4 中。

（4）全加器功能测试

① 按实验图 10-3 所示电路连线。输入端接逻辑开关，输出接 LED 状态显示，检查接线无误后，接通电源测试。当输入 A_i、B_i、C_{i-1} 为实验表 10-4 所列情况时，观察输出端 S_i、C_i 的显示结果，记录于实验表 10-4 中，并总结全加器的逻辑关系式。

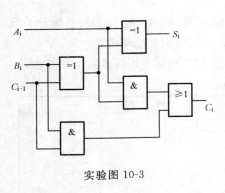

实验图 10-3

实验表 10-4

$\overline{S}$	A_2	A_1	A_0	Y	$\overline{W}$
1	×	×	×		
0	0	0	0		
0	0	0	1		
0	0	1	0		
0	0	1	1		
0	1	0	0		
0	1	0	1		
0	1	1	0		
0	1	1	1		

② 试用 1 片 74LS138 和基本门电路构成 1 位全加器电路，画出电路连线图，并验证其功能。

③ 试用 74LS151 构成 1 位全加器电路，画出电路连线图，并验证其功能。

4. 思考题

（1）试用全加器设计一个 2 位二进制串行进位的加法器电路，画出连线图并验证其功能。

（2）试设计用 3 线-8 线译码器 74LS138 和门电路实现逻辑函数 $Y_1 = \overline{AB} + ABC$ 和 $Y_2 = \overline{B} + C$。

实验表 10-5

A_i	B_i	C_{i-1}	S_i	C_i	A_i	B_i	C_{i-1}	S_i	C_i
0	0	0			1	0	0		
0	0	1			1	0	1		
0	1	0			1	1	0		
0	1	1			1	1	1		

实验十一　时序逻辑电路

1. 实验目的

（1）熟悉同步计数器的一般分析、设计方法，学会用触发器组成计数器。

（2）熟悉中规模集成触发器的功能特点，学会用中规模集成计数器组成 N 进制计数器的方法。

（3）熟悉移位寄存器的功能特点及其典型应用。

2. 实验设备和器材

数字电路实验箱，集成电路 74LS112、74LS74、74LS90、74LS161、74LS20、74LS86、74LS04。

3. 实验内容与步骤

（1）JK 触发器组成同步计数器功能测试

将 74LS112 集成电路芯片插入 IC 空插座中，按实验图 11-1 接线。用数码管及 LED 状态显示输出状态，CP 端接实验箱单次脉冲，用逻辑开关控制各触发器的异步置位、复位端，使计数器分别进入各无效状态，输入 CP 脉冲，检查计数器能否自启动。然后使各触发器初始状态为 0，输入脉冲，观察输出端的变化，填实验表 11-1。画出状态转换图，并说明该电路功能。

实验表 11-1

A	CP	Q_2^n	Q_1^n	Q_2^{n+1}	Q_1^{n+1}	Y
0	0					
	1					
	2					
	3					
	4					
1	0					
	1					
	2					
	3					
	4					

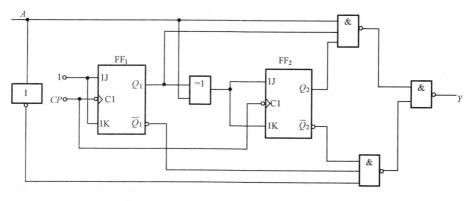

实验图 11-1

（2）D 触发器组成同步计数器功能测试

将 74LS74 集成电路芯片插入 IC 空插座中，按实验图 11-2 接线。CP 接单次脉冲，输出 Q_1、Q_2、Q_3 分别接 LED 状态显示。用逻辑开关控制各触发器的 $\overline{R_D}$、$\overline{S_D}$ 端。首先使输出为 000（$Q_3Q_2Q_1$），依次输入单次脉冲，观察输出状态的变化规律，找到有效循环，然后预置未出现的各无效状态，观察在 CP 脉冲作用下，能否自动转到有效状态，确定电路能否自启动，画出状态转换图,并说明该电路功能。

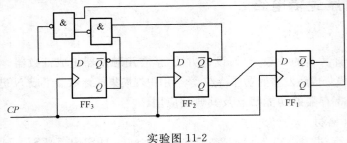

实验图 11-2

(3) 中规模集成计数器的应用

① 根据实验表 11-2 验证异步二-五-十进制加法计数器 74LS90 的逻辑功能。

实验表 11-2

输 入			输 出	功 能
清 0	置 9	时钟	$Q_3\ Q_2\ Q_1\ Q_0$	
$R_0(1)$、$R_0(2)$	$S_9(1)$、$S_9(2)$	$CP_1\quad CP_2$		
1 1	0 × × 0	× ×	0 0 0 0	清 0
0 × × 0	1 1	× ×	1 0 0 1	置 9
0 × × 0	0 × × 0	↓ 1	Q_0 输出	二进制计数
		1 ↓	$Q_3 Q_2 Q_1$ 输出	五进制计数
		↓ Q_0	$Q_3 Q_2 Q_1 Q_0$ 输出 8421BCD 码	十进制计数
		Q_3 ↓	$Q_3 Q_2 Q_1 Q_0$ 输出 5421BCD 码	十进制计数
		1 1	不变	保持

② 根据实验表 11-3 验证十进制同步加法计数器 74LS160 的逻辑功能。

实验表 11-3

输 入									输 出			
CR	LD	CT_P	CT_T	CP	D_3	D_2	D_1	D_0	Q_3^{n+1}	Q_2^{n+1}	Q_1^{n+1}	Q_0^{n+1}
0	×	×	×	×	×	×	×	×	0	0	0	0
1	0	×	×	↑	D_3	D_2	D_1	D_0	D_3	D_2	D_1	D_0
1	1	1	1	↑	×	×	×	×	计			数
1	1	0	×	×	×	×	×	×	保			持
1	1	×	0	×	×	×	×	×	保			持

③ 试用中规模集成计数器 74LS160 组成七进制计数器,要求用两种方法实现,画出电路图,并在 CP 作用下验证其功能。

④ 用两片 74LS90,应用计数器的级联方式,设计一个三十六进制计数器,并用七段数码管显示计数结果。画出电路图,并进行验证。

4. 思考题

(1) 反馈归零法实现 N 进制计数,反馈支路不加 RS 触发器能否正常工作?有何缺点?

(2) 使用 4 位同步二进制计数器构成十五进制计数器,画出电路连线图,并验证。

第二部分　实　　训

实训一　荧光灯的安装及功率因数的提高

1. 实验目的

(1) 了解荧光灯的工作原理,学习荧光灯的安装方法。

(2) 掌握提高功率因数的方法,理解提高功率因数的意义。

(3) 熟悉交流仪表的使用方法。

2. 实训设备和器材

荧光灯灯管,镇流器,起辉器,灯管支座,直流稳压电源,万用表,电流表,功率表。

3. 实训原理与说明

(1) 荧光灯电路的组成

电路由荧光灯管、镇流器、起辉器组成,原理电路图如实训图 1-1 所示。

① 荧光灯管

荧光灯管是一支细长的玻璃管,其内壁涂有一层荧光粉薄膜,在荧光灯管的两端装有钨丝,钨丝上涂有受热后易发射电子的氧化物。荧光灯管内抽成真空后,充有一定量的惰性气体和少量的汞气(水银蒸气)。惰性气体有利于日光灯的启动,并延长灯管的使用寿命;水银蒸气作为主要导电材料,在放电时产生紫外线激发日光灯管内壁的荧光粉转换为可见光。

② 起辉器

起辉器主要由辉光放电管和电容器组成,其内部结构如实训图 1-2 所示。其中辉光放电管内部的倒 U 形双金属片(动触片)是由两种热膨胀系数不同的金属片组成;通常情况下,动触片和静触片是分开的;小容量的电容器可以防止起辉器动、静触片断开时产生火花烧坏触片。

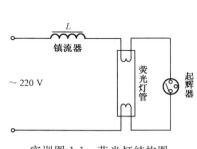

实训图 1-1　荧光灯结构图

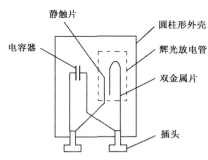

实训图 1-2　起辉器结构图

③ 镇流器

镇流器是一个带有铁心的电感线圈。它与起辉器配合产生瞬间高电压使荧光灯管导通,激发荧光粉发光,还可以限制和稳定电路的工作电流。

(2) 荧光灯的工作原理

如实训图 1-1 所示,在荧光灯电路接通电源后,电源电压全部加在起辉器两端,从而使辉光放电管内部的动触片与静触片之间产生辉光放电,辉光放电产生的热量使动触片受热膨胀趋向伸直,与静触片接通。于是,荧光灯管两端的灯丝、辉光放电管内部的触片、镇流器构成一个回路。灯丝因通过电流而发热,从而使灯丝上的氧化物发射电子。与此同时,辉光放电管内部的动触片与静触片接通时,触片间电压为零,辉光放电立即停止,动触片冷却收缩而脱离静触片,导致镇流器中的电流突然减小为零。于是,镇流器产生的自感电动势与电源电压串联叠加于灯管两端,迫使灯管内惰性气体分子电离而产生弧光放电,荧光灯管内温度逐渐升高,水银蒸气游离,并猛烈地撞击惰性气体分子而放电,同时辐射出不可见的紫外线激发灯管内壁的荧光粉而发出近似荧光的可见光。荧光灯管发光后,其两端的电压不足以使起辉器辉光放电,这时,交流电源、阵流器与荧光灯管串联构成一个电流通路,从而保证荧光灯的正常工作。

(3) 并联电容提高功率因数

显然,荧光灯电路属于感性负载,其功率因数很低,为了提高荧光灯电路的功率因数,一般在它的两端并联一定容量的电容器。

4. 实训内容与步骤

(1) 荧光灯电路的安装

① 布局定位

根据荧光灯电路各部分的尺寸进行合理布局定位,制作荧光灯安装电路板,如实训图 1-3 所示。

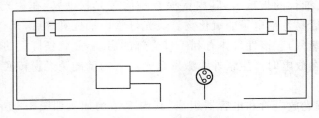

实训图 1-3　荧光灯安装布局图

② 用万用表检测荧光灯

灯管两端灯丝应有几欧姆的电阻,镇流器电阻约为 $20\sim30\ \Omega$,起辉器不导通,电容器应有充电效应。

③ 根据实训图 1-1 所示进行荧光灯电路的安装。

④ 接好线路并经老师检查合格后,通电观察荧光灯电路的工作情况。

(2) 荧光灯电路参数的测量

① 根据原理电路图,画出接线图如实训图 1-4 所示,并接线。

② 断开开关 S_2,闭合电源开 S_1,用交流电流表测量荧光灯电路的电流 I;用功率表测量荧光灯电路的功率 P;用交流电压表分别测量荧光灯电路电压 U_{BD}、灯管两端电压 U_{CD};镇流器电阻 R_L、镇流器电感 L。

(3) 荧光灯电路功率因数的提高

① 按照实训图 1-4 所示电路连接实验电路。

② 闭合开关 S_2,闭合电源开关 S_1,改变并联电容的数值,分别测量荧光灯电路总电流 I、荧光灯电路 I_1、电容电流 I_2,并计算电路对应的功率因数。

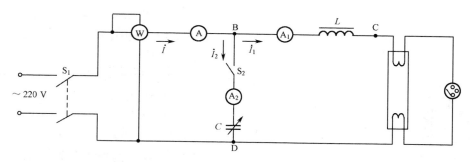

实训图 1-4　荧光灯电路功率因数提高原理图

5. 注意事项

（1）实训过程中必须注意人身安全和设备安全。

（2）注意荧光灯电路的正确接线,镇流器必须与灯管串联。

（3）镇流器的功率必须与灯管的功率一致。

（4）荧光灯的启动电流较大,启动时用单刀开关将功率表的电流线圈和电流表短路,防止仪表损坏,操作时注意安全。

（5）保证安装质量,注意安装工艺。

6. 问题与讨论

（1）用万用表分别测量灯管、镇流器两端电压,分析二者与总电压之间存在什么关系?

（2）实训中起辉器损坏时,如何点亮荧光灯?

（3）若荧光灯电路在正常电压作用下不能起辉,如何用万用表找出故障部位?试写出简洁步骤。

（4）本实训中并联电容器是否提高了荧光灯功率因数?并联的电容器容量越大,是否功率因数越高?为什么?

实训二　无触点自动充电器

1. 实训目的

（1）逐渐熟悉电路设计的方法。

（2）了解一种无触点自动充电器的设计。

2. 设计任务

设计一个电瓶(电压为 12 V)自动充电电路,当电瓶电量不足时,电路以大电流对电瓶充电,当电充足后仍以几十毫安的小电流对电瓶充电,以消除电瓶的自放电影响。

3. 参考设计

（1）分析设计任务,提出方案。题目要求设计一个自动充电电路,当电瓶电量不足时,电路以大电流对电瓶充电,当电充足后仍以几十毫安的小电流对电瓶充电。可以有两种方案:一种是设计两个充电电路,一个是大电流充电电路,一个是小电流充电电路。当电瓶电量不足时,用大电流电路对电瓶充电,充足后用小电流电路对电瓶充电。另一种是用 I_{CEO} 较大的锗管 3AD30 作为充电三极管,当 3AD30 截止时,I_{CEO} 可达 40 mA,3AD30 处于放大状态时,I_C 可达几安,只要可利用 3AD30 的放大与截止,实现用大电流及小电流给电瓶充电,无论用哪一种方案,都必须对电瓶充电量进行检测。电瓶电量充足时,其两端电压较高,不足时两端电压

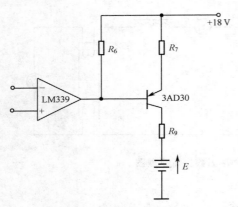

实训图 2-1　用 LM339 直接控制
3AD30 的电路

较低,因此可用 LM339 将电瓶两端电压与某一阈值(+12 V)相比较,超过此值即可认为电量充足,否则认为电量不足。

对于第一种方案,有两套充电电路,而且还要考虑两充电电路的并联问题,因而电路较复杂,故可采用方案二。

(2) 方案的完善。如果用 LM339 的输出直接控制 3AD30 的放大与截止的状态,如实训图 2-1 所示。

当 LM339 输出高电平时,合理选择 R_6、R_7 的值,可以 AD30 处于放大状态,但当 LM339 输出低电平时,3AD30 的基极电位被拉得很低(0.3 V 左右),此时 3AD30 的集电极

与基极之间为正向偏置,会流过一定的电流,电瓶将处于放大状态。同时发射极与基极之间也为正向偏置,也将流过电流。如果两电流的和太大将会烧毁 LM339,因此不能用 LM339 直接控制 3AD30。可以采用实训图 2-2 所示电路。此电路的工作原理为:当电瓶电量不足,即 $E <$ 12 V 时,LM339 的 4 脚电位小于 6 V,而 5 脚电位被设定为 6 V,故

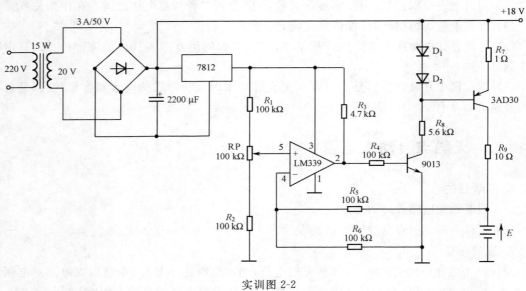

实训图 2-2

LM339 输出高电平,使三极管 9013 饱和导通,从而使 3AD30 处于放大状态;反之,当 $E \geqslant$ 12 V 时,LM339 输出低电平,使 9013 截止,从而 3AD30 也截止,但此时在集电极与发射极之间将流过一定的电流。

(3) 参数的确定。设 3AD30 的放大倍数为 β,则 9013 导通时,3AD30 的基极电位为 $18 - 2 \times 0.7 = 16.6$ V,R_8 两端的电压约为 $16.6 - 0.3 = 16.3$ V,通过 R_8 的电流 $I_8 = 16.3/R_8$。取 $R_8 = 5.6$ kΩ,则 $I_8 = 2.91$ mA,故 3AD30 的集电极电流 $I_9 = \beta/I_8$。一般 β 为 100 左右,故 $I_9 \approx 0.29$ A,可取 $R_7 = 1$ Ω,$R_9 = 10$ Ω,其功率可取 10 W。

实训三 楼道灯控制器电路

1. 任务和要求

（1）设计一个楼道灯控制器电路。

（2）该控制电路能够受声、光控制，自动将灯点亮和熄灭。

2. 线路图

楼道灯控制器电路如实训图 3-1 所示。

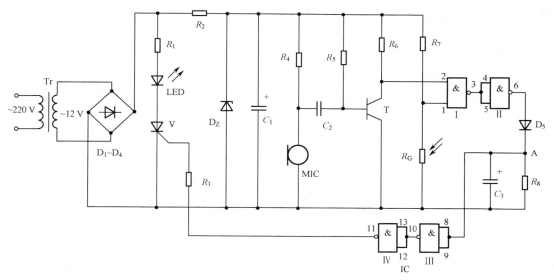

实训图 3-1 楼道灯控制器电路图

3. 工作原理

采用 CD4011 数字集成电路（四-2 输入与非门）制作的声光控制照明灯电路，在白天能将照明灯关闭；夜晚有突发声音（如脚步声或拍掌声出现）时，能使照明等自动点亮，延迟几分钟后又能自动熄灭。

该声光控制照明灯电路由电源电路、光控电路、声控电路和晶闸管 V 等组成。

电源电路由整流二极管 $D_1 \sim D_4$、限流电阻器 R_2、稳压二极管 D_z 和滤波电容 C_1 组成。光控电路由光敏电阻 R_G 和数字集成电路 IC（DC4011）内电路组成。声控电路由传声器 MIC、晶体管 T 和 IC 内电路组成。

接通电源后，交流 220 V 电压经过 $D_1 \sim D_4$ 整流、R_2 限流降压、D_z 稳压及 C_1 滤波后，产生 +9 V 电压供给 T 和 IC，T 进入导通状态。

白天，光敏电阻 R_G 受光照射而呈低阻状态，IC 的第 1 脚为低电平，I 号与非门被锁，声控电路不起作用，第 11 脚输出低电平，T 截止，照明灯不亮。

夜幕降临时，R_G 因无光照射而呈高阻状态，IC 的第 1 脚为高电平，I 号与非门解锁。此时若有脚步声或拍手声，则该声音信号经传声器 MIC 转换为电信号后，再经电容器 C_2 加在 T 的基极，使得 T 瞬间截止，IC 的第 2 脚由低电平变为高电平，IC 的第 3 脚变为低电平，第 4 脚和第 11 脚输出变为高电平，使晶闸管 V 受触发而导通，发光二极管 LED 点亮，与此同时 IC 的第 6 脚输出的高电平经二极管 D_5 对延时电容器 C_3 充电。

当声音信号消失后，T 又恢复导通状态，IC 的第 2 脚又变为低电平，第 3 脚变为高电平，第 4 脚变为低电平，D_5 截止，C_3 开始对 R_8 放电，使 IC 的第 11 脚维持高电平，V 仍为低电平，使 V 截止，发光二极管 LED 熄灭。

4. 元器件选择及要求

（1）整流二极管 $D_1 \sim D_5$ 选用 1N4007 型，晶闸管 V 选用 BT169 型，稳压二极管 Dz 选用 1N4739（4.1 V）型。

（2）三极管 T 选用 S9013 型。

实训四　市电过、欠电压保护电路

1. 任务和要求

（1）设计一个能够对市电过、欠时自动保护用电设备的电路。。

（2）该电路在市电电压低于或高于一定电压值时，自动断开负载（用电设备）的工作电源，以防止负载因过电压或欠电压而损坏。

2. 线路图

市电过、欠电压自动保护电路如实训图 4-1 所示。

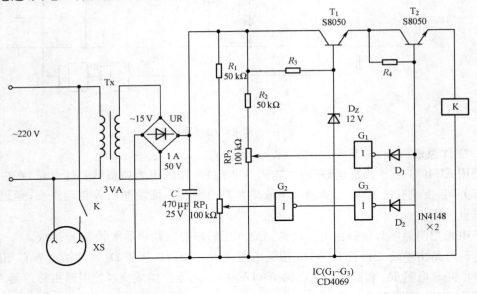

实训图 4-1　市电过、欠电压自动保护电路

3. 工作原理

市电过、欠电压自动保护电路由电源电路、电压检测电路和控制电路组成。

电源电路由电源变压器 Tr、整流桥堆 UR、滤波电容器 C、电源调整管 T_1、稳压二极管 D_z 和电阻器 R_3 组成。电压检测电路由电阻器 R_1 与 R_2、电位器 RP_1 与 RP_2、非门集成电路 IC（$G_1 \sim G_3$）和二极管 D_1、D_2 组成。控制电路由晶体管 T_2、电阻器 R_4 和继电器 K 组成。

市电电压经 Tr 降压、UR 整流及 C 滤波后，其一路经 T_1、D_z 稳压调整为 +12 V 电压，供给 T_2 和 IC 使用；另一路经 R_1、RP_1 和 R_2、RP_2 分压后，为 G_1、G_2 等组成的电压比较器提供取样电压。

当市电电压为 190～240 V 时，G_1 和 G_3 均输出高电平，使 D_1 和 D_2 截止，T_2 饱和导通，K 通电吸合，其常开触点将负载的工作电源接通。

当市电电压低于下限电压(如 190 V)时，G_2 输出为高电平，G_3 输出为低电平，D_2 导通，使 T_2 截止，K 处于释放状态，其常开触点断开，切断负载的工作电源。

当市电电压高于上限电压(如 240 V)时，G_1 输出为低电平，使 D_1 导通，T_2 截止，K 处于释放状态，将负载的工作电源切断。

4. 元器件选择及要求

(1) 调整电位器 RP_1 的电阻值，可以设定保护器的上限电压值。

(2) 调整 RP_2 的电阻值，可以设定保护器的下限电压值。

实训五　简易调频无线话筒电路

1. 任务和要求

设计一款简易调频无线话筒电路。

2. 线路图

简易调频无线话筒的电路原理图如实训图 5-1 所示。

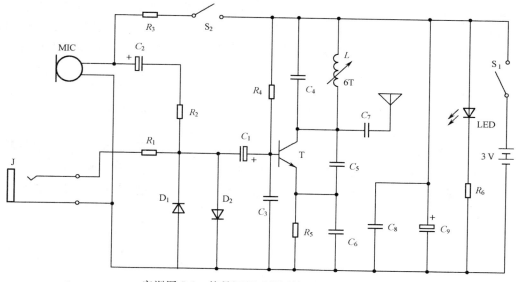

实训图 5-1　简易调频无线话筒的电路原理图

3. 工作原理

高频三极管 T 和电容 C_3、C_5、C_6 组成一个电容三点式的振荡器，这种振荡器的特点是振荡频率可做得较高，一般可达到 100 MHz 以上，而且振荡波形较好。电路的缺点是频率调节不便，这是因为调节电容来改变频率时电容容量大小难于按比例变化，从而引起电路工作性能的不稳定。因此，该电路只适宜产生固定频率的振荡，它构成了一个高频振荡器。三极管集电极的负载 C_4 和 L 组成一个谐振器，谐振频率就是调频话筒的发射频率，通过调整 L 的数值(拉伸或者压缩线圈 L)可以方便地改变发射频率，发射信号通过 C_4 耦合到天线上再发射出去。

R_4 是 T 的基极偏置电阻，给三极管提供一定的基极电流，使 T 工作在放大区，R_5 是直流反馈电阻，起到稳定三极管工作点的作用。

这种调频话筒的调频原理是通过改变三极管的基极和发射极之间的电容来实现调频的,当声音电压信号加到三极管的基极上时,三极管的基极和发射极之间电容会随着声音电压信号大小发生同步的变化,同时使三极管的发射频率发生变化,实现频率调制。

话筒 MIC 可以采集外界的声音信号,这里我们用的是驻极体小话筒,灵敏度非常高,可以采集微弱的声音,同时这种话筒工作时必须要有直流偏压才能工作,电阻 R_3 可以提供一定的直流偏压,R_3 阻值越大,话筒采集声音的灵敏度越弱。电阻越小话筒的灵敏度越高,话筒采集到的交流声音信号通过 C_2 耦合和 R_2 匹配后送到三极管的基极,电路中 D_1 和 D_2 两个二极管反向并联,主要起一个双向限幅的功能,二极管的导通电压只有 0.7 V,如果信号电压超过 0.7 V就会被二极管导通分流,这样可以确保声音信号的幅度可以限制在 ±0.7 V 之间,过强的声音信号会使三极管过调制,产生声音失真甚至无法正常工作。

J 是外部信号插座,可以将电视机耳机插座或者随身听耳机插座等外部声音信号源通过专用的连接线引入调频发射机,外部声音信号通过 R_1 衰减和 D_1、D_2 限幅后送到三极管基极进行频率调制。所以它不但可以做一个无线话筒,而且还可以做一个电视机无线耳机使用。

电路中发光二极管 LED 用来指示工作状态,当调频话筒得电工作时就会点亮,R_6 是发光二极管的限流电阻。C_8、C_9 是电源滤波电容,因为大电容一般采用卷绕工艺制作的,所以等效电感比较大,并联一个小电容 C_8 可以使电源的高频内阻降低。

电路中有两个开关,开关 S_1 和 S_2,它有三个不同的位置,拨到最左边时断开电源,最右边是 S_1、S_2 接通做调频话筒使用,中间位置是 S_1 接通、S_2 断开,做无线转发器使用,因为做无线转发器使用时话筒不起作用,但是话筒会消耗一定的静态电流,所以断开 S_2 可以降低耗电、延长电池的寿命。

4. 元器件选择及要求

(1) 三极管 T 选用 9018(NPN),二极管 D_1、D_2 选用 1N4148 二极管。

(2) 话筒 MIC 用驻极小话筒。

(3) L 振荡线圈用直径 0.71 mm 漆包线在直径 3 mm 钻头圆柄上密绕 6 匝,然后脱胎。通过调整 L 的数值(拉伸或者压缩线圈)可以方便地改变发射频率,避开调频电台。

(4) 天线取一段 10 cm 短导线即可。发射信号通过 C_4 耦合到天线上再发射出去。

读 者 调 查 表

感谢对我们的支持！非常欢迎留下您的宝贵意见，帮助我们改进出版和服务工作。我们将从信息意见完备的读者中抽取一部分赠阅一本我们的样书（赠书定价限 50 以内，品种我们会与获赠读者沟通）。

姓名： _____   单位： _____   职务 / 职称： _____

邮寄地址： _____   邮编： _____

电话： _____   手机： _____   E-mail： _____   专业方向： _____

您购买的出版物名称					
先进性和实用性	□很好	□好	□一般	□不太好	□差
图书文字可读性	□很好	□好	□一般	□不太好	□差
（光盘使用方便性）	□很好	□好	□一般	□不太好	□差
图书篇幅适宜度	□很合适	□合适	□一般	□不合适	□差
出版物中差错	□极少	□较少	□一般	□较多	□太多
封面（盘面及包装）设计水平	□很好	□好	□一般	□不太好	□差
图书（包括光盘）印装质量	□很好	□好	□一般	□不太好	□差
纸张质量（光盘材质）	□很好	□好	□一般	□不太好	□差
定价	□很便宜	□便宜	□合理	□贵	□太贵
您从何处获取出版物信息	□书目 □电子社宣传材料 □书店 □他人转告 □网站 □报刊				
您的具体意见或建议					

您或周围人士有何著述计划 _____

您希望我处增添何种类型的图书 _____

电子工业出版社高等教育分社
联系人：冯小贝   E-mail: fengxiaobei@phei.com.cn，te_service@phei.com.cn
地址：北京市万寿路 173 信箱 1102 室   邮编：100036   电话：010-88254555
传真：010-88254560